Physik I

Newtonsche und relativistische Mechanik

Einführungskurs für Studierende
der Naturwissenschaften und Elektrotechnik

von

Klaus Dransfeld,
Paul Kienle,
Herbert Vonach

Bearbeitet von

Paul Berberich

Mit 202 Bildern und 15 Tabellen

5., verbesserte Auflage

R. Oldenbourg Verlag München Wien 1988

CIP-Titelaufnahme der Deutschen Bibliothek

Physik : Einführungskurs für Studierende d. Naturwiss. u. Elektrotechnik. – München ; Wien : Oldenbourg.

1. Dransfeld, Klaus: Newtonsche und relativistische Mechanik. – 5., verb. Aufl. – 1988

Dransfeld, Klaus:
Newtonsche und relativistische Mechanik / von Klaus Dransfeld ; Paul Kienle ; Herbert Vonach. Bearb. von Paul Berberich. – 5., verb. Aufl. – München ; Wien : Oldenbourg, 1988
(Physik ; 1)
ISBN 3-486-21247-8

NE: Kienle, Paul:; Vonach, Herbert:; Berberich, Paul [Bearb.]

Gesamtherstellung: R. Oldenbourg Graphische Betriebe GmbH, München

ISBN 3-486-21247-8

Inhalt

Verzeichnis der Tabellen

Vorwort

Der vorliegende Band PHYSIK I erscheint als erster in einer Reihe von vier Bänden und spiegelt die viersemestrige Einführungsvorlesung am Physik-Department der Techn. Universität München wieder. PHYSIK I beschäftigt sich mit der klassischen und relativistischen Mechanik, PHYSIK II mit der Elektrodynamik, PHYSIK III mit Wellen und Quantenerscheinungen, und schließlich PHYSIK IV mit der Atomphysik und statistischen Vorgängen. PHYSIK I – IV wendet sich an alle Studierende der Physik, die einem viersemestrigen Einführungskurs folgen, also nicht nur an Physiker im Hauptfach, sondern beispielsweise auch an Elektrotechniker und Lehramtskandidaten.

Angesichts der ständigen Expansion aller Zweige der Physik wollten wir neu prüfen, welcher Wissensstoff noch in die Einführungsvorlesung gehört, und was fairerweise beim Vordiplom vom Studenten verlangt werden sollte. Wir hoffen, daß die von uns getroffene Auswahl nicht zu eng ist. Der interessierte Student findet mit Hilfe der zahlreichen Literaturhinweise sicherlich reichlich Gelegenheit, über dieses Minimum hinaus seiner weitergehenden Neugierde, die wir wecken wollten, sofort zu folgen.

Wir haben versucht, in der Darstellung den experimentellen wie auch den theoretischen Sachverhalt so deutlich wie möglich werden zu lassen, um den mathematisch zunächst noch Ungeübten nicht unnötig durch eine formale – vielleicht mathematisch vollständigere – Beschreibung zu verwirren. Wir wollten deutlich machen, daß Physik mehr ist als angewandte Mathematik, und daß fast alle wichtigen Zusammenhänge der Physik – einschließlich der speziellen Relativitätstheorie und der Wellenmechanik – schon mit einem Minimum an mathematischen Vorkenntnissen, wie sie jeder Abiturient mitbringt (oder mitbringen sollte), im Prinzip verständlich zu machen sind. Entsprechend wird an mathematischen Vorkenntnissen für PHYSIK I nur die elementare Differential- und Integralrechnung sowie die Vektorrechnung vorausgesetzt, die sich auch – falls nicht mehr ganz geläufig – leicht mit einigen zusätzlichen Vorlesungsstunden oder mit Hilfe der auf Seite 69 empfohlenen Bücher auffrischen lassen.

Falls unser Versuch einer möglichst einfachen Darstellung neuer physikalischer Grundkonzepte teilweise geglückt sein sollte, verdanken wir dies sicherlich auch dem Berkeley Physics Course, den Feynman Lectures, dem Alonso-Finn und dem MIT-Course, von deren didaktischem Geschick wir viel profitiert haben.

PHYSIK I ist das Produkt einer engen Zusammenarbeit zwischen Festkörper- und Kernphysikern am Physik-Department der TU München: Das Manuskript eines Autors wurde jeweils von den anderen überarbeitet. Gleichzeitig wurde die Vorlesung probeweise von Professor W. Kaiser nach diesem Konzept gehalten, und ihm verdanken wir wertvolle Hinweise aus dieser Unterrichtserfahrung. Herr Dr. E. Steichele hat dankenswerterweise das Manuskript in seiner ersten Fassung redigiert. In einer sonst von Hochschulunruhen geprägten Zeit war ebenfalls die konstruktive Mitwirkung der Fachschaft Mathematik/Physik unserer Hochschule entscheidend: sie hat auf eigene Initiative bereits einige Jahre den vorliegenden Text in stets verbesserter Form als Skriptum herausgegeben, wobei wir besonders dem damaligen Studenten, Herrn Dipl.Phys. A. Kling dankbar sind. Geschrieben wurde das Manuskript von Frau I. Schünke, Frau H. Walter und – in der endgültigen Fassung – von Frau C. Schilhabel. Frau N. Eska und Frau E. Meserle haben die originellen und klaren Zeichnungen angefertigt. Ihnen allen sei vielmals gedankt. Besonders erwähnt werden aber muß die Hilfe von Herrn Dipl.Phys. P. Berberich, der die gesamte Bearbeitung des Manuskripts neben seinem Studium besorgte. Darüber hinaus stammen fast alle Übungsfragen und weiterführenden Literaturzitate von ihm sowie die Studienhinweise ab Seite 295.

Wenn es auch hauptsächlich Aufgabe der Vorlesung bleibt, Interesse und Begeisterung für die Physik zu wecken, so hoffen wir doch, daß auch PHYSIK I und die bald folgenden Bände II – IV eine nützliche Hilfe, insbesondere bei der Vorbereitung zum Vordiplom, sein werden.

München, Oktober 1973 K. Dransfeld, P. Kienle und H. Vonach

Vorwort zur vierten Auflage

Die Korrekturen und Änderungen gegenüber der zweiten und dritten Auflage konzentrieren sich darauf, im ganzen Band das neue internationale Einheitssystem SI (Système Internationale) konsequent auch für die Bezeichnung aller physikalischen Größen einzuführen. Daneben ergab sich die willkommene Gelegenheit wichtige neue Literaturzitate zu berücksichtigen. Herrn Reinhold Brückner, Konstanz, sei für die sorgfältige Durchführung der Korrekturarbeit gedankt.

München, Juni 1985 D. Dransfeld, P. Kienle, H. Vonach

Vorwort zur fünften Auflage

Die Neuauflage bot Gelegenheit zu kleineren Korrekturen. In den Abschnitten 7.6 (Gasdruck und mittlere freie Weglänge) und 9.3 (Erzwungene Schwingungen) haben wir kurze Ergänzungen eingefügt.

München, Herbst 1988 D. Dransfeld, P. Kienle, H. Vonach

1. Einführung

Als Einführung wollen wir einige wesentliche Erkenntnisse und Grundprinzipien der modernen Physik skizzieren. In den Vordergrund wollen wir dabei die Hauptforschungsziele der Physik rücken. Sie bestehen im wesentlichen darin, die Struktur der Materie und die Wechselwirkungen ihrer Bausteine zu erforschen. Dabei fällt dem Experimentator die Aufgabe zu, neue Phänomene und Gesetzmäßigkeiten zu entdecken oder die theoretisch vorhergesagten zu verifizieren, während der Theoretiker versucht, die bekannten Erscheinungen mit einfachen Prinzipien zu erklären und neue Gesetzmäßigkeiten vorherzusagen. Dieser engen Wechselwirkung zwischen Experiment und Theorie allein ist der besonders rasche Aufschwung der naturwissenschaftlichen Erkenntnis im letzten Jahrhundert zu verdanken.

Die *Hochenergiephysik* beschäftigt sich zum Beispiel mit den Elementarteilchen und ihren Wechselwirkungen, die *Kernphysik* mit der Struktur der Kerne, die *Atomphysik* und Chemie mit Atomen und ihren Verbindungen, die *Festkörperphysik* mit den Eigenschaften kondensierter Materie, die *Plasmaphysik* mit hochionisierten Gasen, die *Biowissenschaften* mit der Struktur und Funktion von Makromolekülen (aus denen wir selbst bestehen), die *Geo-* und *Astrophysik* schließlich mit unserer makroskopischen Umgebung. All diese Disziplinen gehören entweder zur Physik oder bedienen sich physikalischer Betrachtungsweisen.

1.1 Die Teilchen der Physik und ihre Wechselwirkungen

Die bisher kleinsten Bausteine unserer Welt sind die *Elementarteilchen.* Jedes zeichnet sich durch spezifische Eigenschaften, z.B. eine bestimmte Masse und Ladung,aus. Die Massen und Ladungen für die wichtigsten Teilchen sind in Bild 1.1 gezeigt.

Nur wenige sind stabil (durch volle Punkte angedeutet), die meisten Elementarteilchen dagegen „leben" nur endliche Zeiten, zum Beispiel 15,5 Min. (für das Neutron) bis 10^{-16}s (für das π°-Meson). Sie zerfallen mit dieser *Lebensdauer* in leichtere Teilchen, wobei immer die Gesamtladung erhalten bleibt. (Siehe auch Tabelle 1.1).

Die Ladungsverteilung der Teilchen (Bild 1.1) ist auffallend, einmal weil es offenbar nur Ladungsquanten in Einheiten der Elektronenladung gibt, und zweitens weil es zu jedem Teilchen mit *einer* Ladung ein *Antiteilchen* mit gleicher Masse, aber genau entgegengesetzter Ladung gibt. So wird bereits hier (besonders bei den Elementarteilchen) der quantisierte und symmetrische Aufbau der Natur sichtbar.

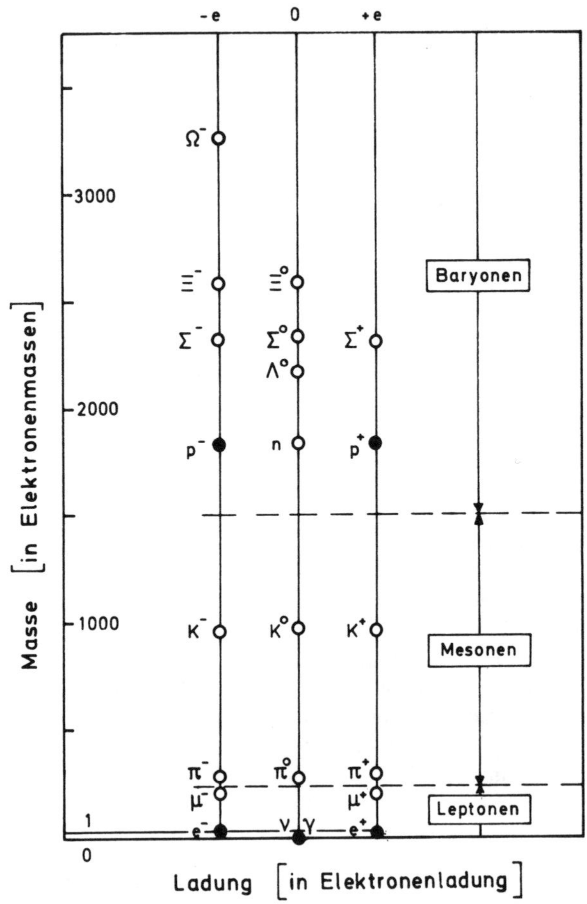

Bild 1.1: Die wichtigsten Elementarteilchen geordnet nach Ruhemasse und Ladung (● stabil, ○ instabil)

In der Natur wurden bisher nur Wasserstoffatome gefunden, die aus einem Proton und aus einem Elektron aufgebaut sind. Antiwasserstoff würde dagegen aus einem negativen Antiproton und einem Positron bestehen, hätte aber genau dieselben chemischen und optischen Eigenschaften wie normaler Wasserstoff. Gleiches gilt für Atome und Verbindungen, so daß grundsätzlich einige Sterne und Sternsysteme ganz aus *Antimaterie* bestehen könnten, ohne daß ihr optisches Verhalten dies andeutet. Wir wollen diese kosmologische Frage hier nicht weiter erörtern, verweisen aber auf die interessanten einführenden Darstellungen von H. Alfen[1]. Es ist jedoch wichtig festzuhalten, daß Teilchen und Antiteilchen nicht koexistieren können,

[1] Alfen, H.: Kosmologie und Antimaterie, Umschau-Verlag, Frankfurt 1967
Alfen, H.: Antimaterie, Bild d. Wiss. 7, 656 (1970)

Tabelle 1.1: **Die wichtigsten Elementarteilchen**

Art	Name	Symbol	Ladung	Ruhemasse in Elektronenmassen	mittlere Lebensdauer in Sekunden
Baryonen	Ω-Hyperon	Ω^-	−e	3273	$1{,}3 \cdot 10^{-10}$
	Ξ-Hyperon	Ξ^-	−e	2586	$1{,}66 \cdot 10^{-10}$
		Ξ^o	o	2573	$3{,}03 \cdot 10^{-10}$
	Σ-Hyperon	Σ^-	−e	2343	$1{,}49 \cdot 10^{-10}$
		Σ^o	o	2333	$< 1 \cdot 10^{-14}$
		Σ^+	+e	2328	$0{,}80 \cdot 10^{-10}$
	Λ-Hyperon	Λ^o	o	2183,2	$2{,}51 \cdot 10^{-10}$
	Neutron	n	o	1838,65	$0{,}93 \cdot 10^3$
	Proton	p	+e	1836,12	stabil
Mesonen	K-Mesonen	K^+, K^-	+e, −e	966,4	$1{,}2 \cdot 10^{-8}$
		K^o	o	974,0	50% $0{,}86 \cdot 10^{-10}$ 50% $5{,}38 \cdot 10^{-8}$
	π-Mesonen	π^+, π^-	+e, −e	273,2	$2{,}60 \cdot 10^{-8}$
		π^o	o	264,2	$0{,}89 \cdot 10^{-16}$
Leptonen	Myonen	μ^+, μ^-	+e, −e	206,8	$2{,}20 \cdot 10^{-6}$
	Elektron	e^-	−e	1	stabil
	Positron	e^+	+e	1	stabil
	e-Neutrino	ν_e	o	o	stabil
	e-Antineutrino	$\bar{\nu}_e$	o o	o	stabil
	μ-Neutrino	ν_μ	o	o	stabil
	μ-Antineutrino	$\bar{\nu}_\mu$	o	o	stabil
Photon	γ-Quant	γ	o	o	stabil

sondern sich gegenseitig auslöschen unter der Emission von anderen Teilchen (z.B. Mesonen oder Photonen).

Zwischen diesen Elementarteilchen gibt es eine Reihe von fundamentalen *Wechselwirkungen*, die auch für die Kräfte zwischen den Teilchen verantwortlich sind: Die *Gravitation* führt zum Beispiel zur Anziehung von zwei Massen (unabhängig von ihrer Ladung), die *elektromagnetische Wechselwirkung* zur Abstoßung gleichgeladener Teilchen und Anziehung von Ladungen ungleichen Vorzeichens (z.B. Proton und Elektron im Wasserstoffatom). Die *starke Wechselwirkung* existiert nur zwischen schweren Elementarteilchen (den Baryonen und den Mesonen in Tabelle 1.1). Sie führt zur Bindung der Protonen und Neutronen im Atomkern trotz der elektrischen Abstoßung der Protonen untereinander. Daneben gibt es noch die *schwache Wechselwirkung* zwischen leichten (Leptonen) und schweren Teilchen (Baryonen). Sie verursacht den Zerfall der meisten instabilen Elementarteilchen, deren Lebensdauern in Tabelle 1.1 zu finden sind.

Diese fundamentalen Wechselwirkungen führen nicht nur zu den Kräften zwischen Teilchen, sondern sind auch verantwortlich für die Umwandlung von Teilchen sowie den Ablauf von Reaktionen in zusammengesetzten Teilchensystemen.
Wenn zwei Kerne aufeinander geschossen werden, leiten die Kernkräfte Kernreaktionen ein, die zu Kernumwandlungen führen. Die elektromagnetische Wechselwirkung verursacht alle chemischen Reaktionen, während die Gravitation für die Bildung und Entwicklung kosmischer Objekte verantwortlich ist.

Die Gravitation

Die Gravitation ergibt immer eine anziehende Kraft zwischen zwei Elementarteilchen. Dabei ist belanglos, ob es sich um Teilchen oder Antiteilchen handelt, und wie groß die Ladungen sind. Die Anziehungskraft F ist nur bestimmt durch die Massen beider Teilchen (m, M) sowie durch deren gegenseitigen Abstand r nach folgendem Gesetz:

$$F = \gamma \frac{m\,M}{r^2}\,, \qquad \gamma = 6{,}674 \cdot 10^{-11}\ \text{Newton}\ \text{m}^2/\text{kg}^2.$$

Dabei ist γ die *universelle Gravitationskonstante*.

Die Gravitation ist die schwächste Wechselwirkung, die wir kennen. Dennoch besitzt sie die größte Bedeutung für die Struktur und Bewegung der großen (ungeladenen) Objekte des Universums: die Erde und die anderen Planeten bewegen sich unter dem Einfluß der Gravitation um die Sonne (Tabelle 1.2 gibt einige Daten unseres Planetensystems).

Tabelle 1.2: **Das Planetensystem**

	Masse (10^{24} kg)	Radius (10^3 km)	mittl.Dichte (g/cm^3)	mittl.Abstand v.d. Sonne (10^8 km)	Exzentrizität	Umlaufperiode (Tage)
Sonne	1990000	695	1,41	–	–	–
Merkur	0,31	2,43	5,4	0,580	0,206	88
Venus	4,88	6,05	5,2	1,081	0,0068	225
Erde	5,98	6,37	5,52	1,496	0,0167	365,26
Mars	0,64	3,38	3,9	2,278	0,093	687
Jupiter	1900	69,7	1,3	7,781	0,048	4332
Saturn	568	58,2	0,69	14,27	0,054	10759
Uranus	86,8	23,4	1,6	28,69	0,046	30684
Neptun	103	22,7	2,3	45,00	0,008	90710
Pluto	1,08±1,00	5,7	1,65±1,57	59,1	0,246	
				mittl.Abstand v.d. Erde		um die Erde
Mond	0,073	1,74	3,3	384400 km	0,0549	27,32

Mehr als 10^{10} Sterne mit einer sonnenähnlichen Masse bewegen sich mit uns um das galaktische Zentrum. Alle diese Sterne, auch die in außergalaktischen Nebeln (d.h. anderen „Galaxien"), haben sich unter dem Einfluß der Gravitation nach unseren Vorstellungen ursprünglich aus Dichteschwankungen der interstellaren Materie gebildet. Diese makroskopischen Wirkungen der Gravitation seien an drei Bildern illustriert:

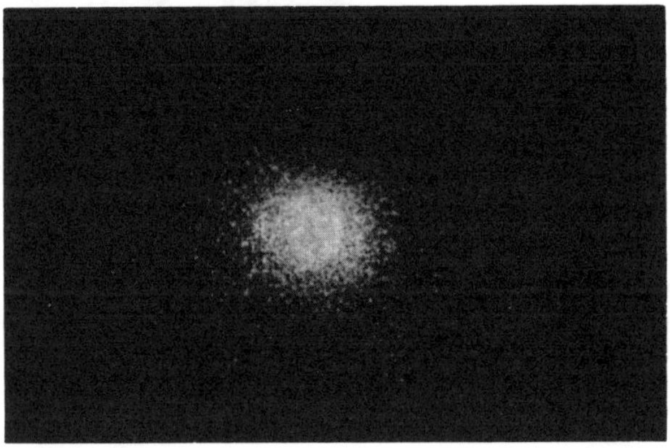

Bild 1.2: Der kugelförmige Sternhaufen NGC 6205 im Herkules enthält weit über 100 000 Einzelsterne. Er ist von uns etwa 22 000 Lichtjahre entfernt. Entsprechend der Abnahme der anziehenden Kraft nimmt die Sterndichte vom Zentrum nach außen ab. (Bildquelle: Gamow, die Geburt des Alls, Hanns Reich-Verlag, München, 1959)

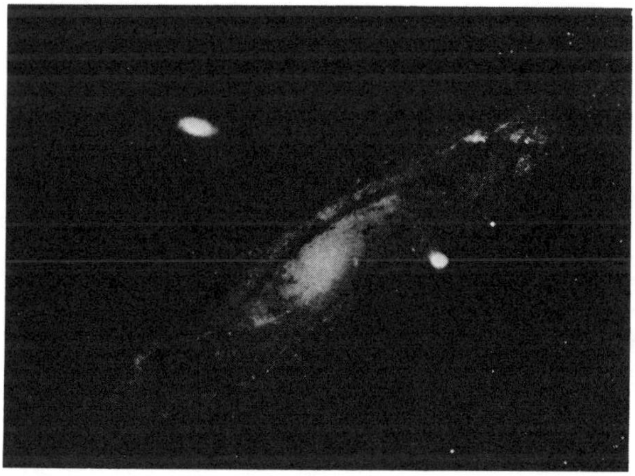

Bild 1.3a: Eine der großen Galaxien, die uns am nächsten ist, ist der große Nebel der Andromeda NGC 224 (Entfernung: 2 Millionen Lichtjahre, Durchmesser 100 000 Lichtjahre). Die Sterne haben sich in einer Ebene kontrahiert. Zwei kleine elliptische Sternsysteme begleiten ihn. (Bildquelle: vgl. Bild 1.2)

Bild 1.3b: Der Spiralnebel NGC 5195 in den Jagdhunden zeigt ausgeprägte Spiralarme, die sich infolge des Drehimpulses herausgebildet haben. So ähnlich müssen wir uns auch unsere Milchstraße vorstellen. (Bildquelle: vgl. Bild 1.2)

Zum Abschluß möchten wir noch auf ein wissenschaftlich hochaktuelles Phänomen in der Entwicklungsgeschichte alter Sterne hinweisen. Unter dem Einfluß der Gravitation kontrahieren alle Sterne, wobei so hohe Temperaturen entstehen, daß Kernreaktionen eingeleitet werden. Wenn die Masse des Sternes größer ist als das 1,5-fache der Sonne, kann die Freisetzung der Kernenergie in so kurzer Zeit erfolgen, daß der Stern explodiert. So entsteht eine *Supernova-Explosion,* in deren Zentrum sich fast die gesamte Sonnenmasse auf einen Radius von etwa 10 km kontrahiert hat.

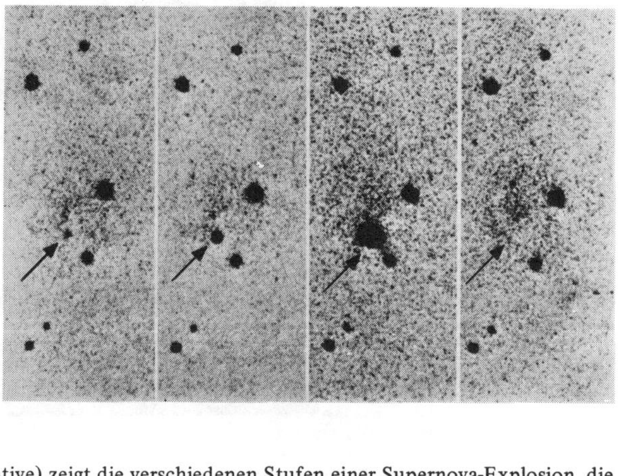

Bild 1.4: Die Bildfolge (Bildnegative) zeigt die verschiedenen Stufen einer Supernova-Explosion, die im Jahre 1937 beobachtet wurde. Während der Explosion erreicht der Stern etwa die 10^8-fache Leuchtkraft eines normalen Sterns. Das Ereignis fand vor 5 - 10 Millionen Jahren statt. (Bildquelle: vgl. Bild 1.2)

Das gesamte Objekt besitzt dann eine mittlere Dichte, die vergleichbar ist mit der eines Atomkernes. Es hat sich also unter dem Einfluß der Gravitation ein „Riesenkern“ gebildet, von dem man vermutet, daß er im wesentlichen aus Neutronen und neutronenreichen Atomkernen besteht (*Neutronenstern*).

Die elektromagnetische Wechselwirkung

So entscheidend die Gravitationskraft in der Astronomie ist, so bedeutungslos ist sie bei geladenen Elementarteilchen, weil hier die elektrischen Kräfte weitaus größer sind. Die elektrische Abstoßungskraft zwischen zwei Elektronen (in beliebigem Abstand) ist z.B. $4 \cdot 10^{42}$ mal stärker als ihre Anziehung aufgrund der Gravitation. Woher diese phantastische Zahl kommt, wissen wir noch nicht. Sicher ist nur, daß die Gravitation beim Aufbau der Kerne, Atome und Moleküle aus geladenen Elementarteilchen keine Rolle spielt.

Zwei *ruhende* Teilchen, jedes mit der Ladung e, üben eine elektrische Kraft aufeinander aus. Diese Kraft (auch *Coulombkraft* genannt) ist proportional zum Produkt beider Ladungen und – wie die Gravitationskraft – umgekehrt proportional zum Quadrat ihres Abstands. Im Unterschied zur Gravitation können jedoch auch abstoßende Kräfte zwischen zwei Teilchen auftreten, wenn sie nämlich Ladungen gleichen Vorzeichens tragen.

Darüber hinaus treten zusätzlich (sog. magnetische) Kräfte zwischen *gleichförmig bewegten* Ladungen auf. So gibt es bekanntlich Kräfte zwischen zwei parallelen stromdurchflossenen Drähten, obwohl beide Drähte elektrisch neutral sind. Diese magnetische Kraft, die die Grundlage vieler elektrischer Maschinen bildet, hängt nicht von der Ladung ab, sondern nur von der Größe und Richtung der Ströme. Bewegt man eine *Ladung* nicht mit gleicher Geschwindigkeit, sondern unterwirft man sie einer *beschleunigten Bewegung* (Beschleunigen, Abbremsen, periodische Schwingungen), so wirkt auch von dieser beschleunigten Ladung eine Kraft auf eine andere Ladung, wobei sich diese Kraftwirkung nur mit endlicher Geschwindigkeit ausbreitet. Man spricht von der *Aussendung elektromagnetischer Wellen* durch die beschleunigte Ladung.

Es sei auch erwähnt, daß in diesem Fall die Kraftwirkung der beschleunigten Ladung auf eine andere im Abstand r nur mit $1/r$ abnimmt (statt $1/r^2$ bei ruhenden Ladungen). Die große Reichweite ist von eminenter technischer Bedeutung für die Fernseh-, Rundfunk- und Nachrichtenübertragungen mit elektromagnetischen Wellen sowie für die Ausbreitung von Wärmestrahlung und Licht über große Entfernungen. Diese Prozesse werden ausführlich in Band 2 behandelt.

Erwähnt sei auch an dieser Stelle, daß beschleunigte *Massen* in der Lage sein sollten, die Gravitationswirkung auf eine andere Masse in Form sog. *Gravitationswellen,* die sich mit endlicher Geschwindigkeit ausbreiten, auszustrahlen. Die experimentelle Beobachtung solcher Gravitationswellen, die von unserem galaktischen Zentrum kommen und die Erde ohne Schwierigkeit durchdringen, hat Prof. J. Weber (Univ. of Maryland) veröffentlicht[1].

Nach den Gesetzen der elektromagnetischen Wechselwirkung, auf die wir später noch ausführlich eingehen werden, verlaufen fast alle Erscheinungen, die wir in der Natur finden und in der Technik nutzen. Diese Wechselwirkung ist nicht zuletzt auch die Grundlage der Biochemie und des Lebens.

Die starke Wechselwirkung

Die starke Wechselwirkung führt zu den großen Kräften zwischen Baryonen, insbesondere auch zwischen den zum Aufbau der Kerne wichtigen Nukleonen, der Neutronen und Protonen. Man kann zeigen, daß im Prinzip diese Wechselwirkung zwischen Nukleonen auf dem Austausch von Mesonen zwischen ihnen beruht, wobei die leichtesten, die π-Mesonen, eine besondere Rolle spielen. Die Gesetze der starken Wechselwirkung sind sehr kompliziert und ihre Erforschung ist noch immer eines der Hauptziele der Kern- und Elementarteilchenphysik. Hier sollen nur qualitativ einige Eigenschaften dieser Wechselwirkung beschrieben werden:

Die Nukleon-Nukleon-Wechselwirkung hat nur eine kurze Reichweite. Kräfte zwischen Nukleonen treten nur bei Abständen von kleiner als $2 \cdot 10^{-15}$ m auf. Bei größeren Abständen sind sie bedeutungslos.

Die Kraft zwischen zwei Nukleonen ist abhängig von der relativen Bahn und der Eigendrehung beider Nukleonen. Es gibt neben *anziehenden auch abstoßende Anteile.* Diese Abstoßung dominiert bei Abständen unter $0{,}4 \cdot 10^{-15}$ m. Zwischen $0{,}4 \cdot 10^{-15}$ m und $2 \cdot 10^{-15}$ m erfolgt Anziehung, und bei größeren Abständen verschwindet die Kraft.

Die Nukleon-Nukleon-Wechselwirkung ist *ladungsunabhängig,* d.h. n-n, n-p und p-p Paare üben die gleichen Kräfte aus, wenn sie sich vergleichbar bewegen.

Die Nukleon-Nukleon-Kraft ist verantwortlich für die Existenz von gebundenen Systemen aus mehreren Nukleonen, den Kernen. Der einfachste zusammengesetzte Kern besteht aus einem Neutron und einem Proton: dem Deuteron. Dieser Kern ist stabil, d.h. er kommt „in der Natur" vor. Weitere stabile Kerne sind bei

3 Nukleonen: ^{3}He : 2 Protonen + 1 Neutron
4 Nukleonen: ^{4}He : 2 Protonen + 2 Neutronen
5 Nukleonen: kein stabiler Kern
6 Nukleonen: ^{6}Li : 3 Protonen + 3 Neutronen

Der nukleonreichste, in der Natur vorkommende Kern ist ^{238}U, der aus 92 Protonen und 146 Neutronen besteht. Er hat einen Radius von $8 \cdot 10^{-15}$ m verglichen mit $1{,}3 \cdot 10^{-15}$ m für ein einzelnes Proton oder Neutron. Das Kernvolumen steigt

[1] Weber, J.: The Detection of Gravitational Waves, Scientific American, **224**, May (1971)
Thorne, K. S.: Gravitational-wave Research: Current Status and Future Report, Rev.Mod.Phys. **52**, 285 (1980)

im allgemeinen linear mit der Nukleonenzahl an, d.h. die Dichte der Kernmaterie ist bei allen Kernen etwa die gleiche.

Es ist eine interessante Tatsache, daß in erster Näherung die stabilen Kerne etwa gleich viele Neutronen wie Protonen besitzen, wie aus Bild 1.5 ersichtlich.

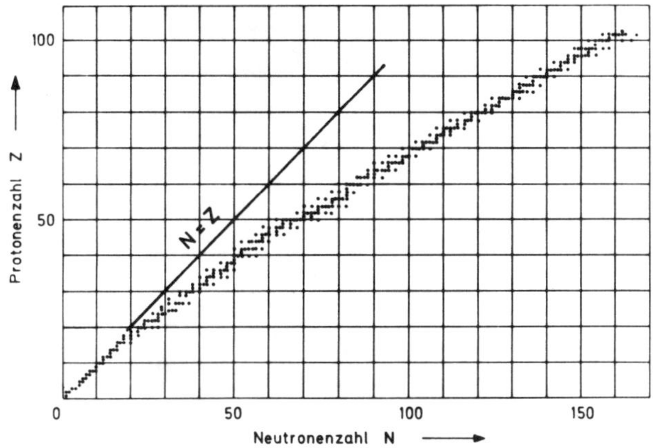

Bild 1.5: Übersicht über die stabilen Kerne in Abhängigkeit von der Protonen– und Neutronenzahl: in erster Näherung enthalten die stabilen Kerne etwa gleich viele Neutronen wie Protonen. Bei den schweren Kernen ist ein geringer Neutronenüberschuß vorhanden, gewissermaßen als "Kitt" für die abstoßenden Coulombkräfte, die mit zunehmender Protonenzahl stark anwachsen.

Wodurch wird nun die Zahl der Neutronen und Protonen, die stabile Kerne bilden, begrenzt? Bei den schwersten Kernen ist es die abstoßende Coulombkraft der Protonen, welche die anziehende starke Wechselwirkung übersteigt. Schwere Kerne neigen daher zum Zerfall unter Aussendung von ^{4}He-Kernen (α-Zerfall), oder sie spalten sich in zwei leichtere (Kernspaltung). –Warum aber kommt ein so kleiner Kern wie das 3-Nukleonensystem (Tritium), das nur aus 1 Proton und 2 Neutronen besteht, zum Zerfall?

Nach 12,35 Jahren hat sich die Hälfte der Tritiumkerne in ^{3}He (2 Protonen + 1 Neutron) umgewandelt. Die Ursache dieser Umwandlung eines Neutrons in Tritium in ein Proton des ^{3}He-Kerns liegt in der *sog. schwachen Wechselwirkung.*

Die schwache Wechselwirkung

Die Gesetze der schwachen Wechselwirkung sind experimentell intensiv erforscht und theoretisch gut verstanden. Sie sind jedoch etwas kompliziert, und wir wollen daher hier nur betonen, daß sie für die Zerfälle von Elementarteilchen verantwortlich sind. Wir wollen z.B. die Umwandlung von Neutronen in Protonen (und umgekehrt) im Kern betrachten:

$$n \to p^+ + e^- + \bar{\nu} \quad (\beta\text{-Zerfall, auch für freies Neutron}),$$
$$p^+ \to n + e^+ + \nu \quad (\text{Positronenzerfall}),$$
$$p^+ + e^- \to n + \nu \quad (\text{Elektroneneinfang}).$$

Diese drei Typen von Zerfällen regulieren das (Neutron/Proton)-Verhältnis im Kern und führen dazu, daß die stabilen Kerne etwa gleiche Zahlen von Neutronen und Protonen enthalten. Bild 1.6 zeigt anhand einer Nebelkammeraufnahme ein Beispiel eines β-Zerfalls.

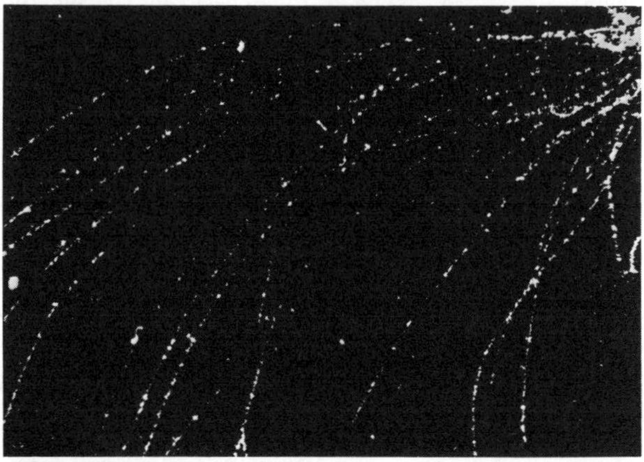

Bild 1.6: Nebelkammer-Aufnahme eines β-Zerfalls: von einer Quelle (rechts oben) treten die β-Strahlen des RaE-Präparates in die Kammer ein. Die Bahnen sind gekrümmt, da ein Magnetfeld angelegt ist. Über den Bahnradius läßt sich die Energie des Elektrons ermitteln. An den unterschiedlichen Bahnradien sieht man, daß das Energiespektrum der β-Strahlen kontinuierlich ist.(Bildquelle: W. Gerstner, H. Maier-Leibnitz und W. Bothe, Atlas typischer Nebelkammerbilder, Pergamon Press London, 1954)

1.2 Die Struktur der Materie

In diesem Abschnitt wollen wir eine Übersicht über den Aufbau der Materie geben, wie sie für die Problemstellungen der Atomphysik, Molekülphysik, Physik der kondensierten Materie, der Chemie und Biologie von grundlegender Bedeutung ist.

Atome

Sehr einfache Bausteine der Materie sind die Atome. Sie bestehen aus den Kernen, die von einer Elektronenhülle umgeben sind. Die geladenen Protonen der Kerne erzeugen ein Coulombfeld, das eine anziehende Kraft auf die Elektronen ausübt. Die Elektronen bewegen sich unter dem Einfluß der elektromagnetischen Wechselwirkung mit den Protonen und untereinander.

In einem normalen Atom ist die Zahl der Elektronen gleich der Protonenzahl. Wegen der exakten Gleichheit von Elektronen- und Protonenladung ist daher ein Atom normalerweise völlig neutral, und es übt auf ein Elektron, das sich in großer Entfernung relativ zur Ausdehnung des Atoms befindet, in erster Näherung keine elek-

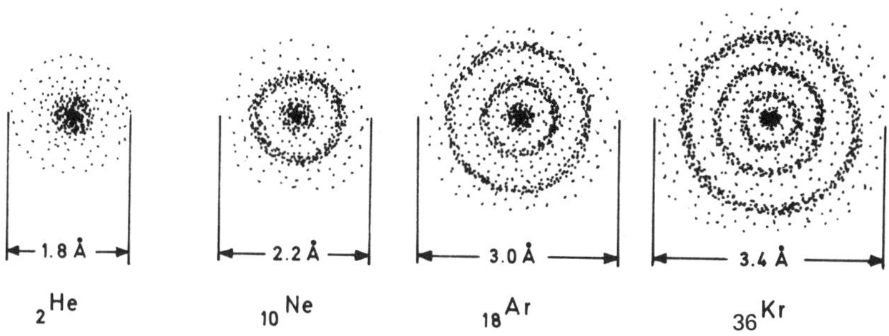

Bild 1.7: Die Verteilung der Elektronen in einigen Edelgasatomen: Die Elektronen folgen keinen wohldefinierten „Planetenbahnen". Die dunklen Bereiche deuten Orte mit hoher Aufenthaltswahrscheinlichkeit der Elektronen an (1 Å = 1 Ångström = 10^{-10} m).

trische Kraft aus: die anziehende Kraft der Protonen wird kompensiert von der gleich starken abstoßenden der Elektronen.

Der Aufbau von Atomen sei am Beispiel einiger Edelgas-Atome in Bild 1.7 näher beschrieben: im Zentrum dieser Atome befinden sich für Helium 2, für Neon 10, für Argon 18 und für Krypton 36 Protonen sowie die entsprechende zur Stabilität des Kernes erforderliche Anzahl von Neutronen. Um diese sind die Elektronen verteilt, deren Zahl genau der Protonenzahl im Kern entspricht. Wir werden später sehen, daß die Elektronen keinen wohldefinierten „Planetenbahnen" folgen. Man kann in der Atomphysik nur angeben, wie wahrscheinlich es ist, ein Elektron in bestimmten Regionen aufzufinden. Demzufolge soll die Dichte der Punkte die Aufenthaltswahrscheinlichkeit für Elektronen andeuten. Die Durchmesser der Atome vergrößern sich von $1{,}8 \cdot 10^{-10}$ m für Helium bis $3{,}4 \cdot 10^{-10}$ m für Krypton.

In der Chemie nennt man die Zahl der Protonen im Atom die *Ordnungszahl.* Im neutralen Atom stimmt sie mit der Zahl der Elektronen überein. Jede Ordnungszahl definiert ein chemisches *Element.* Bisher hat man 105 Elemente entdeckt. Ein Teil davon existiert allerdings nur im Laboratorium: sie kommen in der Natur nicht vor, da sie instabile Kerne besitzen. Von den Chemikern werden alle Elemente in das von Mendelejew konzipierte Periodensystem (siehe Umschlag) eingeordnet, welches die Elemente nach ihren periodisch wiederkehrenden ähnlichen chemischen Eigenschaften in Gruppen, wie z.B. die der Alkalimetalle oder der Edelgase, klassifiziert. Diese periodisch wiederkehrenden Eigenschaften werden, wie wir später sehen werden, nur von den äußersten Elektronen bestimmt.

Moleküle

Zwischen den Atomen gibt es eine Reihe von Kräften, die zur stabilen Aneinanderlagerung von Atomen in einem *Molekül* führen können. Diese bindenden Kräfte sind elektromagnetischer Natur und kommen zum Beispiel zwischen zwei Wasserstoffatomen im Prinzip folgendermaßen zustande: in großer Entfernung (groß gegen den atomaren Durchmesser $D = 10^{-10}$ m) treten wegen ihrer elektrischen Neutralität praktisch keine Kräfte zwischen ihnen auf (siehe Bild 1.8a). Nähern sich jedoch beide Atome auf einen Abstand kleiner als D, so können sich die Elektronenhüllen beider Atome gegenseitig durchdringen. Dabei kompensieren sich nicht mehr die abstoßenden und anziehenden Kräfte zwischen beiden Elektronenhüllen und positiven Kernen, und unter dem Einfluß der elektromagnetischen Wechselwirkung bildet sich eine neue stabile Ladungsverteilung aus, die in Bild 1.8b skizziert ist. Die beiden Kerne nehmen einen festen Abstand (von 0,7 D) ein. Versucht man, sie weiter voneinander zu trennen, so treten wegen der zwischen den Kernen liegenden negativen Elektronenladung anziehende Kräfte zwischen beiden Kernen auf. Diese Art von *homöopolarer* Bindung zwischen Atomen gehört zu den wichtigsten starken chemischen Bindungen.

Einige Moleküle bestehen nur aus wenigen Atomen wie HF, $HgCl_2$, H_2O und CH_4, deren Struktur schematisch in Bild 1.9 dargestellt ist. Während die inneren Elektronen mit den jeweiligen Atomen fest verbunden bleiben, verteilen sich die äußeren Elektronen neu zwischen den Atomen und veranlassen so die chemische Bindung, wie oben beschrieben. Die Kernabstände im Molekül sind nicht als starr anzusehen: auch in Molekülen führen Atome Bewegungen aus, zum Beispiel Schwingungen um die Gleichgewichtslage.

Andere Moleküle, insbesondere die biologisch wichtigen *Makromoleküle,* können aus sehr *vielen* Atomen aufgebaut sein. Zum Beispiel enthält ein typisches Pro-

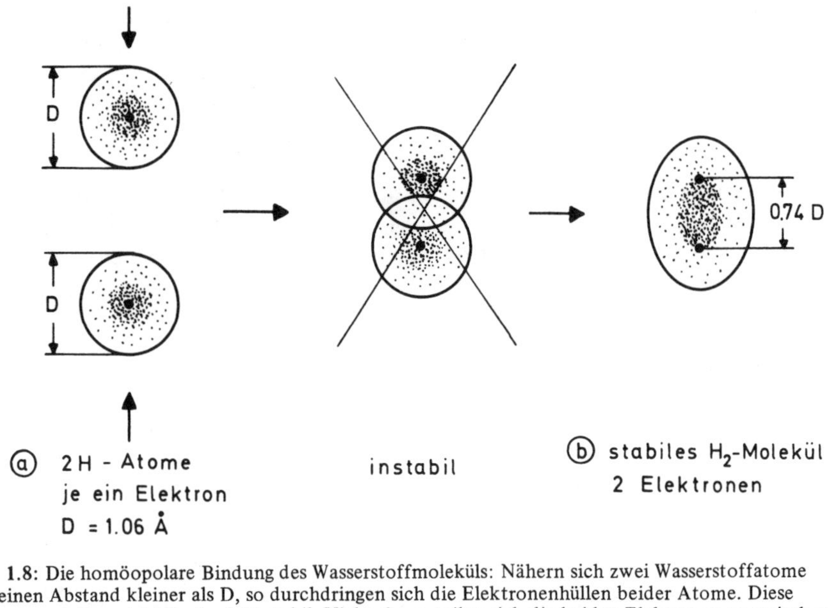

Bild 1.8: Die homöopolare Bindung des Wasserstoffmoleküls: Nähern sich zwei Wasserstoffatome auf einen Abstand kleiner als D, so durchdringen sich die Elektronenhüllen beider Atome. Diese Ladungsverteilung ist jedoch nicht stabil. Vielmehr verteilen sich die beiden Elektronen so zwischen den Kernen, daß ein Gleichgewicht zwischen den elektrischen Kräften besteht: bei größerem Kernabstand treten anziehende, bei kleinerem Abstand abstoßende Kräfte zwischen den Kernen auf.

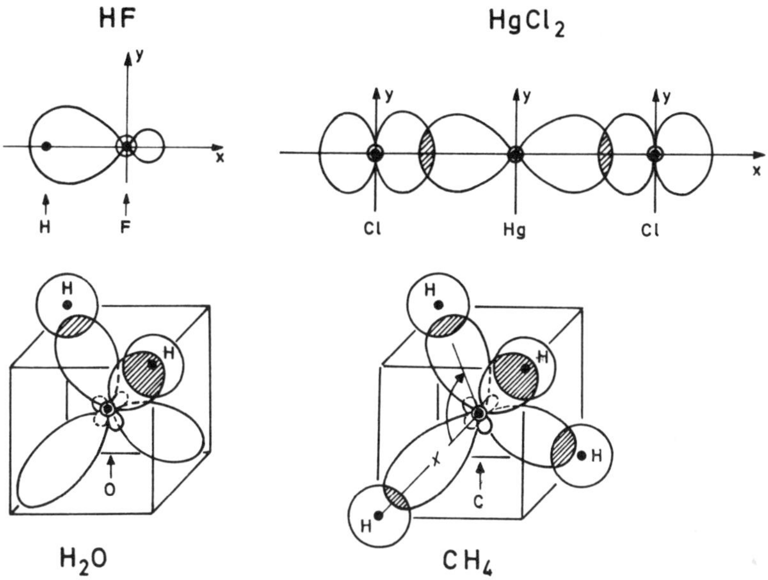

Bild 1.9: Beispiele von sehr einfach aufgebauten Molekülen: Während die inneren Elektronen (gekennzeichnet durch kleine Ringe) mit den jeweiligen Atomen fest verbunden bleiben, können sich die äußeren – mit unterschiedlicher Wahrscheinlichkeit – im ganzen Molekül aufhalten. Meist beteiligen sich 2 Elektronen an einer Bindung, wobei ihre Aufenthaltswahrscheinlichkeit in einer Region zwischen den Kernen am größten ist (σ-Bindung). Die Moleküle können sowohl gestreckt als auch gewinkelt sein mit genau bekannten Atomabständen (z. B. H-F: $0{,}92 \cdot 10^{-10}$ m, Cl-Hg-Cl: $2{,}30 \cdot 10^{-10}$ m) und Bindungswinkel (z. B. H-O-H: 104,5°, CH_4 : 109,5°). (Bildquelle: V. Gutmann und E. Hengge, Allgemeine und anorganische Chemie, Verlag Chemie, Weinheim, 1971)

teinmolekül, das Hämoglobin, welches für den Sauerstofftransport im Blut verantwortlich ist, vier Ketten von je 148 Aminosäuren und ist etwa 68000 mal schwerer als ein Wasserstoffatom. Es gehört zu den erstaunlichen Leistungen der lebenden Zelle, daß sie in der Lage ist, so große Proteinmoleküle mit spezifischer Aminosäure-Sequenz ohne Fehler in einigen Sekunden zu synthetisieren. Die gesamte Information zur Biosynthese dieser und vieler anderer Substanzen, welche die Zelle produziert, ist enthalten in einem DNS-Molekül (Desoxyribonukleinsäure). Bild 1.10 zeigt die berühmte Doppelhelixstruktur dieses Moleküls, welches in jeder menschlichen Zelle eine Länge von etwa 1 Meter besitzt, aber in einem Volumen von weniger als 10^{-18} m^3 „verpackt" ist. Die gesamte Information ist auf diesem langen Fadenmolekül durch die Sequenz von drei Basenpaaren (siehe Bild 1.10) analog zu einem Lochstreifen gespeichert.[1])

Die Zahl der bekannten Moleküle ist außerordentlich groß,und täglich werden neue Moleküle in den Laboratorien synthetisiert oder in biologischen Substanzen entdeckt. Schließlich sei auch auf die rasch wachsende technische Bedeutung anderer Makromoleküle, der sog. hochpolymeren Verbindungen,hingewiesen.

---

1) zur Geschichte der Entdeckung, siehe:
Watson, J.D.: Die Doppelhelix, Rowohlt, Hamburg (1969)

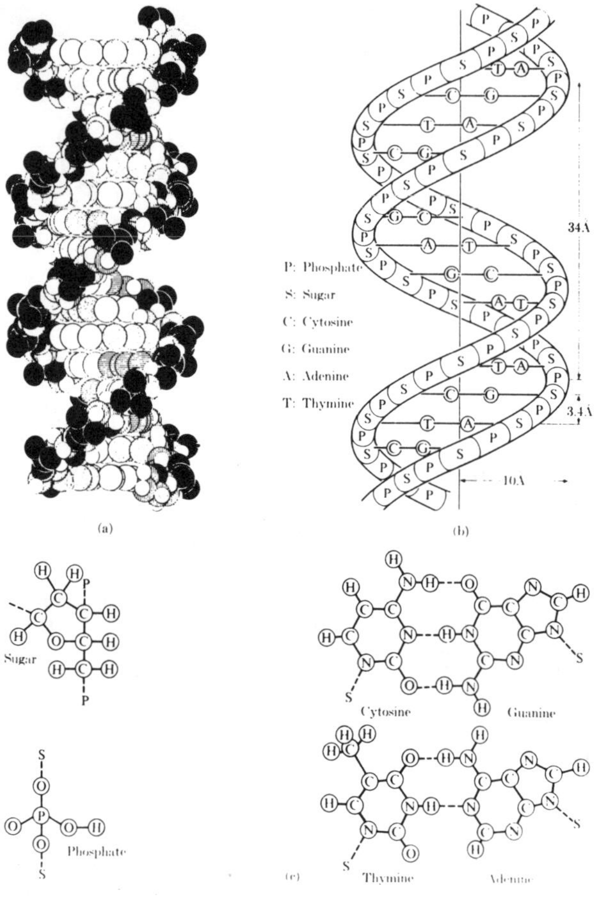

Bild 1.10: Crick-Watson Modell des DNS-Moleküls, des Trägers aller genetischen Informationen. Die Desoxyribonukleinsäure (DNS) ist eines der bestuntersuchten Riesenmoleküle. Röntgenbeugungsexperimente haben eine Doppelhelixstruktur gezeigt. Die beiden Helices sind verbunden durch Basenpaare A-T (Adenin-Thymin) oder C-G (Cytosin-Guanin) ähnlich den Sprossen einer Leiter. Jede Folge von 3 Basenpaaren (Sprossen) entspricht einer Information. Auf einem Faden von 1 m Länge lassen sich also über 10^8 Informationen oder Buchstaben unterbringen, d. h. derselbe Informationsgehalt wie eine Bibliothek von 500 Bänden. (Bildquelle: Alonso-Finn, Fundamental University Physics, Vol. 1, Addison Wesley Publishing Company, Reading, 1969, 1. Auflage)

Zustandsformen der Materie bei verschiedenen Temperaturen

Ein System von vielen gleichartigen Atomen oder Molekülen kann im festen, flüssigen oder gasförmigen Zustand vorliegen. Es ist primär die Wärmebewegung der Atome relativ zur Bindung, die mit der Temperatur ansteigt und die zu den verschiedenen Aggregatzuständen der Materie führt:

Unterhalb der sog. Schmelztemperatur liegt ein System von vielen Atomen in der Regel in *fester kristalliner oder amorpher Form* vor. Im Kristallgitter sind die Atome in räumlich periodischer Anordnung an Gleichgewichtslagen gebunden. Bei tiefen Temperaturen sind auch oft die äußeren Elektronen jedes Atoms an diesen Gitterpositionen lokalisiert und können sich nicht fortbewegen: ein solcher Kristall ist ein elektrisch nicht leitender *Isolator*. Bei einigen Kristallen jedoch, den sog. *Metallen*, ist die Bindung der äußeren Elektronen an das lokalisierte Atom zu schwach und diese Elektronen können sich von einem Atom zum anderen bewegen: Metalle sind daher elektrisch leitend. (Auch bei Isolatoren tritt bei erhöhten Temperaturen immer eine gewisse Leitung – die sog. *Halbleitung* – auf, weil die äußeren Elektronen aufgrund der erhöhten thermischen Bewegung doch die Bindung an „ihr" Atom teilweise überwinden können.) Auf diese technisch bedeutenden Prozesse der Elektronenleitung in festen Körpern werden wir in Band 2 ausführlicher zurückkommen.

Im Kristall kann jedes Atom um die Gitterposition, an die es gebunden ist, schwingen. Je höher die Temperatur, desto größer wird aber die thermische Schwingungsamplitude der Atome. Bei der Schmelztemperatur erreicht nun diese thermische Schwingungsamplitude etwa 10 Prozent des interatomaren Abstands. Der Kristall schmilzt, weil die Atome sich bei so großen Amplituden nicht mehr an den Gitterplatz binden lassen, sondern sich in der *Flüssigkeit* bewegen können. Beim Phasenübergang vom festen in den flüssigen Zustand ändern sich die interatomaren Abstände nur wenig: jedes Atom bewegt sich aufgrund seiner Wärmebewegung nach wie vor im Kraftfeld der Nachbaratome; zum Beispiel an der Flüssigkeitsoberfläche wird jedes Atom von den anziehenden Kräften der Nachbaratome festgehalten. Daher können von der Flüssigkeitsoberfläche nur die Atome entweichen, deren thermische Geschwindigkeit groß genug ist, um die attraktiven Kräfte der anderen zu überwinden. Dieser Vorgang heißt Verdampfung. Da nur die schnellsten Atome verdampfen, bleiben in der Flüssigkeit die langsameren zurück. Die Flüssigkeit kühlt sich daher beim Verdampfen ab.

In der *Gasphase* oberhalb der Flüssigkeit ist die mittlere Zahl der Atome pro Volumeneinheit sehr viel kleiner als in den kondensierten Phasen (fest und flüssig). Dadurch ist auch der mittlere interatomare Abstand groß verglichen mit der Reichweite der Kräfte zwischen ihnen. Die Teilchen bewegen sich in Gasen im wesentlichen frei. Nur manchmal kommen sie sich so nahe, daß sie im Stoß ihren Bewegungszustand ändern. Ihre charakteristische mittlere Geschwindigkeit steigt mit wachsender Temperatur an. Schließt man ein Gas zum Beispiel in den Zylinder eines eines Motors ein, so stoßen die Teilchen gegen die Zylinderwände sowie den Kolben und üben einen Druck auf den Kolben aus, der umso stärker ist, je höher die Gastemperatur ist. Zwischen dem Druck und der Temperatur besteht eine sehr einfache Beziehung (der Druck nimmt linear mit der Temperatur zu), worauf wir in Kürze zurückkommen werden.

Erhöht man die Temperatur und damit die Geschwindigkeit der Atome im Gas noch erheblich weiter, so kann bei den heftigen Stößen zwischen zwei Atomen sogar zuweilen ein Elektron von seinem Atom losgerissen werden, wobei neben dem freien Elektron ein positiv geladenes *Ion* zurückbleibt. Ein Gas, in welchem viele Atome derart in Elektronen und Ionen aufgespalten sind, nennt man *Plasma.* Eine solche Aufspaltung tritt wegen der hohen Temperaturen (10^7 K) zum Beispiel im Inneren leuchtender Sterne auf.

Seit etwa 15 Jahren versucht man in vielen Laboratorien der Welt, ein räumlich begrenztes Wasserstoffplasma stabil auf ähnliche Temperaturen zu heizen, um den Prozeß der Kernfusion, der den Sternen Energie liefert, auch auf der Erde in kontrollierter Weise in Gang zu bringen und zur Energiegewinnung zu nutzen. Wenn auch dieses Ziel bisher noch nicht erreicht werden konnte, so hat doch der Weg dahin zu vielen neuen Erkenntnissen über das Plasma und nicht zuletzt zu einer großen Entwicklung der Experimentierkunst im Umgang mit heißen Plasmen geführt.

Als praktisches Beispiel sei erwähnt der elektrisch geheizte *Plasmabrenner* (1920 von Gerdien in Deutschland erfunden), mit dem man heutzutage kontinuierlich Temperaturen von fast 20000 K zur Materialbearbeitung einsetzen kann. (Siehe Bild 1.11).

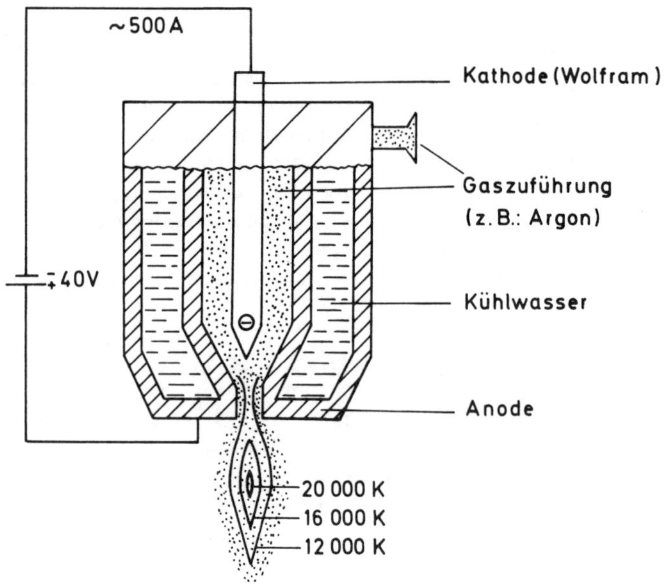

Bild 1.11: Plasmabrenner: Im Inneren des Plasmagenerators brennt eine elektrische Entladung und heizt das durchströmende Gas auf. Der emittierte Plasmastrahl erreicht außen Dauertemperaturen bis 20 000 K. Der Plasmabrenner wird u. a. verwendet zum Schmelzen, Schweißen und Schneiden von hochschmelzenden Materialien wie Wolfram und Titan. (Bildquelle: G. Hertz und R. Rompe, Einführung in die Plasmaphysik und ihre technische Anwendung, Akademie-Verlag, Berlin, 1968)

1.3 Grundkonzepte physikalischer Naturbeschreibung

Bisher haben wir versucht, eine Übersicht zu geben über die existierenden Teilchen und ihre Wechselwirkung sowie über die Zustandsformen der uns umgebenden Materie. Jetzt wollen wir eine neue wichtige Frage stellen: *Wie bewegt sich ein Teilchen unter dem Einfluß der Wechselwirkungen?* Welches zum Beispiel ist die Bahn einer Mondrakete unter dem Einfluß der Gravitation, oder wie bewegen sich die Nukleonen im Kern aufgrund der starken Wechselwirkung?

Der erste Versuch einer Beantwortung dieser wichtigen Frage nach dem Bewegungsablauf unter dem Einfluß einer Kraft wurde von Newton 1687 unternommen. Die *Newtonsche Gleichung,* welche zur Grundlage der *klassischen Mechanik* gehört, gibt zum Beispiel den Zusammenhang zwischen einer Bewegungsgröße (der bald einzuführenden Beschleunigung) und der Kraft wieder. Diese Gleichungen waren zunächst empirische Formulierungen von unmittelbar beobachteten Größen, später zeigte sich, daß sie sich aus wesentlich allgemeiner gültigen Invarianzprinzipien, so zum Beispiel der Erhaltung von Energie und Impuls, herleiten lassen. (Wir haben bereits weiter oben von der Erhaltung der Ladung beim Zerfall von Elementarteilchen gesprochen und werden noch andere kennenlernen.)

Der Anwendungsbereich dieser klassischen Mechanik ist umfangreich: Durch sie wurde es erstmals möglich, die Bewegung der Planeten am Himmel und aller Objekte auf der Erde unter dem Einfluß der Gravitation richtig zu beschreiben. Auch die Wirkungsweise mechanischer Maschinen, die Rotation und Schwingungen ausgedehnter Objekte, die Kinematik bei Stoßprozessen großer Massen und viele andere Erscheinungen, sogar aus dem Gebiet der Thermodynamik, fanden in der klassischen Mechanik eine befriedigende Erklärung.

So groß die Anfangserfolge dieser klassischen Mechanik auch waren, so war ihr Anwendungsbereich doch – wie sich erst in diesem Jahrhundert zeigte – durchaus beschränkt. Insbesondere stellte sich heraus, daß die Newtonschen Gleichungen außerhalb des Bereiches der Erfahrungen, aus denen sie ursprünglich gewonnen wurden, nicht mehr gültig sind. Zum Beispiel kommt die klassische Mechanik zu völlig falschen Vorhersagen, wenn man sie auf die *Bewegung mit großen Geschwindigkeiten* (nahe der Lichtgeschwindigkeit) oder auf die *Bewegung in mikroskopischen Dimensionen* (wie die Elektronenbewegung im Atom) anwendet. Die klassische Mechanik bedarf im Gebiet hoher Geschwindigkeiten der Ergänzung durch die *Relativitätstheorie* und im Bereich atomarer Dimensionen durch die *Quantentheorie.* Beides sei noch ein wenig erläutert.

Die Newtonsche Mechanik benutzte ein *Konzept von Raum und Zeit,* nach dem die Zeit nicht vom Bezugssystem abhängt. Insbesondere sollte demnach eine ruhende und eine bewegte Uhr dieselbe absolute Zeit anzeigen. Dieser Zeitbegriff ist, wie wir seit Anfang dieses Jahrhunderts wissen, falsch, so einleuchtend er zunächst auch erscheint: Es ist inzwischen experimentell erwiesen, daß bei einer Relativgeschwindigkeit zwischen beiden Uhren die eine schneller läuft als die andere. Dies wurde zuerst 1905 von Einstein vorhergesagt. Die erstaunlichen Konsequenzen seiner *Relativitätstheorie* machen sich besonders bei hohen Geschwindigkeiten bemerkbar: Kein Körper kann sich zum Beispiel schneller bewegen als die Lichtgeschwindigkeit, und bei der Annäherung an die Lichtgeschwindigkeit wird seine Masse unendlich groß. Beides steht im Widerspruch zur klassischen Mechanik, die demnach nur bei sehr viel kleineren Geschwindigkeiten gültig bleibt. (Die klassische und die relativistische Mechanik bilden die Hauptthemen des ersten Bandes, wir wollen daher hier nicht weiter darauf eingehen.)

Die andere Grenze für die Gültigkeit der Newtonschen Mechanik liegt in der Bewegung kleiner Massen in kleinen Dimensionen, wie schon oben angedeutet. Zum Beispiel können wir mit der klassischen Mechanik nicht die Bewegung der Nukleonen im Kern beschreiben, selbst wenn uns die Kraftgesetze der starken Wechselwirkung wohl bekannt wären. Genauso wenig ist auch die Bewegung der Elektronen im Atom oder die chemische Bindung zwischen Atomen mit Hilfe der klassischen Mechanik zu verstehen. Ähnliches gilt für die Bewegung der Atome im Festkörper sowie die atomare Lichtemission. Wir fassen zusammen: Alle wesentlichen Fragen im Zusammenhang mit der Struktur der Materie sind nicht beantwortbar mit den klassischen Gesetzen.

Wie bewegen sich nun die Elektronen in einem Atom, wenn nicht nach den Gesetzen der Newtonschen Mechanik? Für diese Frage sind eine Reihe von grundlegenden Experimenten wichtig, die 1926 zum erstenmal deutlich zeigten, daß sich überraschenderweise Teilchen (z.B. Elektronen) in Bewegung genauso verhalten wie laufende Wellen. Seitdem steht aufgrund vieler neuer Beobachtungen allgemein fest: *Teilchen verhalten sich wie Wellen und Wellen wie Teilchen.* Wir wollen zwei solcher Beobachtungen hier anführen: Im ersten Experiment (siehe Bild 1.12) wollen wir ein Phänomen beschreiben, das mit Teilchen (nämlich mit Elektronen) hervorgebracht wurde, und in dem man deutlich eine Wellenerscheinung sieht. Im zweiten Versuch (Bild 1.13) wollen wir zeigen, daß umgekehrt auch elektromagnetische Lichtwellen sich wie Teilchen verhalten.

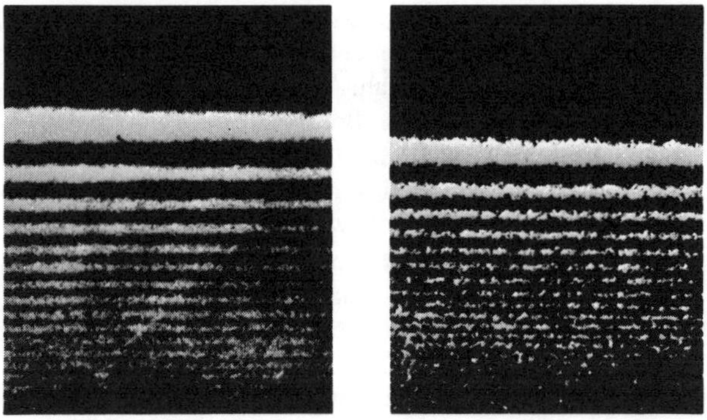

Bild 1.12: Beugung von Lichtwellen und Elektronen an einer Kante. Das bekannte Beugungsbild von Lichtwellen (linkes Bild) wird verglichen mit dem Resultat eines Experiments, in dem Elektronen hinter einer Kristallkante beobachtet wurden. Die so entstandene Elektronenaufnahme ist rechts vergrößert wiedergegeben, um die gleiche Struktur beider Bilder deutlich zu machen. (Bildquelle: A. P. French, A. M. Hudson, Physics-A New Introductory Course, MIT 1965 Copyright, Science Teaching Center, Massachusetts Institute of Technology)

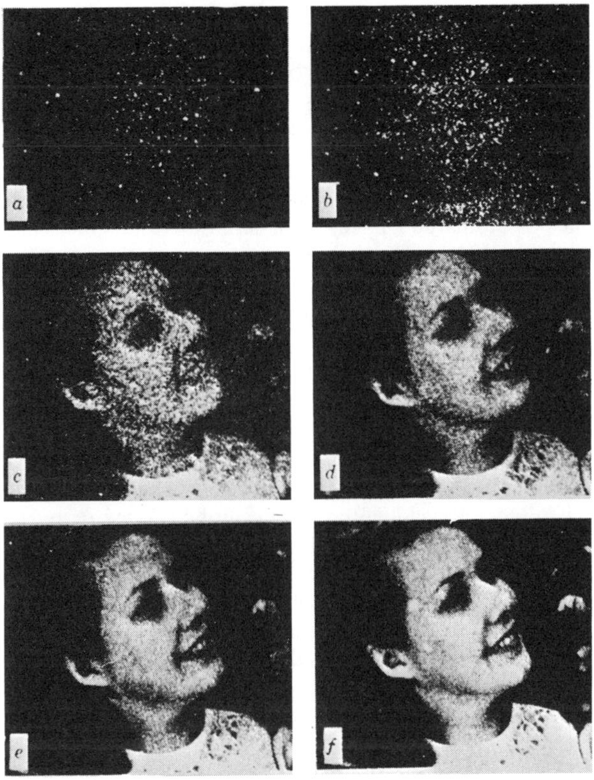

Bild 1.13: Photographie eines Mädchens mit variabler Belichtungszeit. Die Struktur der Bilder zeigt deutlich die granulare Eigenschaft der Lichtwellen. Die Zahl der Photonen wächst stetig von 10^3 im ersten Bild bis zu 10^7 im letzten. Bildquelle: A. Rose, Advances in Biology and Med. Phys., 5,211, (1957)

Dieser beobachtete Wellencharakter der Materie bildet die Grundlage der sog. *Wellenmechanik* oder *Quantenmechanik,* deren Entwicklung durch Born, Heisenberg und Schrödinger zu den großartigen Höhepunkten der Physik in unserem Jahrhundert gehört. Wir werden hierauf ausführlich in Band 3 zurückkommen.

Der Wellencharakter der Materie macht sich allerdings erst bei Bewegungen in mikroskopischen Dimensionen, die so klein sind wie die Wellenlängen (Abstand benachbarter Wellenberge) entscheidend bemerkbar. Da so kleine Dimensionen unserer direkten Anschauung nicht zugänglich sind, erscheinen uns auch die quantenmechanischen Gesetze, nach denen sich z.B. ein Elektron im Atom bewegt, ganz unnatürlich. Dies wollen wir an einigen Beispielen erläutern:

Zuerst stellen wir fest, daß die Vorstellung, die Elektronen in einem Atom hätten eine bestimmte Geschwindigkeit an einem definierten Ort, im Mikroskopischen *nicht* aufrecht erhalten werden kann. Nach einer Grundregel der Quantenmechanik kann man nämlich *grundsätzlich* nicht gleichzeitig den Ort *und* die Geschwindigkeit der Elektronen genau messen. Vielmehr wird die Unschärfe der Ortsbestimmung (Δx)

desto größer, je kleiner die Unschärfe der Geschwindigkeit (Δv_x) ist nach der folgenden sog. *Heisenbergschen Unschärferelation:*

$$\Delta x \cdot \Delta v_x = \text{const.}$$

Die Konsequenz dieser neuartigen quantenmechanischen Regel besteht darin, daß man in atomaren Dimensionen dem Elektron keine scharfe Geschwindigkeit und damit auch keine feste Bahn mehr zuordnen kann.

Als Anwendung der Unschärferelation wollen wir versuchen, zunächst eine überraschende Eigenschaft des Atoms, nämlich seine Größe, zu erklären. *Warum hat die Elektronenhülle eines H-Atoms einen Durchmesser von 10^{-10} m*, obwohl der Kern um fast fünf Größenordnungen kleiner ist? Im Rahmen der klassischen Mechanik sollte man erwarten, daß in der stabilsten Anordnung alle Elektronen durch die Coulombkraft in das Kerninnere gezogen würden. Wenn die Elektronen sich nur im Kern befinden würden, wäre ihr Ort sehr genau lokalisierbar. Entsprechend der quantenmechanischen Regel müßten sie eine große Unschärfe in der Geschwindigkeit besitzen. Es würden also große Geschwindigkeiten vorkommen, die es den Elektronen ermöglichen würden, die Coulombkraft im Kerninneren zu überwinden und zu entweichen. Anstelle dessen gehen die Elektronen einen Kompromiß ein: sie nehmen zwar einen größeren Raum ein und bewegen sich dafür aber mit einer kleineren mittleren Geschwindigkeit. So bleiben sie also an den Kern gebunden, aber in relativ großem Abstand.

In diesem Zusammenhang sei auch erwähnt, daß die Atome sich in einem Kristall auch am absoluten Nullpunkt der Temperatur noch bewegen. Warum? Nun, wenn sie ruhen würden ($\Delta v = 0$), müßten sie nach der Unschärferelation einen unendlich großen Platz zur Verfügung haben ($\Delta x = \infty$). Da ihr Spielraum aber durch die Nachbarn beschränkt ist, bleiben sie selbst bei $T = 0$ noch in Bewegung (*Nullpunktsbewegung*).

Im Folgenden sei auch noch ein anderes wichtiges Prinzip der Quantenmechanik erwähnt, da es die Erkenntnistheorie und Philosophie der Naturwissenschaften drastisch verändert hat. Quantenmechanisch gilt nämlich Folgendes: Es ist – genau genommen – nicht möglich, vorauszusagen, was sich unter einem bestimmten Umstand zu einer bestimmten Zeit ereignen wird. Betrachten wir zum Beispiel einen Tritiumkern, der instabil ist und in ^{3}He, ein Elektron und ein Antineutrino zerfallen muß. Wir können den Zerfall durch Auftreten eines Elektrons in einem Zählrohr nachweisen. Wenn wir aber einen bestimmten Tritiumkern betrachten, können wir grundsätzlich nicht voraussagen, wann der Zerfall erfolgen wird, d.h. wann wir das dabei entstehende Elektron im Zählrohr nachweisen werden. Oder, wenn wir viele Kerne betrachten, können wir nur voraussagen, wieviele Tritiumkerne im Mittel in einem gewissen Zeitintervall zerfallen werden. Wenn wir die Zerfälle messen, können es manchmal weniger oder mehr sein. Wir beobachten Schwankungen nach den Gesetzen der Statistik um den Mittelwert (z.B. das statistische Ticken eines Zählrohrs). Die Natur ist aufgrund experimenteller Tatsachen einfach so, daß es prinzipiell unmöglich ist, eine genaue Voraussage zu machen, was bei einem einzelnen Experiment genau passieren wird. Wir können im Mikroskopischen nur statistische Aussagen machen.

Die Quantenmechanik bringt auch eine neue Beschreibung der elektromagnetischen Wechselwirkung. Eine elektromagnetische Welle kann auch als Teilchen angesehen werden. Dieses Teilchen nennt man *Photon.* Es breitet sich wie das Feld der Welle mit Lichtgeschwindigkeit im Raum aus.

Da die Quantenmechanik so wichtig ist für die Beschreibung der Materie, werden wir im Laufe dieses Kurses relativ früh quantenmechanische Phänomene kennenlernen, um möglichst bald eine Grundlage zum Verständnis der quantenmechanischen Regeln zu gewinnen.

Literaturhinweise zu Kapitel 1

Einstein, A. und Infeld, L.: Die Evolution der Physik, von Newton zur Quantentheorie, Rowohlt, rde Bd. 12, Hamburg (1956).

Dirac, P. A. M.: The Evolution of the Physicist's Picture of Nature, Scientific American **208**, May (1963).

Segrè, E.: Die großen Physiker und ihre Entdeckungen, von den Röntgenstrahlen zu den Quarks, Piper-Verlag (1981).

Fermi, Laura: Mein Mann und das Atom, Diederichs-Verlag (1956).

Hermann, A.: Die Jahrhundertwissenschaft, Werner Heisenberg und die Physik seiner Zeit, Deutsche Verlagsanstalt (1977).

Unsöld, A. und Baschek, B.: Der neue Kosmos, Springer Verlag (1983).

Kippenhahn, R.: 100 Milliarden Sonnen; Geburt, Leben und Tod der Sterne, Piper-Verlag (1980).

Irvine, J. M.: Neutron-Stars, Clarendon Press, Oxford (1978).

Smith, F. G.: Pulsars, Cambridge Univ. Press (1977).

Fritzsch, H.: Quarks, Urstoff unserer Welt, Piper-Verlag (1981).

Weinberg, St.: Die ersten drei Minuten; der Ursprung des Universums, Piper-Verlag (1978).

Fritzsch, H.: Vom Urknall zum Zerfall, Piper-Verlag (1983).

Alfven, H.: Kosmologie und Antimaterie, Umschau-Verlag (1967).

Gamov, G.: Geburt des Alls, H. Reich Verlag, München (1959).

Der neue Hamburger HERA-Beschleuniger (Hadron-Elektron-Ring-Anlage), Physik Blätter, **40**, 153 (1984).

Pinkau, K.: Kernfusion mit magnetisch eingeschlossenen Plasmen, Physik in unserer Zeit **5**, 138 (1982).

Weisskopf, V.: Der Aufbau der Materie in drei Schritten, Physik in unserer Zeit **2**, 111, (1971).

Eigen, M. und Winkler, R.: Das Spiel, Naturgesetze steuern die Evolution, Piper-Verlag (1979).

Watson, J. D.: Die Doppelhelix, London; Weidenfeld & Nicolson (1968).

Hoppe, W., Lohmann, W., Markl, H. und Ziegler, H.: Biophysics, Springer Verlag (1984).

2. Grundbegriffe der Bewegung

Die Grundlagen der Bewegungslehre, d.h. der Beschreibung des Ortes eines bewegten Objektes als Funktion der Zeit, gehen auf Galileo Galilei (1564 – 1642) zurück. Der Anstoß hierzu war die aufsehenerregende Entdeckung des Nikolaus Kopernikus, daß viele Erscheinungen der Astronomie einfacher zu verstehen sind, wenn sich die Erde täglich um sich selbst dreht und dabei gleichzeitig zusammen mit den anderen Planeten die Sonne umkreist. Dies widersprach jedoch vollkommen der Vorstellungswelt des damaligen Menschen. So bedurfte zum Beispiel die Frage einer Klärung, warum nicht die Erde auf ihrer rasenden Fahrt durch den Raum den Mond verliert.

Deshalb begann Galilei, Bewegungsvorgänge auf der Erde, speziell die Fallbewegung und Wurfbahnen, genauer zu untersuchen. Im Gegensatz zu seinen Vorgängern schaute er jedoch nicht nur zu, sondern er plante genaue *Experimente* und machte *quantitative Beobachtungen* zum zeitlichen und räumlichen Ablauf von Bewegungen. So ließ er in einem Experiment eine Kugel langsam eine schiefe Ebene hinunterrollen und bestimmte, *wieweit* die Kugel *in welcher Zeit rollte*:

Bild 2.1

.... „Wir verwendeten eine etwa 12 Ellen lange, eine halbe Elle breite und drei Fingerbreiten dicke Planke oder Bohle; an ihrer Schmalseite wurde eine etwa einen Finger breite, vollkommen gerade Rinne eingeschnitten; diese glätteten und polierten wir und kleideten sie mit möglichst glattem, gut poliertem Pergament aus. In der Rinne ließen wir eine harte, glatte und vollkommen runde Bronzekugel rollen. Wir lagerten das eine Ende der Planke ein bis zwei Ellen höher als das andere und ließen, wie ich soeben sagte, entlang der jetzt schief liegenden Rinne die Kugel rollen. Diesen Versuch wiederholten wir mehrere Male, um die Meßgenauigkeit der Zeit so weit zu erhöhen, daß die Abweichungen zwischen je zwei Beobachtungen nie größer als ein Zehntel Pulsschlag waren.

Als dies vollbracht war und wir uns von der Zuverlässigkeit der Methode überzeugt hatten, ließen wir die Kugel nur den vierten Teil der Gesamtlänge der Rinne durchlaufen; als wir die hierfür nötige Zeitspanne maßen, stellten wir fest, daß sie genau die Hälfte von der im ersten Versuch gemessenen betrug. Dann untersuchten wir andere Entfernungen und verglichen die zum Durchlaufen der gesamten Länge der Rinne benötigte Zeit mit der für die Hälfte, zwei Drittel, drei Viertel oder einen beliebigen Bruchteil benötigten; bei diesen Versuchen, die wir volle hundertmal wiederholten, erhielten wir stets das Ergebnis, daß sich die zurückgelegten Strecken wie die Quadrate der Zeiten verhielten; das traf für alle Neigungen der Ebene, d.h. der Rinne, zu, über die wir die Kugel rollen ließen.

Zur Messung der Zeit verwendeten wir ein großes, mit Wasser gefülltes, in erhöhter Lage aufgestelltes Gefäß; auf seinem Boden war ein Röhrchen mit kleinem Durchmesser angelötet, durch das ein dünner Wasserstrahl herausspritzte. Während der Laufzeit der Kugel über die ganze Länge der Rinne oder über einen Bruchteil ihrer Länge wurde das auslaufende Wasser in einem kleinen Glas gesammelt und anschließend auf einer sehr genauen Waage gewogen; die Differenzen und Verhältnisse der Gewichte gaben uns die Differenzen und Verhältnisse der Zeiten, und zwar mit solcher Genauigkeit, daß trotz vieler, vieler Wiederholungen keine nennenswerten Schwankungen der Meßwerte auftraten."

Entnommen: Galileo Galilei, Abhandlungen und Demonstrationen zu zwei neuen Wissenschaften, 1638
Textnachweis: I.B. Cohen, Geburt einer neuen Physik, Kurt-Desch-Verlag, 1960

Wir wollen dem Vorgehen Galileis folgen und zunächst besprechen, wie man die Zeit und die Entfernung messen kann.

2.1 Zeitmessung

Zuerst könnten wir fragen: *Was ist Zeit?* Ein bekannter Naturphilosoph, Hermann Weyl, definiert: „Zeit ist die Urform des Bewußtseinsstromes". Der Volksmund meint: „Kommt Zeit, kommt Rat" oder „Zeit heilt alles". Für die Beobachtung einer Bewegung scheinen diese Antworten nicht besonders nützlich zu sein. Da wir selbst das „Wesen der Zeit" auch nicht besser definieren können, wollen wir hier nur fragen, wie man Zeit *messen* kann.

Um die Länge eines Zeitintervalls abzuschätzen, können wir uns nicht auf unser „Zeitgefühl" verlassen. Wie unzuverlässig dieses Zeitgefühl sein kann, wird von Ernst Mach wie folgt beschrieben: „Wie sicherlich schon jeder erfahren hat , tritt während des Träumens ein eigentümlicher Anachronismus auf. Wir träumen zum Beispiel von einem Mann, der uns über eine halbe Stunde verfolgt und schließlich auf uns schießt. Dann erwachen wir plötzlich und nehmen erst jetzt den Gegenstand wahr, der gerade auf den Boden fällt und durch sein Fallen den ganzen Traum verursacht hat". Während des Träumens können offenbar in unserem Bewußtsein Zeiten von einer halben Stunde in Bruchteilen einer Sekunde ablaufen.

Deshalb werden wir für eine zuverlässige Zeitmessung die Zeitintervalle mit einem zeitlich definiert ablaufenden physikalischen Vorgang vergleichen. Besonders einfach ist dieser Vergleich, wenn man periodische Vorgänge zugrunde legt, zum Beispiel die Bewegung der „Unruhe" einer Uhr. Dann besteht die Art, Zeit zu messen, nur noch darin, zu zählen, wie oft sich ein wohldefiniertes Ereignis wiederholt.

Fragen wir z.B. einen lebenserfahrenen Beduinen, wie lange man braucht, um zur nächsten Oase zu kommen, so sagt er einfach: „Zehn Zigarettenlängen bis zum Ende mit King-Size-Filter." Man kann aber auch andere Maßeinheiten benutzen. Beispielsweise geht die Sonne Tag für Tag auf und steht mittags am höchsten Punkt des Himmels. Wir zählen die Kulminationen und machen Striche. Beim siebten Strich sagen wir, jetzt legen wir einen Ruhetag ein, um die Woche, d.h. 7 Tage, nach Gottes Willen zu beendigen. Mit dem 8. Strich fängt eine neue Wochenperiode an. Um die Reproduzierbarkeit unserer Zeiteinheit, den Tag, zu überprüfen, müssen wir feststellen, ob wir immer gleich lange warten müssen, bis die Sonne kulminiert, oder anders ausgedrückt, sich die Erde einmal gedreht hat.

Wie können wir aber prüfen, daß die Zeitdauer der Tage immer gleich ist? Eine Möglichkeit besteht darin, daß wir die Tage mit anderen definierten Vorgängen vergleichen, z.B. mit einem Stundenglas, in dem Sand durch eine Verengung läuft. Zählen wir, wie oft wir ein Glas von Mittag bis Mittag umdrehen müssen, dann finden wir, daß jeder Tag ziemlich genau 24 Drehungen enthält, also 24 Stunden. Damit haben wir gezeigt, daß die *Stunde* und der *Tag* regelmäßige Perioden darstellen, genauer gesagt, daß die Regelmäßigkeit des Stundenglases und der Erdumdrehung zusammenpassen.

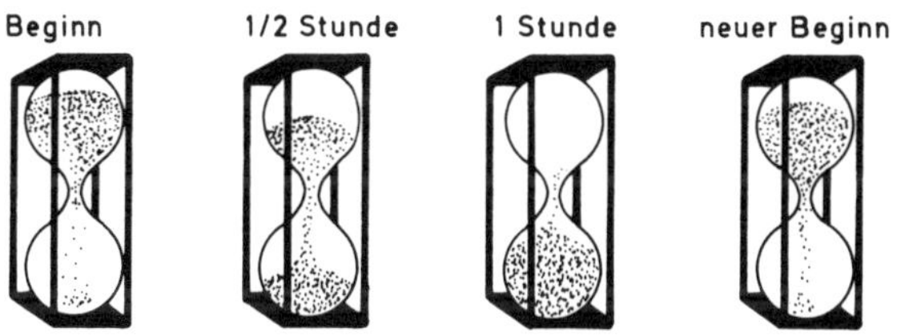

Bild 2.2: Stundenglas mit Sand

Kurze Zeiten

Während wir die Reproduzierbarkeit des Tages prüften, haben wir noch etwas Wichtiges dazugelernt. Wir können die Zeit genauer messen dadurch, daß wir den Tag in 24 Stunden unterteilt haben. Wir können die Unterteilung weiter treiben, indem wir regelmäßige Vorgänge mit kürzerer Periode untersuchen. Galilei konstruierte dazu ein Pendel:

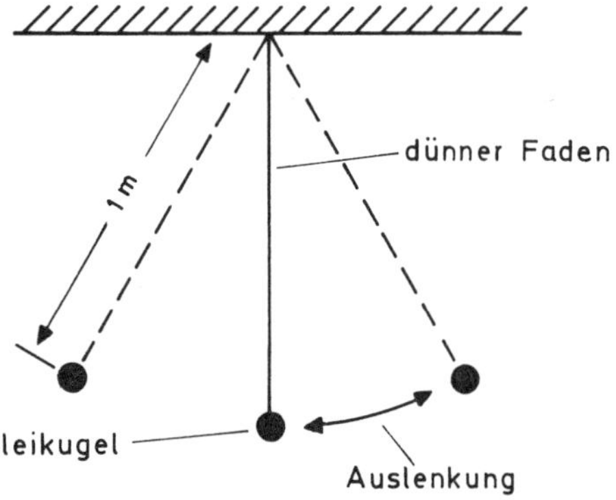

Bild 2.3: Das Sekundenpendel ist ein Pendel, das zu einer Halbschwingung 1 Sekunde benötigt. Am 50. Breitengrad ergibt sich die Pendellänge zu l = 0,994 m. Pendeluhren waren lange Zeit die genauesten Uhren (mittlerer täglicher Gang: 0,02 s).

Die Schwingungsdauer des skizzierten sog. *Sekundenpendels* ist unabhängig von der Auslenkung (falls diese klein ist gegenüber der Fadenlänge) und hängt nur von der Länge des Fadens, an dem das Pendel aufgehängt ist, ab. Zum Beispiel für eine Fadenlänge von $\frac{9{,}81}{\pi^2}$ m $\approx$ 1 m schwingt das Pendel pro Stunde 1 800 mal hin und her, so daß es also 3 600 mal den gleichen Weg durchläuft. Damit haben wir den Tag in 24 x 3 600 = 86 400 Stücke aufgeteilt, die man *Sekunden* nennt. Wir können zwar die Zeit mit Pendeln kürzerer Schwingungsdauer noch etwas weiter unterteilen, dies gelingt jedoch wesentlich besser, wenn wir eine andere Art von periodischer Schwingung benützen, z.B. die mechanische Schwingung einer Stimmgabel oder einer flachen Quarzplatte (vgl. Bild 2.4).

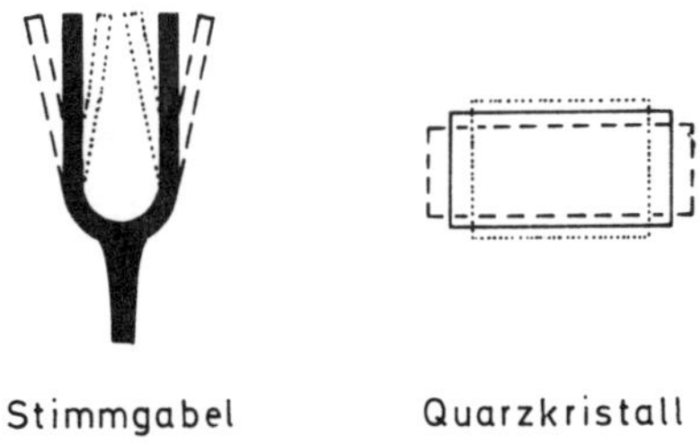

Bild 2.4: Stimmgabel - und Quarzuhr. Die Biegeschwingung einer Stimmgabel hat eine Schwingungsdauer von etwa 10^{-3} s, die „Dickenschwingung" eines Quarzkristalls hat eine noch kürzere Periode von 10^{-7} s. Die Anregung der Schwingung und die Zählung der Perioden erfolgt elektronisch. Damit können Zeiten bis 10^{-3} s bzw. 10^{-7} s gemessen werden. Zudem sind vor allem Quarzuhren sehr genau (mittlerer täglicher Gang: 0,2 ms).

Man kann aber auch die periodischen Bewegungen von Atomen in einem Molekül oder Elektronen im Atom zur Messung noch kürzerer Zeit benutzen. Als Beispiele seien die folgenden Frequenzen angegeben:

Ammoniak:		24×10^9 Schwingungen pro Sekunde,
Wasserstoff-atom	:	$1{,}5 \times 10^9$ Schwingungen pro Sekunde,
Caesium-atom	:	$9{,}19 \times 10^9$ Schwingungen pro Sekunde (genauer: 9192631770).

Diese Schwingungszahlen sind außerordentlich genau bekannt, so daß man z.B. mit einer „Caesiumuhr" die Länge einer Sekunde auf 10^{-10} s genau messen kann. (Auf die Zählung mit den Methoden moderner Elektronik wollen wir hier nicht eingehen).

Sehr kurze Zeiten

Kürzere Zeiten als 10^{-12} s können an einem schnell bewegten Objekt folgendermaßen bestimmt werden. Man mißt die Bahnlänge eines Objekts. Wenn man dessen Geschwindigkeit weiß, läßt sich die Zeit der Bahnbewegung ableiten.

Beispiel: Lebensdauer eines π°-Mesons

In der Elementarteilchenphysik wurde beobachtet, daß der Stoß eines π^--Mesons mit einem Proton eine Folge von Reaktionen auslösen kann, wie sie in Bild 2.5 gezeigt ist. Aus den Bahnen der geladenen Teilchen – nur diese werden direkt beobachtet – ist zu erkennen, daß ein neutrales Teilchen kurzzeitig existiert haben muß, das π°-Meson:

Erzeugung von π°: $\pi^- + p^+ \rightarrow \pi^\circ + n$,

Zerfall von π°: $\pi^\circ \rightarrow e^+ + e^- + \gamma$.

Die π°-Mesonen bewegen sich fast mit Lichtgeschwindigkeit, d.h.

$$t = \frac{s}{c} \quad \text{mit} \quad c \cong 3 \cdot 10^8 \text{ m/s}.$$

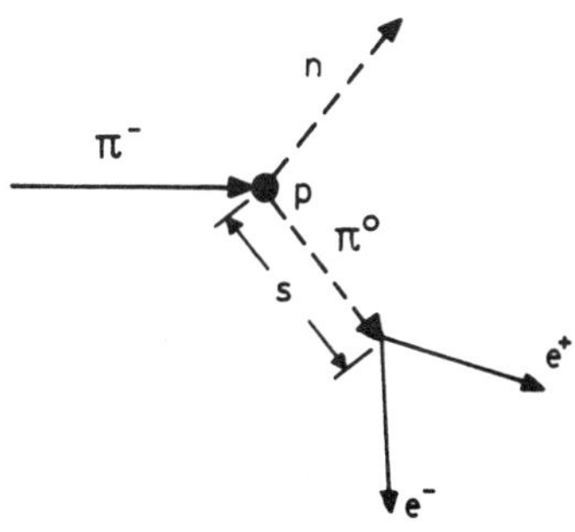

Bild 2.5: Erzeugung und Zerfall eines π° -Mesons. Bei Beschuß von Protonen mit π^- -Mesonen werden in einer fotografischen Emulsion oder in einer Blasenkammer die Bahnen des einfallenden π^--Mesons sowie des entstehenden Elektrons und Positrons beobachtet. Da offensichtlich das Ende von π^--Meson-Bahn und der Anfang der e^-- bzw. e^+-Bahnen nicht zusammenfallen, muß ein kurzlebiges Teilchen existiert haben, das π°-Meson.

Da eine Bahnlänge von $s = 10^{-6}$m noch ausmeßbar ist, können also Zeiten bis herab zu etwa $3 \cdot 10^{-15}$ s bestimmt werden. (Aufgrund der relativistischen Zeitdilatation (s. Seite 199) „leben“ bewegte Teilchen länger als im Laborsystem ruhende, so daß ein ruhendes π°-Meson noch kürzer, nämlich nur $\tau = 10^{-16}$ s – wie in Tab. 1.1 angegeben ist – leben würde.)

Lange Zeiten

Für Zeiten länger als einen Tag gibt es noch eine weitere natürliche Periodizität, nämlich die Erdbewegung um die Sonne; sie dauert ein Jahr oder 365,26 Tage. Für noch längere Zeiten müssen die Jahre gezählt werden. So wird z.B. die größte Pflanze der Welt, der Baum Sequoia Gigantea 3000 Jahre alt und besitzt entsprechend 3000 Jahresringe, die man zählen kann. In der Archäologie und in der Erforschung der Erdgeschichte tritt zusätzlich die Schwierigkeit auf, daß wir unsere Uhr nicht mehr frei wählen können, sondern die Datierung auf Vorgänge stützen müssen, die von damals bis heute in definierter Weise abliefen. Dazu werden häufig Erdablagerungen und Gesteinsschichten verwendet. In den letzten Jahren hat sich jedoch eine andere Uhr als besonders zuverlässig erwiesen: *der radioaktive Zerfall.* Diese Uhr überstreicht den größten Zeitbereich, – von 10^{-9} s bis zu einigen 10^9 Jahren – dem Alter des Universums.

Der *radioaktive Zerfall* instabiler Kerne besitzt zwar keine Periodizität, aber folgende charakteristische Gesetzmäßigkeit: in einem Material befinden sich zu Beginn unserer Beobachtung N_0 Kerne. Nach einer für jeden radioaktiven Kern charakteristischen Zeit T, der *Halbwertszeit,* ist die Hälfte zerfallen. Nach einer weiteren Halbwertszeit ist von den übrigen nochmals die Hälfte zerfallen. Nach der dritten Halbwertszeit ist davon wieder die Hälfte zerfallen. Wie viele radioaktive Kerne sind also nach 3 Halbwertszeiten übriggeblieben? Die Antwort ist:

$$N_0 \cdot \frac{1}{2} \cdot \frac{1}{2} \cdot \frac{1}{2} = N_0 \cdot \left(\frac{1}{2} \right)^3 .$$

Nach beliebiger Zeit t, die $(t/T_{1/2})$ Halbwertszeiten überstreicht, gilt demnach:

$$N(t) = N_0 \left(\frac{1}{2} \right)^{t/T_{1/2}} = N_0 \, e^{(-\ln 2)\frac{t}{T_{1/2}}} .$$

Bezeichnen wir nun den konstanten Faktor im Exponenten als die *Zerfallskonstante* λ bzw. ihren Kehrwert als die *mittlere Lebensdauer* τ, so können wir das obige *Zerfallsgesetz* noch einfacher schreiben:

(2.1)
$$\boxed{\begin{aligned} N(t) &= N_0 \, e^{-\lambda t} \\ \lambda &= \frac{1}{\tau} = \frac{\ln 2}{T_{1/2}} \end{aligned}}$$
Gesetz des radioaktiven Zerfalls

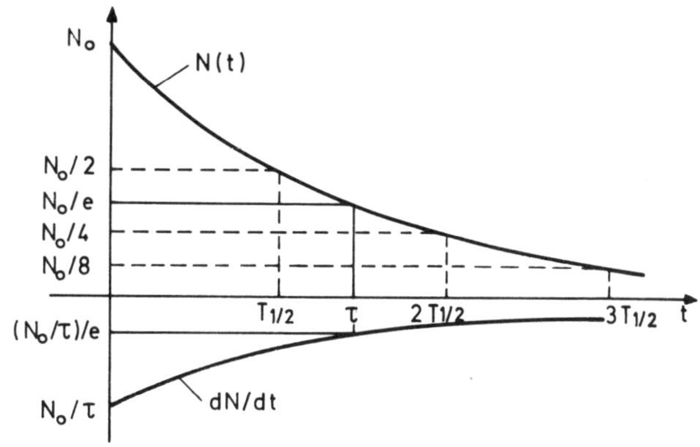

Bild 2.6: Radioaktiver Zerfall. Zahl der radioaktiven Kerne und Anzahl der Zerfälle pro Zeiteinheit als Funktion der Zeit

Wir wollen nun die Zahl der Kerne dN berechnen, die im Zeitintervall zwischen t und $t + dt$ zerfallen:

$$dN = N(t + dt) - N(t) = N'(t) \cdot dt \ ,$$

wobei

$$N'(t) = -\lambda N_0 \, e^{-\lambda t}$$

die 1. Ableitung von Gl. (2.1) ist. Somit gilt:

$$dN = -\lambda N_0 \, e^{-\lambda t} \, dt$$

oder

(2.2) $$\boxed{dN = -\lambda N(t) \, dt} \ .$$

Dies bedeutet, daß die Zahl der Kerne, die pro Zeiteinheit zerfällt, proportional zur Zahl der vorhandenen radioaktiven Kerne ist.

Wir möchten an dieser Stelle darauf hinweisen, daß eine solche Bedingung bei vielen Prozessen in der Natur erfüllt ist, z.B. für den zeitlichen Abfall der Lichtemission angeregter Atome oder für das zeitliche Abklingen einer Schallwelle in einem absorbierenden Medium.

Übungsfrage:
Welche Bedeutung hat das negative Vorzeichen in Gl. (2.2)?

Experiment zur Demonstration des Zerfallsgesetzes:

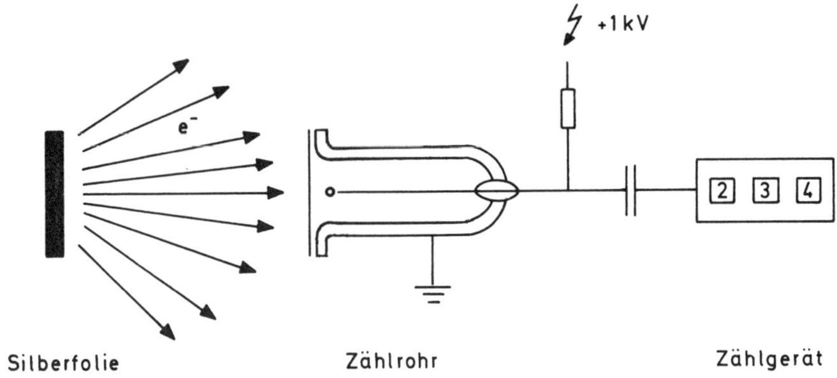

Bild 2.7: Versuchsaufbau zur Demonstration des Zerfallsgesetzes. Durch Neutronenbestrahlung wurde in einer Silberfolie das β-aktive Isotop ^{108}Ag erzeugt. Die emittierten Elektronen werden mit einem Geiger-Müller-Zählrohr nachgewiesen, dessen abgegebene Spannungsimpulse mit einem Zählgerät registriert werden.

Ein Silberblech wird mit Neutronen bestrahlt. Dabei entsteht in der Reaktion

$$^{107}_{47}\mathrm{Ag} + n \to {}^{108}_{47}\mathrm{Ag} + \gamma$$

das Isotop $^{108}_{47}$Ag, das durch β^--Zerfall in $^{108}_{48}$Cd mit einer Halbwertszeit von $T_{1/2} = 2{,}4$ Minuten zerfällt:

$$^{108}_{47}\mathrm{Ag} \to {}^{108}_{48}\mathrm{Cd} + e^- + \bar{\nu}\,.$$

Die β^--Teilchen aus der bestrahlten Silberfolie werden mit einem Zählrohr nachgewiesen und mit einem elektronischen Zählgerät gezählt.

Gemessen wird die Zahl der pro Sekunde nachgewiesenen Elektronen als Funktion der Zeit:

$$\frac{dZ}{dt} = -\epsilon \frac{dN}{dt} = -\epsilon\,\lambda\,N_0\, e^{-\lambda t} = \mathrm{const}\; e^{-\lambda t}\,.$$

Dabei ist ϵ der Bruchteil aller Elektronen, die registriert werden.

Man findet experimentell im Mittel eine exponentielle Abnahme der Zählrate als Funktion der Zeit. Trägt man ln dZ/dt als Funktion von t auf (vgl. Bild 2.8), so erhält man eine Gerade, aus deren Steigung die Zerfallskonstante λ bestimmt werden kann. (Bemerkung: Hierbei muß der zeitunabhängige Untergrund gemessen und abgezogen werden).

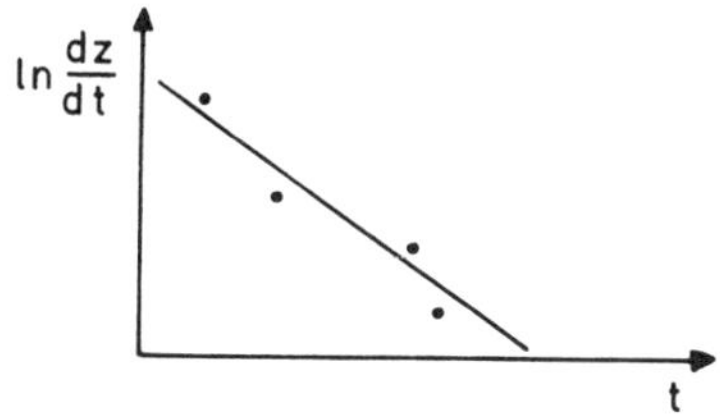

Bild 2.8: Versuchsauswertung: die Zählrate als Funktion der Zeit in logarithmischer Auftragung

Übungsfrage:

Wie würden Sie die Halbwertszeit dieses Nuklids bestimmen, wenn die Halbwertszeit sehr viel länger als die Meßzeit wäre?

Ist nun die Zerfallskonstante bekannt, können wir mit Hilfe der Zerfallsgesetze Gl. (2.1) und Gl. (2.2) die Zeit t bestimmen. Erwähnenswert sind zwei wichtige Methoden zur Altersbestimmung mit Hilfe des radioaktiven Zerfalls:

1. *^{14}C-Methode*

Der radioaktive Kern ^{14}C zerfällt wie folgt:

$$^{14}_{6}C \rightarrow \,^{14}_{7}N + e^- + \bar{\nu} \text{ mit } T_{1/2} = 5770 \text{ Jahre.}$$

Dieser Zerfall wird zur Altersbestimmung kohlenstoffhaltiger Substanzen im Bereich von 500 bis 50000 Jahre verwendet [1]. Das CO_2 der Luft enthält eine zeitlich konstante Menge ^{14}C. Durch die Höhenstrahlung wird ^{14}C zwar ständig neu gebildet, aber es stellt sich ein Gleichgewicht zwischen Bildung und Zerfall von ^{14}C ein. Der Kohlenstoff in Pflanzen steht im Gleichgewicht mit dem CO_2 der Luft und enthält daher den gleichen Anteil an ^{14}C. Beim Absterben der Pflanzen jedoch hört der Kohlenstoffaustausch auf und das ^{14}C in den abgestorbenen Geweben beginnt zu zerfallen. Die Zahl der ^{14}C-Atome pro Gramm Kohlenstoff nimmt entsprechend Gleichung (2.1) exponentiell ab.

$N(t)$ wird durch Messung von $\frac{dN}{dt}$ mittels Gleichung (2.2) bestimmt. Da N_0, die Gleichgewichtsmenge von ^{14}C aus nicht abgestorbenen Geweben, bekannt ist, kann mittels Gleichung (2.1) die Zerfallszeit von ^{14}C und damit das Alter der C-haltigen Substanz gemessen werden. So konnte zum Beispiel aus dem ^{14}C-Gehalt der Holzkohlenzeichnungen in der Höhle von Lascaux bei Montignac, Südfrankreich, das Alter der Zeichnungen zu 15510 ± 900 Jahren bestimmt werden.

2. Uranmethode

Wenn wir das Alter von Gesteinen oder Meteoriten bestimmen wollen, die uns Aussagen über das Alter der Erde bzw. des Universums liefern, können wir dazu ebenfalls radioaktive Zerfälle, aber mit längerer Halbwertszeit, zu Hilfe nehmen.

[1] siehe z.B. W.F. Libby: Die ^{14}C-Methode, BI-Hochschultaschenbücher Bd. 403, Mannheim (1969).

^{238}U, das Hauptisotop des Elementes Uran, zum Beispiel zerfällt mit einer Halbwertszeit von $T_{1/2} = 4{,}5 \cdot 10^9$ Jahre über mehrere Zwischenstufen in das stabile ^{206}Pb, wobei u.a. acht ^4He-Kerne ausgesandt werden. Es gilt also:

$$^{238}_{92}U \rightarrow {}^{206}_{82}Pb + 8\,{}^{4}_{2}He + \text{Leptonen.}$$

Betrachten wir einen Stein, der sich vor vielen Jahren durch einen chemischen Prozeß gebildet oder aus einer Schmelze verfestigt hat. Dabei würde man nicht erwarten, daß Uran und Pb am gleichen Ort sich bildet, da beide chemisch sehr verschieden sind. Ferner würde man kein flüchtiges ^4He in einem Stein erwarten, der sich bei hohen Temperaturen aus einer Schmelze gebildet hat. Wenn wir heute aber einen uranhaltigen Stein untersuchen, finden wir im Uran auch eine bestimmte Konzentration ^{206}Pb und ^4He, und zwar in den Proportionen 1 : 8. Sie haben sich offenbar durch Zerfall von ^{238}U gebildet.

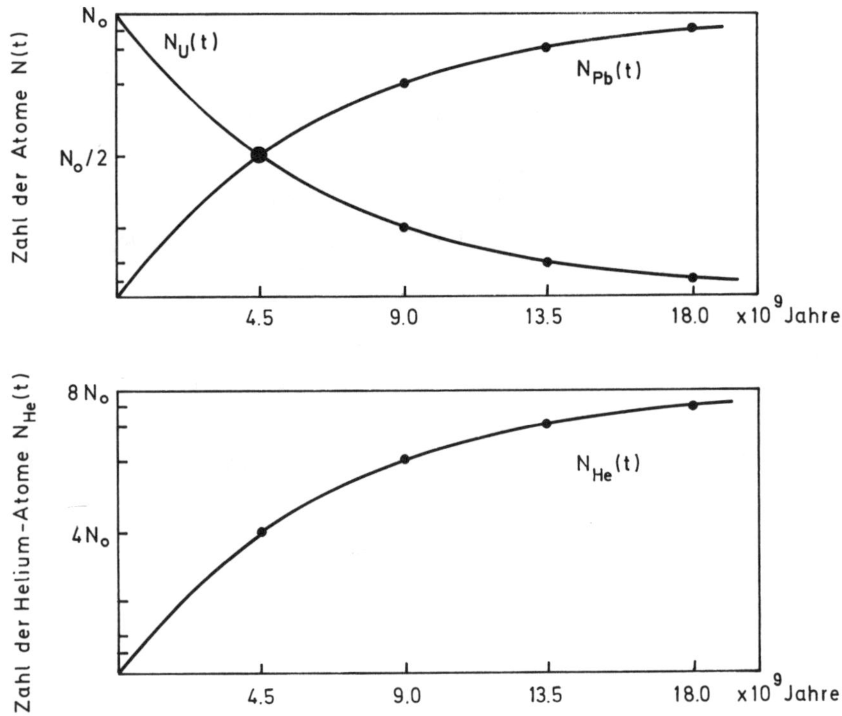

Bild 2.9: Zur Bestimmung des Gesteinsalters:
a) Das Verhältnis N_U/N_{Pb} wird chemisch bestimmt und aus den oberen Kurven das Alter abgeleitet. Fehlermöglichkeit: Alter zu lang, wenn ^{206}Pb ursprünglich eingelagert war.
b) Das Verhältnis $N^{238}U/N_{He}$ wird chemisch-physikalisch bestimmt und daraus entsprechend der unteren Kurve ein abhängiger Wert für das Alter abgeleitet. Fehlermöglichkeit: Alter zu kurz, wenn ^4He wegdiffundiert ist.

Wie viele ^{206}Pb und ^{4}He-Kerne sind nun nach einer Zeit t [Jahre] entstanden, wenn ursprünglich $N_u(0)$ ^{238}U-Kerne vorhanden waren?

Wir können folgende Bilanz aufstellen:

Zerfall von ^{238}U: $$N_u(t) = N_u(0) \cdot \left(\frac{1}{2}\right)^{\frac{t}{4{,}5 \cdot 10^9}} ,$$

Bildung von ^{206}Pb: $$N_{Pb}(t) = N_U(0) - N_U(t)$$

$$= N_U(0) \left[1 - \left(\frac{1}{2}\right)^{\frac{t}{4{,}5 \cdot 10^9}}\right] ,$$

Bildung von ^{4}He: $$N_{He}(t) = 8\, N_{Pb}(t) .$$

Die Kombination beider Methoden ergibt eine zuverlässige Altersbestimmung. So ergeben sich zum Beispiel für Gesteine auf der Mondoberfläche und Meteoriten etwa $5 \cdot 10^9$ Jahre, während die Gesteine der Erdoberfläche nicht älter als $4{,}5 \cdot 10^9$ Jahre sind [1)]. Durch die Bestimmung des Alters der Gesteine, in denen biologische Sedimente gefunden werden, läßt sich auch das erste Auftreten von Tieren und Pflanzen auf der Erde datieren. Tabelle 2.1 gibt einen Überblick über kurze, in der Physik wichtige Zeiten und Tabelle 2.2 über einige erdgeschichtliche Daten.

Einheiten der Zeit

Lange war der Tag, die Rotationsperiode der Erde, der akzeptierte Zeitstandard. Die Sekunde war der 86400ste Teil eines Tages. Die Astronomen fanden aber, daß der

Tabelle 2.1: **Kurze in der Natur vorkommende Zeiten**

Schwingungsdauer einer Schallwelle	10^{-3} s
Schwingungsdauer einer Radiowelle (Mittelwellenbereich)	10^{-6} s
Dauer einer Molekülrotation	10^{-12} s
Schwingungsdauer einer Lichtwelle (im sichtbaren Bereich)	10^{-15} s
Durchgangszeit des Lichts durch ein Atom	10^{-18} s
Schwingungsdauer einer Atomkernschwingung	10^{-21} s
Durchgangszeit des Lichts durch einen Atomkern	10^{-24} s

[1)] siehe z.B. H.J. Lippolt und W. Simon: Isotopische Zeitmessung und Erdgeschichte; in H. Murawski (Herausgeber): Vom Erdkern bis zur Magnetosphäre, Umschau-Verlag, Frankfurt (1968)

Tabelle 2.2: **Zeitabschnitte in der Entwicklungsgeschichte der Erde**

Geologische Daten	Jahre v. Chr.	Biologische Daten
	10^4	Homo sapiens (Ackerbau und Viehzucht)
	2 ^{14}C – Uhr	
4. Eiszeit (Würm)		Cro Magnon-Mensch (Westeuropa; Jäger, Fischer)
	5	
	10^5	Neandertaler (Mitteleuropa; Jäger)
3. Eiszeit (Riß)	2	Pithecanthropus (Java, Peking; Sammler, Jäger)
2. Eiszeit (Mindel) Eiszeit (Günz)	5	
	10^6	Australopithecinen (Südafrika; Affe-Mensch; Jäger)
	2	- - - - - - - - - - - - - - - -
	5 ^{238}U – Uhr	
	10^7	
Braunkohlenbildung	2	
	5	
		Aussterben der Saurier
Bildung der Alpenkette	10^8	
		Älteste Vögel und Säugetiere
Steinkohlenbildung	2	Erste Landtiere
		Erste Insekten
	5 $T_{1/2}$	Muscheln, Fische, Krebse
Bildung von Erdöl Erster Luftsauerstoff aus der Biosphäre		Würmer
	10^9	
		Erste Pilze
Bildung der Urkontinente und Urozeane	2	Erste Bakterien und Algen *Beginn des Lebens* ($3 \cdot 10^9$ J.)
Alter der Erde $4{,}5 \cdot 10^9$ J.	5	
Alter des Universums 10^{10} J.	10^{10}	

Sonnentag Schwankungen unterworfen ist. Manche Tage sind etwas länger als andere, ferner verlangsamt sich die Erdumdrehung stetig mit der Zeit.[1)].

In der Zwischenzeit wurden die sehr genauen und konstanten Atomuhren entwickelt, bei denen die periodische Bewegung der Elektronen im Atom (Cs) oder Molekülschwingungen (NH_3) als Zeitmaß verwendet werden.

Seit 1967 wird demnach die grundlegende Zeiteinheit, *die Sekunde,* definiert als das 9192631770fache der Periodendauer einer bestimmten Atomschwingung des Nuklids ^{133}Cs:

$$\boxed{1\ \text{s} = 9\,192\,631\,770\ \text{Schwingungsperioden von}\ {}^{133}_{55}\text{Cs}}\ .$$

Wichtige, von der Sekunde abgeleitete Zeiteinheiten sind auf der Innenseite des Bucheinbandes aufgeführt.

2.2 Längenmessung

Abstandsmessungen scheinen begrifflich sehr einfach zu sein. Man nimmt einen Meterstab und zählt. Bei kleinen Abständen unterteilt man das Meter und zählt wieder. Die Grundeinheit 1 m ist unterteilt und definiert als 1650763,73 Wellenlängen des orange-roten Lichts, das von ^{86}Kr emittiert wird:

$$\boxed{1\ \text{m} = 1\,650\,763{,}73\ \text{Wellenlängen von}\ {}^{86}_{36}\text{Kr}}\ .$$

Große Abstände

Wenn wir die Abstände zwischen den Planeten, Sternen und Galaxien, oder einfacher, zwischen zwei Berggipfeln wissen wollen, können wir nicht einen Meterstab anlegen und zählen. Man benützt in diesen Fällen die *Triangulierung.* Diese Art der Abstandsmessung basiert auf der Annahme der Anwendbarkeit der Regeln aus der Euklidschen Geometrie (d.h. die Winkelsumme im Dreieck ist 180 °). Nachdem sich diese Voraussetzungen auf der Erde als sehr gut erfüllt erwiesen haben, wurde die Methode auch zur Messung größerer Entfernungen selbst außerhalb des Planetensystems angewandt, obwohl klar zu sein scheint, daß die Euklidsche Geometrie nicht für das ganze Universum, sondern nur in einem beschränkten Teil davon näherungsweise gültig ist.

Die Grundlage der Triangulierung ist der Sinussatz der Geometrie (Bild 2.10)

$$\frac{c}{\sin\gamma} = \frac{b}{\sin\beta} = \frac{a}{\sin\alpha} \quad \text{mit} \quad \alpha + \beta + \gamma = 180\,°.$$

[1)] D.E. Smyle and L. Mansinha: The Rotation of the Earth, Scientific American 205, Dec (1971)

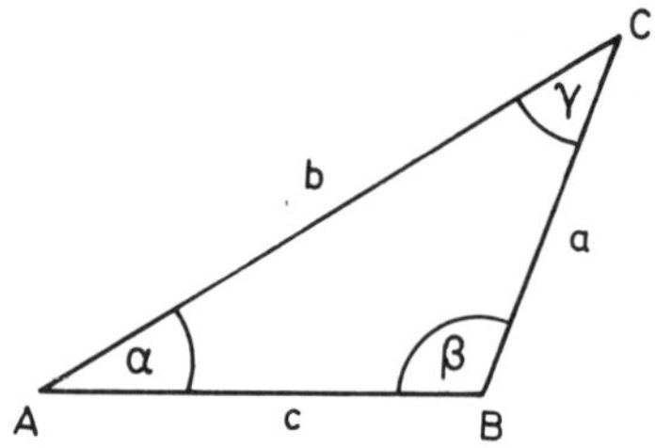

Bild 2.10: Zum Sinussatz der Trigonometrie.

Wenn die Entfernung AB = c (Basislinie) genau ausgemessen ist, kann man durch Messung von α *und* β die gesuchte Entfernung a bzw. b finden. Da Winkelmessungen mit einer absoluten Genauigkeit von ± 0,1″ (1″ = 1 Bogensekunde) und in der Astronomie sogar auf 0,01″ durchführbar sind, können a und b sehr viel größer sein als c, wobei immer noch eine brauchbare Genauigkeit erzielt wird. Die Triangulierung wird sowohl zur Landvermessung verwendet als auch zur Vermessung der Objekte des Universums.

Zuerst wurde die Entfernung Erde – Mond mit einer Basislinie auf der Erde bestimmt [1]. Die erreichbare Winkelmeßgenauigkeit genügt aber nicht, um auf diese Weise den Abstand zur Sonne zu messen. Man behilft sich aber mit folgendem Trick: Die Entfernung Erde – Mond wird als Basis benützt. Dann wartet man, bis es exakt Halbmond ist, was bedeutet, daß der Winkel Sonne – Mond – Erde genau 90 ° ist.

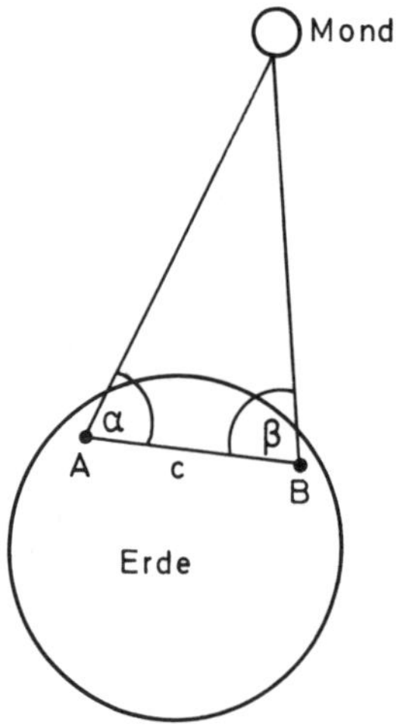

Bild 2.11: Die Entfernung Erde-Mond kann durch Triangulierung mit einer Basislinie AB auf der Erde bestimmt werden.

---

[1] über eine genauere Methode wird in folgender Arbeit berichtet: J.E. Faller and E.J. Wampler: The Lunar Laser Reflector, Scientific American 222, March (1970).

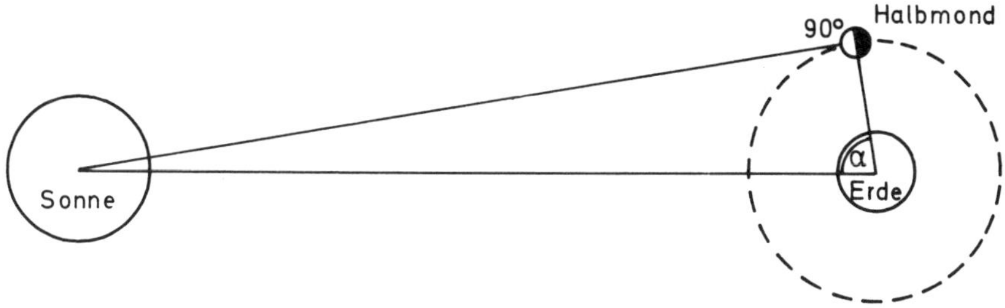

Bild 2.12: Einfaches Verfahren zur Bestimmung der Entfernung Erde - Sonne: bei Halbmond bilden Sonne, Mond und Erde gerade einen Winkel von 90°, die Triangulierung reduziert sich auf die Bestimmung nur eines Winkels mit der Basislinie Erde - Mond.

Wie messen wir die anderen Abstände in unserem Planetensystem?

Wenn wir den Abstand Erde – Sonne kennen, können wir auch alle Abstände in unserem Sonnensystem, zum Beispiel die Entfernung des Mars von der Sonne, bestimmen: Als Basislinie verwenden wir dazu den Abstand zweier Punkte der Umlaufbahn der Erde um die Sonne. Natürlich müssen wir auch die Eigenbewegung des Planeten berücksichtigen, was uns aber leicht gelingt, wenn wir dessen Umlaufdauer kennen.

Übungsfrage:

Wie könnte man eine solche Messung – auch die Messung der Umlaufsdauer – im einzelnen ausführen? (Hinweis: alle Planeten und die Sonne sollen in einer Ebene liegen).

Bei einer solchen Messung ist sehr wichtig, daß wir den Abstand Erde – Sonne, die als *astronomische Einheit (AE)* bezeichnet wird, sehr genau kennen. Dies ist aber bei der von uns beschriebenen Methode nicht der Fall.

Die genaueste Vermessung der astronomischen Einheit, die in den letzten Jahren durchgeführt wurde, beruht auf folgendem Verfahren: Es gelang zum Beispiel, die Entfernung Erde – Venus durch Messung der Laufzeit eines Radarpulses genau zu

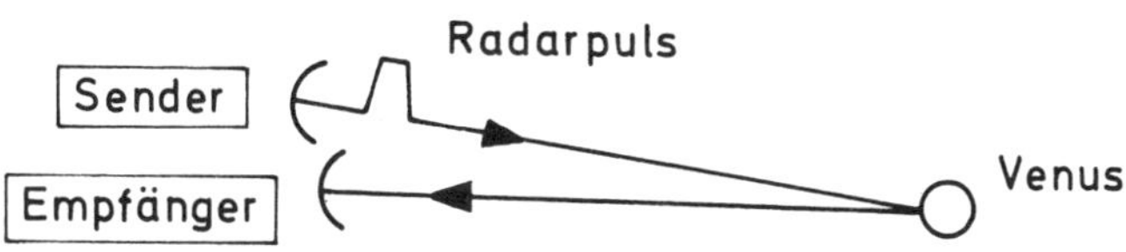

Bild 2.13: Astronomische Entfernungsmessung mit Hilfe der Radartechnik: Das mit einem starken Sender (Leistung 400 kW) ausgesandte Radarsignal, dessen Intensität proportional $1/r^2$ abnimmt, wird von der Venus reflektiert und auf der Erde wieder mit einem sehr empfindlichen Empfänger (10^{-21} W) registriert. Auf diese Weise konnte die Entfernung Erde - Venus, die vorher nur auf $1^0/_{00}$ genau bekannt war, auf $1:10^6$ (Ungenauigkeit der Lichtgeschwindigkeit) genau bestimmt werden.

bestimmen [1]. (Diese Methode basiert auf der Annahme, daß die Ausbreitungsgeschwindigkeit des Signals gleich der bekannten Lichtgeschwindigkeit ist.)

Ist nun der Abstand Erde – Venus bekannt, läßt sich durch Triangulierung die astronomische Einheit sehr genau bestimmen:

$$1\ AE = 149\,598\,000\ km.$$

Wie messen wir die Entfernung zu einem Stern?

Wieder mit Hilfe der Triangulierung, wobei jedoch als Basis der Abstand 2r zwischen Winter- und Sommerlage der Erde auf ihrer Bahn um die Sonne dient (siehe Bild 2.14). Aus dem gemessenen Parallaxenwinkel p ergibt sich die Entfernung $x = r/p$. Für eine Parallaxe von einer Sekunde ($= 2\pi/(360 \cdot 60 \cdot 60)$ rad) erhält man z.B. die Entfernungseinheit $r \cdot 360 \cdot 60 \cdot 60/2\pi = 3{,}08 \cdot 10^{16} m$, welche man in der Astronomie eine *Parsekunde* (pc) nennt. Da Parallaxenwinkel unter 0,01″ nicht mehr meßbar sind, ist die Methode der Triangulierung nur brauchbar bis zu Entfernungen von 100 pc, reicht also nicht bis zum Zentrum der Milchstraße, welches nach Bild 2.15 10000 pc von uns entfernt ist.

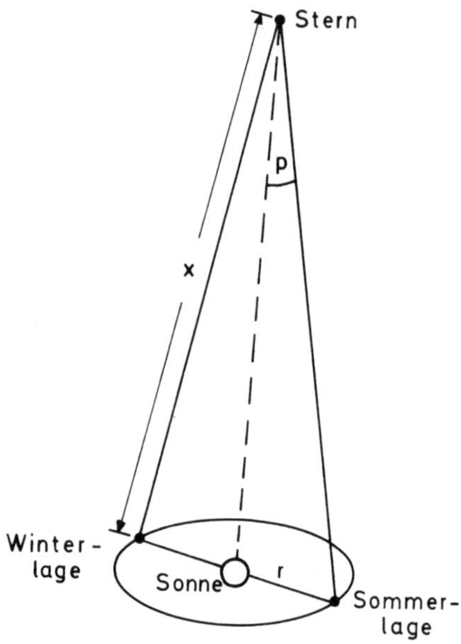

Bild 2.14: Der Parallaxenwinkel eines Sterns ist der halbe Winkel, unter dem ein Stern einem Beobachter zwischen Winterlage und Sommerlage der Erde erscheint.

---

[1] siehe z.B. J.J. Shapiro: Radar Observation of the Planets; Scientific American 219, July (1968)

Wie messen wir den Abstand zu noch entfernteren Sternen?

Dies gelingt nur indirekt und zwar mit Hilfe von pulsierenden Sternen, sog. *Cepheiden,* deren Helligkeit periodisch schwankt (Periode: 2 – 40 Tage). Wahrscheinlich handelt es sich bei der Pulsation um die akustische Grundschwingung des Sterns, (deren Anregung nicht recht verstanden ist). Jedenfalls hat sich bei den Untersuchungen naher Cepheiden immer wieder herausgestellt, daß die Pulsationsdauer in eindeutiger Weise von der Leuchtkraft des Sterns abhängt [1)]. Daher kann man allgemein aus der Pulsationsperiode eines Cepheiden seine Leuchtkraft ermitteln.

Da andererseits aus vielen (auch terrestrischen) Messungen bekannt ist, daß die Helligkeit einer Lichtquelle, welche die Leuchtkraft L besitzt, mit dem Quadrat des Abstands r abnimmt,

$$\text{Helligkeit} = \frac{L}{r^2}$$

läßt sich durch Messung der Helligkeit eines Cepheiden sein Abstand r ermitteln. Erst diese Methode der Entfernungsmessung führte um 1925 zum Erkennen der Struktur unseres Milchstraßensystems.

Etwa gleichzeitig gelang – ebenfalls mit Hilfe der Cepheiden – eine erste Entfernungsmessung zu Sternen des Andromeda-Nebels, die 2 Millionen Lichtjahre von uns entfernt sind. Diese Entfernung übertrifft die durch geometrische Triangulierung erreichbare um mehr als vier Größenordnungen!

Zur Messung der Abstände noch entfernterer Galaxien nimmt man an, daß sie etwa den gleichen Durchmesser besitzen wie unsere Milchstraße. Unter dieser Annahme

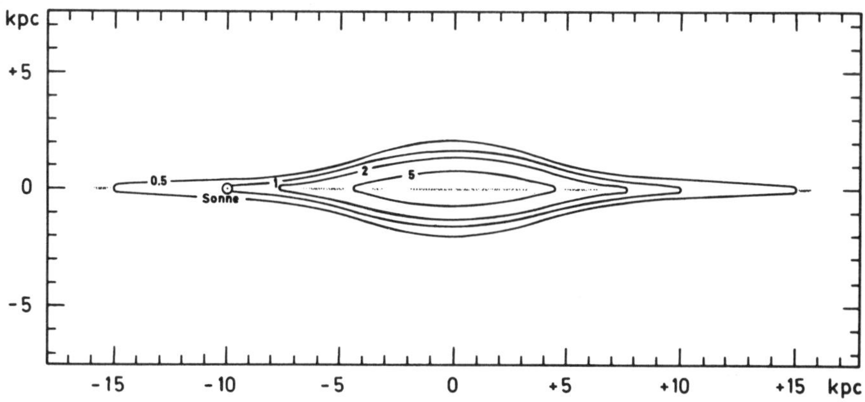

Bild 2.15: Linien gleicher Sterndichte im Milchstraßensystem. Die Sternendichte in der Umgebung der Sonne ist auf 1 normiert. Die astronomische Längeneinheit 1 kpc entspricht $3{,}1 \cdot 10^{16}$ km oder 3 260 Lichtjahren. (Bildquelle: A. Unsöld, Der neue Kosmos, Heidelberger Taschenbücher, Bd. 16/17, Springer, 1967)

[1)] siehe z.B. M. Waldmeier: Einführung in die Astrophysik, Birkhäuser (1948), S. 102, wie auch Unsöld: Der neue Kosmos; Heidelberger Taschenbücher Bd. 16/17 (1967)

können wir aus ihrer scheinbaren Größe den Abstand zu ihnen messen. Die entfernteste bisher gemessene Galaxie hat von uns einen Abstand von 10^{26} m. Sie liegt damit schon am Rande des unserer Beobachtung überhaupt zugänglichen Universums.

Übungsfrage:

Was könnte die Ursache dieser grundsätzlichen Begrenzung unserer Sichtweite sein?

Kleine Abstände

Wir möchten dieses Kapitel abschließen mit einer Bemerkung zur Messung *kleiner Abstände.* Wenn man Körper mit kleinen Dimensionen abmessen will, muß man sie zum Sichtbarmachen durchstrahlen oder beleuchten (z.B. Bakterien unter dem Mikroskop). Man kann das Meßobjekt beleuchten mit Licht, Röntgenstrahlen, Elektronen, Neutronen oder anderen Teilchenstrahlen. Den Anfang und das Ende der Meßstrecke (z.B. die Grenzen eines Bakteriums) kann man jedoch nur unterscheiden und damit messen, wenn die Wellenlänge der abbildenden Welle kleiner als die Abmessung ist.
In der nachstehenden Tabelle sind die Wellenlängen einiger üblicher Strahlen zusammengestellt, die gleich sind den damit meßbaren minimalen Abständen.

Tabelle 2.3: **Wellenlängen einiger bekannter Strahlen**

Teilchen	Wellenlänge	typisches Meßobjekt
Lichtphoton	10^{-6} m	Lichtmikroskop, Messung an Bakterien
Elektron	10^{-10} m	Elektronenmikroskop, Messung von Viren
Röntgenphoton	10^{-10} m	Messung von Atomen im Kristall
Schnelles Neutron	10^{-15} m	Messung von Kerndurchmessern

Über diese Meßverfahren (Lichtmikroskop, Elektronenmikroskop, Röntgenbeugung und Streumessung) werden wir noch ausführlich berichten.

2.3 Bewegungen

In diesem Abschnitt werden wir die Bewegung eines Körpers beschreiben, dessen gesamte Masse in einem Punkt konzentriert sei. Das *Koordinatensystem,* in dem die Bewegung eines solchen idealisierten *Massenpunktes* beschrieben wird, wählen wir willkürlich so, daß die Beschreibung seiner Bahn möglichst einfach wird. In diesem kartesischen Koordinatensystem wird der *Ort* des Massenpunktes durch den Vektor $\vec{r}$ (x, y, z) festgelegt. Uns interessiert darüber hinaus die *Bahn,* d.h. der Ort des Massenpunktes als Funktion der Zeit t, beschrieben durch $\vec{r}$ (t).

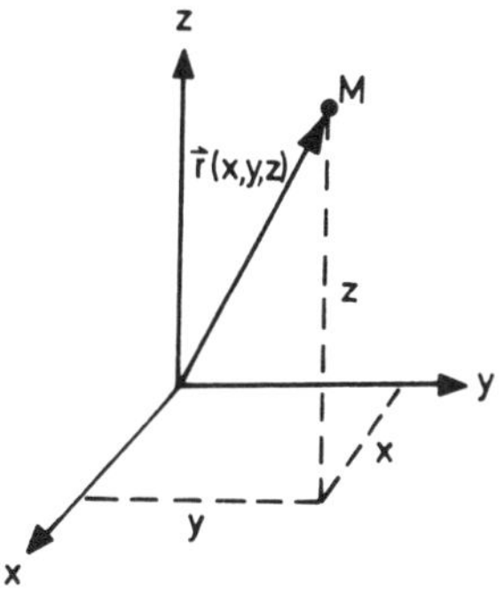

Bild 2.16: Ort eines Massenpunktes M in einem kartesischen Koordinatensystem

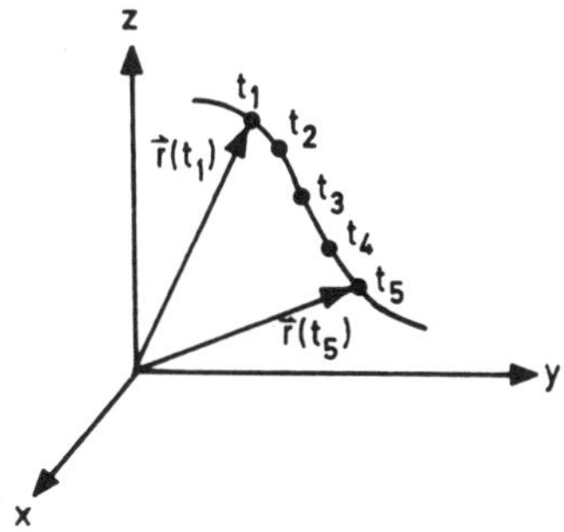

Bild 2.17: Bahn $\vec{r}$ (t) eines Massenpunktes

2.3.1 Geschwindigkeit

Der Ort eines Massenpunktes M zur Zeit t soll gegeben sein durch den Ortsvektor $\vec{r}$ (t). Zur etwas späteren Zeit $t + \Delta t$ befindet sich M am Ort $\vec{r}$ $(t + \Delta t)$. In der kleinen Zeit Δt hat sich der Ortsvektor $\vec{r}$ (t) um $\Delta\vec{r}$ geändert: $\vec{r}$ $(t + \Delta t) = \vec{r}$ $(t) + \Delta\vec{r}$ (vgl. Bild 2.18). Die Geschwindigkeit des Massenpunktes M ist die Änderung des Ortsvektors $\vec{r}$ in einer infinitesimal kleinen Zeit:

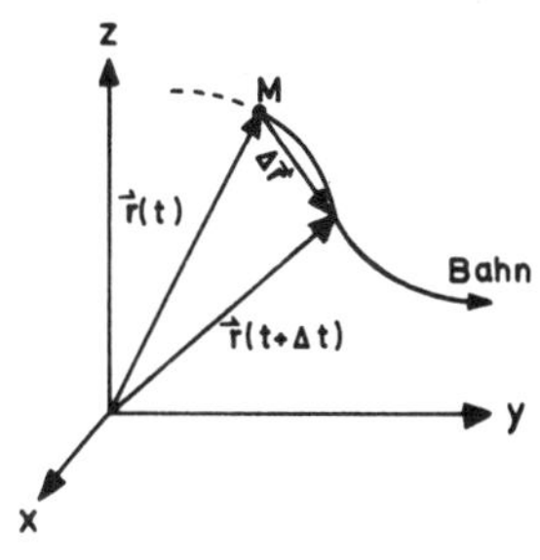

Bild 2.18: Zur Definition der Geschwindigkeit: während der Zeit Δt legt der Massenpunkt M näherungsweise die Strecke $\Delta\vec{r}$ auf der Bahn zurück.

(2.3)
$$\boxed{\vec{v} = \lim_{\Delta t \to 0} \frac{\Delta \vec{r}}{\Delta t} = \frac{d\vec{r}}{dt}.}$$

Geschwindigkeit

Sie ist ein Vektor, dessen Richtung durch $d\vec{r} = (dx, dy, dz)$ gegeben ist.

Übungsfrage:

Wie würden Sie diese Meßvorschrift praktisch durchführen?

In kartesischen Koordinaten besitzt $\vec{v}$ die drei Komponenten

(2.4)
$$v_x = \frac{dx}{dt}, \quad v_y = \frac{dy}{dt}, \quad v_z = \frac{dz}{dt},$$

welche Größe und Richtung der Geschwindigkeit bezüglich der Koordinatenachsen x, y und z festlegen:

(2.5)
$$v = |\vec{v}| = \sqrt{v_x^2 + v_y^2 + v_z^2},$$

(2.6)
$$\cos(\vec{x}, \vec{v}) = \frac{v_x}{v}, \quad \cos(\vec{y}, \vec{v}) = \frac{v_y}{v}, \quad \cos(\vec{z}, \vec{v}) = \frac{v_z}{v}.$$

In manchen Fällen ist es günstiger, die Geschwindigkeit nicht in einem ortsfesten Koordinatensystem, sondern relativ zur Bahn festzulegen. Die *Richtung der Geschwindigkeit* liegt nämlich wie $d\vec{r}$ entlang der Bahntangente und kann durch einen entsprechenden Einheitsvektor $\vec{t}$ definiert werden. Nennt man ds den absoluten Wert von $d\vec{r}$, so ist der *absolute Wert der Geschwindigkeit*

(2.7)
$$v = \frac{|d\vec{r}|}{dt} = \frac{ds}{dt} \quad \text{und} \quad \vec{v} = v \cdot \vec{t}.$$

Geradlinige gleichförmige Bewegung

Die einfachste Bewegungsform eines Körpers ist die gleichförmige geradlinige Bewegung. Dabei legt das Objekt in *gleichen* Zeitintervallen *gleiche* Abstände zurück,und die Richtung der Bahn ändert sich *nicht.*

Zur einfachen Beschreibung einer solchen Bewegung können wir die x-Achse unseres Koordinatensystems entlang der Bewegungsrichtung legen.

Die Geschwindigkeit $\vec{v}$ hat damit nur *eine* nicht verschwindende Komponente, nämlich

$$v_x = \frac{dx}{dt}; \quad (v_y = v_z = 0).$$

Will man den Ort x als Funktion der Zeit t wissen, so muß man die seit $t = 0$ zurückgelegten Wege addieren. Durch entsprechende Integration erhält man

(2.8) $$x(t) = \int_{x_0}^{x} dx = \int_{0}^{t} v_x \, dt \ .$$

Da v_x zeitlich konstant sein soll, wird

(2.9) $$x(t) = v_x t + x_0 \ .$$

Wir verschieben außerdem das Koordinatensystem so, daß zu dem willkürlich festgelegten Zeitnullpunkt $t = 0$ auch gerade $x(t = 0) = x_0 = 0$ wird. (Diese sog. *Anfangsbedingung* ist immer erfüllbar.) Der seit $t = 0$ zurückgelegte Weg wird damit

$$x(t) = v_x \, t$$

und nimmt also linear mit der Zeit zu.

Diese elementarste Bewegungsform kommt in der Natur meist nur näherungsweise realisiert vor. Zum Beispiel die Photonen und Neutrinos bewegen sich in großer Entfernung von Sternen nahezu geradlinig und mit gleichförmiger Geschwindigkeit. Ihre Geschwindigkeit ist übrigens die größte, die in der Natur vorkommen kann, die Lichtgeschwindigkeit. Ihr Betrag ist

$$c = 2{,}9979 \cdot 10^8 \text{ m/s.}$$

Messung von Geschwindigkeiten

Die direkteste Methode, konstante Geschwindigkeiten zu messen, besteht darin, die Laufzeit während einer bekannten Wegstrecke zu bestimmen. Daraus erhält man den Absolutwert der Geschwindigkeit.

Beispiel 1:

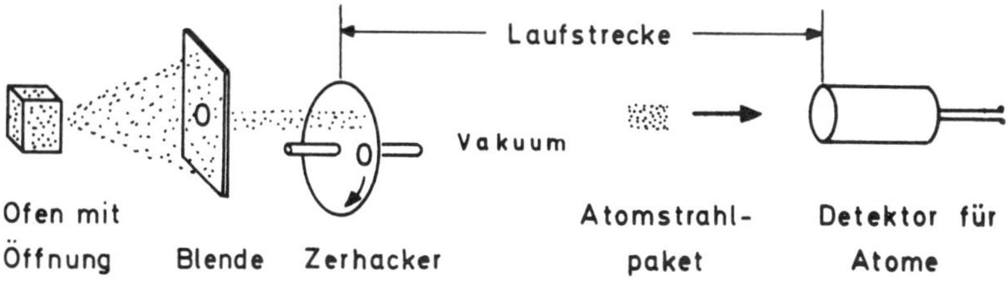

Bild 2.19: Versuchsaufbau zur Messung der Geschwindigkeit eines Atomstrahls: Der aus dem Ofen austretende Atomstrahl wird durch Blende und Zerhacker in „Pakete" geteilt. Die im Detektor ankommenden Atome werden durch Stöße ionisiert, wodurch sie leicht mit elektrischen Methoden nachgewiesen werden können.

Geschwindigkeit eines Atomstrahls (Bild 2.19)
Der Atomstrahl wird in „Pakete" zerhackt, deren Länge direkt nach dem „Zerhacker" sehr kurz ist gegenüber der Laufstrecke. Die Atome eines Paketes treffen auf einen Detektor, in dem sie ein elektrisches Signal auslösen. Dieses Signal wird zugleich mit der Laufzeit vom Zerhacker zum Detektor auf einem Oszillographen registriert.

Übungsfrage:
Wie würde man dieses Experiment konkret im einzelnen durchführen?

Durch Experimente dieser Art hat man auch gefunden, daß die Moleküle der Luft im Zimmer eine mittlere Geschwindigkeit von etwa 1 km/s haben. Prinzipiell ähnliche Methoden werden in der Kernphysik zur Messung von Neutronengeschwindigkeiten benützt.

Beispiel 2:
Messung der Lichtgeschwindigkeit

Mit Hilfe von intensivem und extrem parallelem Laserlicht könnte man die Lichtgeschwindigkeit auch aus der Laufzeit eines Laserpulses von München zur Zugspitze und zurück (180 km) messen. (Ein Lichtpuls benötigt für die Strecke etwa 0,6 ms.)

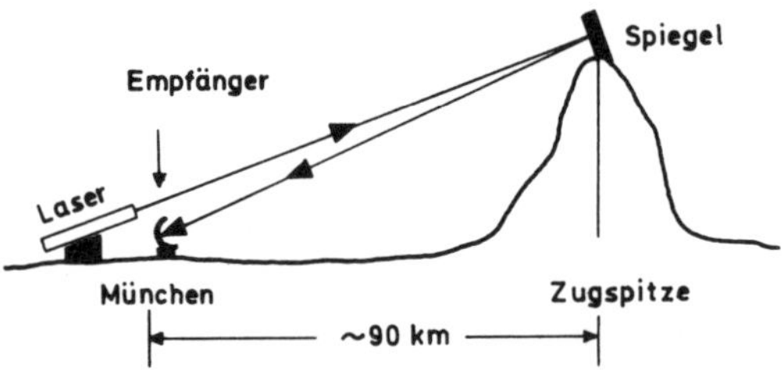

Bild 2.20: Der Lichtimpuls eines Lasers, der extrem parallel ist und zudem sehr kurz und intensiv sein kann, bildet ein ideales Mittel zur Bestimmung der Lichtgeschwindigkeit mit Hilfe der Laufzeitmethode. Bei der bisher genauesten Messung nutzt man jedoch eine andere Eigenschaft von Lasern, deren Frequenzschärfe, aus: man bestimmt Frequenz und Wellenlänge des Laserlichtes.

Beispiel 3:
Messung der Geschwindigkeit eines Geschosses

Schießt man durch zwei auf einer gemeinsamen Achse rotierende Scheiben, so läßt sich der Drehwinkel $\Delta\alpha$ der Scheiben während der Flugzeit Δt zwischen ihnen messen. Wenn die Umlaufzeit der Scheiben T ist, ergibt sich für

$\Delta t = T\dfrac{\Delta\alpha}{360}$ und für die Geschwindigkeit

$$v = \frac{\Delta s}{\Delta t} \; .$$

Geschwindigkeit in bewegten Bezugssystemen

Ein Objekt bewegt sich – von allen Bezugssystemen S aus betrachtet, die uns gegenüber in Ruhe sind – mit der Geschwindigkeit $\vec{v}$. Ein anderer Beobachter, der sich im Bezugssystem S′ befindet, das sich gegenüber S mit der Relativgeschwindigkeit $\vec{v}_0$ bewegt, z.B. in einem fahrenden Zug, stellt eine andere Geschwindigkeit des Objekts $\vec{v}'$ fest. Wie man aus Bild 2.21 ersieht, gilt:

(2.10) $$\boxed{\vec{v} = \vec{v}_0 + \vec{v}'} \; .$$

Entsprechende Überlegungen ermöglichen es uns auch, Geschwindigkeiten zusammenzusetzen oder in zweckmäßiger Weise zu zerlegen. Geht zum Beispiel ein Mann auf einer Rolltreppe, so erhalten wir dessen Geschwindigkeit relativ zur Erde, indem wir zunächst seine Geschwindigkeit bezüglich der Rolltreppe ermitteln und dann vom Bezugssystem der Rolltreppe zu einem System übergehen, das gegenüber der Erde ruht.

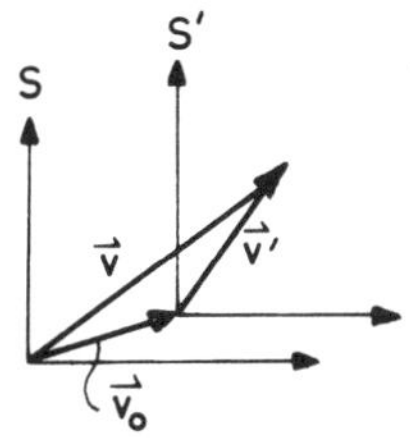

Bild 2.21: Vektorielle Addition von Geschwindigkeiten: Das Objekt befindet sich zur Zeit t im Ursprung des Systems S. Das System S', das zur gleichen Zeit mit S zusammenfällt, bewegt sich gegenüber S mit der Geschwindigkeit $\vec{v}_0$: in der Zeit dt legt das Objekt in S den Weg d$\vec{r}$, in S' dagegen den Weg d$\vec{r}$ - d$\vec{r}_0$ zurück.

Übungsfrage:
Ein Fährmann möchte mit seinem Motorboot einen Fluß mit einer Breite von 180 m überqueren, der eine Strömung von 3 m/s hat. In welche Richtung muß der Mann fahren, und welche Geschwindigkeit muß er auf seinem Tachometer einstellen, wenn er in 1 min am anderen Ufer sein will?

Diese Regel von der *vektoriellen Addition von Geschwindigkeiten* ist jedoch nicht allgemein gültig. Würden wir zum Beispiel die Geschwindigkeit eines Lichtstrahles einmal von einem Bezugssystem messen, das der Lichtquelle gegenüber in Ruhe ist, einmal von einem, das sich mit der Geschwindigkeit v bewegt, so würden wir entgegen der Voraussage von Gl. (2.10) den gleichen Wert für die Lichtgeschwindigkeit finden. Wo steckt der Fehler? Zur Bestimmung der Geschwindigkeit benötigen wir einen Maßstab und eine Uhr. Wenn wir Gl. (2.10) anwenden, so bedeutet dies, daß im bewegten und im ruhenden System der Maßstab gleich lang ist, und die Uhr gleich schnell läuft. Dies ist aber, wie wir im Kapitel „Relativitätstheorie" sehen werden, nur gut erfüllt für Geschwindigkeiten, die klein sind gegen die Lichtgeschwindigkeit.

Tabelle 2.4 gibt einen Überblick über typische Geschwindigkeiten:

Tabelle 2.4: **In Natur und Technik vorkommende Geschwindigkeiten**

Lichtgeschwindigkeit	$3 \cdot 10^8$ m/s
Elektronen in einer Fernsehbildröhre	$1 \cdot 10^6$ m/s
Astronauten	$7 \cdot 10^3$ m/s
Düsenflugzeug	$3 \cdot 10^2$ m/s
Schallgeschwindigkeit in Luft	$3 \cdot 10^2$ m/s
Schnellzug Tokio – Osaka	$5{,}5 \cdot 10^1$ m/s

2.3.2 Beschleunigung

Wenn sich die Geschwindigkeit eines Körpers *zeitlich ändert,* spricht man von einer *beschleunigten* Bewegung. Die Beschleunigung ist definiert als die Änderung der Geschwindigkeit in einem infinitesimalen Zeitintervall:

(2.11) $$\boxed{\vec{a} = \lim_{\Delta t \to 0} \frac{\Delta \vec{v}}{\Delta t} = \frac{d\vec{v}}{dt} = \frac{d^2\vec{r}}{dt^2}}\ .$$ **Beschleunigung**

Die Beschleunigung kann also ebenfalls als ein Vektor $\vec{a}$ dargestellt werden und besitzt in einem kartesischen Koordinatensystem die Komponenten

(2.12) $$\frac{d^2x}{dt^2} = a_x;\ \frac{d^2y}{dt^2} = a_y;\ \frac{d^2z}{dt^2} = a_z\,.$$

Wir wollen nun die Beschleunigung relativ zur Bahn des Massenpunktes bestimmen. Die Richtung der Beschleunigung fällt (im Gegensatz zur Geschwindigkeit) nicht all-

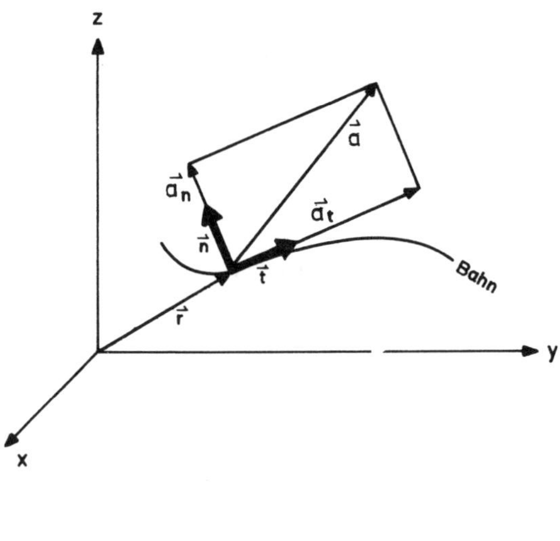

Bild 2.22: Zerlegung der Beschleunigung $\vec{a}$ in Tangentialbeschleunigung $\vec{a}_t$ und Normalbeschleunigung $\vec{a}_n$

gemein mit der Bahntangente zusammen. Vielmehr kann die Beschleunigung neben einer tangentiellen Komponente (in Richtung der Bahntangente) auch eine Komponente senkrecht (oder normal) dazu besitzen:

(2.13) $$\vec{a} = \frac{d\vec{v}}{dt} = \frac{d(v \cdot \vec{t}\,)}{dt} = \frac{dv}{dt}\,\vec{t} + v\frac{d\vec{t}}{dt} \;.$$

Der erste Term gibt offensichtlich die *Tangentialbeschleunigung* an:

(2.14) $$\vec{a}_t = \frac{dv}{dt}\,\vec{t} \;,$$

wobei $\frac{dv}{dt}$ die Änderung des Betrages der Geschwindigkeit ist.

Der zweite Term läßt sich umformen [1] in

(2.15) $$v\frac{d\vec{t}}{dt} = \frac{v^2}{R}\,\vec{n} = \vec{a}_n$$

und bildet also die *Normalbeschleunigung*. Dabei ist $\vec{n}$ der Einheitsvektor in Richtung der Bahnnormalen (vgl. Bild 2.22) und R der Krümmungsradius der Bahn.

Wir haben also die Beschleunigung zerlegt in eine zeitliche Geschwindigkeitsänderung entlang der Bahntangente und in eine senkrecht dazu:

(2.16) $$\boxed{\vec{a} = \frac{dv}{dt}\,\vec{t} + \frac{v^2}{R}\,\vec{n}} \;.$$

---

[1] Beweis der Beziehung $\frac{d\vec{t}}{dt} = \frac{v}{R}\,\vec{n}$:

a) $$\frac{d(\vec{t} \cdot \vec{t}\,)}{dt} = \vec{t} \cdot \frac{d\vec{t}}{dt} + \frac{d\vec{t}}{dt} \cdot \vec{t} = 2\,\vec{t} \cdot \frac{d\vec{t}}{dt} \;.$$

Da $\vec{t} \cdot \vec{t} = t^2 = \text{const}$, ist die linke Seite Null, die beiden Vektoren auf der rechten Seite müssen daher aufeinander senkrecht stehen.

b) Wir nähern die Bahn im Zeitintervall $[t, t + dt]$ durch einen Kreis mit dem Radius R an. Dann gilt:

$$\frac{|d\vec{t}\,|}{|\vec{t}\,|} = \frac{ds}{R} \;; \qquad (ds = \text{Bahnelement})$$

da $|\vec{t}\,| = 1$, folgt: $$\left|\frac{d\vec{t}}{dt}\right| = \frac{v}{R} \;.$$

Gleichförmig beschleunigte geradlinige Bewegung

Wenn sich die Geschwindigkeit eines Körpers nur in der Größe, nicht jedoch in der Richtung ändert, dann ist die Normalbeschleunigung Null, und die Bewegung erfolgt geradlinig in Richtung von $\vec{t}$:

$$\vec{a} = \vec{a}_t = \frac{dv}{dt}\,\vec{t}\,;\ \left(\vec{a}_n = 0\right).$$

Wir wählen das Koordinatensystem zum Beispiel so, daß die Richtung von $\vec{t}$ mit der x-Achse zusammenfällt. Dann gilt für die Bewegung entlang der x-Achse:

$$a_x = \frac{dv_x}{dt} = \frac{d^2x}{dt^2}\,;\quad (a_y = a_z = 0).$$

Bei gleichförmiger Beschleunigung ist

$$\frac{dv_x}{dt} = a_0 = \text{konstant}.$$

Durch Integration erhält man die Geschwindigkeit

$$(2.17)\qquad \boxed{v_x(t) = a_0 t + v_0 = \frac{dx}{dt}}\,,$$

wobei v_0 die Geschwindigkeit zur Zeit $t = 0$ ist.

Weitere Integration ergibt die Bahnkurve der beschleunigten geradlinigen Bewegung eines Körpers entlang der x-Achse

$$(2.18)\qquad \boxed{x(t) = \frac{a_0 t^2}{2} + v_0 t + x_0}\,.$$

(x_0 ist der Ort zur Zeit $t = 0$).

Nur das erste Glied $\frac{a_0 t^2}{2}$ stellt die *beschleunigte* Bewegung dar, ihr überlagert bleibt die gleichförmige Bewegung $(v_0 t + x_0)$. Durch verschiedene *Anfangsbedingungen* (v_0, x_0) können viele Bewegungen beschrieben werden.

Beispiel 1:
Freier Fall

Läßt man eine Fallschnur, an der Kugeln in den relativen Höhen 1, 4, 9, 16 angebracht sind, fallen, so treffen alle Kugeln in gleicher zeitlicher Folge auf dem Boden auf. Wir folgern hieraus: läßt man eine Kugel zur Zeit $t = 0$ vom Punkt $x = 0$ ohne Anfangsgeschwindigkeit ($v_0 = 0$) fallen, so nimmt die Fallstrecke $x(t)$, wie es zuerst Galilei beobachtet hat, mit guter Näherung quadratisch mit der Zeit zu:

$$x(t) \sim t^2 .$$

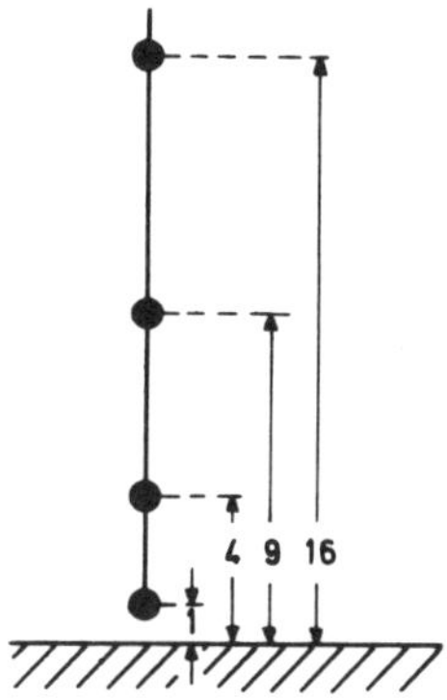

Bild 2.23: Die Fallschnur

Vergleichen wir dies mit Gl. (2.18), so bedeutet dies, daß die Gravitationsbeschleunigung g konstant ist:

(2.19) $$x(t) = \frac{g}{2} t^2 .$$

Genauere Messungen auf dem 50. Breitengrad der Erde ergeben für g einen Wert von 9,81 m/s^2.

Beispiel 2:
Freier Fall mit horizontaler Bewegung (Bild 2.24)

Die oben geschilderte *vertikale* Bewegung eines fallenden Körpers ist – ebenfalls nach unserer Erfahrung – unabhängig davon, ob der Körper sich gleichzeitig horizontal bewegt: Angenommen ein Ball werde horizontal (in der y-Richtung mit der Geschwindigkeit v_y) aus einem Haus geworfen. Zur Zeit $t = 0$ verlasse der Ball das Fenster. Dann ist die Bewegung in der y-Richtung gleichmäßig:

(2.20) $$y = v_y t ,$$

in der x-Richtung dagegen beschleunigt:

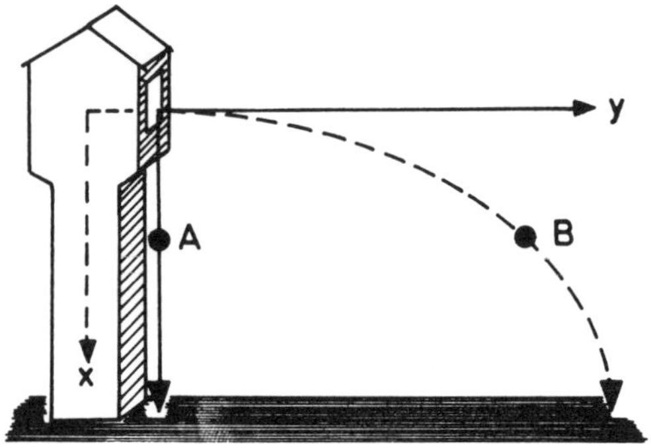

Bild 2.24: Zur gleichen Zeit, zu der man einen Stein (A) fallen läßt, wird ein zweiter (B) horizontal aus dem Fenster geworfen. Beide treffen erfahrungsgemäß *gleichzeitig* auf dem Boden auf trotz der unterschiedlichen Wege von A und B.

(2.20a) $$x = \frac{g}{2} t^2 .$$

Durch Eliminierung von t erhält man als Gleichung für die Bahn eine Parabel, die bekannte *Wurfparabel*

(2.21) $$x = \frac{g}{2v_y{}^2} y^2 .$$

Übungsfrage:
Ermitteln Sie damit aus der Anfangshöhe x_0 und der Horizontalgeschwindigkeit v_y die Reichweite y_0.

Kreisbewegung

Im folgenden wollen wir die Bewegung eines Massenpunktes auf einem Kreis mit dem Radius R betrachten. Einfachheitshalber legen wir den Ursprung des kartesischen Koordinatensystems in den Kreismittelpunkt, so daß

(2.22) $$x = R \cos\varphi , \quad y = R \sin\varphi ;$$

x und y sind zugleich die kartesischen Komponenten des Radiusvektors $\vec{R}$ mit dem Betrag R.

Wir wollen nun eine gleichförmige Kreisbewegung (entgegen dem Uhrzeigersinn) diskutieren. Die zeitliche Zunahme des Drehwinkels

(2.23) $$\boxed{\frac{d\varphi}{dt} = \omega} ,$$ **Winkelgeschwindigkeit**

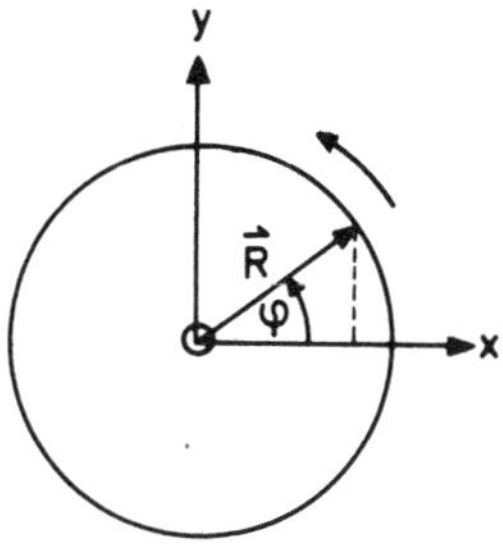

Bild 2.25:

die sog. *Winkelgeschwindigkeit,* sei zeitlich konstant. (Der Winkel wird im Bogenmaß gemessen; der Einheit 1 Radian (rad) entsprechen $\frac{360}{2\pi}$ Grad. Die Einheit der Winkelgeschwindigkeit ist daher (rad/s), meist auch nur 1/s). Der Drehwinkel ist also

(2.24) $$\varphi(t) = \omega t\,,$$

wenn man die Zeit $t = 0$ so wählt, daß $\varphi(t = 0) = 0$ ist. Während der Radiusvektor $\vec{R}$ mit der Winkelgeschwindigkeit ω umläuft, ändern die beiden Komponenten dieses Vektors zeitlich periodisch ihren Wert:

(2.25) $$\boxed{\begin{array}{l} x = R\cos\omega t \\ y = R\sin\omega t \end{array}}\;\begin{array}{l} , \\ . \end{array}$$ **gleichförmige Kreisbewegung**

Daraus läßt sich leicht die *Periodendauer,* die Zeit eines Umlaufs, ermitteln:

(2.26) $$\boxed{T = \frac{2\pi}{\omega}}\;.$$ **Periodendauer**

Die *Frequenz* als die Zahl der Umläufe pro Sekunde ist

(2.27) $$\boxed{\frac{1}{T} = f = \frac{\omega}{2\pi}}\;.$$ **Frequenz**

(ω wird zuweilen auch als *Kreisfrequenz* bezeichnet.)

Übungsfrage:
Ermitteln Sie die Geschwindigkeit des Massenpunktes bei einer Kreisbewegung.

Der Betrag der *Geschwindigkeit* ist bei einer Kreisbewegung zeitlich konstant ($v = \omega \cdot R$), nur ihre Richtung ändert sich stetig. Daher verschwindet auch die tangentielle Komponente der *Beschleunigung,* und nach Gl. (2.16) bleibt nur ihre Normalkomponente (senkrecht zur Bahn) übrig:

(2.28) $$a_n = \frac{v^2}{R} ,$$

oder

$$a_n = \omega^2 \cdot R .$$

Die Richtung dieser Normalbeschleunigung weist zum Kreismittelpunkt.

Lineare harmonische Schwingung

Die Kreisbewegung kann man sich als Überlagerung zweier geradliniger Bewegungen entlang der x- und y-Achse zusammengesetzt denken:

(2.29) $$x(t) = R \cos\omega t \text{ und } y(t) = R \sin\omega t .$$

Jede dieser Bewegungen einzeln betrachtet, nennt man eine lineare *harmonische Schwingung* mit der Kreisfrequenz ω und der Amplitude R.

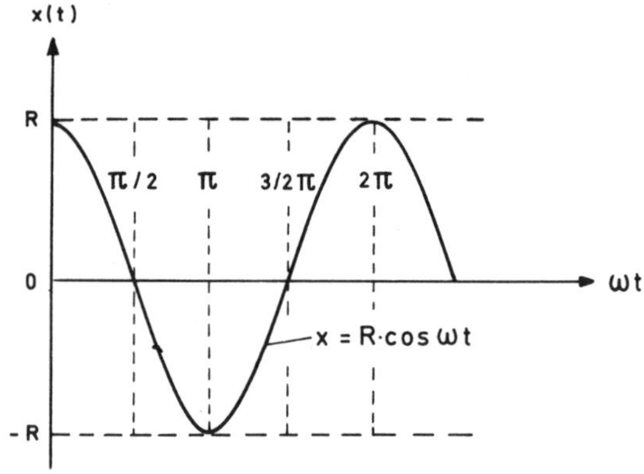

Bild 2.26: Lineare harmonische Schwingung $x(t) = R \cos \omega t$ mit der Amplitude R und der Periode $T = 2\pi/\omega$.

Durch Differentiation erhält man für die Geschwindigkeit

$$\frac{dx}{dt} = -\omega R \sin\omega t$$

und für die Beschleunigung

(2.30) $$\frac{d^2x}{dt^2} = -\omega^2 \; R \cos\omega t = -\omega^2 x .$$

Dies bedeutet, daß die harmonische Schwingung auch dadurch charakterisiert ist, daß die Beschleunigung proportional zur Auslenkung, aber ihr entgegengesetzt gerichtet ist.

In der Natur und in der Technik ist diese Bewegung in mannigfaltigster Weise realisiert. Das charakteristische Merkmal der Schwingungen ist die Kreisfrequenz ω bzw. die Schwingungsdauer T.

Tabelle 2.5: **Beispiele für verschiedene, in Natur und Technik vorkommende Schwingungen**

	Schwingungsdauer	
Schwingungen der Nukleonen im Kern	10^{-21}	s
Schwingungen der Atome im Molekül	10^{-13}	s
Schwingungen der Elektronen in der Fernsehantenne	10^{-8}	s
Schwingungen einer Lautsprechermembrane	10^{-3}	s
Schwingung der Erde	54	min
Schwingung eines Sternes (Cepheiden)	10	d

Literaturhinweise zu Kapitel 2

Feynman, Vorlesungen über Physik, Bd. I-1, Addison-Wesley, R. Oldenbourg (1974), Kap.5: Zeit und Abstand

Berkeley Physics Course Vol I,Mc Graw Hill, New York (1965), Chap. 1: Geometry and Physics.

Kohlrausch, F.: Praktische Physik Bd. I, Teubner-Verlag, Stuttgart (1968), Kap. 2.2 und 2.3: Längen- und Zeitmessung.

Eder, F.X.: Moderne Meßmethoden der Physik Bd. I, VEB Deutscher Verlag d. Wiss., Berlin (1960), Kap. 2 und 3: Längen- und Winkelmessung, Zeitmessung.

Gönnenwein, F.: Altersbestimmungen mit Radionukleiden, Physik in unserer Zeit **3**, 81 (1972).

Renfrew, C.: ^{14}C and the Prehistory of Europe, Scientific American **225**, Oct (1971).

Becker, F.: Einführung in die Astronomie, Kapitel 1A: Bestimmung von Ort und Bewegung B I Hochschultaschenbücher Bd 8/8a, Mannheim (1966).

Astin, A.V.: Standards of Measurement, Scientific American **218**, June (1968).

Taylor, B.N., Langenberg, D.N. and Parker, W.H.: The Fundamental Physical Constants, Scientific American **223**, Oct (1970).

Überblick über einige Lehrbücher der Mechanik (nicht vollständig)

Bergmann/Schaefer: Lehrbuch der Experimentalphysik Bd. 1, 8. Auflage, Walter de Gruyter, Berlin (1970): ein besonders ausführliches Lehrbuch, mit zahlreichen Versuchsbeschreibungen, einfache Darstellung, überarbeitete Auflage.

Gerthsen, C. und Kneser, H.O.: Physik, 11. Auflage, Springer, Berlin(1971): übersichtliche Darstellung der wichtigsten Prinzipien, auch sehr gut geeignet als Nachschlagewerk und zur Wiederholung.

Lüscher, E. und Luchner, K.: Experimentalphysik I, BI-Hochschultaschenbücher, Bde. 114, 115, 155, Mannheim (1967): wegen seiner ungewöhnlichen Stoffauswahl mit zahlreichen Seitensprüngen in die modernen Gebiete der Physik und ins tägliche Leben ist dieses Taschenbuch eine unterhaltsame zusätzliche Lektüre. Die Übungsaufgaben (Luchner) sind zur Vorbereitung auf die Vorprüfung geeignet.

Pohl, R.W.: Einführung in die Physik Bd. 1 Mechanik, Akustik, Wärmelehre, 17. Auflage, Springer, Berlin (1969): klare und einfache Gedankenführung, wegen seiner Fülle von Versuchsbeschreibungen seit vielen Jahren ein berühmtes Lehrbuch, überarbeitete Auflage.

Westphal, W.H.: Physik. 26 Auflage, Springer, Berlin (1970): kurzgefaßtes, bewährtes Lehrbuch, auch für Chemiker, Mathematiker und Mediziner geeignet.

Alonso-Finn: Fundamental University Physics Vol I Mechanics, Addison Wesley Reading, Massachusetts (1967): ein didaktisch sehr gut aufgebautes Lehrbuch, das vor allem Wert darauf legt, daß die wesentlichen Konzepte der Mechanik beherrscht werden und Probleme gelöst werden können; viele Beispiele und Aufgaben, für Übungen zu empfehlen.

Berkeley Physics Course Vol I, Mc Graw Hill, New York (1965): Beschränkung auf wenige Themen, die aber ausführlich behandelt werden; interessante Ausblicke in in andere Gebiete und neuere Ergebnisse der Physik; didaktisch gut aufgebaut, viele Beispiele, für Übungen zu empfehlen.

Feynman, Vorlesungen über Physik, Bd.I, Addison-Wesley, R. Oldenbourg: Darlegung sowohl der grundlegenden klassischen Konzepte als auch Einblick in die moderne Physik; hervorragende physikalische Argumentation; als Einführungslektüre weniger geeignet (z.B. zu wenig Experimente), jedoch als Vertiefung und zur Vorbereitung auf die theoretische Physik unbedingt empfohlen.

Eine Auswahl von Lehrbüchern, die die notwendigen mathematischen Voraussetzungen vermitteln:

Courant, R.: Vorlesungen über Differential- und Integralrechnung, 2 Bde., 3. Auflage, Springer, Berlin (1969): Analysis mit Betonung physikalischer Anwendungen.

Lehr- und Übungsbuch Mathematik Bd. III, Verlag Harri Deutsch, Frankfurt (1970): Vektorrechnung, Infinitesimalrechnung, Exponentialfunktionen, viele durchgerechnete Übungsbeispiele.

Bronstein-Semendjajew: Taschenbuch der Mathematik, Verlag Harri Deutsch, Zürich und Frankfurt/Main, (1969)

Spiegel, M.R.: Vector-Analysis, Mc Graw-Hill, New York (1959): kurze Definitionen, dazu viele Aufgaben mit Lösungen.

Teichmann, H.: Physikalische Anwendungen der Vektor- und Tensorrechnung, BI-Hochschultaschenbücher Bd. 39/39a, Mannheim (1964).

Feynman, Vorlesungen über Physik, Addison-Wesley, R. Oldenbourg (1974) Bd.I-1, Kap. 11, Vektoren: ein interessantes Kapitel über die physikalische Interpretation der Eigenschaften von Vektoren, Band II-1, Vektoranalysis.

Berkeley Physics Course: Vol. I, Chap. 2, Vectors, Mc Graw Hill, New York (1965): physikalische Bedeutung und praktischer Gebrauch der Vektorrechnung, Vol. II, Chap. 2 Gradient, Divergence and Curl.

3. Die beiden ersten Newtonschen Gesetze

In diesem Kapitel wollen wir das *Zustandekommen* von Bewegungen verstehen, deren Beschreibung in Raum und Zeit wir im letzten Kapitel kennengelernt haben. Wir wollen beispielsweise wissen, warum Körper auf der Erde parabelförmig fallen, warum der Mond sich fast *kreisförmig* um die Erde bewegt, und warum alle Planeten auf Ellipsenbahnen um die Sonne laufen. Wir wollen ferner verstehen, warum ein Körper, der an einer Feder aufgehängt ist, harmonische *Schwingungen* ausführt, und weshalb ein angestossener gleitender Körper schließlich wieder *zur Ruhe kommt.*

Es ist das Verdienst Newtons (1642 – 1727), diese teilweise recht komplizierten Bewegungen auf das Zusammenwirken von einfachen und allgemeingültigen Prinzipien zurückzuführen. Naturforscher vor ihm wie Galilei, Kepler oder Hooke haben eine Fülle von neuen Beobachtungen zusammengetragen. Newtons Blick war aber auf das Gemeinsame jeder einzelnen Beobachtung gerichtet. So erzählt man sich, *die Idee,* daß die Bewegung eines fallenden Körpers und die des Mondes aufgrund der gleichen Kraftwirkung zustande kommt, ihm nachts im Mondschein unter einem Apfelbaum eingefallen ist, als gerade ein Apfel herunterfiel. Die Größe Newtons liegt jedoch darin, daß er diese Idee auch verwirklichen, d.h. beweisen konnte. Der Schlüssel hierzu war nicht nur die genaue Beobachtung oder ein geschicktes Experiment, sondern auch *die mathematische Abstraktion der Beobachtung.* (Es ist bezeichnend für Newton, daß er zugleich auch als einer der Erfinder der Differential- und Integralrechnung gilt.)

3.1 Das Trägheitsprinzip oder 1. Newtonsches Gesetz

Galilei lieferte den ersten wichtigen Beitrag zum Verständnis der Bewegungen, als er durch quantitative Beobachtungen und eine geniale Extrapolation das *Prinzip der Trägheit* eines Körpers entdeckte. Wenn ein Körper in Ruhe ist und man „läßt ihn allein“, stößt ihn also nicht, so wird er immer in Ruhe bleiben. Ein ruhender Eishockeypuck bleibt auf der glattesten Eisfläche liegen. Stößt man ihn mit einem Schläger, dann bewegt er sich nach dem Schlag, wieder sich allein überlassen, *geradlinig* über die ganze Eisfläche, bis er wieder gestoppt wird. Messen wir die während kleiner Zeitintervalle zurückgelegten Wegstrecken, so finden wir, daß diese fast alle

gleich sind. Die Geschwindigkeit ist also praktisch konstant. Es handelt sich um eine nahezu geradlinige und gleichförmige Bewegung.

Diese oder ähnliche Versuche kann man fast nie wirklich reibungsfrei durchführen. Vollkommen reibungsfreie Bewegung hat man nur bei tiefen Temperaturen beobachtet: zum Beispiel bewegen sich Körper in superflüssigem Helium oder Elektronen in supraleitenden Metallen ganz ohne Reibung. Daher nehmen Ströme in supraleitenden Ringen mit der Zeit nicht ab. Diese Eigenschaft hat große technische Bedeutung für den Bau von supraleitenden Spulen zur Erzeugung großer und konstanter Magnetfelder. Auch die Bewegung der Elektronen im Atom sowie der Nukleonen im Kern ist keiner Reibung unterworfen.

Der geniale Beitrag von Galilei war nun der, von den fast immer auftretenden äußeren Einwirkungen abzusehen und festzustellen, daß *jeder Körper, falls keine Störung von außen auf ihn wirkt, in Ruhe verharrt oder sich mit seiner ursprünglich konstanten Geschwindigkeit weiter bewegt.* Diese allgemeine Eigenschaft aller Körper nennt man *Trägheit.*

Übungsfrage: Inwiefern führte die Beobachtung, daß sich Wurfgeschosse auf Parabelbahnen bewegen, Galilei zum Begriff der Trägheit?

Newton übernahm dieses Trägheitsprinzip von Galilei als sein *1. Bewegungsgesetz,* formulierte es jedoch genauer:

> **Trägheitsprinzip oder 1. Newtonsches Gesetz:**
> Jeder Körper verharrt im Zustand der Ruhe oder gleichförmiger, geradliniger Bewegung, falls er nicht durch äußere Kräfte gezwungen wird, diesen Zustand zu verlassen.

Was aber ist die Ursache der Trägheit aller Körper? Wir wissen es noch nicht mit Sicherheit. Newton glaubte, daß die Trägheit eine „innere" Eigenschaft nur des Körpers ist, die von der Umwelt unabhängig ist. Im Gegensatz dazu vertrat der Wiener Physiker Ernst Mach die Ansicht, daß die Trägheit eines Körpers auf seine Wechselwirkung mit der ihn umgebenden Materie des Universums zurückzuführen sei. Nach Mach verhindert diese Wechselwirkung, daß – im kräftefreien Zustand – ein Körper relativ zur Materie des Universums beschleunigt wird. (Dieses Machsche Prinzip der Relativität wurde von Einstein wieder aufgenommen, der – in der sogenannten allgemeinen Relativitätstheorie – zu erklären versuchte, welcher Natur diese Wechselwirkungen mit dem Universum sind. Wir können im Rahmen dieser Vorlesung noch nicht auf diese Theorie eingehen; ihre experimentelle Prüfung mit Hilfe von extraterrestrischen Versuchen stellt ein hochaktuelles Forschungsgebiet der Physik dar.)

Nun wollen wir unseren Begriff Trägheit quantitativer formulieren. Durch Beobachtung haben wir festgestellt, daß wir an einem Körper „ziehen" oder ihn „stoßen" – oder anders ausgedrückt – eine „Kraft" auf ihn ausüben müssen, um den Zustand der gleichförmigen geradlinigen Bewegung zu verändern. *Infolge der Trägheit von Materie ist also eine Kraft notwendig, um die Geschwindigkeit eines Körpers zu ändern, d.h. ihn zu beschleunigen (oder zu verzögern).* Welche Kraft aber ist für eine bestimmte Beschleunigung erforderlich?

Die statische Messung einer Kraft

Wir wollen zunächst nicht fragen, wie die Kraft bei den einzelnen Vorgängen zustandekommt, sondern was das Gemeinsame an diesen Vorgängen ist, das zum Begriff „Kraft" führt. Eine wesentliche Eigenschaft einer Kraft ist, daß man sie messen kann, d.h. in definierter Weise mit einer anderen Kraft vergleichen kann. Als „Kraftmesser" wollen wir eine Feder verwenden.

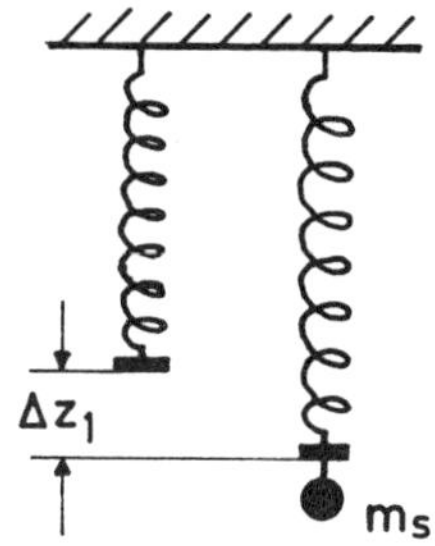

Bild 3.1: Eichung einer Feder zur Messung von Kräften

Bei der Ausführung eines solchen Versuches erkennen wir zunächst, daß wir einer Kraft immer einen Angriffspunkt und eine Richtung zuordnen, d.h. durch einen Vektor $\vec{F}$ beschreiben können. Die Größe der Kraft können wir aus der Elongation der Feder bestimmen. Da die Elongation auch vom Material abhängt, aus dem die Feder hergestellt ist, müssen wir die Feder eichen, d.h. mit einer Kraft vergleichen, die immer und überall in definierter Weise zur Verfügung steht, z.B. die Schwerkraft. Dazu befestigen wir unten an der Feder, die aufgehängt ist, eine bestimmte Masse m_s. Dadurch wird die Feder um eine Strecke Δz_1 verlängert. Warum?

Auf diese Masse m_s wirkt die anziehende Gravitationskraft der Erde. In der Ruhelage ist die Summe der Kräfte, die an m_s angreifen, Null: Die Federkraft kompensiert genau die Schwerkraft $\vec{F}_s$. Wenn man nun die Feder zusätzlich mit einer zweiten identischen Masse m_s belastet, beobachtet man eine weitere Verlängerung der Feder, wiederum um Δz_1. Das heißt: bei einer doppelt so starken Kraft ($2\vec{F}_s$), verdoppelt sich auch die Elongation der Feder wie in Bild 3.2 dargestellt. Bei der dreifachen Beladung ist die Verlängerung entsprechend $3\Delta z_1$. Wir fassen zusammen: *Die Verlängerung einer Feder unter dem Einfluß einer Kraft nimmt linear mit dem Betrag der Kraft zu:*

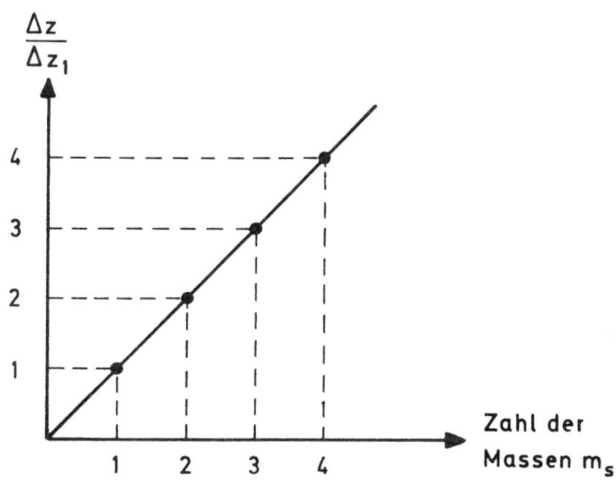

Bild 3.2: Hookesches Gesetz: Die Verlängerung einer Feder aufgrund des Gewichtes der Massen m_s ist proportional zur Zahl der Massen.

(3.1) $$F_z = -c\,\Delta z, \quad (c = \text{Federkonstante}).$$ **Hookesches Gesetz**

(Die Kraft der Feder wirkt ihrer Verlängerung entgegen, daher das negative Vorzeichen.)

Dieser lineare Zusammenhang zwischen Kraft und Auslenkung *(Hookesches Gesetz)* gilt für alle Materialien und alle Arten von Deformationen, sofern die Auslenkungen klein bleiben. Sie ist von großer technischer Bedeutung im Maschinen- und Apparatebau.

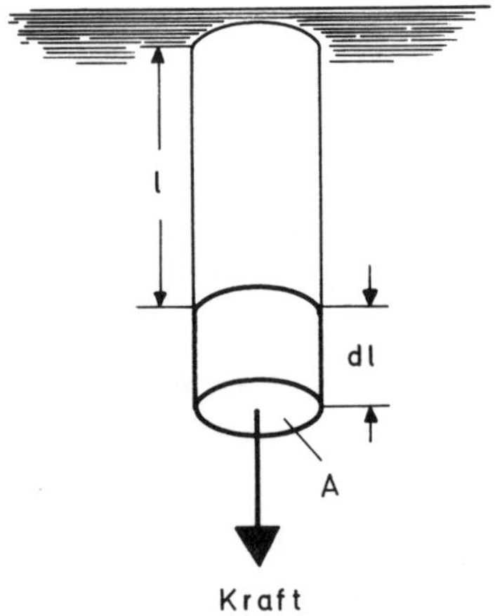

Bild 3.3: Dehnung eines Drahtes aufgrund der Zugkraft $\vec{F}$

Bild 3.3 zeigt die Verlängerung dl eines Drahtes mit Länge l und Querschnitt A unter dem Einfluß einer Kraft. Die Größe (Kraft/Querschnittsfläche) nennt man *Spannung* (oder Druck) und die relative Längenänderung (dl/l) heißt *Dehnung.* Somit läßt sich das Hookesche Gesetz in die Form bringen:

(3.2) $$\frac{F}{A} = -E\frac{\mathrm{d}l}{l}, \quad (E = \text{Elastizitätsmodul}).$$ **Spannung = −E · Dehnung**

Ein solcher linearer Zusammenhang zwischen Spannung und Dehnung wird in allen Materialien gefunden, sofern die Dehnung unter 1% bleibt. (Bei größeren Verformungen tritt *plastisches Fließen* und schließlich Bruch auf.)

Mikroskopisch können solche elastischen Kräfte auf interatomare Kräfte, die in allen Festkörpern den in Bild 3.4 dargestellten Verlauf haben, zurückgeführt werden. Im

Gleichgewichtsabstand d_0 zwischen zwei Nachbaratomen sind die Kräfte zwischen ihnen Null.

Bei größeren Atomabständen ($d > d_0$) entstehen anziehende Kräfte und bei kleineren ($d < d_0$) werden die Atome stark abgestoßen. Bei kleinen Dehnungen bleibt die Kraft proportional zur Dehnung:

$$\vec{F} = -c\,(\vec{d} - \vec{d}_0)\,.$$

Übungsfrage:
Als Modell für einen Festkörper verwendet man oft die lineare Kette, d.h. man denkt sich die Atome in einer Reihe durch Federn verbunden. Zeigen Sie, daß das Hookesche Gesetz auch für die ganze lineare Kette gilt, wenn es für die interatomaren Kräfte gültig ist. Ist die atomare Kraftkonstante größer als die makroskopische Kraftkonstante?

Wir haben gesehen, wie wir durch die *statische* Deformation Kräfte in relativen Einheiten messen können. Im folgenden wollen wir uns mit der *dynamischen* Folge von Krafteinwirkungen beschäftigen, mit dem *Einfluß der Kraft auf die Bewegung.*

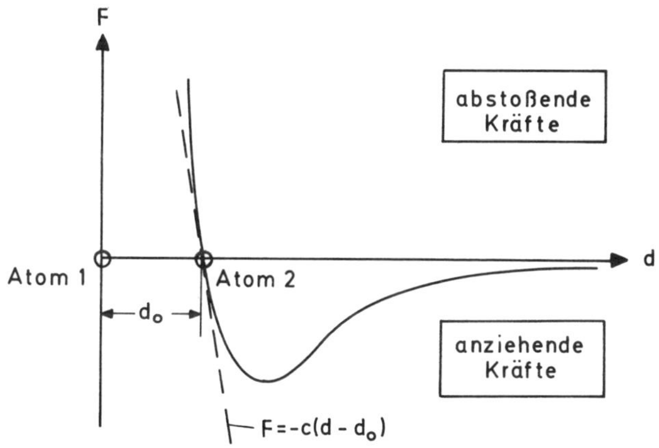

Bild 3.4: Interatomare Kraft als Funktion des Atomabstandes: Für $d = d_0$, der Ruhelage, wirkt keine Kraft auf Atom 2. Bei kleineren Abständen treten starke abstoßende, bei größeren Abständen schwache anziehende Kräfte auf, die durch die Elektronen hervorgerufen werden. Im Bereich der Ruhelage läßt sich die Kraft durch eine lineare Beziehung annähern.

3.2 Das Aktionsprinzip oder 2. Newtonsches Gesetz

Die Wirkung einer Kraft auf die Bewegung wollen wir an einem einfachen Experiment studieren, an der Bewegung eines nahezu reibungsfreien Wagens mit der Masse m_T, der durch eine Kraft $\vec{F}$ nach rechts bewegt wird, wie in Bild 3.5 angedeutet.

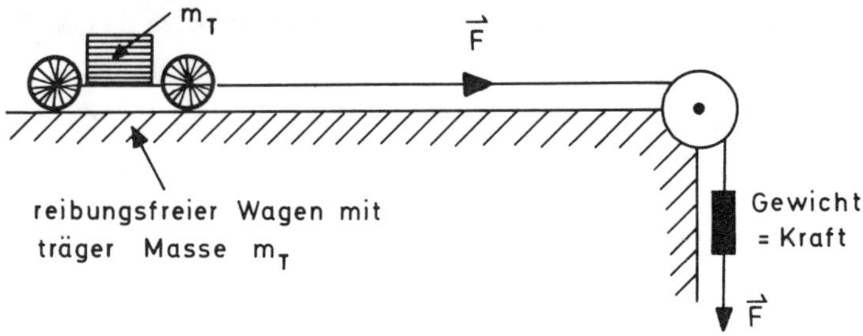

Bild 3.5: Experiment zum Studium der Bewegung eines Körpers unter dem Einfluß von Kräften

Dazu bestimmen wir den zurückgelegten Weg und daraus die Geschwindigkeit und die Beschleunigung des Wagens als Funktion der Zeit. (Der Wagen sei viel schwerer als das Gewicht.)

Als Ergebnis unseres Experimentes wollen wir festhalten (s. auch Bild 3.6):

1. Die Beschleunigung des Wagens ist zeitlich konstant.

2. Hängen wir ein zweites identisches Gewicht an die Zugschnur (Bild 3.5a), dann verdoppeln wir die Kraft, da Betrag und Richtung beider Kräfte in diesem Falle gleich sind. Das beobachtete Resultat: Die Beschleunigung des Wagens hat sich verdoppelt.

3. Verdoppeln wir die Beladung des Wagens (Wagenmasse klein gegen Last), so verringert sich die Beschleunigung in Versuch 1 und 2 je um die Hälfte.

Aus dem ersten und zweiten Experiment können wir einen einfachen Zusammenhang zwischen Kraft und Beschleunigung ableiten:

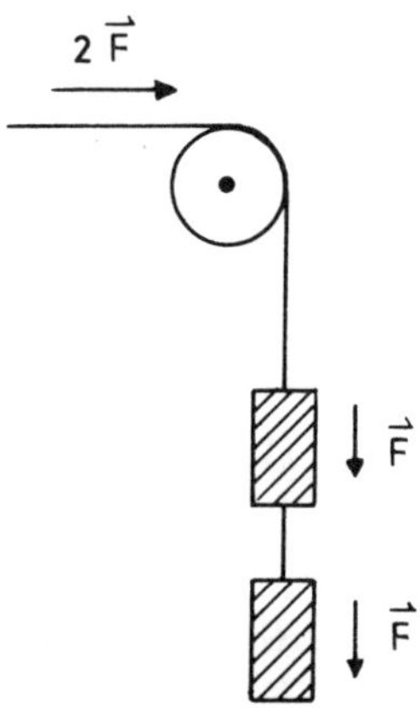

Bild 3.5a

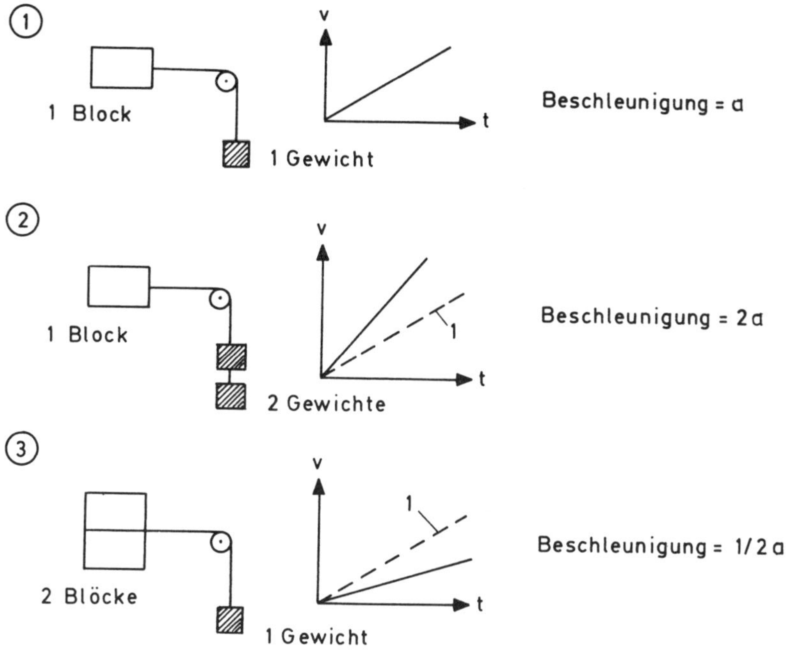

Bild 3.6: Zusammenfassung der experimentellen Ergebnisse

Die Beschleunigung ist proportional zur Kraft:

$$\vec{a} \sim \vec{F}\,.$$

Aus dem ersten und dritten Experiment ist ersichtlich, daß die Beschleunigung des bewegten Wagens bei Verdoppelung seiner Masse m_T auf den halben Wert sinkt:

Die Beschleunigung ist umgekehrt proportional zur Masse m_T:

$$|\vec{a}| \sim \frac{1}{m_T}\,.$$

Alle drei Beobachtungen lassen sich offenbar einfach beschreiben durch das Gesetz

(3.3) $$\boxed{\vec{a} = \frac{\vec{F}}{m_T} \quad \text{oder} \quad \vec{F} = m_T\vec{a}}\,,$$ **Aktionsprinzip**

welches auch *Aktionsprinzip* oder *zweites Newtonsches Gesetz* genannt wird.

Übungsfrage:
Das Aktionsprinzip ermöglicht es uns, auch andere Bewegungsformen des Wagens vorauszusagen, wenn wir die Kräfte kennen, die auf ihn einwirken. Wie können wir zum Beispiel den Bremsweg des Wagens, der zunächst mit der Geschwindigkeit $\vec{v}_0$ fährt, ermitteln, wenn plötzlich eine konstante Bremskraft $\vec{R}$ entgegengesetzt zu $\vec{v}_0$ wirkt?

Genauere Beobachtungen im dreidimensionalen Raum zeigen, daß auch hier die Beschleunigung immer parallel zur Kraft erfolgt. Demzufolge ist m_T eine skalare Größe ohne Richtungsabhängigkeit. Das heißt zum Beispiel parallel zur Achse des Milchstraßensystems erfolgt eine genauso große Beschleunigung für gleich große Kräfte wie senkrecht dazu. Diese Isotropie von m_T stützt im Rahmen der allgemeinen Relativitätstheorie die Annahme, daß die Massenverteilung des Universums mit ebenso guter Genauigkeit isotrop ist.

Da die Größe m_T ein quantitatives Maß für die Trägheit eines Körpers ist, seinen Bewegungszustand zu ändern, nennt man ihn *träge Masse.* Die träge Masse eines Körpers wird also durch die Beschleunigung bestimmt, die durch eine gegebene Kraft hervorgerufen wird.

Es läßt sich zeigen, daß auch eine allgemeinere Formulierung des Aktionsprinzips gültig ist, die die Bewegung eines Körpers beschreiben kann, dessen Masse m_T sich während der Krafteinwirkung ändert. Dazu führen wir als *Bewegungsgröße* das Produkt aus Masse m_T und Geschwindigkeit $\vec{v}$ ein, das wir als *Impuls* $\vec{p}$ bezeichnen wollen:

(3.4) $$\boxed{\vec{p} = m_T \vec{v}} \; .$$ **Impuls**

In der allgemeineren Form lautet dann das 2. Newtonsche Gesetz:

(3.5) $$\boxed{\frac{d\vec{p}}{dt} = \frac{d}{dt}(m_T \vec{v}) = \vec{F}}$$

Dies bedeutet: *Die zeitliche Änderung des Impulses ist gleich der Kraft.*

Im Bereich großer Geschwindigkeiten – in der Nähe der Lichtgeschwindigkeit – nimmt die träge Masse eines Körpers mit der Geschwindigkeit zu, womit wir uns noch ausführlich im Kapitel „Relativistische Mechanik“ beschäftigen werden. Hier sei nur schon darauf hingewiesen, daß das obige Aktionsprinzip *nach Gl. (3.5)* bei allen Geschwindigkeiten gültig bleibt, also auch im relativistischen Bereich.

Inertialsysteme

In unserer bisherigen Formulierung des Newtonschen Gesetzes haben wir noch nicht das Bezugssystem spezifiziert, in welchem wir die Beschleunigung eines Körpers messen müssen. Die Antwort darauf ist im Prinzip klar. Das Bezugssystem muß ein Koordinatensystem sein, in dem ein Körper wirklich keine Beschleunigung erfährt, es sei denn, es wirken äußere Kräfte. Da ein Körper sich in einem solchen Koordinatensystem nach dem Galileischen Trägheitsgesetz bewegt, nennt man es „*Inertial-*

system" (inertia – die Trägheit). Da im Aktionsprinzip nur Beschleunigungen vorkommen, sind auch alle anderen Koordinatensysteme, die sich relativ zu *einem* Inertialsystem mit beliebigen, aber *konstanten* Geschwindigkeiten bewegen, ebenfalls Inertialsysteme.

Wir wollen prüfen, ob ein Laboratorium auf der Erde ein gutes Inertialsystem ist, in dem also das Trägheitsgesetz gültig ist. Wir müssen dabei feststellen, daß ein sonst kräftefreier Körper relativ zu diesem *Laborsystem* dennoch aus verschiedenen Gründen eine Beschleunigung erfährt, also nicht dem Trägheitsprinzip folgt. Somit ist das Laborsystem kein Inertialsystem.

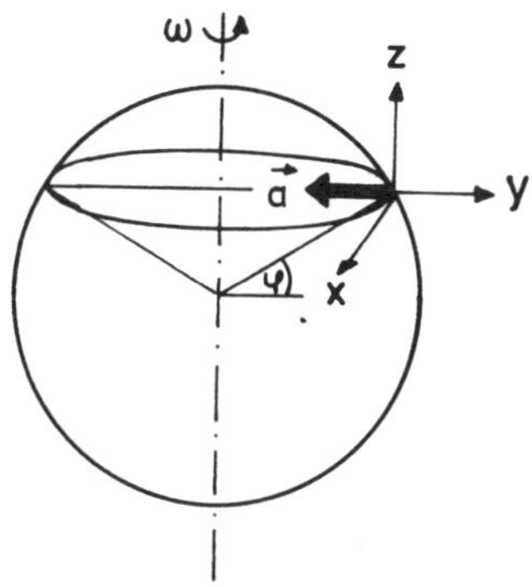

Bild 3.7: Die Erdrotation bewirkt, daß ein Laboratorium auf der Erde zur Drehachse hin beschleunigt wird.

Die Ursachen dieser Beschleunigung liegen einmal in der *Erdrotation*. Wegen der Rotation der Erde (Kreisfrequenz $\omega = (2\pi/86400)$ 1/s, Erdradius $R = 6{,}4 \cdot 10^6$ m) erfährt ein Körper im Laborsystem unter dem Winkel der geographischen Breite φ eine Beschleunigung

$$a = \omega^2 \cdot R \cdot \cos\varphi = 3{,}4 \cdot 10^{-2} \cos\varphi \; [\mathrm{m/s^2}] \; ,$$

die zur Drehachse hingerichtet ist (siehe Bild 3.7) . In ähnlicher Weise führt auch die *Rotation der Erde um die Sonne* zu einer etwa 6-mal kleineren Beschleunigung der Erde zur Sonne hin. Noch fast 7 Größenordnungen kleiner ist die Beschleunigung der Sonne zum galaktischen Zentrum auf Grund der *Rotation der Sonne in der Milchstraße* (Bild 2.15). Wir dürfen daher nicht streng, aber in guter Näherung den Fixsternhimmel als ein Inertialsystem betrachten. (Die Newtonsche Mechanik in beschleunigten Systemen werden wir später ausführlich diskutieren).

Maßeinheit von Masse

Unter der Annahme, daß eine gegebene Kraft einem Körper eine eindeutige,meßbare Beschleunigung erteilt, können wir eine relative Massenskala aufstellen, indem wir die gegebene Kraft auf verschiedene Massen einwirken lassen und die Beschleunigungen messen:

$$F = m_1 a_1 = m_2 a_2 = m_3 a_3 = \ldots$$

Daraus erhält man

$$\frac{m_2}{m_1} = \frac{a_1}{a_2}\,;\;\frac{m_3}{m_1} = \frac{a_1}{a_3}\,.$$

Nun wählen wir einen Körper als Standard und nennen dessen Masse *1 Kilogramm* = 1kg.

Damit haben wir neben dem Meter für die Länge und der Sekunde für die Zeit eine dritte Grundeinheit, nämlich die träge Masse, eingeführt. Ferner besitzen wir eine eindeutige Meßvorschrift für den Vergleich anderer Massen mit dem gewählten Standard. (Als Standard dient heute ein Platin-Iridium-Zylinder, der in Sèvres bei Paris aufbewahrt wird.)

In der Atomphysik und Chemie werden meist Atommasseneinheiten benützt. Die Definition basiert auf der Masse eines ^{12}C-Atoms, dem genau die Atommasse 12 zugeordnet wird. In dieser Skala haben einige Elemente (natürliches Isotopengemisch) folgende Massen, die *Atommassenzahlen:*

Element	Atommassenzahl
H	1,00797
C	12,01115
O	15,994

(Weitere Elemente siehe Periodensystem auf der Innenseite des Bucheinbandes.)

Bei zusammengesetzten Atomen, den Molekülen, ist die der Atommassenzahl entsprechende Größe, die *Molekülmassenzahl,* die gleich der Summe der Atommassen ist, aus denen das Molekül besteht. (Für H_2O zum Beispiel ist die Molekülmassenzahl 2 · 1,00797 + 15,994 = 18,0994.)

Wie ist nun der Zusammenhang dieser Molekülmassenzahlen (die im Sprachgebrauch auch verwirrenderweise Molekulargewichte genannt werden) mit unserem Massenstandard 1 kg? Dazu wurde das *Mol* eingeführt, dessen Masse (in Gramm) gleich ist der Molekülmassenzahl. Ein Mol eines Elementes oder einer Verbindung muß nun gleich viele Atome oder Moleküle besitzen. Man kann diese Zahl zum Beispiel bei der Elektrolyse aus der gesammelten Ladung pro Mol abgeschiedener Ionen, deren Ionenladung bekannt sein muß,bestimmen. Auf diese Weise hat man gefunden, daß ein Mol jeder Substanz aus

$$\boxed{L = 6{,}0222 \cdot 10^{23}}$$ **Loschmidtsche Zahl**

Atomen oder Molekülen besteht. Man nennt diese Zahl die *Loschmidtsche Zahl* oder auch Avogadrosche Zahl.

Ein Mol Wasser besitzt demnach eine Masse von $18{,}00994 \cdot 10^{-3}$ kg und enthält $6{,}0222 \cdot 10^{23}$ Moleküle. Die Loschmidtsche Zahl stellt also die Verbindung zwischen der Welt der Atome und unserer makroskopischen dar. Man kann mit ihr auch die atomare Masseneinheit in kg angeben:

$$\text{atomare Masseneinheit} = \frac{1}{12} m_{^{12}\mathrm{C}} = 1{,}66053 \cdot 10^{-27}\ \text{kg}$$

Häufig wird auch die Abkürzung 1 amu (= atomic mass unit) oder 1 u verwendet.

In folgender Tabelle haben wir einige typische, in der Natur vorkommende Massen zusammengestellt:

Tabelle 3.1: **In der Natur vorkommende Massen (in kg)**

Elektron	$9{,}1 \cdot 10^{-31}$
H-Atom	$1{,}67 \cdot 10^{-27}$
Proteinmolekül	$2{,}2 \cdot 10^{-24}$
Grippevirus	$6 \cdot 10^{-19}$
Erde	$6 \cdot 10^{24}$
Sonne	$1{,}97 \cdot 10^{30}$
Milchstraße (10^{11} Sterne)	$\sim 10^{41}$
Masse des Universums (10^{11} Galaxien)	$\sim 10^{52}$

Maßeinheit der Kraft

Ein quantitatives Maß für die *Kraft* kann nach Festlegung der Grundeinheiten m, kg, s (Internationales Einheitensystem (SI)) aus dem Newtonschen Gesetz abgeleitet werden. Die *Einheit der Kraft* wurde nach Newton benannt, sie erteilt einer Masse von 1 kg eine Beschleunigung von 1 m/s^2:

$$1\ \text{Newton} = 1\ \text{N} = 1\ \text{kg m/s}^2 .$$

In der Physik wurde früher auch häufig das cgs-System verwendet mit den Grundeinheiten cm , g, s. In diesem System ist die *Einheit der Kraft*

$$1\ \text{dyn} = 1\ \text{g} \cdot \text{cm/s}^2 = 10^{-5}\ \text{N} .$$

Anwendung des 2. Newtonschen Gesetzes

Das Newtonsche Gesetz $m_T \vec{a} = \vec{F}$ kann auf zwei sehr verschiedene Weisen benutzt werden:

1. Wenn alle Kräfte, die auf einen Körper einwirken, gegeben sind, kann man seine *Bewegung genau berechnen.* Geschick hierbei ist die Grundlage aller mechanischen Projektierungen in Physik und in den Ingenieurwissenschaften.

2. Wenn durch Beobachtung der Bahn eines Körpers $\vec{r}(t)$ seine Beschleunigung bekannt ist, können wir daraus die *Eigenschaften der Kräfte ableiten.* Auf diese Art entdeckte Newton das universelle Gravitationsgesetz, Faraday das Induktionsgesetz, Rutherford die Größe des Atomkerns, und heutzutage benutzen die

Kern- und Teilchenphysiker diese Methode (allerdings unter Zugrundelegung der Quantenmechanik), um die Kernkräfte zu untersuchen.

Da Newton keine direkten Aussagen über die Kraft gemacht hat, müssen wir uns die Eigenschaften der Kraft zusätzlich erarbeiten. Über statische elastische Kräfte hatten wir bereits gesprochen. An den folgenden dynamischen Beispielen sei gezeigt, wie man aus der beobachteten Bewegung auf die Gesetze der elastischen Kraft und der Reibungskraft schließen kann.

3.3 Kraftgesetz des harmonischen Oszillators

Betrachten wir eine Masse m_T, die – wie in Bild 3.8 dargestellt – an einer leichten (nahezu masselosen) Feder aufgehängt ist. Wenn man die Masse aus der Gleichgewichtslage $z_0 = 0$ in eine neue Lage z_1 bringen will, so leistet die Feder – wie wir bereits auf S. 74 gesehen hatten – dagegen Widerstand mit einer Kraft, die der Auslenkung proportional ist,

(3.1) $$F_z = -cz_1$$

mit der Federkonstanten c.

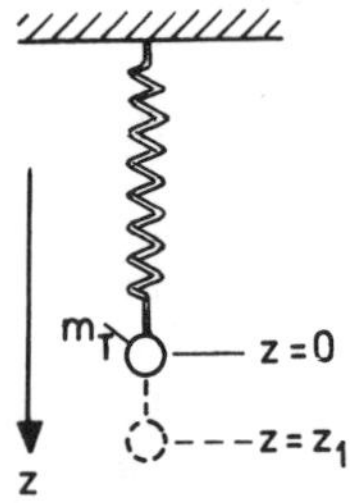

Bild 3.8: Versuch: Beobachtung der Bewegung einer Feder, die aus der Ruhelage ausgelenkt und dann losgelassen wird.

Nachdem die Masse auf diese Weise durch eine äußere Kraft, zum Beispiel mit der Hand, nach z_1 gezogen worden ist, wollen wir die Masse zur Zeit $t = 0$ plötzlich loslassen. Unmittelbar danach wirkt nur noch die Rückstellkraft F_z der Feder auf die Masse und beschleunigt diese.

Übungsfrage:
Durch welche Kraftgleichung wird die Bewegung der Masse beschrieben?

Die Bewegung von m, die man beobachtet, ist eine *harmonische Schwingung* mit der Bahnfunktion

$$z(t) = z_1 \cos \omega t\ .$$

Für $t = 0$ ist $z(0) = z_1$.

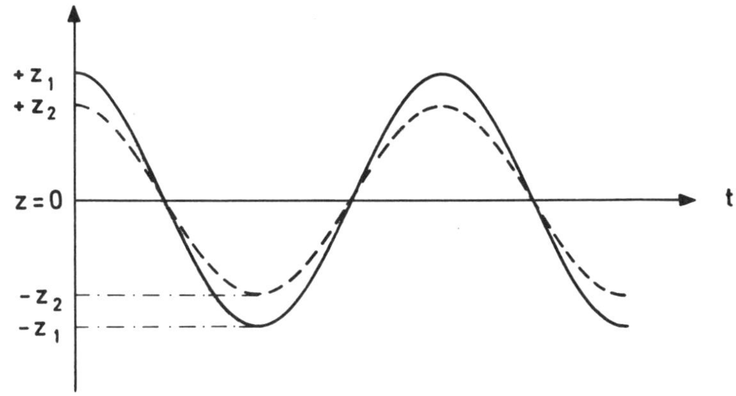

Bild 3.9: Ergebnis: Die beobachtete Bahnfunktion ist eine harmonische Schwingung. Die Kreisfrequenz ist unabhängig von der Amplitude.

Die Kreisfrequenz ω dieser Schwingung hängt erfahrungsgemäß *nicht* von der sog. *Amplitude* z_1 ab. Bei einer anderen Anfangsauslenkung z_2 erhält man nämlich den gleichen zeitlichen Abstand zwischen zwei Nulldurchgängen und daher dieselbe Kreisfrequenz (vgl. Bild 3.9).

Wovon hängt die Kreisfrequenz ab? Das Ergebnis einer Versuchsserie ist in Bild 3.10 zusammengefaßt:

Diese Beobachtungen deuten bereits an, daß ω proportional zu $\sqrt{\frac{c}{m_T}}$ ist. Um zu sehen, welche Relation zwischen ω, c und m_T nach der Newtonschen Mechanik bestehen sollte, erinnern wir uns daran, daß für eine harmonische Schwingung nach Gl. (2.30) die Beschleunigung proportional zur Auslenkung, aber ihr entgegen gerichtet ist, also:

(2.30) $$a_z = -\omega^2 z .$$

Der Proportionalitätsfaktor ist ω^2.

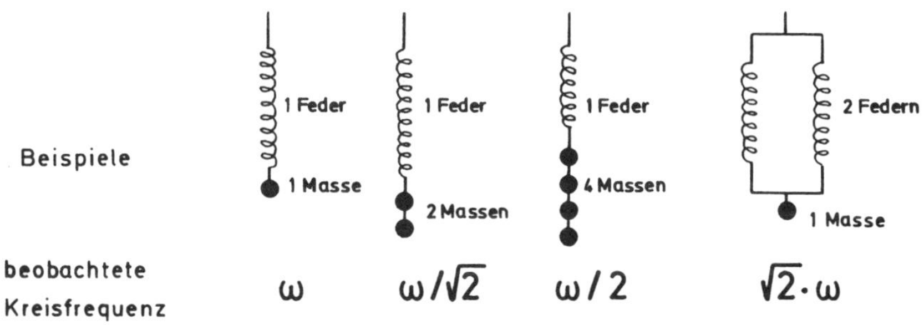

Bild 3.10: Experimente zur Abhängigkeit der Kreisfrequenz einer Feder von Masse und Federkonstante

Nach dem Aktionsprinzip der Newtonschen Mechanik, Gl. (3.3), können wir die Federkraft F_z aus der von ihr erzeugten Beschleunigung a_z ermitteln:

$$F_z = m_T\, a_z = -m_T \omega^2 z.$$

Aus dem Vergleich dieser Beziehung mit Gl. (3.1) liest man sogleich ab, wie die Kreisfrequenz ω beim harmonischen Oszillator von der Masse und Federkonstante abhängt:

$$\boxed{\omega^2 = \frac{c}{m_T}} \quad . \qquad (3.6)$$

Wir können also aus der Messung der Kreisfrequenz, mit der eine Masse m_T schwingt, die Federkonstante c und damit das Kraftgesetz der Feder bestimmen. So kann man zum Beispiel aus der Beobachtung der Kreisfrequenz, mit der ein Wasserstoffatom bekannter Masse im HCl-Molekül (gegen das große Cl-Atom) schwingt, die Federkonstante und damit das Kraftgesetz zwischen beiden Atomen bestimmen.

Der gedämpfte harmonische Oszillator – Reibungskräfte

Bei genauer Beobachtung der Schwingung des Körpers an der Feder sieht man, daß die Maximalamplituden mit der Zeit abnehmen. Die Schwingung ist gedämpft durch eine Reibungskraft und man beobachtet, daß die Amplituden exponentiell mit der Zeit abklingen:

$$z(t) = z_1 \quad e^{-\beta t} \cos \omega t \; . \qquad (3.7)$$

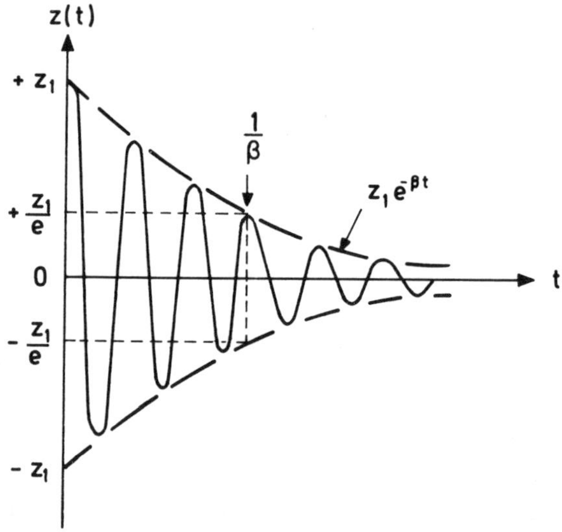

Bild 3.11: Gedämpfte Federschwingung: die Schwingungsamplitude klingt exponentiell mit der Zeit ab.

Wenn die Reibungskraft klein ist (und nur diesen Fall wollen wir hier betrachten), erfolgt ein merklicher Abfall der Amplitude erst nach mehreren Schwingungen, d.h. in Gl. (3.7) ist $\omega \gg \beta$ oder

$$\frac{\beta}{\omega} \ll 1. \tag{3.8}$$

Wir wollen uns hier fragen: *Können wir die Gesetze der Reibungskraft aus diesem beobachteten Abfall der Schwingung finden?* Zur Beantwortung dieser Frage benötigen wir die Kenntnis von Geschwindigkeit und Beschleunigung. Einmaliges Differenzieren von Gl. (3.7) liefert uns die Geschwindigkeit:

$$\frac{\mathrm{d}z}{\mathrm{d}t} = -\beta z_1 \ \mathrm{e}^{-\beta t} \ \cos \omega t - z_1 \ \mathrm{e}^{-\beta t} \omega \ \sin \omega t \ .$$

Nochmaliges Differenzieren ergibt die Beschleunigung:

$$\begin{aligned}\frac{\mathrm{d}^2 z}{\mathrm{d}t^2} &= \beta^2 z_1 \ \mathrm{e}^{-\beta t} \ \cos \omega t + \beta z_1 \ \mathrm{e}^{-\beta t} \cdot \omega \cdot \sin \omega t + \beta z_1 \ \mathrm{e}^{-\beta t} \cdot \omega \cdot \sin \omega t - z_1 \ \mathrm{e}^{-\beta t} \omega^2 \cos \omega t \\ &= z_1 \beta^2 \ \mathrm{e}^{-\beta t} \ \cos \omega t + \underbrace{2 z_1 \beta \omega \ \mathrm{e}^{-\beta t} \cdot \sin \omega t + (2 z_1 \beta^2 \ \mathrm{e}^{-\beta t} \cdot \cos \omega t}_{-2\beta \frac{\mathrm{d}z}{\mathrm{d}t}} - 2 z_1 \beta^2 \ \mathrm{e}^{-\beta t} \cdot \cos \omega t) - \\ &\quad - z_1 \omega^2 \ \mathrm{e}^{-\beta t} \ \cos \omega t \ ;\end{aligned}$$

$$\begin{aligned}\frac{\mathrm{d}^2 z}{\mathrm{d}t^2} &= -(\omega^2 + \beta^2)\, z_1 \ \mathrm{e}^{-\beta t} \ \cos \omega t - 2\beta \frac{\mathrm{d}z}{\mathrm{d}t} \\ &= -(\omega^2 + \beta^2)\, z - 2\beta \frac{\mathrm{d}z}{\mathrm{d}t}\end{aligned} \tag{3.9}$$

Für $\beta/\omega \ll 1$ (Gl. 3.8) erhalten wir:

$$\frac{\mathrm{d}^2 z}{\mathrm{d}t^2} = -\omega^2 z - 2\beta \frac{\mathrm{d}z}{\mathrm{d}t} \tag{3.10}$$

Mit Hilfe des Newtonschen Gesetzes finden wir aus dieser Beschleunigung wieder die Gesamtkraft, die beim gedämpften Oszillator auf die Masse wirkt:

$$F_{\mathrm{Gesamt}} = -m\omega^2 z - 2m\beta \frac{\mathrm{d}z}{\mathrm{d}t} \ .$$

Der erste Term ist die schon bekannte elastische Kraft.

Übungsfrage:
Warum ist die Frequenz der gedämpften Schwingung etwas kleiner als die der ungedämpften? (Hinweis: Berücksichtigen Sie in F_{Gesamt} das $\beta^2 z$-Glied von Gl. (3.9)).

Der zweite Term dagegen bewirkt die Dämpfung und stellt die Reibungskraft dar:

(3.11) $$\boxed{F_{\text{Reibung}} = -\gamma \cdot \vec{v}}$$

$\gamma = 2\,\beta m$ heißt *Reibungskoeffizient* und kann aus der Abnahme der Amplitude bestimmt werden. *Die Reibungskraft ist in diesem Fall also proportional zur Geschwindigkeit und ihr entgegen gerichtet.*

Eine wichtige Ursache für die Dämpfung besteht in der Reibungskraft zwischen dem bewegten Körper und dem umgebenden Medium (z.B. der Luft). Wenn der betrachtete Körper eine Kugel mit dem Radius R ist, ergibt eine genaue Berechnung des Reibungskoeffizienten γ in Gl. (3.11)

(3.12) $$\boxed{\gamma = 6\pi\eta \cdot R}\,,$$ **Stokessches Gesetz**

wobei η als *Viskosität* des fluiden Mediums oder *innere Reibung* bezeichnet wird.

In der Tabelle 3.2 sind Werte für η für einige Flüssigkeiten und Gase angegeben. Wie man aus den Daten sieht, werden Flüssigkeiten beim Abkühlen „steifer", Gase dagegen beim Erhitzen!

Wie kann man das Entstehen der Reibungskraft bei der Bewegung eines Körpers, z.B. einer Kugel, *durch Luft mikroskopisch verstehen?* Die Moleküle der Luft, welche auf die Kugeloberfläche treffen, werden unter dem Einfluß der Kräfte an der Oberfläche dort kurzzeitig eingefangen und dann mit der Zusatzgeschwindigkeit $\vec{v}_0$ (der Kugel) wieder emittiert. Während der Verweilzeit auf der Oberfläche erfahren die aufgetroffenen Luftmoleküle eine Beschleunigung auf die Geschwindigkeit $\vec{v}_0$ der Kugel. Dieselbe Kraft, welche zur Beschleunigung der aufgetroffenen Moleküle führt, verursacht auch die Abbremsung der Kugel durch die Luft, ist also die beobachtete Reibungskraft.

Es ist nicht erstaunlich, daß bei *großen* Geschwindigkeiten (nahe der Schall- oder Molekülgeschwindigkeit, zum Beispiel beim Wiedereintritt einer Raumkapsel in die Erdatmosphäre) komplizierte Abweichungen von dem linearen Zusammenhang (3.11) zwischen F_{Reibung} und v auftreten. Interessanter ist für uns die Tatsache, daß *bei hinreichend kleinen Geschwindigkeiten die einfache lineare Beziehung (3.11) für alle Reibungsprozesse in Gasen und Flüssigkeiten gültig ist.*

Schließlich sei auch noch die Reibungskraft erwähnt, die zwischen zwei festen Oberflächen auftreten kann. In diesem Falle nimmt die Reibungskraft F_R linear mit der Normalkraft F_N zu, mit der die Oberflächen zusammengepreßt werden:

(3.12) $$\boxed{F_R = \mu F_N}$$

Die Reibungskraft ist also unabhängig von der Größe der Oberfläche A. (Warum? Hinweis: Denken Sie an einen Tisch mit ungleich langen Beinen!) Man unterscheidet zwischen dem Haftreibungskoeffizienten μ_H, der Gleitreibung μ_G und der Rollreibung μ_R. Diese Reibungsprozesse sind zwar die Voraussetzung fast aller Antriebs- und Bremsvorgänge, aber physikalisch nicht leicht verständlich[1]. In der Tabelle 3.2 sind einige wichtige Reibungskoeffizienten aufgeführt. Interessanterweise sind Haft- und Gleitreibung für saubere Oberflächen bedeutend höher als bei Gasbedeckung. Die weitere Herabsetzung der Reibungskräfte durch spezielle Schmiermittel (wie Öl oder Graphit) ist von großer technischer Bedeutung.

Tabelle 3.2: **Viskosität und Reibungskoeffizienten für einige wichtige Reibungsvorgänge**

	Viskosität η [Newton sec/m²] *		
	20 °C	100 °C	$d\eta/dT$
Luft	$1{,}80 \cdot 10^{-5}$	$2{,}25 \cdot 10^{-5}$	>0
Wasser	$1 \cdot 10^{-3}$	$0{,}3 \cdot 10^{-3}$	<0
leichtes Maschinenöl	1	$6 \cdot 10^{-3}$	<0

	Reibungskoeffizient μ	
Stahl auf Stahl	$\mu_H = 0{,}6 - 0{,}8$ trocken,	$\mu_H = 0{,}1$ gefettet
	$\mu_G = 0{,}2 - 0{,}4$ trocken,	$\mu_G = 0{,}01$ gefettet
Stahl auf Eis (Schlittschuhe)	$\mu_G = 0{,}02$	
Eisenbahn	$\mu_R = 0{,}008$	
Personenwagen auf Asphaltstraße	$\mu_R = 0{,}015$ (50 km/h) – 0,02 (120 km/h)	
	$\mu_H = 0{,}1$	vereiste Fahrbahn
	$= 0{,}2 - 0{,}9$	nasse Fahrbahn
	$= 0{,}8 - 1{,}0$	trockene Fahrbahn

* 1 Poise [Dyn · sec/cm²] = 0,1 [Newton · sec/m²]

3.4 Das universelle Gravitationsgesetz

In diesem Abschnitt wollen wir die größte Entdeckung Newtons behandeln: Alle Körper des Universums ziehen sich gegenseitig an. Nach Newton ist die universelle Gravitationskraft zwischen zwei Körpern der Massen m_1 und m_2 im Abstand r durch die Beziehung gegeben:

$$F = \gamma \frac{m_1 m_2}{r^2} \quad (3.13)$$

Gravitationsgesetz

Dabei ist die *Gravitationskonstante* $\gamma = 6{,}674 \cdot 10^{-11} \dfrac{\text{N m}^2}{\text{kg}^2}$.

[1] Näheres hierzu, siehe z.B.:
Bergmann/Schaefer: Lehrbuch der Experimentalphysik, Bd. 1 Kapitel 4, Walter de Gruyter, Berlin (1970).

Wir wollen sehen, wie Newton aufgrund der Beobachtungen der Mond- und Planetenbewegungen sowie der Fallgesetze irdischer Körper dieses universelle Gesetz ableiten konnte, dem alle Massen des Universums, die Galaxien, die Sternhaufen, die Sterne, die Planeten, die Raumschiffe und der fallende Apfel folgen. Allein aus diesem Kraftgesetz sowie dem Newtonschen Aktionsprinzip kann man alle Bewegungen ungeladener Objekte aufgrund ihrer Gravitation ableiten. Wir werden uns vorerst vor Augen führen, wie dieses Gesetz entdeckt wurde.

Fallgesetz

Der erste wichtige Beitrag zum Verständnis der Gravitation war die Beobachtung Galileis, daß alle Körper, *unabhängig von ihrer Größe, Form oder sonstigen Beschaffenheit,* beim freien Fall die gleiche Beschleunigung erfahren. (Voraussetzung ist lediglich, daß zum Beispiel die Luftreibung eliminiert werden kann.) Die Beschleunigung *aller* Körper durch die von der Erde auf sie ausgeübte Gravitation beträgt an der Erdoberfläche (50. geographischer Breitengrad)

$$g = 9{,}81 \frac{\mathrm{m}}{\mathrm{s}^2} .$$

Äquivalenzprinzip

Wie muß nun die Gravitationskraft der Erde beschaffen sein, damit alle Körper gleich beschleunigt werden? Mit dieser Frage wollen wir uns jetzt beschäftigen.

Vorher wollen wir die Gravitationskraft auf einen Körper noch mit einer rein statischen Methode untersuchen. Wir hängen den Körper unten an eine Feder, für die wir die Kraft pro Auslenkung kennen und bestimmen so die Größe der Gravitationskraft aus der Auslenkung der Feder. Diese Kraft, die der Ausschlag der Federwaage anzeigt, nennt man das *Gewicht* G eines Körpers. (Das Gewicht hat daher die Dimension einer Kraft.) Teilt man das so definierte Gewicht G durch die konstante Beschleunigung $g = 9{,}81\ \mathrm{m/s^2}$, so erhält man die „*schwere Masse*" m_s:

$$m_\mathrm{s} = \frac{G}{g} .$$

Diese schwere Masse bestimmt als charakteristische Größe die Gravitationskraft G, hat aber nichts mit der *trägen* Masse m_T zu tun. Letztere war ja allein aus der Beschleunigung abgeleitet worden.

Doch nun zurück zu unserer Frage: Warum erfahren beim freien Fall alle Körper die gleiche Beschleunigung g? Aus dem Aktionsprinzip erhält man für die Beschleunigung G/m_T. Diese kann nur dann für alle Körper gleich g sein, wie beim freien Fall beobachtet, wenn

$$g = \frac{G}{m_T} = \frac{gm_s}{m_T}$$

oder wenn universell gilt:

(3.14) $$\boxed{m_s = m_T}$$

Äquivalenz von schwerer und träger Masse

Die schwere und die träge Masse eines Körpers scheinen also innerhalb der Meßgenauigkeit *gleich zu sein,* und zwar nicht für einen speziellen Fall, sondern *grundsätzlich für jeden Körper.* Ist diese Übereinstimmung der unkorrelierten Größen m_s und m_T ein reiner Zufall, oder spiegelt sich darin ein neuer fundamentaler Zusammenhang zwischen Trägheit und Gravitation wieder?

Bevor wir diesen Gedanken weiterführen, wollen wir uns fragen, ob es andere Methoden gibt (als die des freien Falles), um die Äquivalenz beider Massen mit noch größerer Präzision zu prüfen. Schon Newton sah in dieser Äquivalenz ein Hauptkennzeichen seines Gravitationsgesetzes und stellte folgende sehr genaue Messungen am Fadenpendel an, um die Gleichheit von m_s und m_T zu prüfen: *Bei der Beobachtung von Pendelschwingungen fand er, daß die Periodendauer T unabhängig von der Art des Pendelkörpers war* (vorausgesetzt, daß die Pendellänge gleich blieb). Wir wollen diese Eigenschaften des Fadenpendels jetzt mit Hilfe des Aktionsprinzips genauer betrachten:

Da die Fadenlänge r konstant ist, gilt für den Weg s des Pendelkörpers (siehe Bild 3.12):

$$s = r \cdot \varphi(t) .$$

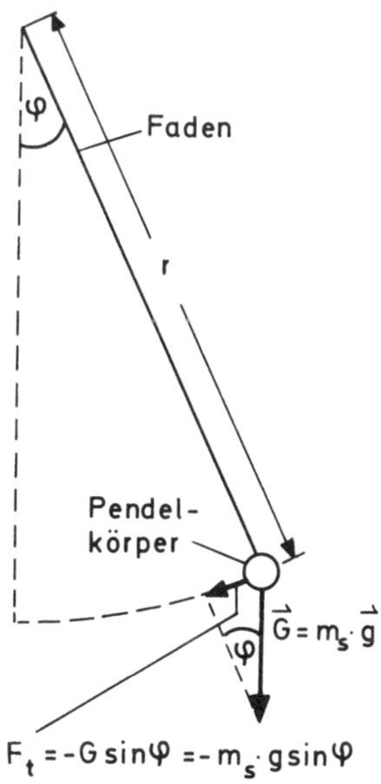

Bild 3.12

Die Tangentialbeschleunigung ist durch die Änderung von φ allein bestimmt:

$$\frac{d^2(r\varphi)}{dt^2} = r\frac{d^2\varphi}{dt^2} \quad \text{(da } r \text{ konstant ist).}$$

Aus dem Aktionsprinzip folgt für kleine Winkel φ

$$m_T \cdot r \cdot \frac{d^2\varphi}{dt^2} = -m_s g \cdot \sin\varphi = -m_s g \varphi ,$$

da bei kleinen Winkeln $\sin\varphi$ durch φ ersetzt werden kann.

Übungsfrage:
Was bedeutet das negative Vorzeichen?

Damit bekommen wir eine Gleichung (sog. Differentialgleichung), die der einer elastischen Feder ähnlich ist:

(3.15)
$$\boxed{\frac{d^2\varphi}{dt^2} = -\frac{m_s g}{m_T r}\varphi} .$$

Diese *Bewegungsgleichung* läßt sich lösen durch den Ansatz einer periodischen Bewegung

(3.16) $\varphi(t) = A\cos(\omega t + \Phi)$,

wobei zusätzlich die Anfangsbedingungen $\varphi(0) = \varphi_0$ und $\dot\varphi(0) = (\frac{d\varphi}{dt})_{t=0} = 0$ erfüllt werden müssen. Dies ergibt den speziellen Ansatz:

(3.16a) $\varphi(t) = \varphi_0 \cos\omega t$.

Um zu prüfen, ob der Ansatz die Differentialgleichung (3.15) löst, setzen wir ihn in diese ein:

$$-\varphi_0\,\omega^2 \cos\omega t = -\frac{m_s g}{m_T r}\varphi_0 \cos\omega t \quad .$$

Unser Ansatz ist also für alle Zeiten t erfüllbar, wenn die Winkelgeschwindigkeit den Wert hat:

(3.17)
$$\boxed{\omega = \frac{2\pi}{T} = \sqrt{\frac{m_s g}{m_T r}}} .$$

Daraus sieht man, daß die beobachtete *Unabhängigkeit der Schwingungsperiode T von der Art des Pendelkörpers nur verständlich ist, wenn für jeden Körper seine schwere und träge Masse gleich ist. (Äquivalenzprinzip)*

1898 hatte Baron Eötvös eine sehr kluge Idee, wie man das Äquivalenzprinzip noch genauer prüfen könnte: Wir haben bei unserer Betrachtung über Inertialsysteme schon gesehen, daß ein ruhender Körper, der zum Beispiel an der Erdoberfläche an einem Faden hängt, infolge der Erdrotation eine Beschleunigung besitzt, die auf die Rotationsachse zu gerichtet ist. Das heißt, es muß eine resultierende Kraft auf den Körper wirken, die gleich $m_T \cdot \omega^2 r$ ist.

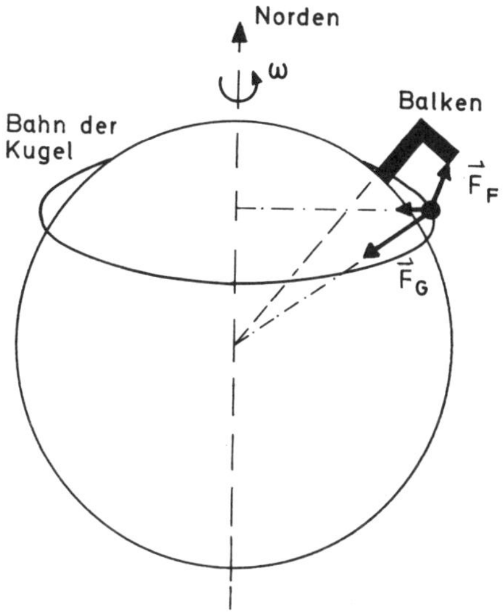

Bild 3.13: Das Eötvös-Experiment zur Überprüfung der Äquivalenz von schwerer und träger Masse. Die geniale Idee dieses einfachen Experiments gegenüber ähnlichen Untersuchungen von Galilei (freier Fall) bzw. von Newton (Fadenpendel) ist, daß der Körper im Laborsystem in Ruhe bleibt. Daher brauchen keine dynamischen Größen gemessen zu werden, sondern nur statische Größen: Masse und Winkel. Dies ist der Grund für die erstaunlich hohe Genauigkeit dieses Experiments.

Wie wird diese Kraft aufgebracht? Nun, die Kraft des Fadens auf den Körper $\vec{F}_F$, (siehe Bild 3.13) hat nicht genau die umgekehrte Richtung wie die Gravitationskraft $\vec{F}_G$. Der Winkel zwischen $\vec{F}_F$ und $\vec{F}_G$ hängt vom Verhältnis m_s/m_T ab. Wenn dieses Verhältnis für verschiedene Körper verschieden wäre, müßte der Winkel variieren. Trotz sorgfältigster Beobachtung stellte sich jedoch heraus, daß mit hoher Genauigkeit der Winkel für alle Körper identisch war, daß daher mindestens mit einer Präzision von $1 : 10^8$ das Verhältnis m_s/m_T für alle Körper gleich ist. Die Genauigkeit dieses Befundes wurde von Professor Dicke an der Princeton-Universität noch weiter gesteigert: m_s/m_T ändert sich um weniger als $1 : 10^{11}$ für verschiedene Körper.[1)]

[1)] Einzelheiten dieses Experimentes findet man z.B. in Taylor and Wheeler: Spacetime Physics, Freeman Verlag (1966),
Dicke, R.H.: The Eötvös Experiment, Scientific American, 205, Dec (1961).

Wegen dieser erstaunlichen Äquivalenz von schwerer und träger Masse, obwohl sie zunächst keine theoretische Beziehung zueinander zu haben scheinen, kommen wir nicht umhin zu schließen, daß wohl doch eine enge Beziehung zwischen Trägheit und Gravitation bestehen muß. Einstein machte daher das Äquivalenzprinzip zum Grundpostulat seiner allgemeinen Relativitätstheorie. In Anbetracht der beobachteten Gleichheit von m_s und m_T werden auch wir von hier ab nicht mehr zwischen schwerer und träger Masse unterscheiden.

Die Keplerschen Gesetze

In diesem Abschnitt wollen wir zeigen, wie Newton aus der beobachteten Planetenbewegung die Richtung und Abstandsabhängigkeit der Kraft zwischen Sonne und Planeten ableitete.

Schon die Pythagoräer nahmen an, daß sich die Planeten auf Kreisen um die Sonne bewegen. Dies wurde später von Kopernikus wiederentdeckt, der bekanntlich daraufhin vom geozentrischen Lager in große Diskussionen verwickelt wurde, ob die Planeten sich wirklich um die Sonne bewegen. Tycho Brahe hatte eine Idee, die sich grundlegend von denen seiner Vorgänger unterschied: Er dachte, das Problem könne eher durch genaue Messung der Planetenpositionen als durch langes Debattieren gelöst werden. Diese großartige Idee verfolgte Tycho Brahe viele Jahre lang in seinem Observatorium auf der Insel Hven bei Kopenhagen. Sein Assistent Kepler wertete die langen Meßreihen aus und entdeckte dabei die berühmten Bewegungsgesetze der Planeten, die nach ihm benannt sind.

Hier ist, was er fand:

1. *Die Planeten bewegen sich um die Sonne auf Ellipsenbahnen,* und die Sonne steht im Brennpunkt der Ellipse (Bild 3.14):

Bemerkungen:
Alle Planetenbahnen liegen nahezu *in einer Ebene* und alle Planeten umkreisen die Sonne im gleichen Drehsinn. Die Exzentrizität ist für alle Planeten klein (nur für Merkur und Pluto größer als $\epsilon = 0{,}02$ (vgl. Tabelle 1.2), so daß ihre Bahnen annähernd Kreisbahnen sind. Der mittlere Abstand zur Sonne und die Umlaufzeit ist für alle Planeten in Tabelle 1.2 wiedergegeben.

2. *Der Flächensatz: Zieht man einen Radiusvektor von der Sonne zum Planeten, so überstreicht dieser Fahrstrahl in gleichen Zeiten gleiche Flächen,* wie in Bild 3.15 gezeigt ist. Die beiden schraffierten, in gleichen Zeiten Δt überstrichenen Flächen sind gleich! Die Planeten sind also schneller in Sonnennähe und langsamer in Sonnenferne.

Berücksichtigen wir, daß die Fläche eines Dreiecks gegeben ist durch $A = \frac{1}{2} a \cdot b \cdot \sin\gamma$

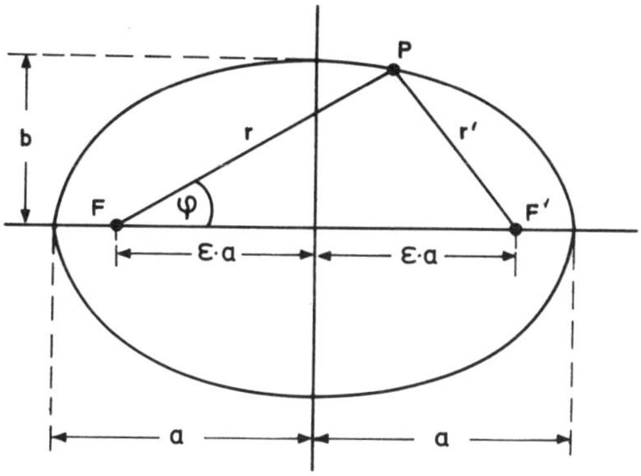

Bild 3.14: Eine Ellipse mit der großen Halbachse a und der Exzentrizität ϵ ist definiert durch: $r + r' = 2a$. In Polarkoordinaten (r, φ) hat die Ellipsengleichung die Form

(3.18) $$r = \frac{k}{1 - \epsilon \cos \varphi},$$

wobei $k = a(1 - \epsilon^2)$ eine Konstante ist.

Bild 3.15: Zweites Keplersches Gesetz (Flächensatz): Der Fahrstrahl von der Sonne zu einem Planeten überstreicht in gleichen Zeiten gleiche Flächen.

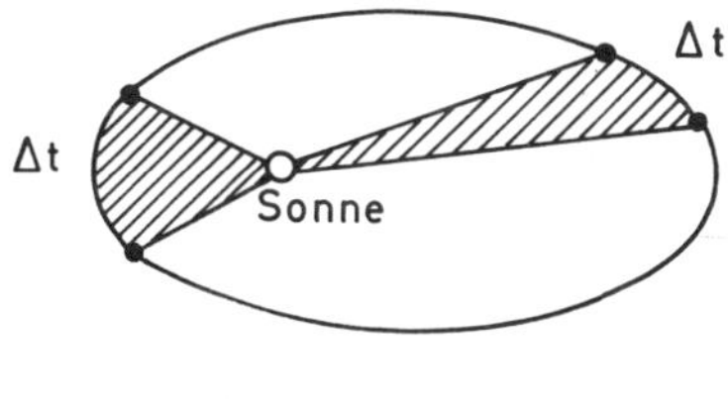

(γ ist dabei der von a und b eingeschlossene Winkel), so können wir einen Vektor $\vec{A}$ einführen, dessen Betrag die Flächengeschwindigkeit darstellt:

(3.19) $$2\vec{A} = \left[\vec{r} \times \frac{d\vec{r}}{dt}\right]$$

Übungsfrage:
Welche Bedeutung hat die Richtung von $\vec{A}$?

Wegen der beiden ersten Keplerschen Gesetze ändert $\vec{A}$ weder seine Richtung noch den Betrag:

$$2\frac{d\vec{A}}{dt} = 0 \quad \text{oder} \quad \left[\frac{d\vec{r}}{dt} \times \frac{d\vec{r}}{dt}\right] + \left[\vec{r} \times \frac{d^2\vec{r}}{dt^2}\right] = 0$$

Hiervon verschwindet der erste Term, da beide Vektoren parallel sind. So ergibt sich aus dem Flächensatz die Folgerung

(3.20) $$\boxed{\left[\vec{r}\times\frac{d^2\vec{r}}{dt^2}\right]=0}\ .$$

Die Beschleunigung – und nach dem Aktionsprinzip $\vec{F}=m\dfrac{d^2\vec{r}}{dt^2}$ daher auch *die Kraft – liegt immer parallel zu* $\vec{r}$, liegt also in Richtung der Verbindungslinie zwischen Sonne und Planet. Eine solche Kraft bezeichnet man als eine *Zentralkraft.*

3. Das dritte Keplersche Gesetz vergleicht die Bewegung verschiedener Planeten und sagt Folgendes aus.: *Das Verhältnis aus dem Quadrat der Umlaufzeit zur dritten Potenz der Länge der großen Halbachse ist für alle Planetenbahnen gleich:*

(3.21) $$\boxed{\frac{a^3}{T^2}=3{,}354\cdot 10^{18}\,\frac{m^3}{s^2}=C}\ .$$

Wenn wir annehmen, daß die Planetenbahnen Kreisbahnen sind, dann können wir hieraus sehr einfach auch die Abhängigkeit der Kraft vom Abstand ableiten: Die radiale Beschleunigung auf der Kreisbahn ist

$$a=\omega^2\cdot r=\frac{4\pi^2}{T^2}\cdot r\ .$$

Ersetzen wir $\dfrac{1}{T^2}=C/r^3$ aus dem dritten Keplerschen Gesetz, so erhalten wir für die Beschleunigung

$$a=4\pi^2\cdot C\cdot\frac{1}{r^2}\ ,$$

wobei C eine für alle Bahnen gleiche Konstante darstellt. Daraus ergibt sich die Kraft der Sonne auf einen Planeten der Masse m im Abstand r zu

$$F=ma=4\pi^2\cdot C\cdot\frac{m}{r^2}.$$

Die anziehende Kraft (die, wie wir oben gezeigt haben, auf die Sonne zu gerichtet ist) fällt also mit $1/r^2$ ab. Sie ist ferner proportional zur Masse m des Planeten wie bei fallenden Objekten auf der Erde.

Übungsfrage:
Wir haben dieses Kraftgesetz bis jetzt nur für Kreisbahnen abgeleitet, man kann aber mit etwas mehr Mathematik dieses Kraftgesetz auch aus dem Keplerschen Beobachtungen herleiten, wenn man Ellipsenbahnen zugrunde legt. Für den, der's versuchen will, einige Hinweise: wegen des Flächensatzes brauchen wir nur die Beschleunigung in Richtung von $\vec{r}$ aus Gl. (3.18) berechnen. Das dabei auftretende $d\varphi/dt$ können wir mit Hilfe des Flächensatzes eliminieren.

Der Mond fällt wie der Apfel

Es ist eine alte, aber aufregende Geschichte, wie Newton diese Erkenntnis der Anziehung zwischen Sonne und Planeten genial verallgemeinerte, indem er eine ganz universelle Kraft vorschlug, mit der sich *alle* Massen untereinander anziehen. Insbesondere wollen wir kennenlernen, auf welchem Wege Newton zeigte, daß der Mond unter dem Einfluß der gleichen Kraft fällt wie der Apfel auf der Erde. Diese Kraft ist – wie die der Sonne auf die Planeten – ebenfalls proportional zu $1/r^2$, wird aber von der Erde ausgeübt.

Die Frage war, „fällt" der Mond unter dem Einfluß einer mit $1/r^2$ abnehmenden Gravitationskraft in einer Sekunde *entsprechend weit* auf die Erde zu wie ein Apfel vom Baum?

Da sich der Mond auf einer Kreisbahn um die Erde bewegt, (Radius der Kreisbahn $R = 3{,}8 \cdot 10^8$ m, Zeit eines Umlaufs $T = 27{,}3$ Tage) wird er zur Erde hin beschleunigt, er „fällt" also mit der Beschleunigung

$$a_n = \omega^2 \cdot R = \frac{4\pi^2}{T^2} \cdot R\,.$$

Die in der Zeit $t = 1$ s zurückgelegte Fallstrecke ist (siehe dazu Seite 62)

$$\Delta r = \frac{1}{2} a_n t^2 = \frac{1}{2} a_n = \frac{2\pi^2}{T^2} \cdot R = 1{,}3 \text{ mm}.$$

Ein Apfel dagegen, der vom Baum fällt, legt in der ersten Sekunde bekanntlich eine Strecke von $g/2 = 4{,}9$ m zurück. Daraus ergibt sich, daß der Apfel in dieser Zeit etwa $4{,}9/1{,}3 \cdot 10^{-3} = 3700$ mal weiter fällt als der Mond. Andererseits ist der Mond 60 mal weiter vom Erdmittelpunkt entfernt als der Apfel. Mit einem $(1/r^2)$ – Kraftgesetz konnte Newton die 3700 mal kleinere Beschleunigung des Mondes relativ zum Apfel erklären. Das $1/r^2$ – Gesetz gilt also nicht nur für die Kräfte, die von der Sonne ausgehen, sondern auch für die terrestrischen Gravitationskräfte.

Die Gravitationskonstante

Zur endgültigen Formulierung des Gravitationsgesetzes hatte Newton noch eine weitere geniale Idee über die Eigenschaft der Kraft zwischen zwei Körpern. Betrachten wir Erde und Sonne. Wir haben gesehen, daß die Sonne auf die Erde eine Kraft ausübt, die proportional zur Erdmasse ist.

Newton schlug nun vor, daß die Erde auch auf die Sonne eine Kraft ausübt, die proportional zur Sonnenmasse ist, im übrigen aber die gleiche Größe besitzt wie die Kraft der Sonne auf die Erde. Entsprechend diesem Prinzip konnte Newton sein Kraftgesetz zwischen zwei Massen m_1 und m_2 vollkommen symmetrisch formulieren:

$$F = \gamma \frac{m_1 m_2}{r^2},$$

wobei γ die Gravitationskonstante ist.

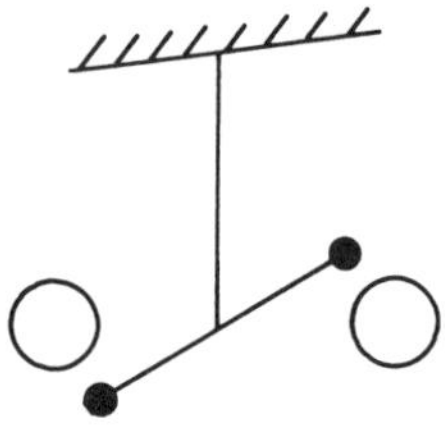

Bild 3.15a: Der Versuch von Cavendish

Newton konnte die Größe von γ nicht angeben, da keine der Massen der Planeten oder der Sonne bekannt waren. Cavendish gelang es aber, in einem Experiment die Gravitationskraft zwischen zwei bekannten Massen im Labor zu beobachten. Er benutzte eine sehr empfindliche Drehwaage, die aus einem dünnen Torsionsfaden bestand, an dem ein Stab aufgehängt wurde, an dessen Enden zwei Bleikugeln befestigt waren. Zwei große Massen üben Kräfte auf die Bleikugeln aus und drehen den Torsionsfaden. Mit modernen Variationen dieser Anordnung hat Professor Beams (Universität von Virginia, USA, Nov. 1970) den Absolutwert der Gravitationskraft zwischen den Kugeln und damit den Wert von

$$\gamma = 6{,}674 \cdot 10^{-11} \frac{\mathrm{N\,m}^2}{\mathrm{kg}^2}$$

mit einer Genauigkeit von 1 : 10 000 bestimmt[1)].

Mit der Kenntnis von γ können wir aus dem Gewicht G eines Körpers auch die Erdmasse m_e bestimmen. Das *Gewicht* eines Körpers ist gleich der Gravitationskraft, welche von der Erde auf den Körper ausgeübt wird und welche – wie schon erwähnt – mit einer Federwaage gemessen werden kann. So ist das Gewicht G einer Masse m an der Erdoberfläche (wenn wir hier einmal die Erdrotation vernachlässigen)

(3.22) $$G = m \frac{\gamma m_e}{R^2}, \qquad (R = \text{Erdradius}).$$

Da andererseits auch $G = m \cdot g$ gilt, können wir die Erdmasse auch einfach aus der Kenntnis der Gravitationsbeschleunigung $g = 9{,}81\ \mathrm{m/s}^2$ ermitteln:

(3.23) $$\boxed{g = \frac{\gamma \cdot m_e}{R^2}}$$

---

1) Einzelheiten dieses Experimentes sind zu finden in folgenden Veröffentlichungen:
1. Rose, R.D., Porter, H.M., Loury, R.A., Huhlthau, A.R. and Beams, J.W.: Phys. Rev. Lett. **23**, 655 (1969).
2. Beams, J.W.: Physics Today **24**, May (1971).

Wir wir im nächsten Abschnitt sehen werden, können wir auf ähnliche Weise die Masse der Sonne aus dem Abstand Erde – Sonne und der Umlaufzeit der Erde um die Sonne bestimmen.

Anmerkung: Das Gewicht eines Körpers mit der Masse $m = 1$ kg wird zuweilen auch als Krafteinheit 1 Kilopond (kp) verwendet:

$$1 \text{ kp} = 9{,}81 \text{ N}.$$

Wir wollen jedoch festhalten: Nicht das Gewicht, sondern *die Masse ist eine Grundeinheit unseres (m-kg-s)-Maßsystems,* wenn auch im normalen Sprachgebrauch das Gewicht mehr im Vordergrund steht.

3.5 Einfache Anwendungen des Gravitationsgesetzes

In diesem Abschnitt wollen wir das Gravitationsgesetz zusammen mit dem Newtonschen Gesetz benutzen, um die Bewegung von Massen im Gravitationsfeld vorauszuberechnen.

Satellitenbahnen

Schießt man von einem Gebirge ein Geschoß parallel zur Erdoberfläche ab (siehe Bild 3.16), so fällt das Geschoß nur bei kleinen Abschußgeschwindigkeiten auf einer Parabelbahn wieder zur Erdoberfläche zurück. Bei größeren Startgeschwindigkeiten dagegen fängt das Geschoß an, auf Kreis- oder Ellipsenbahnen um die Erde zu kreisen.

Wir wollen die Geschwindigkeit v und Umlaufperiode T von Satelliten kennenlernen, die in kreisförmige Umlaufbahnen mit dem Radius r um den *Erd*mittelpunkt geschos-

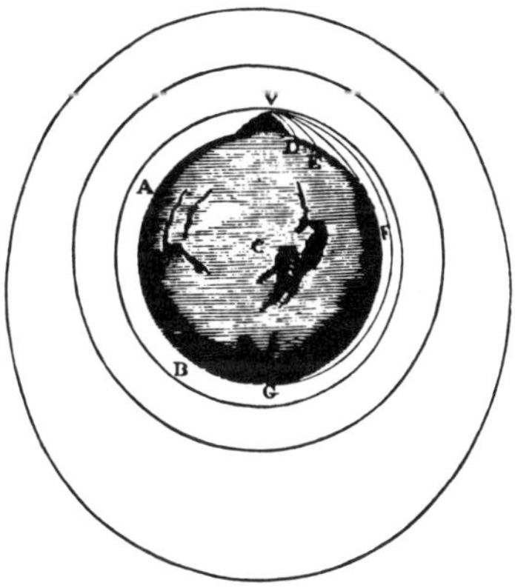

Bild 3.16: Schießt man ein Geschoß parallel zur Erdoberfläche, so geht die Form der Geschoßbahn mit zunehmender Abschußgeschwindigkeit von einer Parabel über in einen Kreis bzw. in eine Ellipse. Die Reibung sei dabei vernachlässigt. (Bild entnommen: Newton, Principia Philosophicae Naturalis Principia Mathematica, 1686)

sen wurden. Die Beschleunigung zum Kreismittelpunkt ist bekanntlich

$$a_n = \frac{v^2}{r} = \omega^2 r ,$$

(v = Satellitengeschwindigkeit $\omega = \frac{2\pi}{T}$ = Kreisfrequenz).

Die dafür erforderliche Kraft wird von der Erdanziehung aufgebracht

$$m a_n = \gamma \frac{m\, m_e}{r^2},$$

(m = Satellitenmasse; m_e = Erdmasse).

Daraus erhält man die Satellitengeschwindigkeit

$$v = \sqrt{\gamma \frac{m_e}{r}} , \tag{3.24}$$

($v \approx 8$ km/s für r = Erdradius),

und die Umlaufperiode

$$T^2 = \left(\frac{2\pi}{\omega}\right)^2 = \frac{4\pi^2}{\gamma} \frac{r^3}{m_e} , \tag{3.25}$$

($T \approx 90$ min für r = Erdradius).

Die Satellitenbewegung ist also unabhängig von der Satellitenmasse (Konsequenz des Äquivalenzprinzips). Aus diesem Grund kann Herr Gagarin während einer Erdumkreisung seine Raumkapsel verlassen, ohne befürchten zu müssen, daß diese sich von ihm entfernt.

Übungsfrage:
Zur Kurskorrektur wird das Raketentriebwerk eines Satelliten, der sich auf einer Kreisbahn befindet (vgl. Bild 3.16), kurzzeitig parallel zur Flugrichtung gezündet, so daß der Satellit plötzlich eine größere Geschwindigkeit besitzt. Auf welcher Bahnform bewegt sich nun der Satellit? Ändert sich die Umlaufzeit? Wann muß das Triebwerk nochmals gezündet werden, so daß der Satellit wieder eine Kreisbahn (mit größerem Radius) einnimmt? (Hinweis: Keplersche Gesetze)

Bestimmung der Masse und Dichte von Jupiter

Wie man aus Gl. (3.25) ersieht, ist es möglich, durch Messung von Bahnradius und Umlaufzeit eines Satelliten die Masse des zentralen Körpers zu finden.

So kann man aus der Bewegung des Jupitermondes Io die Masse des Planeten Jupiter bestimmen. Aus Gl. (3.25) ergibt sich für die Jupitermasse m_J:

$$m_J = \frac{4\pi^2}{\gamma} \frac{r^3}{T^2}. \tag{3.26}$$

Da der Bahnradius von Io $r = 422 \cdot 10^3$ km und seine Umlaufzeit $T = 1{,}5 \cdot 10^5$ s beträgt, findet man, daß Jupiter, der größte Planet, etwa 330 mal schwerer als die Erde ist.

Diese Rechnung wurde schon von Newton ausgeführt. Er kannte allerdings den Bahnradius von Io nicht absolut, sondern nur in Einheiten des Jupiterradius r_J: $r = 5{,}6\, r_J$. Deshalb konnte er nicht die Masse, sondern nur die mittlere Dichte des Planeten bestimmen, für die aus Gl. (3.26) folgt:

$$\rho = \frac{3\, m_J}{4\pi r_J^3} = \frac{3\pi}{\gamma T^2} \frac{r^3}{r_J^3}. \tag{3.27}$$

Man erhält einen Wert von $\rho = 1{,}1$ g/cm^3. Der Planet Jupiter besitzt also nur etwa die gleiche Dichte wie Wasser. Man nimmt daher an, daß er hauptsächlich aus leichter Materie – vielleicht aus festem Wasserstoff – besteht.

Übungsfrage:
Um wievielmal größer ist das Gewicht eines Körpers auf dem Jupiter als auf der Erde?

Numerische Berechnung von Planetenbahnen

Dieses Kapitel wurde Feynmans hervorragendem Buch „The Feynman Lectures on Physics" entnommen).

Zum Abschluß unserer Betrachtungen über die Gravitation wollen wir ein schwieriges Problem lösen. Dazu wollen wir Ihnen ein neues Verfahren angeben, mit dessen Hilfe Sie die Planetenbahnen unter dem Einfluß *aller* Kräfte (z.B. auch der Kräfte der Planeten untereinander) im Prinzip berechnen können.

Zuerst berechnen wir die Bahn eines Planeten (m) um die Sonne (M): Die Bewegungsgleichung lautet:

$$m \cdot \frac{d\vec{v}}{dt} = \vec{F} \quad ; \quad \vec{F} = \gamma \cdot \frac{mM}{r^2} \cdot \frac{\vec{r}}{r}.$$

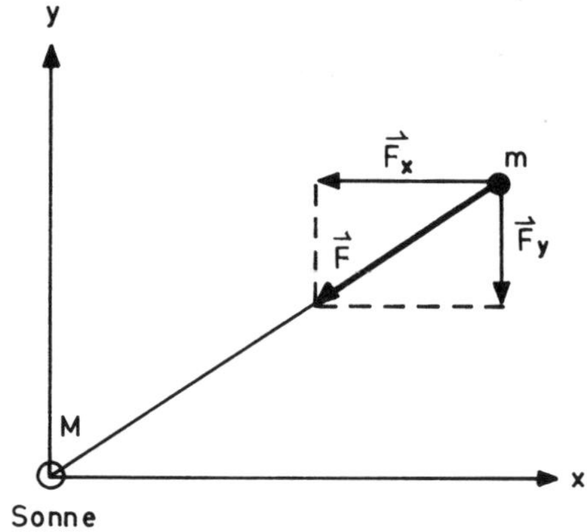

Bild 3.17: Die Gravitationskraft zwischen Sonne und Planeten in einem zweidimensionalen Koordinatensystem (Bahnebene)

Die Bewegung erfolgt in einer Ebene, die durch $\vec{r}$ und $\vec{v}$ definiert ist. Wir benutzen daher ein zweidimensionales kartesisches Koordinatensystem mit der Sonne als Ursprung. Mit diesen Koordinaten lauten die Bewegungsgleichungen:

$$m \cdot \frac{dv_x}{dt} = -\gamma \cdot M \cdot m \frac{x}{r^3} = F_x, \qquad m \cdot \frac{dv_y}{dt} = -\gamma \cdot M \cdot m \frac{y}{r^3} = F_y, \qquad \text{mit } x^2 + y^2 = r^2.$$

Diese Differentialgleichungen müssen wir lösen. Auf den ersten Blick schrecklich! Doch warten Sie, wir werden sie mit einer neuen Methode lösen, die auch auf noch kompliziertere Gleichungen erfolgreich angewandt werden kann: Die *Methode kleiner Schritte* oder die sog. *numerische Methode.* Das geht ganz einfach: Zur Zeit $t = 0$ soll der Planet sich am Ort (x, y) mit der Geschwindigkeit v_x und v_y bewegen. Die Aufgabe besteht nun darin, x, y, v_x und v_y zu den nur etwas späteren Zeiten $t + \epsilon$, $t + 2\epsilon$, $t + 3\epsilon$, usw. nacheinander zu finden.

Doch wie gehen wir praktisch vor? Was ist unsere Prozedur, um x, y, v_x und v_y zu späteren Zeiten $(t + \epsilon)$ aus ihren früheren Werten (zur Zeit t) zu ermitteln? Nun, etwa folgendermaßen:

$$x(t+\epsilon) = x(t) + \epsilon \cdot v_x\left(t + \frac{\epsilon}{2}\right), \qquad y(t+\epsilon) = y(t) + \epsilon \cdot v_y\left(t + \frac{\epsilon}{2}\right),$$

$$v_x\left(t + \frac{\epsilon}{2}\right) = v_x\left(t - \frac{\epsilon}{2}\right) + \epsilon \cdot a_x(t), \qquad v_y\left(t + \frac{\epsilon}{2}\right) = v_y\left(t - \frac{\epsilon}{2}\right) + \epsilon \cdot a_y(t).$$

$v_x(t + \epsilon/2)$ ist die mittlere Geschwindigkeit zwischen t und $t + \epsilon$. In gleicher Weise ist $a_{x,y}(t)$ jeweils die mittlere Beschleunigung zwischen $t - (\epsilon/2)$ und $t + (\epsilon/2)$ und ist gleich der Gravitationsbeschleunigung am Ort $r(t)$:

(A) $\qquad a_x(t) = -\gamma \dfrac{M \cdot x(t)}{r^3(t)}, \qquad a_y(t) = -\gamma \dfrac{M \cdot y(t)}{r^3(t)}, \qquad r^3 = (x^2 + y^2)^{3/2}.$

Wir gehen nun folgendermaßen vor: Zur Zeit $t = 0$ sind uns $x(0), y(0), v_x(0)$ und $v_y(0)$ gegeben. Aus Gl. (A) können wir $a_x(0)$ und $a_y(0)$ berechnen. Es gibt aber noch ein kleines Startproblem: In unserer klugen Formel oben brauchen wir nämlich $v_{x,y}(t - \epsilon/2)$, nicht dagegen $v_{x,y}(0)$, um die Berechnung überhaupt beginnen zu können. Über diese Startschwierigkeiten hilft uns die Anfangsgleichung

$$v_{x,y}\left(\frac{\epsilon}{2}\right) = v_{x,y}(0) + \frac{\epsilon}{2}\, a_{x,y}(0)$$

hinweg.

Nun geht es endlich los! Um uns die numerische Arbeit zu erleichtern, setzen wir $\gamma \cdot M = 1$. Dies ändert nur den Maßstab. Ferner benutzen wir für x, y, v_x und v_y bequeme Größen, also z.B. die folgende Anfangsbedingungen:

$$\underline{x(0)} = 0{,}500, \quad \underline{y(0)} = 0{,}000, \quad \underline{v_x(0)} = 0{,}0, \quad \underline{v_y(0)} = +1{,}630.$$

Daraus finden wir

$$r(0) = 0{,}500, \quad 1/r^3(0) = 8{,}000, \quad \underline{a_x(0)} = -4{,}00, \quad \underline{a_y(0)} = 0.$$

Jetzt berechnen wir $v_x(\epsilon/2)$ und $v_y(\epsilon/2)$ mit dem kleinen Zeitintervall $\epsilon = 0{,}1$:

$$\underline{v_x(0{,}05)} = 0{,}000 - 4{,}000 \cdot 0{,}050 = -0{,}200$$

sowie

$$\underline{v_y(0{,}05)} = 1{,}630 + 0{,}000 \cdot 0{,}100 = +1{,}630.$$

Nun fängt die Hauptrechnung an:

$\underline{x(0{,}1)} = 0{,}500 - 0{,}20 \cdot 0{,}1 = 0{,}480$ sowie $\underline{y(0{,}1)} = 0{,}0 + 1{,}63 \cdot 0{,}1 = 0{,}163$,

$$r(0{,}1) = \sqrt{(0{,}480)^2 + (0{,}163)^2} = 0{,}507, \qquad 1/r^3(0{,}1) = 7{,}67,$$

$\underline{a_x(0{,}1)} = -\,0{,}480 \cdot 7{,}67 = -3{,}68$ sowie $\underline{a_y(0{,}1)} = -\,0{,}163 \cdot 7{,}67 = -\,1{,}256$;

dabei können wir wieder

$\underline{v_x(0{,}15)} = -\,0{,}2 - 3{,}68 \cdot 0{,}1 = -0{,}568$ und $\underline{v_y(0{,}15)} = 1{,}63 - 1{,}26 \cdot 0{,}1 = 1{,}505$

berechnen und einen weiteren Schritt beginnen:

$\underline{x(0{,}2)} = 0{,}480 - 0{,}56 \cdot 0{,}1 = 0{,}423$, $\qquad \underline{y(0{,}2)} = 0{,}163 + 1{,}50 \cdot 0{,}1 = 0{,}313$

usw. usw................

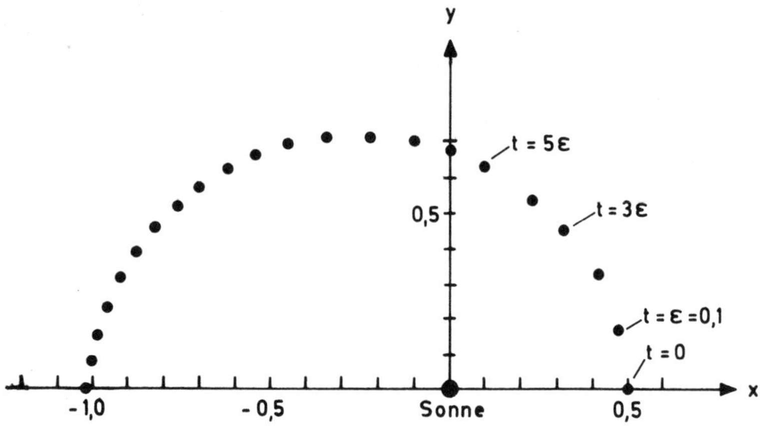

Bild 3.18: Die numerisch berechnete Bahn eines Planeten um die Sonne

So können wir unseren Planeten in kleinen Schritten um die Sonne jagen. Wie man aus den rechts eingetragenen berechneten Punkten sieht, scheint er sich wirklich auf einer Ellipsenbahn um die Sonne zu bewegen wie von Kepler beschrieben: Rasch in Sonnennähe und langsamer in großer Entfernung von ihr. Wir können also wirklich Planetenbahnen berechnen.

Ermutigt durch diesen Erfolg wollen wir uns gleich schwierigeren Problemen zuwenden. *Wir wollen nämlich jetzt die Bewegung aller Planeten unter Berücksichtigung aller gegenseitigen Kräfte berechnen.* Kann man überhaupt so ein Problem lösen? Natürlich, nur dauert es etwas länger. Wir berechnen die Kraft auf einen bestimmten Planeten i mit der Position x_i, y_i, und z_i (z.B. i = 1: Sonne, i = 2: Merkur, i = 3: Venus, etc.) als Summe der Kräfte, die von allen anderen Planeten herrühren, mit den Positionen x_j, y_j, z_j. Die Gleichungen, die wir lösen müssen, sind somit:

$$\left\{\begin{aligned} m_i\, dv_{ix}/dt &= \sum_{j=1}^{N} -\gamma m_i m_j\, (x_i - x_j)/r_{ij}^3, \\ m_i\, dv_{iy}/dt &= \sum_{j=1}^{N} -\gamma m_i m_j\, (y_1 - y_j)/r_{ij}^3, \\ m_i\, dv_{iz}/dt &= \sum_{j=1}^{N} -\gamma m_i m_j\, (z_i - z_j)/r_{ij}^3. \end{aligned}\right\} \quad j \neq i$$

$\sum_{j=1}^{N}$ bedeutet Summierung über alle Werte von i mit Ausnahme von i = j. r_{ij} ist der Abstand zwischen den beiden Planeten i und j und ist gleich

$$r_{ij} = \sqrt{(x_i - x_j)^2 + (y_i - y_j)^2 + (z_i - z_j)^2}.$$

Wir lösen unsere Gleichungen genau wie vorher, nur der Rechenaufwand ist jetzt größer. (Daher ist eine elektronische Rechenmaschine dafür besonders nützlich.) Die gegenwärtigen Anfangsbedingungen lassen Sie sich von einer Sternwarte geben. Dann können Sie alle Planetenbahnen für die Zukunft vorausberechnen. Sie können ruhig ein Fernrohr nehmen und die berechneten Positionen von Zeit zu Zeit nachprüfen: Es wird stimmen!!

In etwa drei Wochen haben Sie ohne mathematische Voraussetzungen mit Hilfe der Newtonschen Gesetze gelernt, diese komplizierten Bewegungen aller Planeten zu berechnen. Ihr einziges Hilfsmittel war eine Rechenmaschine. (Kein Wunder also, daß man so viele Rechenmaschinen baut!)

Gegenüber diesen numerischen Methoden werden Sie vielleicht analytische Lösungen vorziehen, die „überschaubarer, eleganter und exakter" sind. Dieser Ansicht wird jeder zustimmen. Leider sind jedoch nur wenige Probleme in der Natur analytisch lösbar, wie z.B. die Bewegung von *zwei* Körpern unter der Gravitation. Schon für den nächsten Fall der Bewegung von *drei* Körpern, die sich gegenseitig anziehen, gibt es keine allgemeine analytische Lösung, so daß man zu numerischen Lösungsmethoden greifen *muß*. Mit der numerischen Methode können Sie also prinzipiell alle Probleme der Newtonschen Mechanik mit vorgegebenen Kräften lösen, auch wenn keine analytische Lösung bekannt ist.

Literaturhinweise zu Kapitel 3

Berkeley Physics Course, Vol. I, Mc Graw Hill, New York (1965), Chap. 3: Galilean Invariance.

Feynman, Vorlesungen über Physik, Addison-Wesley, R. Oldenbourg (1974), Bd.I-1, Kap. 12: Das Charakteristische von Kräften.

Mönch., E.: Einführungsvorlesung Technische Mechanik, Oldenbourg, München (1973).

Bohrmann., A.: Bahnen künstlicher Satelliten, BI-Hochschultaschenbücher Bd. 40/40a, Mannheim (1966).

Sagirow., P.: Satellitendynamik, BI-Hochschultaschenbücher Bd. 719, Mannheim (1970).

4. Die Erhaltung von Energie und Impuls

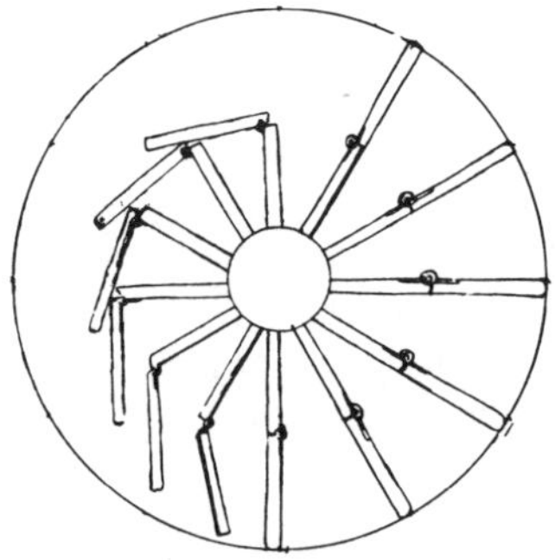

Bild 4.1: Perpetuum mobile von J. Mariano aus Siena (1438)

Newton mußte weder in seinem Trägheitsprinzip (oder 1. Newtonschen Gesetz) noch im Aktionsprinzip (oder 2. Newtonschen Gesetz) eine Angabe über die in der Natur wirklich vorkommenden Kräfte machen. In diesem Kapitel wollen wir über ein noch fundamentaleres Prinzip sprechen, welches nicht nur auf grundsätzlich alle Bewegungsvorgänge, sondern auf alle physikalischen Phänomene überhaupt anwendbar ist. Es handelt sich um das *Gesetz der Erhaltung der Energie.*

Energie kommt in verschiedenen Formen vor, wie z.B. als Gravitationsenergie, kinetische Energie, Wärmeenergie, elastische, elektrische, magnetische, chemische Energie, Kernenergie und Strahlungsenergie. Bei den in der Natur ablaufenden Prozessen wird immer eine Energieform in eine andere umgewandelt, wobei jedoch die Summe der Einzelenergien konstant bleibt. Kurz gesagt: *Energie* kann weder erzeugt noch vernichtet werden, sondern *bleibt in jedem abgeschlossenen System konstant.* (Erfahrungstatsache!)

Hier stellt sich die Frage ,,Was ist eigentlich Energie?" Doch wir können sie, ähnlich der nach dem Wesen der Kraft, nicht beantworten. Wir wollen uns deshalb nur fragen, was das Gemeinsame an den Erfahrungen ist, die zum Begriff der Energie geführt haben. Interessanterweise hat Newton nie von Energie gesprochen, der Begriff der Kraft und die damit verbundenen Prinzipien reichten ihm zur Erklärung der beobachteten Bewegungsvorgänge in der Natur völlig aus. Die Energie ist keine direkt beobachtbare Größe. Jedoch ist die Erhaltung der Energie eine wichtige Erfahrungstatsache, zum Beispiel bei der Erfindung von Maschinen. So können wir annehmen, daß sich der Energiebegriff vor allem gleichzeitig damit entwickelte, als man daran ging, die

Phänomene der Natur nachzuahmen und für sich nutzbar zu machen. Die zahlreichen Perpetuum mobile, die im Laufe der Jahrhunderte vorgeschlagen worden sind, geben ein eindrucksvolles Beispiel hierfür.

Vorerst wollen wir uns nur mit zwei Energieformen beschäftigen, die für Bewegungen, d.h. für die klassische Mechanik, besonders wichtig sind, nämlich mit der *kinetischen Energie,* die immer auftritt, wenn sich etwas bewegt und der *potentiellen Energie,* die eng verknüpft ist mit dem Auftreten von Kräften (z.B. Gravitationskräften oder elastischen Federkräften).

4.1 Die Erhaltung von kinetischer und potentieller Energie

Wir wollen uns an dem einfachen Beispiel eines Körpers der Masse m, der sich unter dem Einfluß einer Kraft $\vec{F}(\vec{r})$ bewegt, fragen, *welche Größe sich bei der Bewegung nicht ändert.*

Zur Zeit t befindet sich der Körper am Orte $\vec{r}$ und besitzt einen Impuls $\vec{p} = m\vec{v}$. Unter der Wirkung der Kraft $\vec{F}$ (vgl. Bild 4.2) ändert der Körper im Zeitintervall dt seinen Impuls um

$$d\vec{p} = \vec{F} \cdot dt$$

und seine Position um

$$d\vec{r} = \vec{v} \cdot dt.$$

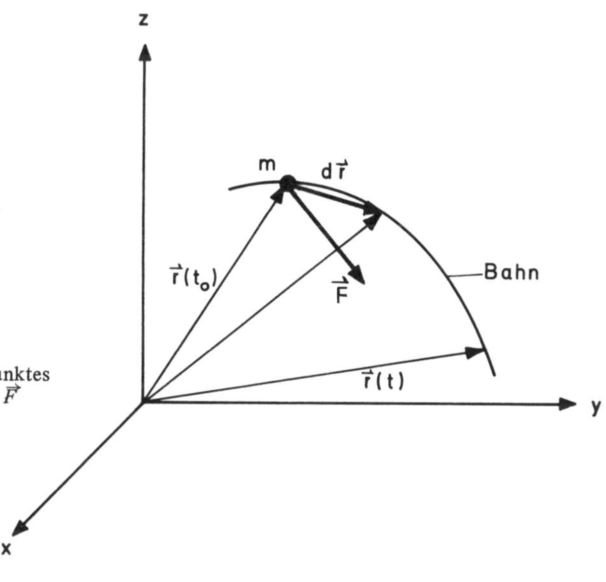

Bild 4.2: Bahn eines Massenpunktes unter der Wirkung einer Kraft $\vec{F}$

Aus diesen beiden Beziehungen erhält man durch Eliminierung von dt

$$\vec{v}\cdot\mathrm{d}\vec{p} - \vec{F}\cdot\mathrm{d}\vec{r} = 0\,.$$

Mit $m\vec{v} = \vec{p}$ kann man hierfür auch schreiben:

$$\frac{\vec{p}\cdot\mathrm{d}\vec{p}}{m} - \vec{F}\cdot\mathrm{d}\vec{r} = 0\,.$$

Nun gilt aber bezüglich des Produkts $\vec{p}\cdot\mathrm{d}\vec{p}$ folgende Beziehung:

$$\mathrm{d}(\vec{p}\cdot\vec{p}) = \mathrm{d}\vec{p}\cdot\vec{p} + \vec{p}\cdot\mathrm{d}\vec{p} = 2\,\vec{p}\cdot\mathrm{d}\vec{p}\,,$$

da im Skalarprodukt die Faktoren vertauschbar sind. Durch Kombination der beiden letzten Gleichungen erhalten wir folgende wichtige Beziehung:

$$\boxed{\mathrm{d}\left(\frac{p^2}{2m}\right) - \vec{F}\cdot\mathrm{d}\vec{r} = 0} \tag{4.1}$$

Wir haben also zwei differentielle Größen gefunden, die charakteristische Parameter der Bewegung enthalten (wie Impuls, Masse, Kraft und Ort), deren *Summe* konstant bleibt.

Man nennt $p^2/2m$ (was identisch ist mit $(m/2)\,v^2$ wegen $p = mv$) die *kinetische Energie T* eines Körpers:

$$\boxed{T = \frac{p^2}{2m} = \frac{m}{2}\,v^2} \tag{4.2}$$

Definition der kinetischen Energie

$\mathrm{d}T = \mathrm{d}\left(\frac{p^2}{2m}\right)$ drückt also die Änderung der kinetischen Energie längs des Weges $\mathrm{d}\vec{r}$ aus.

Den zweiten Term in Gl. (4.1), das Produkt (Kraft · Weg) = $\vec{F}\cdot\mathrm{d}\vec{r}$, nennt man *die Arbeit* dW längs des Weges $\mathrm{d}\vec{r}$:

$$\boxed{\mathrm{d}W = \vec{F}\cdot\mathrm{d}\vec{r}} \tag{4.3}$$

Gl. (4.1) besagt also, daß *eine Änderung der kinetischen Energie nur durch Leistung einer Arbeit erfolgen kann.*

Um die Gesamtarbeit W zu berechnen, welche die Kraft $\vec{F}$ längs der Bahn zwischen den Punkten $\vec{r}(t_0)$ und $\vec{r}(t_1)$ leistet, müssen wir Gl. (4.3) integrieren:

$$\boxed{W = \int_0^1 \vec{F}\cdot\mathrm{d}\vec{r}} \tag{4.4}$$

Definition der Arbeit

Hierbei kommt es also nur auf die Kraftkomponente an, welche *tangential zur Bahn* wirkt, da $\vec{F}\cdot\mathrm{d}\vec{r} = F_{\mathrm{tang}}\,\mathrm{d}r$ ist. Eine Normalkraft $\vec{F}_{\mathrm{n}}$ dagegen, die senkrecht auf der Bahn steht, kann wegen $\vec{F}_{\mathrm{n}}\cdot\mathrm{d}\vec{r} = 0$ keine Arbeit leisten.

Beispiel 1:
Arbeit und potentielle Energie bei Deformation einer Feder

Wenn man eine Feder aus ihrer Ruhelage $x = 0$ um die Länge x_1 streckt, so entwickelt die Feder dagegen eine Kraft, die nach dem Hookeschen Gesetz nach Gl. (3.1) proportional zu x ist:

(3.1) $$F = -c \cdot x.$$

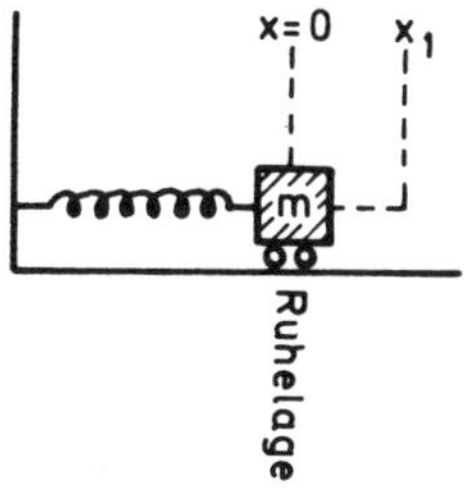

Bild 4.3: Ein Wagen, der die Feder aus der Ruhelage auslenkt, muß gegen die Federkraft eine Arbeit leisten. Diese Arbeit wird von der Feder in der Form von potentieller Energie aufgenommen.

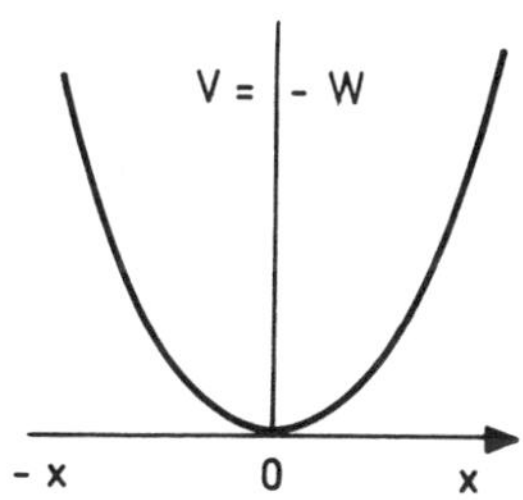

Bild 4.4: Potentielle Energie einer Feder in Abhängigkeit von der Auslenkung aus der Ruhelage

Die Federkraft hängt also in eindeutiger Weise nur von der Ortskoordinate ab.

Dehnt man die Feder um die Gesamtstrecke x, so leistet dabei die Federkraft eine Arbeit von insgesamt

(4.5) $$W = \int_0^x F\mathrm{d}x = -c \int_0^x x\mathrm{d}x = -\frac{c}{2}\, x^2 .$$

Diese Arbeit ist hier negativ, weil die Feder keine Arbeit nach außen leistet und Energie abgibt, sondern weil umgekehrt die Feder Energie aufnimmt. Die von der Feder bei der Dehnung aufgenommene Energie

(4.6) $$\boxed{V = -W}$$ **potentielle Energie**

wird *potentielle Energie* genannt: denn sie ist ein Maß für die Fähigkeit der Feder, Arbeit nach außen zu leisten und damit Energie abzugeben. Diese potentielle Energie für eine Feder hängt in eindeutiger Weise nur von den Ortskoordinaten der Feder ab:

(4.7) $$V(x) = \frac{c}{2}\, x^2.$$ **potentielle Energie einer Feder**

Nach Einführung der potentiellen Energie wollen wir nun zum Prinzip der Energieerhaltung auf Seite 105 zurückkehren. Durch Integration von Gl. (4.1) über die Bahn zwischen den beiden Endpunkten $\vec{r}(t_0)$ und $\vec{r}(t)$ ergibt sich:

(4.8) $$\left[\left(\frac{p^2}{2m}\right)_{\vec{r}(t)} - \left(\frac{p^2}{2m}\right)_{\vec{r}(t_0)}\right] - \int_{\vec{r}(t_0)}^{\vec{r}(t)} \vec{F} \cdot d\vec{r} = 0$$

oder: $$\left[T(\vec{r}) - T(\vec{r}_0)\right] + \left[V(\vec{r}) - V(\vec{r}_0)\right] = 0$$

und somit:

(4.9) $$T(\vec{r}) + V(\vec{r}) = T(\vec{r}_0) + V(\vec{r}_0)$$ **= konstante Gesamtenergie** E.

Die Summe aus kinetischer und potentieller Energie ändert sich nicht, sondern die Gesamtenergie bleibt konstant.

Das Prinzip der Energieerhaltung in dieser Form sei an unserem Beispiel der Feder erläutert: Läßt man die Masse m in Bild 3.1 nach einer endlichen Deformation los, so schwingt bekanntlich die Masse periodisch um die Ruhelage. Nach Gl. (4.9) bleibt nun hierbei die Summe von kinetischer und potentieller Energie konstant:

$$T + V = \frac{1}{2} m v^2 + \frac{c}{2} x^2 = E = \text{konstant.}$$

Diese Konstanz der Gesamtenergie E ist in Bild 4.5 dargestellt. Während die Masse zwischen den Umkehrpunkten x_1 und $-x_1$ schwingt, ändern sich T und V in solcher Weise, daß $T + V$ konstant und gleich E bleibt. An den Umkehrpunkten verschwindet

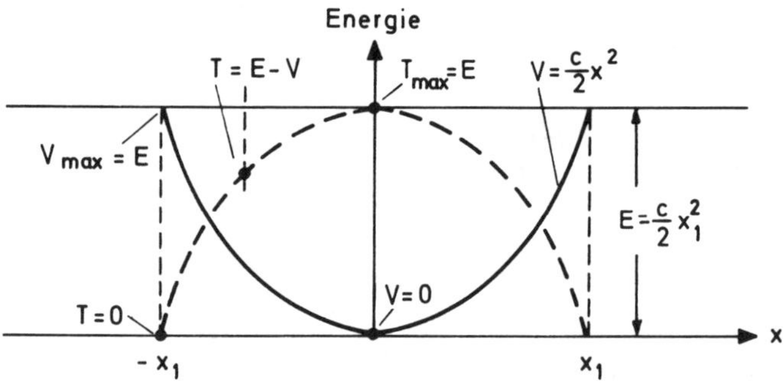

Bild 4.5: Kinetische und potentielle Energie einer Feder in Abhängigkeit von der Auslenkung: die Summe der beiden ist konstant.

v und damit die kinetische Energie, während bei $x = 0$ die potentielle Energie Null wird. Während der Schwingung findet also eine periodische Umwandlung von kinetischer in potentielle Energie und umgekehrt statt, wobei die Gesamtenergie konstant bleibt. Diese Gesamtenergie wächst – wie man sieht – mit dem Quadrat der Amplitude x_1.

Übungsfrage:
In Wirklichkeit wird die Schwingung der Feder gedämpft sein. Wie könnte man für diesen Fall den Satz der Energieerhaltung verallgemeinern?

Beispiel 2:
Arbeit und potentielle Energie beim Heben einer Last

Hebt man eine Masse m gegen die Gravitationskraft mg um die Höhe h (klein gegen Erdradius), so erfordert dies eine Arbeitsleistung zur Erhöhung der potentiellen Energie der Masse m:

(4.10) $$V = mgh.$$

Läßt man nun die Masse – anfänglich in Ruhe – aus der Höhe h fallen, so gewinnt sie an Geschwindigkeit und damit an kinetischer Energie, verliert aber potentielle Energie, so daß die Gesamtenergie konstant bleibt ($T + V = E$), wie in Bild 4.6 angedeutet. Die maximale kinetische Energie beim Auftreffen der Masse ist wegen $V = 0$

(4.11) $$\frac{m}{2} v^2 = mgh \qquad \text{oder} \qquad v = \sqrt{2gh}\,.$$

Übungsfrage:
An eine Feder (vgl. Bild 3.1) wird eine Masse m gehängt und diese dann von der alten Ruhelage aus losgelassen, so daß sie zu schwingen beginnt. Wie kann man mit Hilfe des Energiesatzes zeigen, daß dies eine harmonische Schwingung um eine neue Ruhelage x_0 ist?

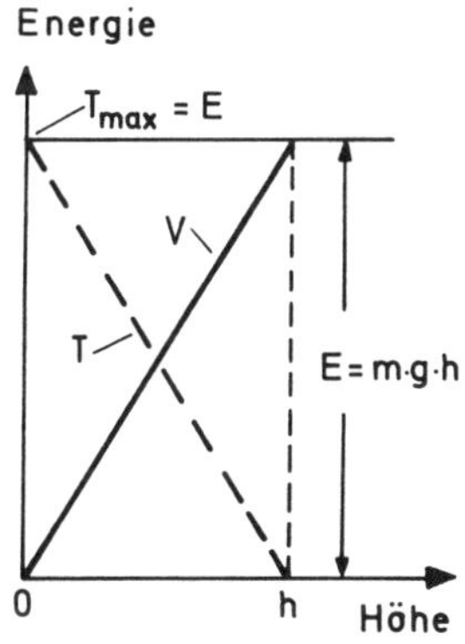

Bild 4.6: Kinetische und potentielle Energie eines Körpers aufgrund der Gravitationskraft (in der Nähe der Erdoberfläche): Für einen frei fallenden (bzw. senkrecht nach oben geworfenen) Körper ist die Summe der beiden konstant.

Beispiel 3:
Arbeit und potentielle Energie bei elektrostatischen Kräften

Zwischen zwei Ladungen im Abstand r voneinander wirkt bekanntlich eine radial gerichtete elektrostatische Kraft vom Betrag (s. Bild 4.7):

$$\vec{F} = \frac{1}{4\pi\epsilon_0} \cdot \frac{q'\,q''}{r^2} \tag{4.12}$$

$(\frac{1}{4\pi\epsilon_0} = 9 \cdot 10^9 \frac{\text{Newton}\, m^2}{\text{Coulomb}^2}$, wenn man die Ladungen q', q'' in Coulomb mißt).

Wir wollen uns fragen: Wie groß ist die Arbeit, die von dieser Kraft geleistet wird, wenn man die zweite Ladung von P_1 nach P_2, entweder auf dem Weg a oder b, verschiebt. Auf dem Weg a erfolgt die Verschiebung zunächst auf dem Kreisbogen, so daß $\vec{F}$ senkrecht auf der Bahn steht und daher keine Arbeit anfällt. Nur das zweite Teilstück des Weges trägt zur Arbeit bei. Somit ist die Gesamtarbeit für den ganzen Weg von P_1 nach P_2:

$$W = \int_{r_1}^{r_2} F\,\mathrm{d}r = \int_{r_1}^{r_2} \frac{q'\,q''}{4\pi\epsilon_0} \cdot \frac{\mathrm{d}r}{r^2} = -\frac{q'\,q''}{4\pi\epsilon_0} \left(\frac{1}{r_2} - \frac{1}{r_1}\right). \tag{4.13}$$

Es ist leicht einzusehen, daß die Arbeit auf dem Weg b identisch damit ist (dies zu zeigen sei als Übung empfohlen). Die Arbeit ist also unabhängig vom Weg und nur durch die Koordinaten der Anfangs- und Endlage bestimmt. (Aus unserer Ableitung ist ersichtlich, daß grundsätzlich bei allen Zentralkräften die Arbeit unabhängig vom Integrationsweg ist.)

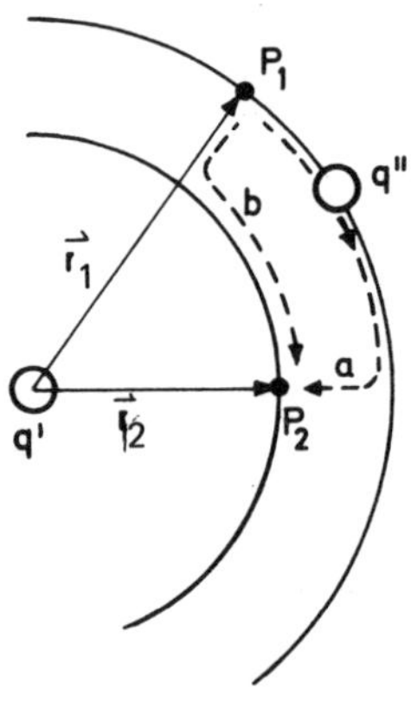

Bild 4.7: Um die Arbeit zu berechnen, die die elektrostatische Zentralkraft an einer Probeladung q'' auf dem Weg von P_1 nach P_2 leistet, zerlegt man den Weg in Anteile, die senkrecht bzw. parallel zur Kraft sind, d. h. man bewegt sich im einfachsten Fall auf dem Weg a oder b.

Übungsfrage:
Warum drückt die Unabhängigkeit der Arbeit vom Integrationsweg gleichzeitig aus, daß daß die Summe von kinetischer und potentieller Energie an jedem Punkt konstant ist?

Gl. (4.13) bedeutet auch, daß die potentielle Energie $V = -W$ *nur von den Koordinaten* $\vec{r}_1$ und $\vec{r}_2$ abhängt. Statt des Bezugspunktes P_1 können wir natürlich irgendeinen anderen Punkt wählen. Oft ist man speziell an der Arbeit interessiert, um die Ladung q'' vom Unendlichen ($r_1 \to \infty$) bis nach P_2 zu verschieben. Nach Gl. (4.13) erhalten wir in diesem Fall für die potentielle Energie:

$$V_2 = -W = \int_{r_2}^{\infty} F \, dr = \frac{q' q''}{4\pi\epsilon_0} \frac{1}{r_2} \quad (4.14)$$

Bei Ladungen gleichen Vorzeichens ist diese potentielle Energie positiv, bei der Trennung der Ladungen vergrößert sich daher die kinetische Energie des geladenen Körpers und seine potentielle Energie nimmt entsprechend ab, wie in Bild 4.8 dargestellt.

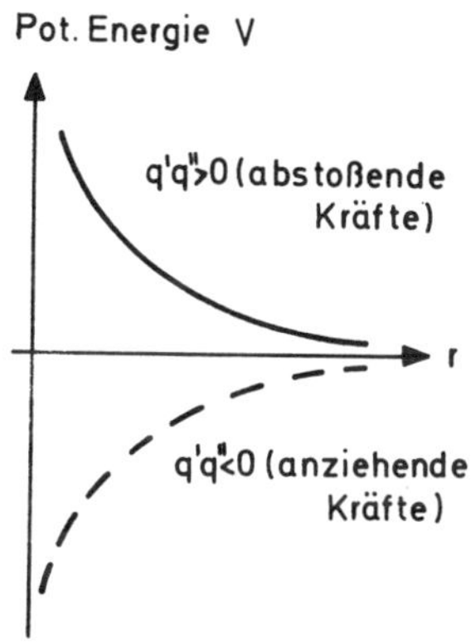

Bild 4.8: Potentielle Energie einer Probeladung q'' in Abhängigkeit vom Abstand r von einer Ladung q'

Da auch die Gravitationskraft Gl. (3.13) mit $1/r^2$ abfällt, läßt sich das letzte Resultat (Gl. 4.14) auch auf den analogen Fall zweier *Massen* übertragen, die sich infolge der *Gravitation* anziehen. Entsprechend ist die potentielle Energie zweier Massen (m', m'') im Abstand r

$$V(r) = -\frac{\gamma m' m''}{r} \quad (4.15)$$

Übungsfrage:
Wie kann man das negative Vorzeichen in Gl. (4.15) erklären?

Potentielle Energie ausgedehnter Massen- und Ladungsverteilungen

Wir wollen hier die Arbeit berechnen, die erforderlich ist, um eine Masse m_0 von N beliebig angeordneten anderen Massen zu trennen. Nehmen wir zunächst den Fall, daß m_0 – wie in Bild 4.9 gezeigt – von zwei anderen Massen m_1 und m_2 mit den Kräften $\vec{F}_{01}$ und $\vec{F}_{02}$ angezogen wird. Will man die Masse m_0 gegen die Kraft

$$\vec{F}_0 = \vec{F}_{01} + \vec{F}_{02}$$

bis ins Unendliche verschieben, so ist die erforderliche Gesamtarbeit gleich der Summe der Arbeiten durch die Teilkräfte:

$$V(m_0) = \int_{r_{01}}^{\infty} F_{01}\, \mathrm{d}r + \int_{r_{02}}^{\infty} F_{02}\, \mathrm{d}r = -\gamma m_0 \left(\frac{m_1}{r_{01}} + \frac{m_2}{r_{02}}\right).$$

Dies läßt sich leicht auf N Massen verallgemeinern:

$$(4.16) \qquad V(m_0) = -\gamma m_0 \sum_{i=1}^{N} \frac{m_i}{r_{0i}}.$$

Auf ähnliche Weise könnten wir (zur Übung) auch die Arbeit oder potentielle Energie berechnen, die erforderlich ist, um *alle* Körper voneinander zu trennen. Entsprechend können wir auch dann vorgehen, wenn wir statt diskreter Massen eine Massenverteilung vor uns haben, wie zum Beispiel bei der Berechnung der Gravitationsenergie der Sonne. Dazu wollen wir zunächst folgendes einfacheres Beispiel betrachten:

Beispiel:
Potentielle Energie einer Masse m_0 in der Nähe einer Kugelschale der Masse M

Gl. (4.16) läßt sich verallgemeinern zu

$$(4.17) \qquad V = -\gamma m_0 \int \frac{\mathrm{d}m}{s},$$

wobei s der Abstand zwischen dem Massenelement dm und m_0 ist.

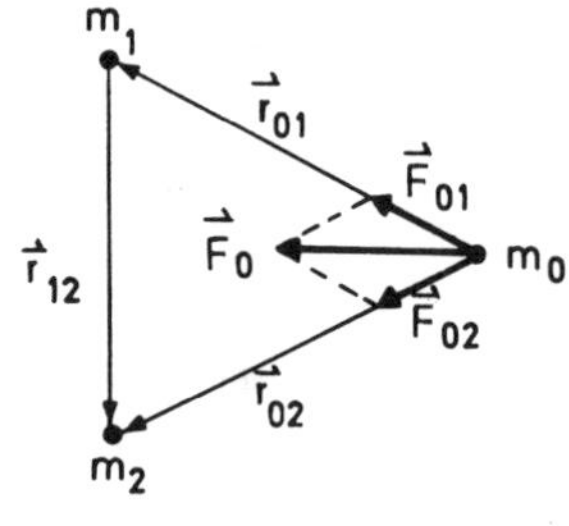

Bild 4.9: Die Gesamtarbeit, die die Gravitationskraft $\vec{F}_0$ an der Masse m_0 leistet, ist infolge der vektoriellen Addition von Kräften, die Summe der Arbeiten, die die Teilkräfte leisten.

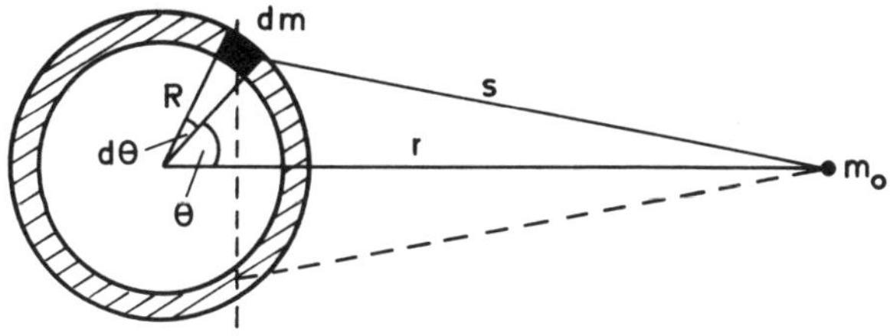

Bild 4.10: Rechengang: die Kugelschale wird in Ringe zerlegt, deren Massenelemente alle den gleichen Abstand s von m_0 haben. Durch Integration lassen sich dann die Energiebeträge dieser Ringe addieren.

Dazu berechnen wir zunächst den Beitrag eines Ringes der Masse dm aus der Kugelschale zu V (siehe Bild 4.10):

(4.18) $$\mathrm{d}V = -\gamma \frac{m_0 \, \mathrm{d}m}{s},$$

wobei

$$\mathrm{d}m = M \frac{\mathrm{d}A\,(\text{Ring})}{A\,(\text{ganze Schale})}.$$

Nun ist

$$\mathrm{d}A\,(\text{Ring}) = R\mathrm{d}\Theta \cdot 2\pi R \cdot \sin\Theta = 2\pi R^2 \sin\Theta \, \mathrm{d}\Theta,$$
$$A\,(\text{Schale}) = 4\pi R^2.$$

Damit ist

$$\mathrm{d}m = \frac{M \sin\Theta \cdot \mathrm{d}\Theta}{2},$$

$$\mathrm{d}V = -\gamma \frac{m_0 M}{2} \; \frac{\sin\Theta \cdot \mathrm{d}\Theta}{s}.$$

Durch Integration dieser Beiträge über die ganze Kugelschale ($0 \leqslant \Theta \leqslant \pi$) erhält man die gesamte potentielle Energie der Masse m_0 im Abstand r vom Mittelpunkt der Kugelschale zu

$$V(r) = -\gamma \frac{m_0 M}{2} \int_{\Theta=0}^{\Theta=\pi} \frac{\sin\Theta \, \mathrm{d}\Theta}{s}.$$

Durch die Differentiation der trigonometrischen Beziehung $s^2 = R^2 + r^2 - 2Rr \cdot \cos\Theta$ erhält man $2s\mathrm{d}s = 2Rr \cdot \sin\Theta \cdot \mathrm{d}\Theta$ und somit:

(4.19) $$V(r) = -\frac{\gamma m_0 M}{2Rr} \int_{s(0)}^{s(\pi)} \mathrm{d}s = -\frac{\gamma m_0 M}{2Rr} \left[s(\pi) - s(0) \right].$$

Nun sind zwei Fälle zu unterscheiden, je nachdem, ob m_0 *außerhalb* der Kugelschale ($r > R$) oder *innerhalb* derselben ($r \leqslant R$) liegt.

1. Fall: m_0 *außerhalb der Kugelschale* (Bild 4.11):

$$s(\pi) = r + R, \qquad s(0) = r - R,$$

$$\text{(4.20)} \qquad \boxed{V(r) = -\gamma \frac{m_0 M}{r}}.$$

Außerhalb der Kugelschale nimmt die potentielle Energie so ab, als ob die gesamte Masse der Kugelschale im Kugelmittelpunkt konzentriert sei.

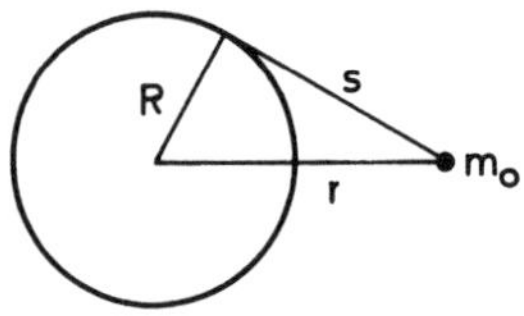

Bild 4.11

2. Fall: m_0 *innerhalb der Kugelschale* (Bild 4.12):

$$s(\pi) = r + R, \qquad s(0) = R - r,$$

$$\text{(4.21)} \qquad \boxed{V(r) = -\gamma \frac{m_0 M}{R}}.$$

Im Innern der Hohlkugel ist die potentielle Energie überall konstant. Es bedarf also keiner Arbeit, die Masse im Innern beliebig zu verschieben. Daraus folgt: *das Innere der Kugel ist völlig kräftefrei.* Ebenso wirken im Innern einer elektrisch geladenen Hohlkugel keine elektrischen Kräfte (Faraday-Käfig).

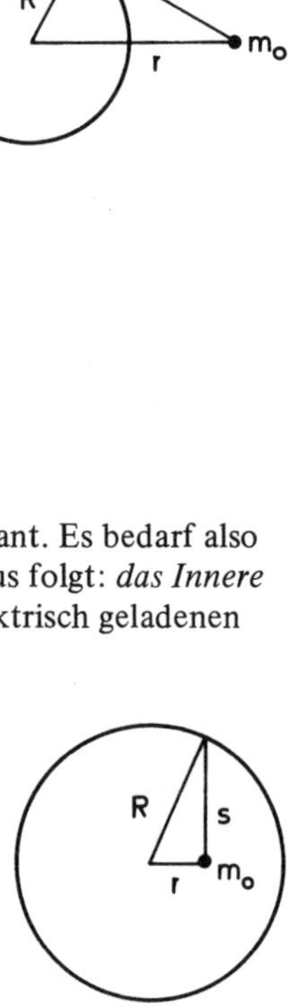

Bild 4.12

Bild 4.13 zeigt den Verlauf der gesamten potentiellen Energie innerhalb und außerhalb der Hohlkugel.

Übungsfrage:
Wie kann man nun daraus die Gravitationsenergie der Sonne (konstante Dichte vorausgesetzt) berechnen? Zeigen Sie, daß die potentielle Energie einer Probemasse m_0 innerhalb und außerhalb der Sonne die Größe hat:

$$r \leqslant R: \; V(r) = -\gamma \frac{M m_0}{2R^3} (3R^2 - r^2); \quad r > R: \; V(r) = -\gamma \frac{M m_0}{r}.$$

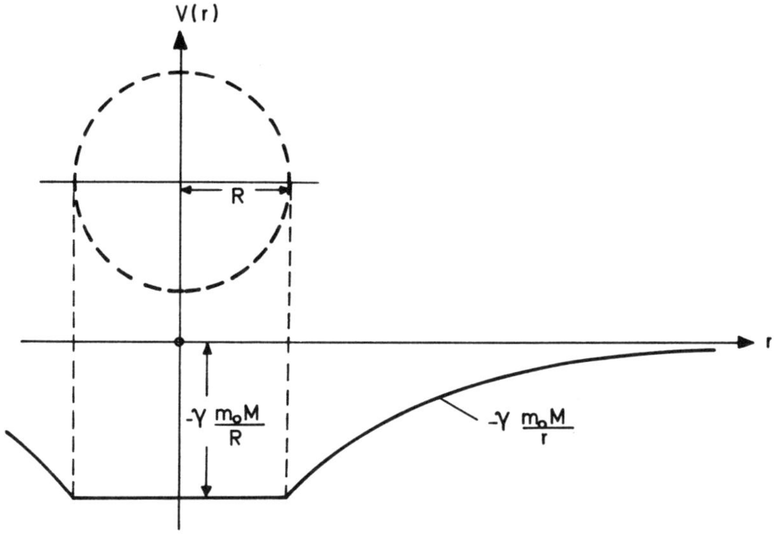

Bild 4.13: Die potentielle Energie einer Masse m_0 innerhalb und außerhalb einer Hohlkugel der Masse M

Maßeinheiten von Arbeit, Energie und Leistung

Energie und Arbeit werden in gleichen Einheiten gemessen. Im modernen (SI) – System ist die Einheit der Energie *1 Joule* [*J*]:

$$\underline{1\ \mathrm{J} = 1\ \mathrm{N\,m} = 1\,\frac{\mathrm{kg\ m}^2}{\mathrm{s}^2}}.$$

In dem früher üblichen cgs – System wurde die Energie in erg gemessen:

$$\underline{1\ \mathrm{erg} = 1\ \mathrm{dyn}\cdot\mathrm{cm} = 10^{-7}\ \mathrm{J}.}$$

Die Leistung: Die Fähigkeit von Maschinen und Zugtieren, in einer bestimmten Zeit eine bestimmte Arbeit zu „leisten“, wird als Leistung bezeichnet: Leistung ist die pro Zeiteinheit vollbrachte Arbeit:

(4.22) $$\boxed{P = \frac{dW}{dt} = \frac{d}{dt}\,(\vec{F}\cdot d\vec{r}) = \vec{F}\cdot\vec{v}}$$ **Leistung**

und wird in Watt [W] gemessen:

$$\underline{1\ \mathrm{W} = 1\ \mathrm{J/s} = 1\,\frac{\mathrm{kg\ m}^2}{\mathrm{s}^3}}.$$

Die Leistung wurde früher auch in Pferdestärken [Ps] angegeben:

$$\underline{1\ \mathrm{Ps} = 735{,}5\ \mathrm{W}}\,.$$

4.2 Einfache Anwendungen des Prinzips der Energieerhaltung

Beispiel 1:
Wenn sich ein Planet (der Masse m) auf einer Ellipsenbahn um die Sonne (der Masse M_s) bewegt, so besagt der Keplersche Flächensatz, daß *seine Geschwindigkeit in Sonnennähe größer ist als in Sonnenferne.* Dies ist eine Folge davon, daß die Summe von kinetischer und potentieller Energie

$$\frac{mv^2}{2} - \gamma\frac{mM_s}{r} = E$$

konstant ist. Daher nimmt die Geschwindigkeit bei abnehmendem Radius r zu.

Beispiel 2:
Als weitere Anwendung des Energiesatzes wollen wir die Geschwindigkeit v_0 berechnen, mit der ein Projektil der Masse m abgeschossen werden muß, *um von der Erdoberfläche aus dem Schwerefeld der Erde entweichen zu können.*

Die Gesamtenergie kurz nach Abschuß von der Erdoberfläche und die im Unendlichen sind gleich:

$$\frac{mv_0^2}{2} - \gamma\frac{mM_E}{R} = \frac{mv_\infty^2}{2} + V_\infty\,,$$

M_E = Erdmasse,
R = Erdradius,
V_∞ = 0.

Setzen wir $v_\infty = 0$, so erhalten wir als minimale Abschußgeschwindigkeit

$$v_0 = \sqrt{2\frac{\gamma M_E}{R}}\,.$$

Da nun ferner $\dfrac{\gamma M_E}{R^2} = g = 9{,}81\ \mathrm{m/s^2}$ findet man

(4.23) $$v_0 = \sqrt{2\,g\,R} = 11{,}2\ \mathrm{km/s}\,.$$

Um vollständiges Entweichen zu erreichen, ist es ganz gleichgültig, ob man den Körper horizontal oder vertikal nach oben abschießt. (Sofern man ihn nicht gegen einen anderen Punkt der Erdoberfläche schießt und die Atmosphäre vernachlässigen kann.)

Beispiel 3:
Wir wollen nun auch zeigen, daß alle *Gesetze des statischen Gleichgewichts* (z.B. die Hebelgesetze, Gesetze des Flaschenzugs und hydrostatische Gesetze) zurückführbar sind auf das Prinzip der Energieerhaltung, das in diesem Fall zuweilen auch *Prinzip der virtuellen Arbeit* genannt wird.

a. Betrachten wir z.B. einen *Hebel* (vgl. Bild 4.14). Er ist dann und nur dann im Gleichgewicht, wenn zur Veränderung des Winkels um einen kleinen Betrag $d\alpha$ keine Arbeit erforderlich ist, d.h., wenn

$$dW = d\alpha \cdot (l_1\, G_1 - l_2\, G_2) = 0\,.$$

Hieraus folgt sofort:

(4.24) $$\boxed{G_1\, l_1 = G_2\, l_2}$$

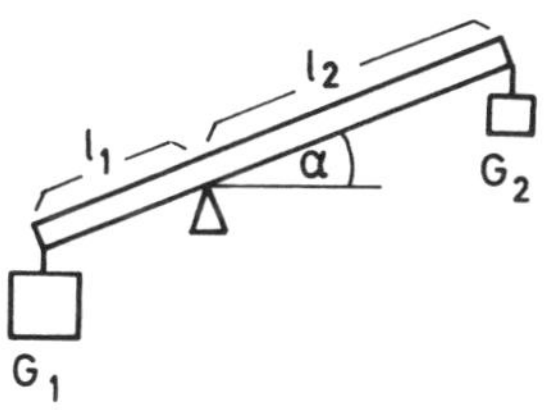

Bild 4.14: Der Hebel

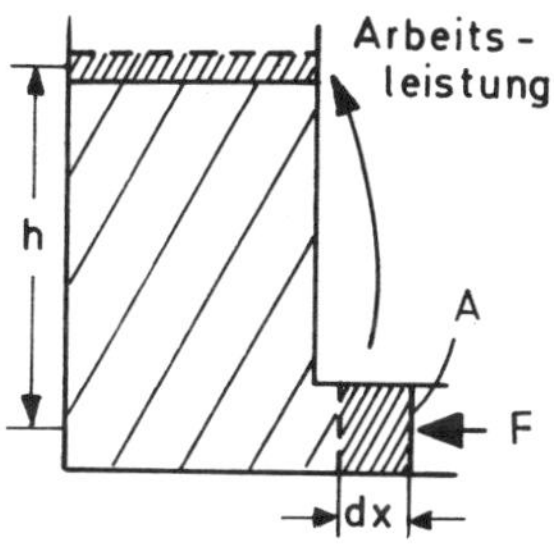

Bild 4.15: Der hydrostatische Druck

b. Betrachten wir eine Wassersäule der Höhe h, die unten durch einen Kolben mit der Fläche F, auf den eine Kraft K wirkt, im Gleichgewicht gehalten wird. Bei welcher Kraft steht der Kolben im Gleichgewicht mit der Wassersäule? Nun dann, wenn zu einer kleinen Verschiebung des Kolbens eine Arbeit erforderlich ist, die gerade der Zunahme an potentieller Energie entspricht:

Arbeit $= F \cdot dx = A \cdot dx \cdot \rho \cdot g\, h =$ Zunahme der potentiellen Energie.

Daraus folgt:

(4.25) $$\boxed{\text{Druck} = \frac{F}{A} = \rho \cdot g\, h}\,.$$ **Schweredruck in einer Flüssigkeit**

Dieser *hydrostatische Druck* ist unabhängig von der Orientierung des unteren Zylinders und daher isotrop.

Die Einheit für den Druck ist 1 Pascal [Pa] bzw. 1 Bar [bar]:

$$1\ \mathrm{Pa} = 1\frac{\mathrm{N}}{\mathrm{m}^2} = 10^{-5}\,\mathrm{bar}.$$

(Weitere häufig verwendete Druckeinheiten sind auf der Innenseite des Buchumschlags zu finden.)

Übungsfrage:
Überlegen Sie sich die Wirkungsweise eines Flaschenzugs mit Hilfe des Prinzips der virtuellen Arbeit.

Beispiel 4:
Schließlich sei auch noch erwähnt, daß man den Bewegungsablauf eines Körpers oft einfacher aus dem Energiesatz herleiten kann als aus der Newtonschen Bewegungsgleichung.

Aus dem Energiesatz

$$\frac{p^2}{2m} + V(\vec{r}) = E$$

erhält man sogleich den Impuls

$$p = \sqrt{\frac{2(E-V)}{m}}\,. \tag{4.26}$$

Vergleicht man dieses Ergebnis mit der Newtonschen Bewegungsgleichung

$$\frac{\mathrm{d}\vec{p}}{\mathrm{d}t} = \vec{F},$$

so sieht man, daß der Energiesatz bereits eine erste Integration der Newtonschen Gleichung liefert. Die Herleitung fast aller mechanischen Gesetze aus dem Energiesatz ist eines der Hauptthemen der theoretischen Mechanik.

Übungsfrage:
Wie könnte man mit Hilfe des Energiesatzes die Bewegung einer schwingenden Feder ableiten? (vgl. S. 82)

4.3 Äquipotentialflächen der potentiellen Energie und ihr Gradient

Wir haben gezeigt, daß die potentielle Energie eines Körpers, zum Beispiel einer Probeladung, bei gegebener Verteilung anderer Ladungen sehr einfach an jedem Ort des Raumes berechnet werden kann. Jetzt wollen wir zeigen, daß aus einer vorgegebenen potentiellen Energieverteilung ebenso einfach die Kräfte auf die Probeladungen abgeleitet werden können.

Die Orte gleicher potentieller Energie sind durch die Gleichung

(4.27) $$V(x, y, z) = \text{konstant}$$

definiert. Dies ist die Gleichung einer Fläche, der sog. *Äquipotentialfläche.*

Die Äquipotentialflächen zum Beispiel eines Elektrons im Bereich eines Protons sind nach Gl. (4.14) einfach Kugelflächen:

(4.28) $$V = \frac{-e^2}{4\pi\epsilon_0} \cdot \frac{1}{r} = \text{konstant}.$$

Die Äquipotentialflächen eines Elektrons in der Nähe der beiden Protonen eines Wasserstoffmoleküls ergeben sich analog zu Gl. (4.16):

(4.29) $$V = -\frac{e^2}{4\pi\epsilon_0} \cdot \left(\frac{1}{r_{01}} + \frac{1}{r_{02}}\right) = \text{konstant}$$

und sind in Bild 4.16 dargestellt.

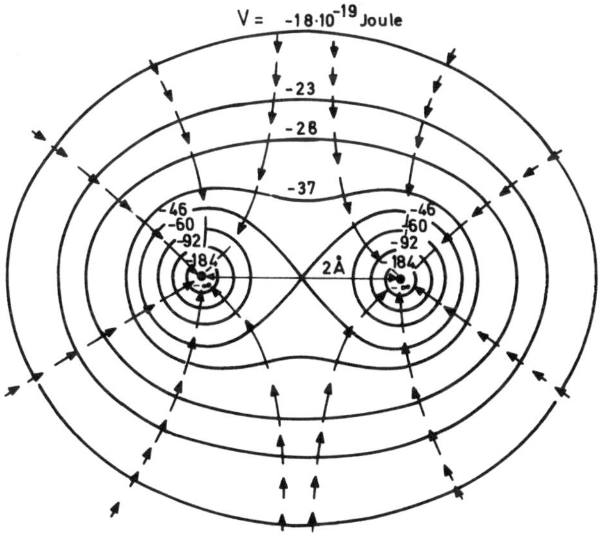

Bild 4.16: Äquipotentialflächen eines Elektrons in der Nähe der beiden Protonen eines Wasserstoffmoleküls. Die gestrichelten Linien geben Richtung und Größe der Kraft an (Kraftlinien). Kraftlinien und Äquipotentialflächen stehen aufeinander senkrecht (1 Å = 10^{-10} m).

Wie bestimmen wir nun die Richtung und Größe der Kraft auf das Elektron an jedem Ort?

Wenn wir unser Elektron um die Strecke $d\vec{r}$ verschieben, ändert sich die potentielle Energie um

$$\text{(4.30)} \qquad dV = -\vec{F} \cdot d\vec{r}.$$

Verschieben wir das Elektron *innerhalb* einer Äquipotentialfläche, so ändert sich natürlich definitionsgemäß dV nicht. Hieraus folgt mit der letzten Gleichung, daß die Kraft $\vec{F}$ keine Komponente in der Äquipotentialfläche besitzen kann, sondern darauf senkrecht stehen muß. *Die Richtung der Kraft ist daher durch die in Bild 4.16 gestrichelten* (auf den Äquipotentialflächen senkrecht stehenden) *Linien festgelegt.* Verschiebt man das Elektron entlang dieser „Kraftlinien", so ergibt sich:

$$\left(\frac{dV}{dr}\right) = -F, \qquad (dr \text{ parallel zu den „Kraftlinien"}).$$

Mathematisch gesehen zeigt die Kraft entgegen der Richtung der maximalen Änderung der potentiellen Energie $V(x, y, z)$ und gibt die Größe der Änderung pro Längeneinheit an.

Übungsfrage:
Welche mathematische Bedeutung hat die Kraft, wenn U nur eine Funktion von x ist?

Man bezeichnet eine solche Größe den *Gradienten grad V* der Funktion $V(x, y, z)$:

$$\text{(4.31)} \qquad \vec{F} = -\operatorname{grad} V.$$

Wie können wir nun die Kraft, die auf das Elektron wirkt, aus der Verteilung der potentiellen Energie Gl. (4.29) ermitteln? Nach Gl. (4.30) $dV = -(F_x\,dx + F_y\,dy + F_z\,dz)$ erhalten wir die Kraftkomponente F_x einfach dadurch, daß wir $d\vec{r}$ parallel zur x-Achse wählen:

$$\text{(4.32)} \qquad dV = -F_x \cdot dx, \qquad dy = dz = 0;$$

oder

$$F_x = -\frac{\partial V}{\partial x}.$$

(Das Symbol $\partial/\partial x$ bedeutet, daß die Differentiation nach x durchgeführt wird, wobei die anderen Variablen y, z konstant gehalten werden.)

Oder allgemein:

$$\text{(4.33)} \qquad \boxed{\vec{F} = -\left(\frac{\partial V}{\partial x}, \frac{\partial V}{\partial y}, \frac{\partial V}{\partial z}\right) = -\operatorname{grad} V}\,.$$

Wir fassen zusammen: Wenn die potentielle Energie an jedem Ort bekannt ist, so läßt sich durch einfache Differentialoperationen daraus auch die Kraft an jedem Ort bestimmen. (Hierauf werden wir in der Elektrodynamik auführlich zurückkommen.)

4.4 Konservative und nichtkonservative Kräfte

Wir hatten in diesem Abschnitt hauptsächlich von Gravitations- und elektrostatischen Kräften gesprochen. Diese hängen nur von den Ortskoordinaten ab, und man kann für sie eine potentielle Energie unabhängig vom Integrationsweg definieren. Solche Kräfte nennt man *konservative Kräfte,* da nur unter der Wirkung so gearteter Kräfte eine eindeutige Definition der potentiellen Energie (vgl. Gl. 4.6) und damit der Erhaltung von potentieller und kinetischer Energie möglich ist.

Nichtkonservative Kräfte sind zum Beispiel Reibungskräfte, (die von der Geschwindigkeit und *nicht* vom Ort abhängen) sowie alle zeitabhängigen Kräfte. Für diese nichtkonservativen Kräfte ist die Summe von kinetischer und potentieller Energie nicht unbedingt konstant.

Wenn zum Beispiel eine Reibungskraft ein Fahrzeug auf ebener Erde zum Stehen bringt, so verliert der Körper anscheinend kinetische Energie ohne daß potentielle Energie gewonnen würde. Wohin geht aber die kinetische Energie des Fahrzeugs, wenn es durch eine Reibungskraft abgebremst wird? Nun, die kinetische Energie geht keineswegs verloren, denn die Atome im Bremsbelag werden sich stärker bewegen, ihre kinetische Energie wird erhöht, was man leicht an der Erhitzung des Bremsbelages feststellen kann.

Wir fassen zusammen: Die Summe von potentieller und kinetischer Energie ist nur konstant für konservative Kräfte. Die Gesamtenergie einschließlich der thermischen, elektrischen, nuklearen usw. bleibt jedoch immer konstant in jedem abgeschlossenen System.

4.5 Reaktionsprinzip und Impulserhaltung

In den vorausgegangenen Abschnitten haben mehrere Beispiele gezeigt, daß das Prinzip der Energieerhaltung die Analyse des Bewegungsablaufes eines Körpers wesentlich erleichtern kann. In diesem Abschnitt werden wir in dem sog. *dritten Newtonschen Gesetz* eine sehr nützliche Regel für die Wechselwirkung zwischen Teilchen kennenlernen, die wie das Energieprinzip für beliebige Kräfte gültig ist, unabhängig davon, ob wir die Kräfte im einzelnen verstehen oder nicht.

Reaktionsprinzip (oder 3. Newtonsches Gesetz)

Nehmen wir an, zwei Körper der Masse m_1 und m_2 ziehen sich an, üben also Kräfte aufeinander aus, wobei der erste Körper den zweiten mit der Kraft $\vec{F}_{21}$ anzieht und umgekehrt $\vec{F}_{12}$ die Kraft ist, welche der zweite Körper auf den ersten ausübt. (vgl. Bild 4.17). Das Reaktionsprinzip (Actio = Reactio) besagt nun, daß die beiden Kräfte $\vec{F}_{12}$ und $\vec{F}_{21}$ von gleichem Betrag und entgegengesetzter Richtung sind:

(4.34) $$\vec{F}_{12} = -\vec{F}_{21} \quad \text{oder} \quad \boxed{\vec{F}_{12} + \vec{F}_{21} = 0}\,.$$ **3. Newtonsches Gesetz**

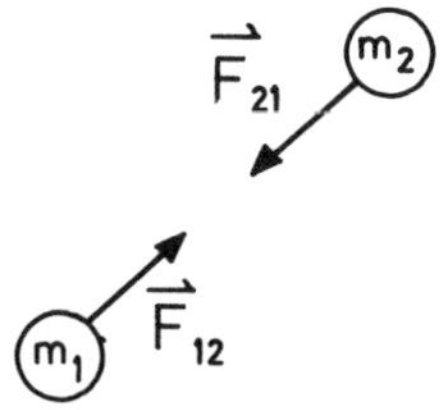

Bild 4.17a: Die Gravitationskraft zwischen zwei Massen: sie wirkt sowohl auf die Masse m_1 als auch auf die Masse m_2.

Bild 4.17b: Ein Knabe (A) wird mit der gleichen Kraft nach rechts gezogen, mit der er selbst den Wagen (B) nach links zieht.

Übungsfrage:
Nehmen wir an, wir hätten eine Feder, an deren Enden zwei Massen m_1 und m_2 befestigt sind. Welche Experimente würden wir damit durchführen, um das Reaktionsprinzip zu bestätigen?

Dieses Prinzip läßt sich leicht auf Kräfte zwischen mehreren Körpern verallgemeinern. Dabei ergibt sich, daß auch bei mehr als 2 Körpern *die Summe aller Kräfte,* die zwischen den betrachteten Körpern wirken, *Null ist.* Diese Kräfte, die man *innere Kräfte* nennt, heben sich nämlich bei einem System, welches aus vielen Körpern besteht, paarweise auf. Dies erkennt man leicht am Beispiel dreier Körper (siehe Bild 4.18):

(4.35) $$\vec{F}_{12} + \vec{F}_{21} + \vec{F}_{13} + \vec{F}_{31} + \vec{F}_{23} + \vec{F}_{32} = 0$$

oder

$$\boxed{\sum_{\substack{i,k=1\\ i\neq k}}^{N} \vec{F}_{ik} = 0}\,.$$

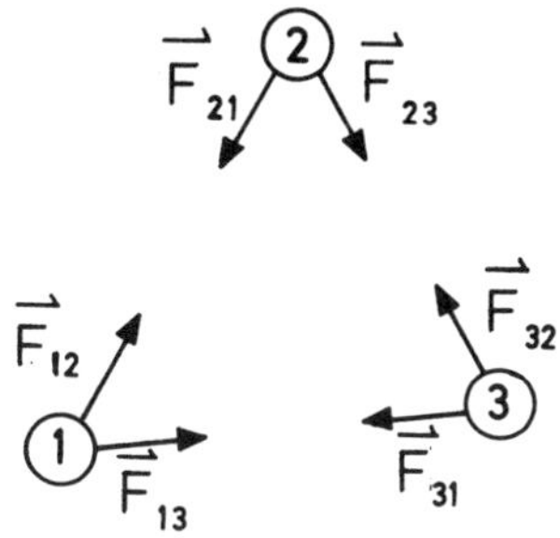

Bild 4.18: Wechselseitige Kräfte zwischen mehreren Körpern: die Summe aller Kräfte ist immer Null.

Nun wollen wir eine interessante Folgerung aus diesem einfachen Reaktionsprinzip ziehen, indem wir es mit dem früheren Aktionsprinzip kombinieren.

Impulserhaltung bei mehreren Massenpunkten (nur *innere* Kräfte)

Betrachten wir zwei Körper der Masse m_1 und m_2 (z.B. einen Doppelstern oder ein H_2-Molekül), die aufeinander die Kräfte $\vec{F}_{12}$ und $\vec{F}_{21}$ ausüben. Nach dem Aktionsprinzip treten daher beschleunigte Bewegungen auf, und man kann schreiben:

$$\vec{F}_{12} + \vec{F}_{21} = \frac{d(m_1 \vec{v}_1)}{dt} + \frac{d(m_2 \vec{v}_2)}{dt} = 0 .$$

Durch Integration erhält man:

(4.36) $$\boxed{m_1 \vec{v}_1 + m_2 \vec{v}_2 = \vec{P} = \text{const}} .$$

Dies bedeutet: *Der Gesamtimpuls* $\vec{P}$ *eines Systems von 2 Körpern ändert sich nicht unter dem Einfluß innerer Kräfte zwischen den Körpern.*

Bei mehr als zwei Massenpunkten gilt genau dasselbe: *Der Gesamtimpuls eines beliebigen Systems von N Massenpunkten unter dem Einfluß innerer Kräfte bleibt konstant:*

(4.37) $$\boxed{\sum_{i=1}^{N} m_i \vec{v}_i = \vec{P} = \text{const}} .$$ **Impulssatz** (innere Kräfte)

Voraussetzung hierfür ist lediglich, daß wirklich keine Kräfte *von außen* auf das abgeschlossene System wirken (Beispiel für solche Systeme: Nukleonen im Kern).

Übungsfrage:
Wie könnte man den Satz der Impulserhaltung auch auf das Wirken äußerer Kräfte verallgemeinern, zum Beispiel für das Experiment mit dem Wagen, das in Bild 3.5 dargestellt ist?

4.6 Stoßprozesse

Der Impulserhaltungssatz für *abgeschlossene Systeme* (d.h es wirken nur innere Kräfte) ist von besonderer praktischer Bedeutung für die Beschreibung von Stoßprozessen zwischen zwei Teilchen. Hierbei fehlt sehr oft eine genaue Kenntnis der Kräfte $\vec{F}_{12}$ und $\vec{F}_{21}$ zwischen den Stoßpartnern. Während des Stoßes dagegen ist das Newtonsche Reaktionsprinzip ($\vec{F}_{12} = -\vec{F}_{21}$) zu jeder Zeit erfüllt,und äußere Kräfte existieren nicht. Unter diesen Voraussetzungen hatten wir gesehen, daß der Gesamtimpuls des Systems, d.h. der beiden Stoßpartner, konstant ist, sich also während des Stoßes nicht ändern kann. *Der Gesamtimpuls vor dem Stoß ist daher gleich dem Gesamtimpuls nach dem Stoß:*

$$\boxed{m_1 \cdot \vec{v}_1 + m_2 \cdot \vec{v}_2 = m_1 \cdot \vec{v}_1' + m_2 \vec{v}_2'} \; . \tag{4.38}$$

Dieser vektoriellen Beziehung entsprechen in kartesischen Koordinaten drei Gleichungen:

$$m_1 \frac{dx_1}{dt} + m_2 \frac{dx_2}{dt} = m_1 \frac{dx_1'}{dt} + m_2 \frac{dx_1'}{dt} \; ,$$

$$m_1 \frac{dy_1}{dt} + m_2 \frac{dy_2}{dt} = m_1 \frac{dy_1'}{dt} + m_2 \frac{dy_2'}{dt} \; ,$$

$$m_1 \frac{dz_1}{dt} + m_2 \frac{dz_2}{dt} = m_1 \frac{dz_1'}{dt} + m_2 \frac{dz_2'}{dt} \; ,$$

die vor und nach dem Stoß immer erfüllt sind, gleichgültig, wie kompliziert die Kräfte während des Stoßes sind.

In dem Sonderfall, daß sich die Teilchen vor und nach dem Stoß auf der gleichen Geraden bewegen, spricht man vom sog. *zentralen Stoß.*

Jetzt wollen wir noch zusätzlich das Gesetz der Energieerhaltung beim Stoß zweier Teilchen berücksichtigen. Wenn während des Stoßes keine kinetische Energie anderweitig verlorengegangen ist, muß die gesamte kinetische Energie T vor dem Stoß gleich sein der gesamten kin. Energie nach dem Stoß T':

$$T = \frac{p_1^{\,2}}{2m_1} + \frac{p_2^{\,2}}{2m_2} = \frac{p_1'^{\,2}}{2m_1} + \frac{p_2'^{\,2}}{2m_2} = T' \; . \tag{4.39}$$

Tatsächlich bewirken Prozesse wie Reibung, Verformung oder Aufheizung der Stoßpartner, daß ein Teil der kinetischen Energie in andere Energieformen umgewandelt wird. Auch im Mikroskopischen, z.B. in der Kernphysik, wird oft ein Teil Q der kinetischen Energie der Stoßpartner verwendet, um eines der stoßenden Teilchen in einen um Q höheren Energiezustand zu versetzen. Unter Berücksichtigung dieses Energieverlustes Q lautet das allgemeine Gesetz der Energieerhaltung für den Stoß zweier Teilchen:

(4.40) $$\frac{p_1^2}{2m_1} + \frac{p_2^2}{2m_2} = \frac{p'^2_1}{2m_1} + \frac{p'^2_2}{2m_2} + Q\,,$$

$Q = 0$: Elastischer Stoß,
$Q \neq 0$: Unelastischer Stoß.

Stoßprozesse, in denen beide Teilchen ganz unverändert aus dem Stoß hervorgehen und in denen daher keine Arbeitsleistung Q vorliegt, nennt man *elastische* Stöße. Bei endlichem Q spricht man von *unelastischen* Stößen.

Durch die Messung der Impulse $\vec{p}_1$, $\vec{p}_2$, $\vec{p}'_1$ und $\vec{p}'_2$ vor und nach dem Stoß kann man in der Atom- und Kernphysik genau die Energie Q bestimmen, die ein Atom oder Kern während des Stoßes aufgenommen hat.

Wir wollen den Abschnitt über Stoßprozesse mit zwei einfachen, aber aufschlußreichen Beispielen vorerst abschließen:

Beispiel 1:
Der vollkommen unelastische Stoß (Bild 4.19)

Die Masse m_1 fliege vor dem Stoß mit der Geschwindigkeit $\vec{v}_1$ auf die ruhende Masse m_2 zu. Wir wollen hier den vollkommen unelastischen Stoß betrachten, bei dem beide Körper nach dem Stoß zusammenkleben und vereinigt bleiben. Die Frage lautet, wie groß die gemeinsame Geschwindigkeit $\vec{v}'_1 = \vec{v}'_2$ der beiden Teilchen nach dem Stoß ist.

Die Gleichsetzung des Gesamtimpulses vor und nach dem Stoß liefert nach Gl. (4.38):

$$m_1 \cdot \vec{v}_1 + 0 = (m_1 + m_2) \cdot \vec{v}'_1\,.$$

Die Geschwindigkeit nach dem Stoß $\vec{v}_1{}'$ hat also die gleiche Richtung wie vor dem Stoß,und ihr Betrag ist durch das Massenverhältnis bestimmt:

(4.41) $$v'_1 = \left(\frac{m_1}{m_1 + m_2}\right) \cdot v_1\,.$$

Bei zwei gleichen Massen ($m_1 = m_2$) ist daher die Endgeschwindigkeit nur halb so groß wie die Geschwindigkeit des ersten Teilchens vor dem Stoß.

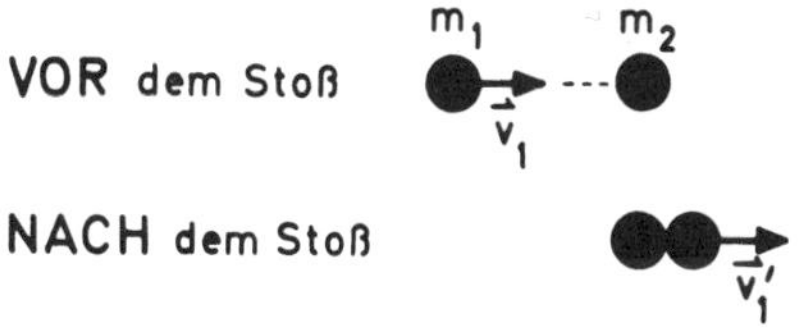

Bild 4.19: Der vollkommen unelastische Stoß: nach dem Stoß haben beide Massen die gleiche Geschwindigkeit.

Übungsfrage:
Wie groß ist der Q-Wert für den vollkommen unelastischen Stoß in Abhängigkeit vom Massenverhältnis m_1/m_2? Warum ist der Q-Wert des oben beschriebenen Stoßes der größte von allen möglichen Stößen mit den gleichen Anfangsbedingungen?

Beispiel 2:
Der vollkommen elastische Stoß

Natürlich gibt es auch Stöße, in denen sich die Stoßpartner nach dem Stoß wieder elastisch voneinander trennen. Wenn beispielsweise ein Neutron mit bekanntem Impuls $m_1 \vec{v}_1$ auf ein Proton trifft und nach dem Stoß einen Impuls $m_1 \vec{v}_1'$ behält, so muß es nach Gl. (4.38) den Impuls

$$\Delta \vec{p} = m_1 \vec{v}_1 - m_1 \vec{v}_1' = \vec{p}_1 - \vec{p}_1'$$

auf das Proton übertragen haben. (vgl. Bild 4.20)

Zusammen mit dem Energiesatz (4.40) können wir daraus Impuls und Energie des Protons ermitteln Wir wollen dies jedoch hier noch nicht durchführen, da wir in einem der nächsten Abschnitte Methoden kennenlernen werden, die uns die Diskussion von Stoßprozessen noch wesentlich erleichtern werden.

Wir wollen jedoch schon jetzt auf einen Sonderfall eingehen, dem elastischen Stoß eines Neutrons mit einem ruhenden Kern, dessen Masse m_2 sehr viel größer als die Neutronenmasse m_1 ist: $m_2 \gg m_1$. Das Neutron habe vor dem Stoß den Impuls $\vec{p}_1$, der Kern nach dem Stoß den Impuls $\Delta \vec{p}$. Aus dem Energiesatz (4.40), der sich auch in der Form schreiben läßt

$$\vec{p}_1^{\,2} = p_1'^{\,2} + \frac{m_1}{m_2} \cdot (\Delta \vec{p})^2,$$

sehen wir, daß sich wegen $m_1/m_2 \ll 1$ der Betrag des Impulses des Neutrons kaum ändert:

$$p_1 \approx p_1' . \tag{4.42}$$

Das Dreieck in Bild 4.20, das die Impulserhaltung zwischen $\vec{p}_1$, $\vec{p}_1'$ und $\Delta \vec{p}$ darstellt, ist in diesem Fall gleichschenklig. Wir erhalten daraus die Beziehung:

$$\Delta p = 2 p_1 \sin\left(\frac{\varphi}{2}\right) ; \quad m_1 \ll m_2 . \tag{4.43}$$

Daraus können wir sofort die beim Stoß auf den Kern übertragene Energie ermitteln:

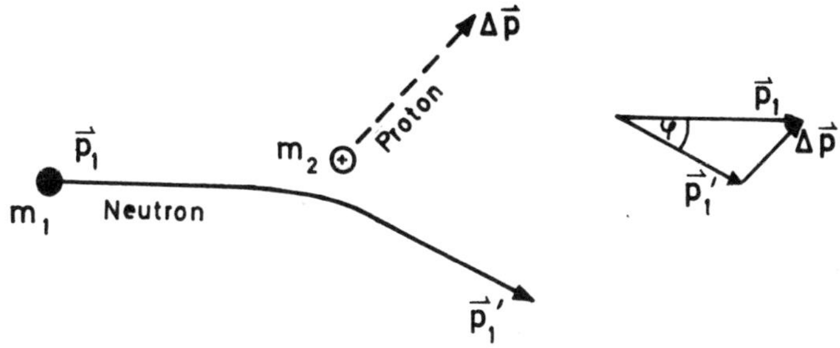

Bild 4.20: Elastischer Stoß zwischen einem Proton und einem Neutron. Das Dreieck (rechts) gibt den Satz der Impulserhaltung wieder.

$$(4.44) \qquad \frac{(\Delta p)^2}{2m_2} = \frac{4\,p_1{}^2 \cdot \sin^2(\varphi/2)}{2m_2} = 4\sin^2(\varphi/2)\cdot\frac{m_1}{m_2}\cdot T_1\,,$$

wenn $T_1 = p_1{}^2/2m_1$ die kinetische Energie des Neutrons vor dem Stoß ist.

Wir sehen daraus:

Die maximale Energie wird beim Zentralstoß ($\varphi = 180\,°$) übertragen:

$$\left(\frac{(\Delta p)^2}{2m_2}\right)_{\max} = 4\frac{m_1}{m_2}\,T_1\,.$$

Die übertragene Energie ist umso kleiner, je mehr sich die Massen der beiden Stoßpartner unterscheiden.

Anmerkung:
Huygens Beweis für die Impulserhaltung beim Stoß

Zur Vertiefung des Verständnisses und zur Verdeutlichung der Gründe, warum das Prinzip der Impulserhaltung auch über die Newtonsche Mechanik hinaus, z.B. in der Quantenmechanik, gültig ist, wollen wir die Erhaltung des Impulses bei Stößen zwischen 2 identischen Kugeln mit einem ganz anderen Prinzip beweisen.

Diese Argumentation wurde schon von Huygens im 17. Jahrhundert benutzt und geht von dem Postulat aus, daß alle Gesetze der Natur unverändert bleiben, *wenn wir von einem ruhenden Bezugssystem (Laborsystem) zu einem gleichförmig geradlinig bewegten Bezugssystem übergehen.* (Eine Stewardeß serviert zum Beispiel Kaffee im schnellen Düsenflugzeug in der gleichen Weise wie zu Hause in Schwabing.) Dieses *Relativitätsprinzip* wollen wir im folgenden auf den Stoß zweier gleicher Massen anwenden, die nach dem Stoß vereinigt bleiben, d.h. zusammenkleben. Wir beobachten diesen inelastischen Stoß zunächst im Laborsystem, in dem der zweite Körper vor dem Stoß in Ruhe ist (vgl. Bild 4.21a):

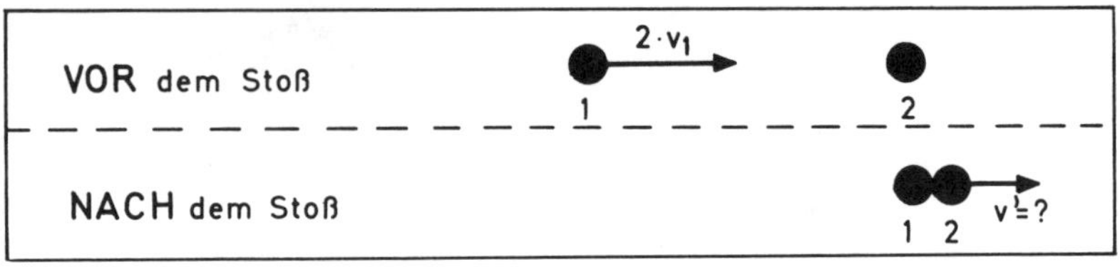

a)

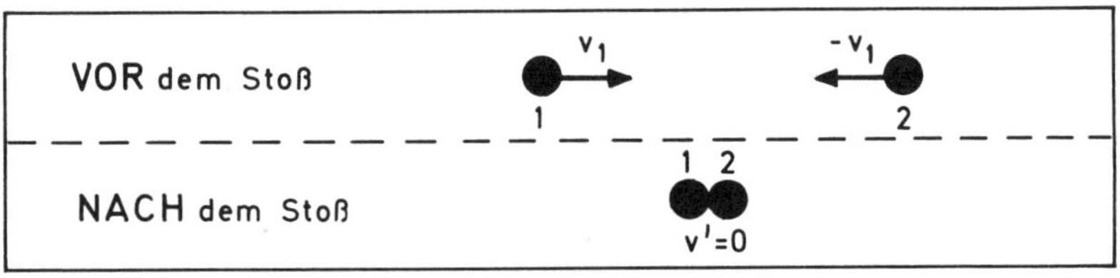

b)

Bild 4.21: Der vollkommen inelastische Stoß in verschiedenen Bezugssystemen:
a) ruhendes Laborsystem
b) bewegtes Bezugssystem

Anschließend wollen wir den gleichen Prozeß in einem *mit der Geschwindigkeit* v_1 bewegten System betrachten (vgl. Bild 4.21b):

Hier ist aus Symmetriegründen allein nach dem Stoß nur die Geschwindigkeit $v = 0$ *möglich.* Transformiert man zurück ins Laborsystem, so ergibt sich $v' = v_1$. Im Laborsystem ist der Gesamtimpuls vor dem Stoß $m \cdot 2v_1$ und nach dem Stoß ebenfalls $m \cdot 2v_1$, *Wir haben also für diesen speziellen Fall aus Symmetrieüberlegungen gezeigt, daß der Gesamtimpuls beim Stoß erhalten bleibt.*

Übungsfrage:
Wie würde man den Beweis im allgemeineren Fall ungleicher Massen führen?

4.7 Gesamtimpuls eines Systems mit äußeren Kräften

Wie verhält sich nun der Gesamtimpuls eines Systems von N Körpern, wenn nicht nur innere Kräfte, sondern *auch äußere Kräfte* auf die N Körper wirken, also Kräfte, die von anderen Körpern außerhalb des Systems herrühren? Wie verhält sich zum Beispiel der Gesamtimpuls des Planetensystems der Sonne unter dem Einfluß der Kräfte aller übrigen Sterne des Milchstraßensystems?

Zur Klärung dieser Frage betrachten wir unser System von N Körpern mit den Massen $m_1, m_2 \ldots. m_N$ etwas näher. Die innere Kraft auf den i-ten Körper, die vom k-ten Körper ausgeübt wird, nennen wir $\vec{F}_{ik}$. Damit wirkt insgesamt auf den i-ten Körper die *innere Kraft*

$$\vec{F}_i^{\text{int}} = \sum_{\substack{k=1 \\ k \neq i}}^{N} \vec{F}_{ik}.$$

Die gesamte *äußere Kraft* – im obigen Beispiel von der Milchstraße – auf den i-ten Körper wollen wir mit

$$\vec{F}_i^{\text{ext}}$$

bezeichnen. Die Bewegungsgleichungen der N Körper lauten somit:

$$(4.45) \qquad \left\{ \begin{array}{lll} \vec{F}_1^{\text{int}} + \vec{F}_1^{\text{ext}} & = \dfrac{d}{dt}(m_1 \vec{v}_1) & , \\ \vdots \qquad \vdots & \quad \vdots & \\ \vec{F}_i^{\text{int}} + \vec{F}_i^{\text{ext}} & = \dfrac{d}{dt}(m_i \vec{v}_i) & , \\ \vdots \qquad \vdots & \quad \vdots & \\ \vec{F}_N^{\text{int}} + \vec{F}_N^{\text{ext}} & = \dfrac{d}{dt}(m_N \vec{v}_N) . & \end{array} \right\}$$

Durch Addition dieser Gleichungen erhält man

$$\sum_{i=1}^{N} \vec{F}_i^{\text{int}} + \sum_{i=1}^{N} \vec{F}_i^{\text{ext}} = \frac{d}{dt}\left(\sum_{i=1}^{N} m_i \cdot \vec{v}_i\right) = \frac{d\vec{P}}{dt},$$

oder da nach dem Reaktionsprinzip $\sum_{i=1}^{N} \vec{F}_i^{\text{int}} = o$ ist, bleibt

$$(4.46) \qquad \sum_{i=1}^{N} \vec{F}_i^{\text{ext}} = \frac{d\vec{P}}{dt}.$$

Die zeitliche Änderung des Gesamtimpulses eines Systems von Körpern ist gleich der gesamten von außen angreifenden Kraft. Die inneren Kräfte allein können – wie wir bereits sahen – den Gesamtimpuls nicht verändern.

Der Schwerpunktsatz

Diese Bewegungsgesetze für Systeme von Massenpunkten können wir noch anschaulicher interpretieren, wenn wir den Begriff des *Massenmittelpunktes* einführen, der in der Literatur meist *Schwerpunkt* genannt wird.

Der Ort des Massenschwerpunktes $\vec{r}_s$ für ein System von N Körpern an den Stellen $\vec{r}_i$ ist definiert durch

(4.47) $$\boxed{\vec{r}_s = \frac{\sum_{i=1}^{N} m_i \vec{r}_i}{\sum_{i=1}^{N} m_i}} .$$ **Schwerpunkt**

Beispiel 1:
Schwerpunkt zweier Massen

Es gilt nach Gl. 4.47 (Bild 4.22):

$$m_1 \vec{r}_1 + m_2 \vec{r}_2 = (m_1 + m_2)\vec{r}_s$$

oder $$m_1(\vec{r}_1 - \vec{r}_s) = m_2(\vec{r}_s - \vec{r}_2) .$$

Demnach müssen die Vektoren $(\vec{r}_1 - \vec{r}_s)$ und $(\vec{r}_s - \vec{r}_2)$ parallel sein: Der Schwerpunkt liegt also auf der Verbindungslinie beider Massen.

Ferner gilt:

$$\frac{r_1 - r_s}{r_s - r_2} = \frac{m_2}{m_1} .$$

Der Schwerpunkt teilt also die Verbindungslinie beider Massen im umgekehrten Verhältnis der Massen.

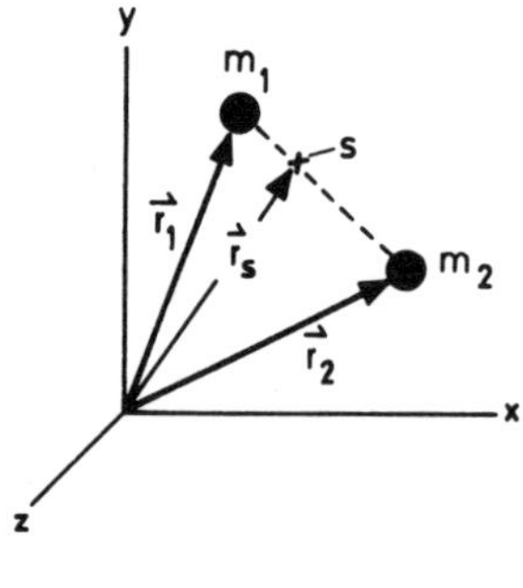

Bild 4.22: Der Schwerpunkt zweier Massen liegt auf der Verbindungslinie der beiden.

Übungsfrage:
Wo liegt der Schwerpunkt des Systems Erde – Mond? Denken Sie sich hierbei die Erdmasse im Erdmittelpunkt vereint.

Beispiel 2:
Schwerpunkt einer Massenverteilung

Der Schwerpunkt einer Massenverteilung ergibt sich durch Integration über alle Massen- bzw. Volumenelemente:

(4.48) $$\vec{r}_s = \frac{\int \vec{r}\,\mathrm{d}m}{\int \mathrm{d}m} = \frac{\int \vec{r}\rho\,\mathrm{d}V}{\int \rho\,\mathrm{d}V},$$

wobei $\rho(r) = \mathrm{d}m/\mathrm{d}V$ die Dichte ist.

Übungsfrage:
Wo liegt der Schwerpunkt einer Pyramide mit konstanter Dichte?

Nun wollen wir zeigen, daß die Bewegung des Massenschwerpunkts eines beliebig komplizierten Systems von Teilchen nach sehr einfachen Gesetzen verläuft. Für die Geschwindigkeit des Schwerpunkts gilt nämlich in einem System von N Körpern nach der Definition Gl. (4.47):

(4.49) $$\frac{\mathrm{d}\vec{r}_s}{\mathrm{d}t} = \frac{\sum_{i=1}^{N} m_i \vec{v}_i}{\sum_{i=1}^{N} m_i} = \frac{\vec{P}}{M},$$

wobei $\vec{P}$ der Gesamtimpuls und M die Gesamtmasse ist.

Die Schwerpunktsgeschwindigkeit ist also gleich dem Gesamtimpuls geteilt durch die Gesamtmasse. Nochmalige Differentiation liefert

$$M \cdot \frac{\mathrm{d}^2\vec{r}_s}{\mathrm{d}t^2} = \frac{\mathrm{d}\vec{P}}{\mathrm{d}t}$$

oder nach Gl. (4.46):

(4.50) $$\boxed{M \cdot \frac{\mathrm{d}^2\vec{r}_s}{\mathrm{d}t^2} = \sum_{i=1}^{N} \vec{F}_i^{ext}}\,.$$ **Schwerpunktsatz**

Der Massenschwerpunkt eines Systems von Massen bewegt sich daher so, als ob die Gesamtmasse im Schwerpunkt vereinigt wäre und die Summe aller äußeren Kräfte dort angreifen würde. Ist die Summe der äußeren Kräfte Null, so bewegt sich der Massenschwerpunkt geradlinig und gleichförmig.

Übungsfrage:
Ein Skispringer überschlägt sich nach dem Absprung; welches ist die Bahn seines Schwerpunkts? Ein Satellit in der Umlaufbahn um die Erde explodiert; wie bewegt sich sein Schwerpunkt vor und nach der Explosion?

Stoßprozesse im Schwerpunktssystem

Wir wollen jetzt zeigen, daß man Stöße zwischen zwei Körpern am einfachsten in einem Bezugssystem beschreiben kann, in welchem der Schwerpunkt ruht, in welchem also die Schwerpunktsgeschwindigkeit verschwindet, d.h.

$$\boxed{\frac{d\underline{\vec{r}}_s}{dt} = 0} \ . \qquad (4.51)$$

$\underline{\vec{r}}_s$ = Ort des Schwerpunkts im Schwerpunktssystem.

(Zur Kennzeichnung dieses Systems wollen wir die darin vorkommenden Größen unterstreichen).

Ein solches Bezugssystem bewegt sich also (gesehen vom Laborsystem) mit der Geschwindigkeit des Schwerpunkts beider Massen

$$\boxed{\vec{v}_s = \frac{m_1\vec{v}_1 + m_2\vec{v}_2}{m_1 + m_2}} \ . \qquad (4.52)$$

Dieses Schwerpunktssystem zeichnet sich – vgl. Gl. (4.49) und (4.51) – dadurch aus, daß in ihm der Gesamtimpuls $\vec{P}$ verschwindet.

Im Schwerpunktssystem ist daher die Summe der Impulse vor dem Stoß und danach Null. Dies erleichtert die Behandlung aller Stoßprobleme außerordentlich:

Betrachten wir dazu einen beliebigen Stoß zweier Massen m_1 und m_2. Ihre Impulse im Schwerpunktssystem sollen vor dem Stoß $\underline{\vec{p}_1}$ und $\underline{\vec{p}_2}$ sein, und zwischen beiden besteht in diesem Bezugssystem die Relation

$$\underline{\vec{p}_1} = -\underline{\vec{p}_2} \ . \qquad \textbf{vor dem Stoß}$$

Beim Stoß kann sich sowohl die Richtung als auch der Betrag der beiden Einzelimpulse ändern. Wenn $\underline{\vec{p}_1'}$ und $\underline{\vec{p}_2'}$ die Impulse beider Teilchen nach dem Stoß sind, so besteht im Schwerpunktssystem wiederum die einfache Relation

$$\underline{\vec{p}_1'} = -\underline{\vec{p}_2'} \ . \qquad \textbf{nach dem Stoß}$$

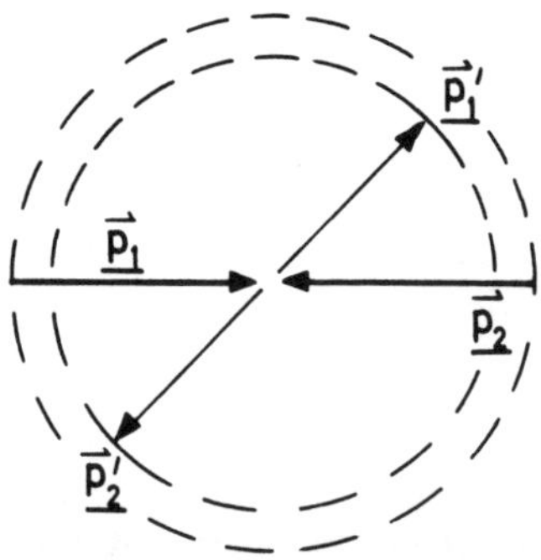

Bild 4.23: Impulsdiagramm für einen Stoß im Schwerpunktssystem: Die Impulse sind vor und nach dem Stoß entgegengesetzt gleich, beim elastischen Stoß haben zudem alle vier Impulsvektoren gleiche Beträge.

Wenn auch der Streuwinkel (zwischen $\vec{p}_1$ und $\vec{p}_1'$) von den Einzelheiten des Stoßes abhängt, so müssen die Impulsvektoren beider Teilchen nach dem Stoß wieder entgegengesetzt gleich sein wie in Bild 4.23 skizziert. Wie wir aus dem Energiesatz Gl. (4.40) ersehen können, sind darüber hinaus die Beträge aller 4 Impulsvektoren beim elastischen Stoß gleich, und beide Kreise in Bild 4.23 fallen zusammen.

4.8 Beispiele für die Impulserhaltung

Beispiel 1:
Die elastische Proton-Proton-Streuung

Bild 4.24 zeigt die Spuren des Zusammenstoßes eines von links kommenden Protons mit einem ruhenden Proton in einer fotografischen Emulsion. Der ganz analoge Fall der Kollision eines von links kommenden Billiardballs mit einem ruhenden Ball (weiße Kugel) ist in Bild 4.25 im Zeitlupenverfahren gefilmt. Das Bemerkenswerte an diesen Stößen zwischen zwei gleich schweren Partnern ist, daß nach dem Stoß beide Teilchenbahnen immer einen Winkel von 90 ° einschließen (sofern die Geschwindigkeit nicht zu nahe an der Lichtgeschwindigkeit liegt.)

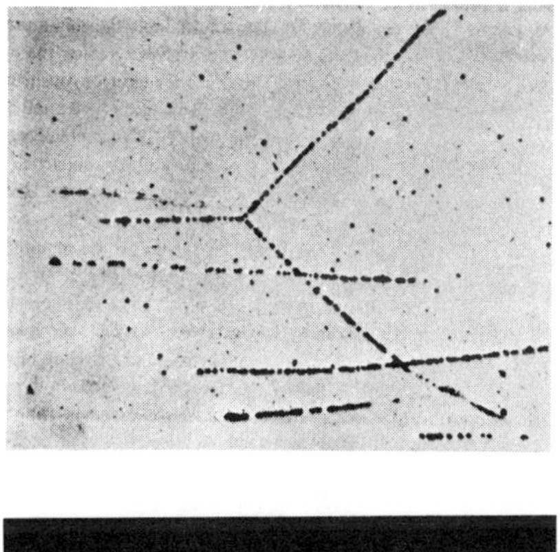

Bild 4.24: Elastische Proton-Proton-Streuung: Spuren des Zusammenstoßes eines von links kommenden Protons mit einem ruhenden Proton in einer photographischen Emulsion. Nach dem Stoß schließen die Bahnen der beiden Teilchen einen Winkel von 90° ein. (Bildquelle: C. F. Powell und G. P. S. Occhialini, Nuclear Physics in Photographs, Oxford University Press, 1947; s. a. A. Hammer, Atomphysik, S. 92, R. Oldenbourg-Verlag)

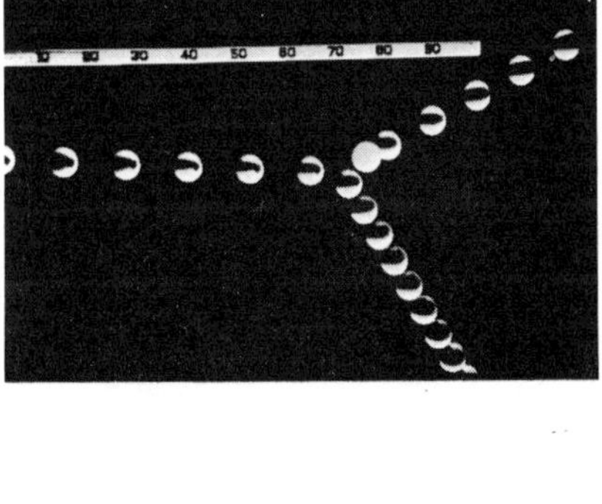

Bild 4.25: Kollision von zwei Billardkugeln (im Zeitlupenverfahren gefilmt): Nach dem Stoß bilden die Bahnen der gleich schweren Kugeln einen Winkel von 90°. (Bildquelle: Physical Science Study Committee (PSSC), Physics, D. C. Heath and Company, Boston, 1960)

Wir werden diese Eigenschaften sehr einfach verstehen können, wenn wir vom Laborsystem zum Schwerpunktssystem übergehen. Dieser Übergang von einem System ins andere kennzeichnet alle Kernphysiker: Sie leben in zwei Welten und ziehen sich bei Schwierigkeiten aus unserer Welt mit Vorteil ins Schwerpunktssystem zurück. Dies sei am vorliegenden Beispiel illustriert: Im Laborsystem bewegt sich das einfallende Proton mit der Geschwindigkeit $+\vec{v}$ auf das ruhende Proton zu. Der Schwerpunkt bewegt sich (nach Gl. (4.52)) im Laborsystem mit der Geschwindigkeit

$$\vec{v}_s = \frac{m \cdot \vec{v} + m \cdot 0}{2m} = \frac{\vec{v}}{2}.$$

In einem Bezugssystem, das sich mit $\vec{v}/2$ bewegt, – dem Schwerpunktssystem – sieht der elastische Zusammenstoß wie in Bild 4.26a skizziert aus.

Nach dem Stoß fliegen beide Protonen in entgegengesetzter Richtung mit der Geschwindigkeit $v/2$ fort. Dies ist auch in Bild 4.26b durch die starken Linien angedeutet.

Wie kommen wir zurück ins Laborsystem? Nun, wir addieren vektoriell die Schwerpunktsgeschwindigkeit – also $v/2$ – zu allen Geschwindigkeiten und erhalten so die beiden „Streuwinkel" Θ_1 und Θ_2 im Laborsystem. Aus einer Betrachtung der Winkel (vgl. Bild 4.26b) ergibt sich sofort $2\Theta_1 + 2\Theta_2 = \pi$ oder

(4.53) $$\underline{\Theta_1 + \Theta_2 = \pi/2}\ .$$

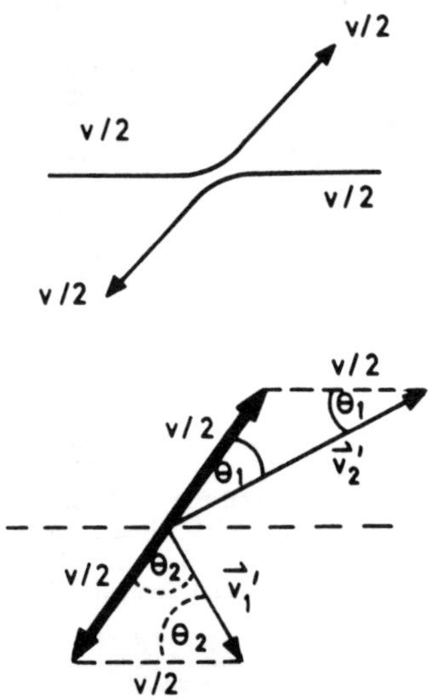

Bild 4.26: Der elastische Stoß zwischen zwei Protonen:
a) Im Schwerpunktssystem haben beide Teilchen vor und nach dem Stoß gleiche Geschwindigkeiten.
b) Rücktransformation der Geschwindigkeiten der Protonen nach dem Stoß vom Schwerpunktssystem ins Laborsystem

Beispiel 2:
Elastische Neutronenstreuung

Bei der Spaltung von ^{235}U entstehen sehr schnelle Neutronen, die in einem Reaktor die Kernspaltung als Kettenreaktion aufrechterhalten sollen. Dazu müssen diese Neutronen aber erst abgebremst werden (weil nicht schnelle, sondern nur langsame Neutronen neue Uranspaltprozesse auslösen können.) Wie aber bremst man Neutronen am besten ab? Sicherlich durch Stöße mit Kernen. Die Frage ist jedoch, mit welchen Kernen die Neutronen am besten zusammenstoßen sollten, um pro Stoß eine möglichst große Geschwindigkeit zu verlieren.

Zur Beantwortung dieser Frage wollen wir den elastischen Stoß eines Neutrons (der Masse m und Geschwindigkeit $\vec{v}_N$) mit einem ruhenden Kern (der Masse M) im Schwerpunktssystem betrachten. Die Schwerpunktsgeschwindigkeit ist wieder nach Gl. (4.52)

$$\vec{v}_s = \frac{m\vec{v}_N + M \cdot 0}{m+M} = \frac{m}{m+M} \cdot \vec{v}_N \ .$$

Die Geschwindigkeit der beiden Teilchen im Schwerpunktssystem läßt sich mit Hilfe der Transformation

(4.54) $$\underline{\vec{v}} = \vec{v} - \vec{v}_s$$

ermitteln, wobei $\underline{\vec{v}}$ die Geschwindigkeit im Schwerpunktssystem und $\vec{v}$ die dazugehörige Geschwindigkeit im Laborsystem ist. Da es sich um einen elastischen Stoß handelt, sind die Impulse der beiden Teilchen im Schwerpunktssystem vor und nach

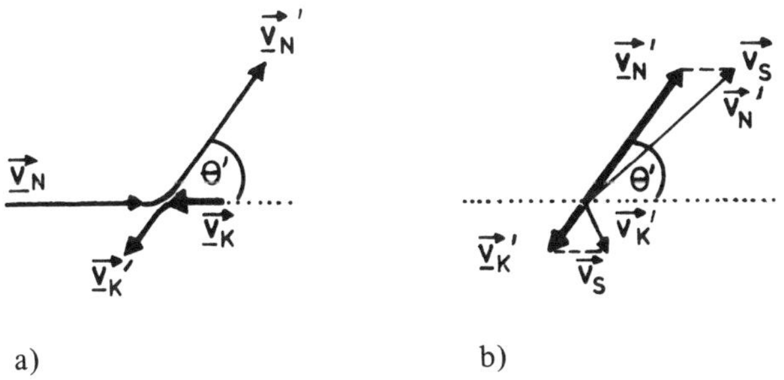

Bild 4.27: Elastischer Stoß eines Neutrons mit einem Kern:
a) Im Schwerpunktssystem sind die Impulse beider Teilchen vor und nach dem Stoß dem Betrage nach gleich, die Geschwindigkeiten unterscheiden sich jedoch entsprechend der verschiedenen Massen.
b) Rücktransformation der Geschwindigkeiten von Neutron und Kern nach dem Stoß vom Schwerpunktssystem ins Laborsystem.

dem Stoß gleich (vgl. S. 132). Wir können also den Neutron-Kern-Stoß im Schwerpunktssystem gemäß Bild 4.27a darstellen. In Bild 4.27b wird die Rücktransformation der Geschwindigkeiten $\underline{\vec{v}}'_N$ und $\underline{\vec{v}}'_K$ der beiden Teilchen *nach dem Stoß* ins Laborsystem durchgeführt.

Aus Bild 4.27b ist ersichtlich: Der Geschwindigkeitsverlust ist am größten für den sog. zentralen Stoß, wenn das Neutron zurückgestreut wird, d.h. wenn der Streuwinkel Θ' 180° beträgt. Für diesen Fall der Rückwärtsstreuung ergibt sich für die Geschwindigkeit des Neutrons $\vec{v}'_N$ nach dem Stoß im Laborsystem:

$$\vec{v}'_N = -(\vec{v}_N - \vec{v}_S) + \vec{v}_S = 2\vec{v}_S - \vec{v}_N = 2\frac{m}{m+M}\vec{v}_N - \vec{v}_N$$

also

(4.55) $$\underline{\vec{v}'_N = -\frac{M-m}{M+m}\vec{v}_N} \; .$$

Je leichter also der Kern (M), an dem das Neutron (m) gestreut wird, desto kleiner wird die Neutronengeschwindigkeit nach dem Stoß. Haben darüber hinaus beide Stoßpartner die gleiche Masse, was z.B. für die Streuung von Neutronen an Protonen nahezu der Fall ist, so kann das Neutron bei Rückwärtsstreuung schon in einem einzigen Stoß seine gesamte Geschwindigkeit verlieren und nach dem Stoß ganz zur Ruhe kommen.

Wir fassen zusammen: Schnelle Neutronen lassen sich am wirksamsten abbremsen (oder „moderieren", wie man sagt) durch Streuung an wasserstoffreichen Substanzen. Flüssiger Wasserstoff oder Paraffin eignen sich daher besonders gut als *Moderatorsubstanzen*.

Beispiel 3:
Raketenantrieb

Die Antriebskraft einer Rakete wird durch das mit einer hohen Geschwindigkeit v_0 ausströmende Gas des verbrannten Brennstoffs erzeugt (vgl. Bild 4.28).

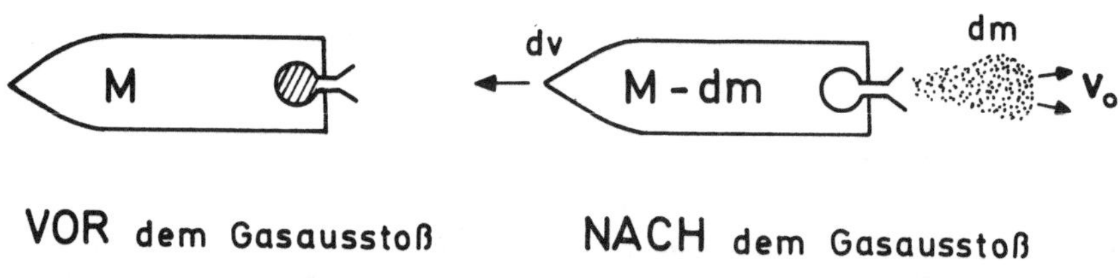

Bild 4.28: Prinzip des Raketenantriebs: vor dem Gasausstoß ist der Impuls der Rakete Null. Nach dem Gasausstoß ist der Impuls der Rakete $(M - dm)\,dv$, der des Gases $dm\, v_0$, wobei der Gesamtimpuls erhalten bleibt.

Wir wählen wieder als Bezugssystem das Schwerpunktssystem (welches nahezu mit der fliegenden Rakete übereinstimmt, solange der Gasausstoß dm klein gegen die momentane Raketenmasse M ist.) In diesem System ist bekanntlich der Gesamtimpuls nach dem Gasausstoß der gleiche wie vorher und gleich Null:

$$0 = (M - \mathrm{d}m)\,\mathrm{d}v + \mathrm{d}m v_0 = M\mathrm{d}v - (\mathrm{d}m \cdot \mathrm{d}v) + \mathrm{d}m \cdot v_0 \,.$$

Vernachlässigen wir die kleine Größe ($\mathrm{d}m \cdot \mathrm{d}v$), so erhalten wir:

(4.56) $$\mathrm{d}v = -\frac{\mathrm{d}m}{M}\, v_0 \,.$$

Übungsfrage:

Wie lautet der Impulssatz, wenn man den Vorgang im System des Beobachters betrachtet? Wie groß ist die Antriebskraft (= Schub) der Rakete?

Wenn die Anfangsmasse M_a und die Endmasse M_e gegeben sind, kann der erzielte Geschwindigkeitszuwachs berechnet werden:

$$\int_{v_a}^{v_e} \mathrm{d}v = v_e - v_a = -v_0 \int_{M_a}^{M_e} \frac{\mathrm{d}m}{m} = v_0 \ln\frac{M_a}{M_e},$$

(4.57) $$v_e = v_a + v_0 \cdot \ln\frac{M_a}{M_e} \,.$$

Typische Werte für die Ausstoßgeschwindigkeit liegen bei $4 \cdot 10^3$ m/s für ein Wasserstoff-Sauerstoff-Brennstoffgemisch bei einer Gastemperatur von 4 000 ° C. Noch höhere Geschwindigkeiten von $v_0 \approx 11 \cdot 10^3$ m/s lassen sich im Plasmabrenner (siehe Seite 30) verwirklichen.

Übungsfrage :
Wie wir auf S. 116 gesehen haben, beträgt die Entweichgeschwindigkeit aus dem Schwerefeld der Erde 11,2 km/s. Wie groß muß man das Verhältnis von Brennstoffvorrat zu Endmasse für diesen Fall etwa wählen? Warum ist eine Mehrstufenrakete wirtschaftlicher?

Beispiel 4:
Das Neutrino

Es war lange bekannt, daß beim β - Zerfall eines Kerns ein Elektron emittiert wird, wobei ein anderer Kern entsteht. Ein typisches Beispiel hierfür ist der Zerfall eines ^{6}He-Kerns in ^{6}Li unter Aussendung eines Elektrons, was man mit folgender Schreibweise ausdrücken könnte:

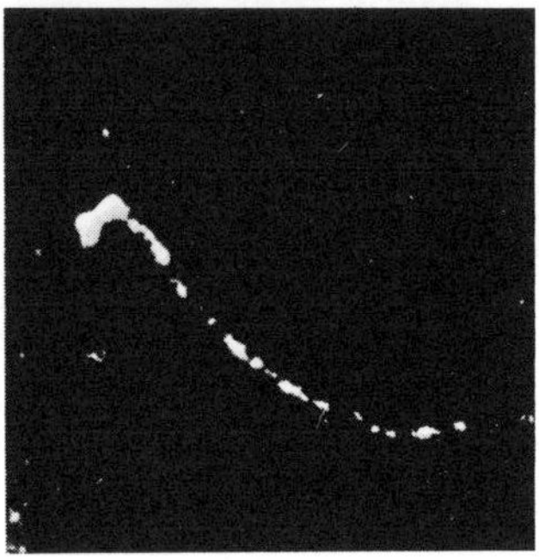

Bild 4.29: Nebelkammer-Aufnahme des β-Zerfalls eines ^{6}He-Kerns: die Bahnen des Elektrons und des ^{6}Li-Kerns, der Zerfallsprodukte, bilden einen Winkel von kleiner als 180°. (Bildquelle: J Csikay and A. Szalay, Nuove Guento, Suppl. Padova Conference, 1957)

$$ {}^{6}_{2}\mathrm{He} \rightarrow {}^{6}_{3}\mathrm{Li} + e^- . $$

Aufgrund der Erhaltung des Gesamtimpulses (vor dem Zerfall des ruhenden ^{6}He-Kerns war er Null) sollte man erwarten, daß der ^{6}Li-Kern und das Elektron in genau entgegengesetzter Richtung auseinanderfliegen. In Bild 4.29 sieht man eine Nebelkammeraufnahme eines solchen Zerfalls von ^{6}He. Die dünne Spur stammt vom Elektron und die dicke vom ^{6}Li-Rückstoßkern. Es ist deutlich sichtbar, daß das Elektron und der ^{6}Li-Kern *nicht* in entgegengesetzten Richtungen auseinanderfliegen, wie man nach dem Impulserhaltungssatz erwarten würde.

Daraus kann man nur folgern, daß entweder das Gesetz der Impulserhaltung für diesen Prozeß nicht gültig ist oder daß bei dem Zerfall von ^{6}He nicht nur ^{6}Li und e^-, sondern noch ein weiteres drittes Teilchen entsteht. Da es auf der Nebelkammeraufnahme nicht sichtbar ist, muß es elektrisch neutral sein und nur eine schwache Wechselwirkung mit den anderen Teilchen unserer Welt besitzen. Nur durch die Annahme der Existenz eines solchen unsichtbaren Zerfallsproduktes – des sog. *Neutrinos* – kann das Gesetz der Impulserhaltung auch für diesen Prozeß seine Gültigkeit bewahren. Aus diesem Grunde wurde die Existenz des Neutrinos postuliert, lange bevor es wirklich experimentell nachgewiesen wurde. An seiner Existenz kann heute nicht mehr gezweifelt werden, und seine beobachteten Eigenschaften sind in Tabelle 1.1 auf Seite 17 eingetragen.

Wir fassen zusammen: das Gesetz der Erhaltung des Impulses hat seine allgemeine Gültigkeit bewahrt. Es gibt bisher keine Beobachtung, die ihm widerspricht.

Literaturhinweise zu Kapitel 4

Feynman, Vorlesungen über Physik, Addison-Wesley, R. Oldenbourg (1974), Bd. I-1, Kap. 13,14: Arbeit und potentielle Energie

Energy and Power, Scientific American 225, Sep. (1971) aus dem Inhalt: Energy in the Universe, The Energy Resources of the Earth, The Flow of Energy in the Biosphere, The Conversion of Energy.

Barger, V.D. and Cline, D.B.: High Energy Scattering,Scientific American 217, Dec (1967)

Baranger, M. and Sorensen, R.A.: The Size and Shape of Atomic Nuclei, Scientific American, 221, Aug. (1969): es wird beschrieben, wie man mit Hilfe von Streuexperimenten Informationen über Größe und Form von Kernen erhalten kann.

Giese, R.: Weltraumforschung Bd. I, BI – Hochschultaschenbücher, Bd. 107, Mannheim (1966) aus dem Inhalt: Raketenantriebssysteme, Raketenbahnen, Bahnbestimmung

Blumenberg, J.: Stand und Entwicklungstendenzen moderner Raketenantriebe, Physik in unserer Zeit, 1, 3 (1970) und 1, 70 (1970)

5. Die rotierende Bewegung

Wir wollen in diesem Abschnitt eine spezielle Bewegungsform betrachten, die in der Natur besonders häufig anzutreffen ist: die rotierende Bewegung. So wie die Erde sich an jedem Tag einmal um ihre Achse dreht, so besitzen auch die meisten Elementarteilchen eine rotierende *Spinbewegung* um ihre eigene Achse, und diese Spinbewegung ist für die Wechselwirkung zwischen den Teilchen, ihre magnetischen Eigenschaften und damit für den gesamten Aufbau der Materie von entscheidender Bedeutung, wie wir später sehen werden. Aber auch die großen Himmelskörper zeigen eine Eigendrehung, so dreht sich zum Beispiel die Sonne – wie man von der Beobachtung der Sonnenflecken weiß – etwa alle 25 Tage einmal um sich selbst. Erst vor einigen Jahren (1967) hat man in Cambridge zufällig bei radioastronomischen Messungen noch viel rascher rotierende Sterne entdeckt, die ungefähr in jeder Sekunde einen Radiopuls aussenden und die man daher *Pulsare* nennt. Bild 5.1 zeigt ein erstes Meßprotokoll.

Schon ein Jahr später (1968) waren insgesamt 9 Pulsare bekannt, und Tabelle 5.1 gibt einen Eindruck von der Genauigkeit, mit der die Periode zwischen zwei Pulsen bestimmt werden kann. Man glaubt heute, daß Pulsare *etwa eine Sonnenmasse,* aber *nur einen Durchmesser von etwa 10 km* besitzen und bei der schnellen Rotation – wie ein Leuchtfeuer – gepulste, gerichtete Strahlung emittieren. Die Entfernungen dieser kleinen,aber außerordentlich dichten und schnell rotierenden Himmelskörper von uns liegt um 100 Parsekunden, was weit unter dem Durchmesser des Milchstraßensystems

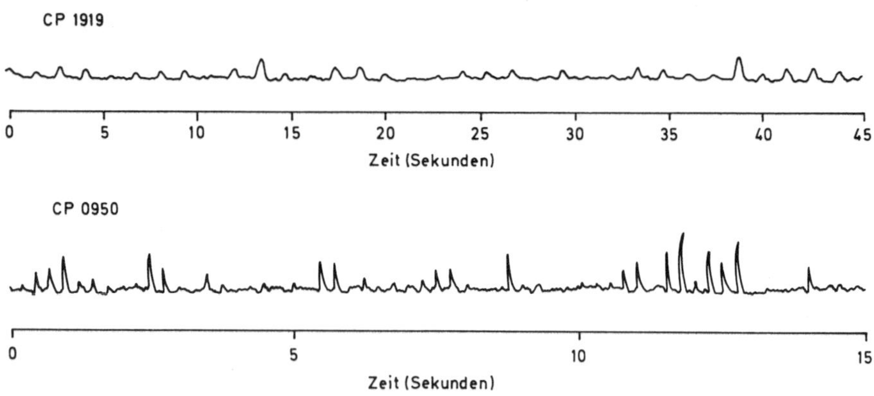

Bild 5.1: Erste Meßprotokolle von Radiosignalen der Pulsare CP 1919 und CP 0950 (A. Hewish et al., Universität Cambridge (1967)). Die sehr schwachen Signale schwanken in ihrer Intensität, hervorgerufen durch interstellare Wolken geladener Teilchen. Trotzdem ist der konstante Pulsabstand der Signale deutlich zu erkennen, der für CP 1919 etwa 1,3 s, für CP 0950 etwa 0,25s beträgt (Bildquelle: A. Hewish, Pulsars, Sci. Am. **219**, Oct., 1968).

Tabelle 5.1: **Periodendauer einiger Pulsare**

Pulsar		Periode [s]
CP	0328	0,714518563
CP	0808	1,29224126
CP	0834	1,2737642
CP	0950	0,2530646
CP	1133	1,187911
HP	1506	0,739677626
CP	1919	1,33730113
PRS	1749	0,5626451
PRS	2045	1,9616633

(siehe Seite 53) von 10 000 pc liegt. Viele Pulsare gehören daher schon lange zu unseren unmittelbaren Nachbarn, obwohl wir erst seit kurzem von ihnen wissen.[1)]

Auch die elliptische Bahnbewegung eines Elektrons um ein Proton und der Planeten um die Sonne ist eine spezielle Rotationsbewegung, auf die wir hier näher eingehen wollen. Schließlich sei auch noch erwähnt die große technische Bedeutung von Rotationsbewegungen in Maschinen aller Art, Fahrzeugen und im Kreiselkompaß.

Wir wollen im Laufe dieses Kapitels zeigen, daß die Beschreibung aller dieser Rotationsvorgänge sehr übersichtlich wird, wenn man einige neue Begriffe einführt, von denen der sogenannte Drehimpuls wohl der wichtigste ist.

5.1 Drehimpulserhaltung für einen Massenpunkt

Das Drehmoment und der Drehimpuls für einen Massenpunkt

Zur Definition dieser neuen Begriffe betrachten wir einen Körper der Masse m am Ort $\vec{r}$ (vgl. Bild 5.2), der sich unter dem Einfluß einer Kraft $\vec{F}$ mit der Geschwindigkeit $\vec{v}$ in der x, y-Ebene bewegt.

Die Bewegungsgleichung

$$\vec{F} = m \frac{d\vec{v}}{dt}$$

[1)] siehe hierzu auch folgende interessante Übersichtsartikel:
Ostriker, H.P.: The Nature of Pulsans Scientific American **224**, Jan. (1971)
Grewing, M.: Pulsare Physik in unserer Zeit, **1**, 142 (1970)
Smith, F.G.: Pulsars, Cambridge Monographs on Physics, Cambr. Univ. Press (1977)

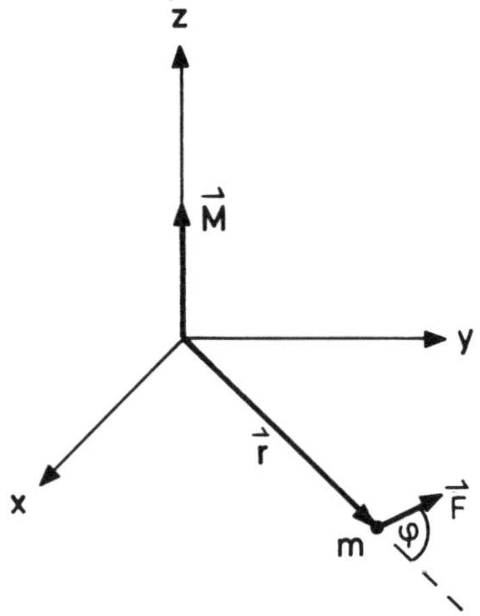

Bild 5.2: Das Drehmoment $\vec{M} = [\vec{r} \times \vec{F}]$ bezüglich zum Ursprung ist ein Vektor vom Betrag $r \cdot F \cdot \sin\varphi$. Er steht senkrecht auf $\vec{r}$ und $\vec{F}$. $\vec{r}$, $\vec{F}$ und $\vec{M}$ bilden ein Rechtssystem entsprechend einem x, y, z-Koordinatensystem.

wollen wir auf beiden Seiten vektoriell mit dem Ortsvektor $\vec{r}$ multiplizieren:

$$[\vec{r} \times \vec{F}] = m\,[\vec{r} \times \frac{d\vec{v}}{dt}]\,.$$

Hieraus erhält man wegen $\frac{d}{dt}[\vec{r} \times \vec{v}] = \underbrace{[\frac{d\vec{r}}{dt} \times \vec{v}]}_{=0} + [\vec{r} \times \frac{d\vec{v}}{dt}]$

die wichtige neue Beziehung

$$(5.1) \qquad [\vec{r} \times \vec{F}] = \frac{d}{dt}(m\,[\vec{r} \times \vec{v}])$$

oder kürzer:

$$\vec{M} = \frac{d\vec{L}}{dt}\,.$$

Das Vektorprodukt

$$(5.2) \qquad \boxed{\vec{M} = [\vec{r} \times \vec{F}]} \qquad \textbf{Drehmoment}$$

heißt *Drehmoment* und ist ein Vektor vom Betrag $r \cdot F \cdot \sin\varphi$ (vgl. Bild 5.2), der auf $\vec{r}$ und $\vec{F}$ senkrecht, d.h. auf der x – y –Ebene senkrecht steht. (Ob man annimmt, daß $\vec{M}$ aus der Ebene heraus – oder hineinzeigt, ist eine Frage der mathematischen Definition, physikalisch wesentlich ist nur, daß man aus dieser Definition den Drehsinn entnehmen kann).

Das Produkt

$$(5.3) \qquad \boxed{m \cdot [\vec{r} \times \vec{v}] = [\vec{r} \times \vec{p}] = \vec{L}} \qquad \textbf{Drehimpuls}$$

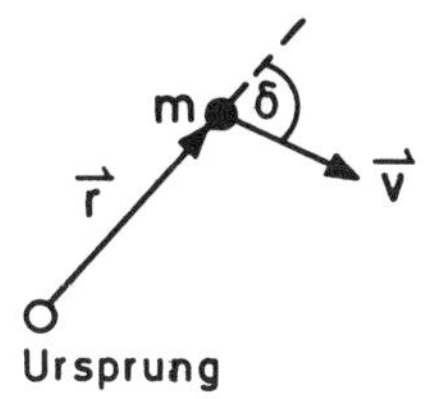

Bild 5.3: Zum Drehimpulsvektor $\vec{L} = m\,[\vec{r} \times \vec{v}]$ bezüglich zum Ursprung

in Gl.(5.1) bezeichnet man entsprechend als den *Drehimpulsvektor*. Er hat den Betrag $mrv \cdot \sin\delta$ und steht auf den beiden Vektoren $\vec{r}$ und $\vec{v}$ senkrecht (vgl. Bild 5.3).

Übungsfrage:
Eine Masse m fliegt am Ursprung im Abstand r mit der konstanten Geschwindigkeit $\vec{v}$ vorbei. Wie groß ist der Drehimpuls des Massenpunktes?

Die Erhaltung des Drehimpulses bei Wirken einer Zentralkraft

Sowohl das Drehmoment wie der Drehimpuls hängen von $\vec{r}$, d.h. von der Wahl des Ursprungs, ab. Ein besonderer Vorteil der Bewegungsgleichung in der Form von Gl. (5.1) liegt nun darin, daß bei passender Wahl des Ursprungs für *alle Bewegungen* eines Körpers unter dem Einfluß einer Zentralkraft *überhaupt kein Drehmoment auftritt*. Betrachten wir zum Beispiel die Bewegung eines Planeten um die Sonne (Bild 5.4): wählt man die Sonne als Ursprung, so liegt der Radiusvektor zum Planeten immer parallel zur zentral wirkenden Gravitationskraft,und somit verschwindet das Drehmoment $\vec{M} = [\vec{r} \times \vec{F}]$ zu allen Zeiten.

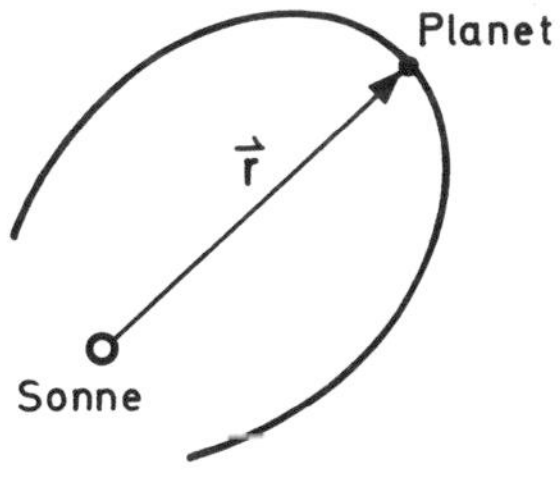

Bild 5.4: Planetenbahnen: Die Gravitationskraft zwischen Sonne und Planeten liegt immer parallel zu $\vec{r}$.

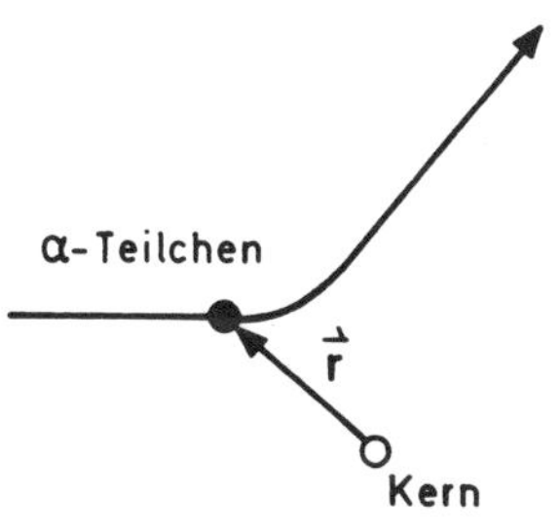

Bild 5.5: Streuung eines α-Teilchens an einem positiv geladenen Kern: die abstoßende elektrostatische Kraft liegt immer parallel zu $\vec{r}$.

Ähnlich verhält es sich bei der Streuung eines positiven α-Teilchens an einem schweren positiven Kern, was in Bild 5.5 dargestellt ist. Auch hier liegt die abstoßende elektrostatische Kraft stets parallel zu $\vec{r}$ und kann daher auf das α-Teilchen kein Drehmoment ausüben.

Wenn aber bei einer Bewegung kein Drehmoment auftritt, so folgt sofort aus Gl. (5.1)

$$\frac{d\vec{L}}{dt} = 0$$

oder

(5.4) $$\boxed{\vec{L}\,(t) = \text{konstant}}\,,$$

daß also der *Drehimpulsvektor nach Betrag und Richtung konstant bleibt.* – Hiermit haben wir (neben der Impuls- und Energieerhaltung) ein drittes wichtiges Invarianzprinzip der Physik gefunden: Das Gesetz von der *Erhaltung des Drehimpulses.*

Übungsfrage:
Zeigen Sie, daß die Erhaltung des Drehimpulses für das System Erde – Sonne auch dann gilt, wenn der Bezugspunkt nicht mit der Sonne zusammenfällt.

Im folgenden wollen wir an den beiden Beispielen der Planetenbewegung und Streuung von α-Teilchen zeigen, wie die Drehimpulserhaltung für diese Fälle detaillierte Angaben über die Bahnen erlaubt.

Beispiel 1:
Beschreibung der Planetenbewegung

Wir nehmen an , daß sich ein Planet der Masse m um die Sonne (Masse M) als Ursprung bewegt. Wir hatten gerade gesehen, daß für diese Bewegung der Drehimpulsvektor $\vec{L} = m\,[\vec{r} \times \vec{v}]$ konstant bleibt. Hieraus folgt einerseits, daß *die Bahn ganz in einer Ebene liegen muß* (auf der $\vec{L}$ senkrecht steht). Andererseits läßt sich hieraus sogleich der Keplersche Flächensatz ableiten, daß der Radiusvektor $\vec{r}$ in gleicher Zeit gleiche Flächen überstreicht:

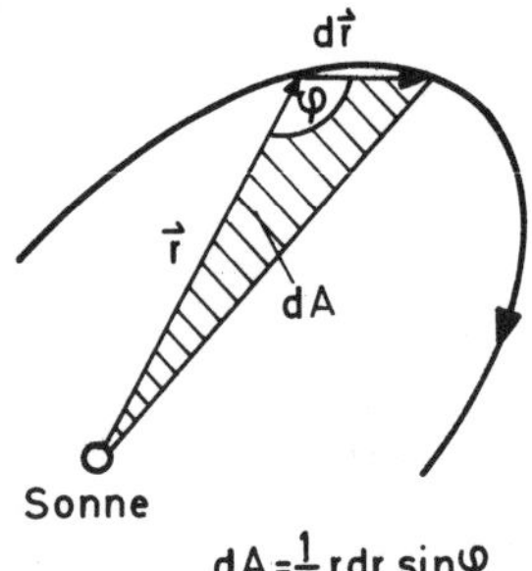

Bild 5.6: In der Zeit dt überstreicht der Radiusvektor $\vec{r}$ die Fläche $dA = \frac{1}{2}\, r\, dr \sin\varphi$.

$$\frac{dA}{dt} = \frac{1}{2}\,|[\vec{r} \times \vec{v}]| = \frac{L}{2m} = \text{const}, \quad \text{da } L = \text{const}.$$

Um Näheres über die Bahn zu erfahren, wählen wir die Polarkoordinaten r und φ (siehe Bild 5.7) in der Ebene der Bewegung.

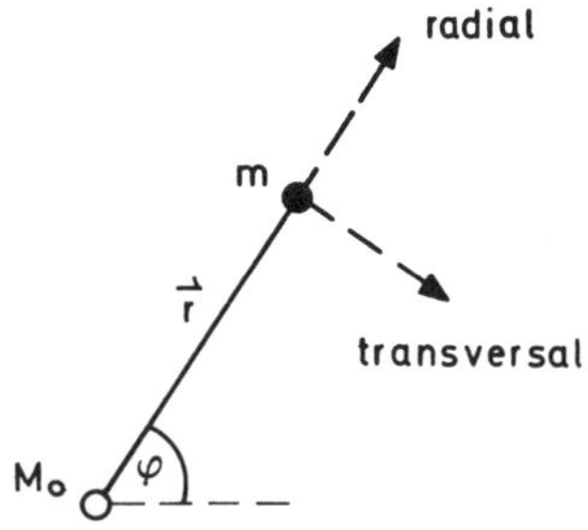

Bild 5.7: Darstellung der Planetenbewegung in Polarkoordinaten

Es gilt:

$$v_r = \frac{dr}{dt}, \quad v_t = r\frac{d\varphi}{dt},$$

$$F_r = \frac{C}{r^2} \quad (C = \gamma M_0 m), \quad F_t = 0,$$

$$V(r) = -C/r = \text{potentielle Energie}.$$

Der zeitlich konstante Drehimpuls ist

(5.5) $$L = m\,|[\vec{r} \times \vec{v}]| = mrv_t = mr^2 \cdot \frac{d\varphi}{dt} = \text{const}.$$

Ferner gilt die Erhaltung von kinetischer und potentieller Energie:

(5.6) $$E = \frac{m}{2}(v_r^2 + v_t^2) - \frac{C}{r} = \text{const}.$$

Wenn wir den Drehimpulssatz Gl. (5.5) benutzen, um v_t aus dem Energiesatz Gl. (5.6) zu eliminieren, erhalten wir eine einfache Beziehung für den radialen Teil der Bewegung allein:

(5.7) $$\frac{mv_r^2}{2} + \frac{L^2}{2mr^2} - \frac{C}{r} = E.$$

Benutzen wir als Abkürzung

$$(5.8) \qquad V'(r) = \frac{L^2}{2mr^2} - \frac{C}{r},$$

so ergibt sich:

$$(5.9) \qquad \frac{mv_r^2}{2} + V'(r) = E.$$

Übungsfrage:
Aus $V'(r)$ kann man formal eine Kraft $F'(r)$ ableiten. Diskutieren Sie den Verlauf von $F'(r)$ anhand von Bild 5.8. Wie ließe sich diese Kraft in dem System Erde – Sonne beobachten? Warum ist $F'(r)$ eine Scheinkraft?

Mit Hilfe dieser Gleichung und der Bedingung $v_r^2 \geqslant 0$ können wir entscheiden, welcher Bahntyp in Abhängigkeit von der Gesamtenergie E vorliegt.

Für einen bestimmten Drehimpuls L ist der Verlauf V' als Funktion von r in Bild 5.8 rechts dargestellt. Hat die Energie den Wert E_1 (oberer Fall), so nähert sich der Himmelskörper der Sonne nur bis zum Abstand r_s und verschwindet dann wieder im Unendlichen. Diesen Fall der *Streuung* werden wir in Beispiel 2 noch besprechen.

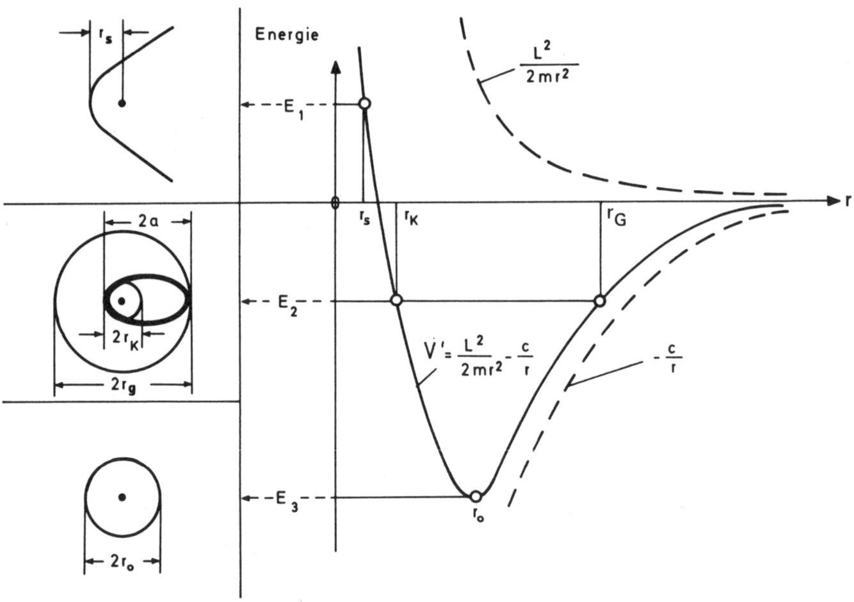

Bild 5.8: Bahnformen eines Planeten im Gravitationsfeld der Sonne in Abhängigkeit von Gesamtenergie und Drehimpuls

Senkt man die Energie auf den (negativen) Wert E_3 (unterer Fall), so ist nach Gl. (5.9)

(5.10) $$v_r = \frac{dr}{dt} = \sqrt{\frac{2[E-V'(r)]}{m}}$$

immer Null, d.h. es handelt sich um eine Kreisbahn mit dem Radius r_0.

Liegt die Energie aber etwas höher, zum Beispiel bei E_2 (mittlerer Fall), so kann der Radiusvektor nur zwischen einem kleinen Wert r_K und einem großen Wert r_G oszillieren. r_K und r_G sind *Umkehrpunkte*, an denen v_r verschwindet. Die genaue Bahnkurve ist eine Ellipse wie oben dargestellt. [1] An dieser Ellipse interessiert uns nur die Länge der großen Halbachse a, die nach Bild 5.8 (links) durch r_K und r_G wie folgt festgelegt ist:

(5.11) $$2a = r_K + r_G \, .$$

Wir wollen jetzt prüfen, welche physikalischen Parameter die große Halbachse $a = 1/2\,(r_K + r_G)$ der Ellipsenbahn bestimmen: An den „Umkehrpunkten" r_K und r_G verschwindet v_r, und das bedeutet nach Gl. (5.10), daß für r_K und r_G gilt:

(5.12) $$V'(r) = E,$$

d.h. $$\frac{L^2}{2mr^2} - \frac{C}{r} = E \, .$$

Diese Gleichung ist quadratisch in r und hat die beiden Lösungen r_K und r_G:

(5.13) $$r_K = -\frac{C}{2E} + \sqrt{A},$$

$$r_G = -\frac{C}{2E} - \sqrt{A}.$$

---

[1] Der prinzipielle Weg, wie man die Bahngleichung $r(\varphi)$ erhalten kann, sei hier kurz skizziert:

(5.5) $$\frac{d\varphi}{dt} = \frac{L}{2mr^2} > \varphi = \int \frac{L}{mr^2}\, dt;$$

(5.10) $$\frac{dr}{dt} = \sqrt{\frac{2}{m}[E - V'(r)]} > dt = \frac{dr}{\sqrt{\frac{2}{m}[E - V'(r)]}};$$

$$\varphi = \int \frac{L/r^2}{\sqrt{2m[E - V'(r)]}}\, dr \, .$$

Addiert man beide Lösungen, so ergibt sich für die gesuchte große Halbachse a der Ellipse

$$r_K + r_G = 2a = \frac{C}{|E|}. \qquad (5.14)$$

Dieses einfache Ergebnis für alle elliptischen Bahnen ist besonders bemerkenswert in anderer Hinsicht: Es zeigt, daß *die Energie allein von der großen Halbachse der elliptischen Bahn abhängt*. Daher besitzen alle nebenstehenden Bahnen mit gleich großen Halbachsen (aber verschiedenen Drehimpulsen) dieselbe Energie (vgl. Bild 5.9).

Sommerfeld benutzte die Beziehung (5.14) (mit $C = \frac{1}{4\pi\epsilon_0} \cdot q_1 q_2$),

um auch im Atom die Energie von Elektronen auf elliptischen Bahnen zu berechnen, worauf wir später in der Atomphysik zurückkommen werden.

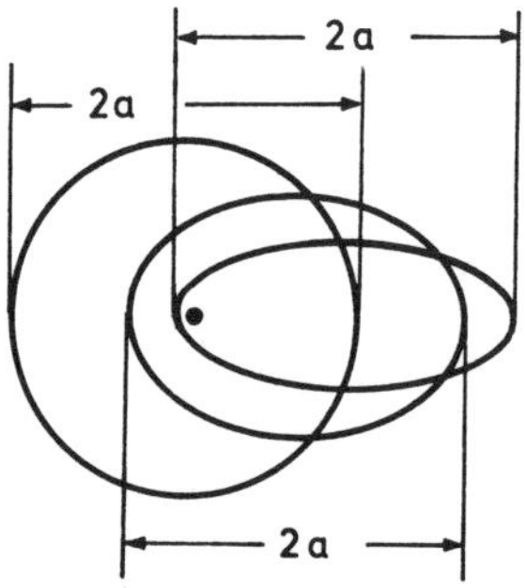

Bild 5.9: Planetenbahnen um die Sonne mit gleicher Gesamtenergie, aber unterschiedlichem Bahndrehimpuls

Übungsfrage:
Die interatomaren Kräfte (vgl. Bild 3.4) lassen sich von einem Potential ableiten, das qualitativ den gleichen Verlauf hat wie $V'(r)$ in Bild 5.8. Inwieweit können wir unsere bisherige Analyse auf diesen Fall übertragen?

Schließlich sei nochmals erwähnt, daß für alle Ellipsen- und Kreisbahnen (siehe E_2 und E_3 in Bild 5.8) die Gesamtenergie *negativ* ist. Das heißt die (positive)kinetische Energie reicht nicht aus, um die negative potentielle Energie zu überwinden. Das Teilchen bleibt daher an die Zentralmasse gebunden. Will man die Teilchen vollständig voneinander trennen, so muß man gerade die (negative) Energie E aufbringen, welche auch oft als *Bindungsenergie* bezeichnet wird.

Beispiel 2:
Streuung von α-Teilchen an schweren Kernen

In diesem Beispiel wollen wir das Gesetz der Drehimpulserhaltung auch anwenden auf die Streuung eines positiven, relativ leichten α-Teilchens an einem schweren positiven Kern. Aufgrund der zentralen (abstoßenden) Kräfte bleibt der Drehimpuls (vgl. Bild 5.10)

(5.15) $$L = mv_\infty \cdot b = mr^2 \frac{d\varphi}{dt}$$

während des ganzen Streuprozesses konstant (b nennt man den *Stoßparameter*; er wird Null beim zentralen Stoß).

Das α-Teilchen wird jedoch um einen Winkel δ *abgelenkt*, den wir jetzt auf recht einfache Weise berechnen wollen. Aus der Auftragung der α-Teilchen-Impulse vor und nach dem Stoß in Bild 5.10 unten sieht man, daß im Verlauf der Streuung von den elektrischen Kräften ein Impuls Δp_x in Richtung der x-Achse übertragen worden sein muß:

(5.16) $$\Delta p_x = 2mv_\infty \sin\frac{\delta}{2} \ .$$

Nach dem Newtonschen Gesetz gilt allgemein:

(5.17) $$\int_{-\infty}^{+\infty} \vec{F}\,dt = \Delta\vec{p}\,,$$

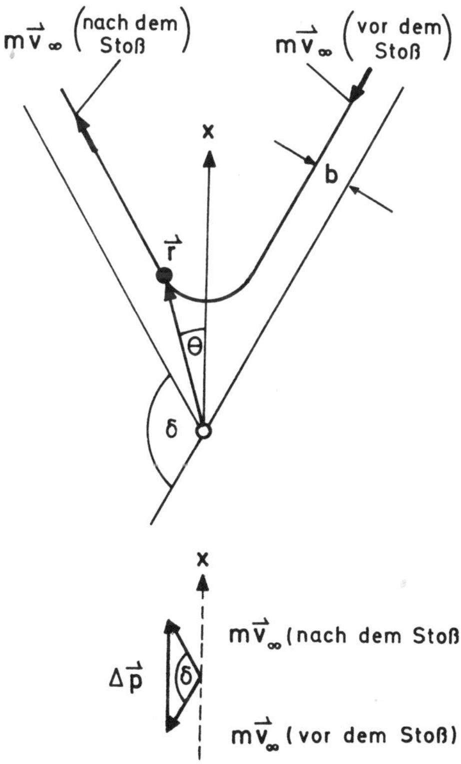

Bild 5.10: Hyperbelbahn eines α-Teilchens bei der Streuung an einem schweren Kern: Impuls $m\vec{v}_\infty$ und Stoßparameter b bestimmen den Verlauf des Stoßes. Bild unten: Änderung des Impulses des α-Teilchens durch den Stoß

wobei $\vec{F}$ die Coulombkraft ist:

$$F = \frac{1}{4\pi\epsilon_0} \cdot \frac{q_1 q_2}{r^2} = \frac{C}{r^2} . \tag{5.18}$$

Da die Impulsübertragung nur in Richtung der x-Achse erfolgt, trägt nur die x-Komponente der Kraft bei. Also gilt:

$$\int F_x \,\mathrm{d}t = \int F \cos\varphi \,\mathrm{d}t = \int \frac{C}{r^2} \cos\varphi \,\mathrm{d}t = \Delta p_x = 2mv_\infty \sin\frac{\delta}{2} .$$

Aus der Erhaltung des Drehimpulses Gl. (5.15) gewinnt man nun $\mathrm{d}t = \frac{mr^2}{mv_\infty b} \cdot \mathrm{d}\varphi$,

und somit erhält man

$$\int F \cos\varphi \,\mathrm{d}t = \frac{C}{v_\infty b} \int_{\varphi_1}^{\varphi_2} \cos\varphi \,\mathrm{d}\varphi =: \frac{C}{v_\infty b} (\sin\varphi_2 - \sin\varphi_1),$$

wobei $\varphi_{1,2}$ die Polarwinkel vor und nach der Streuung sind. Aus geometrischen Überlegungen ergibt sich:

$$\varphi_1 = -\left(\frac{\pi-\delta}{2}\right), \quad \varphi_2 = +\left(\frac{\pi-\delta}{2}\right) \text{ und } \sin\left(\frac{\pi-\delta}{2}\right) = \cos\frac{\delta}{2} .$$

Damit erhalten wir:

$$\frac{2C}{v_\infty b} \cos(\delta/2) = 2\, m\, v_\infty \sin(\delta/2)$$

oder

$$\tan\frac{\delta}{2} = \frac{C}{m v_\infty^2 b}, \quad \text{mit } C = \frac{1}{4\pi\epsilon_0} q_1 q_2 . \tag{5.19}$$

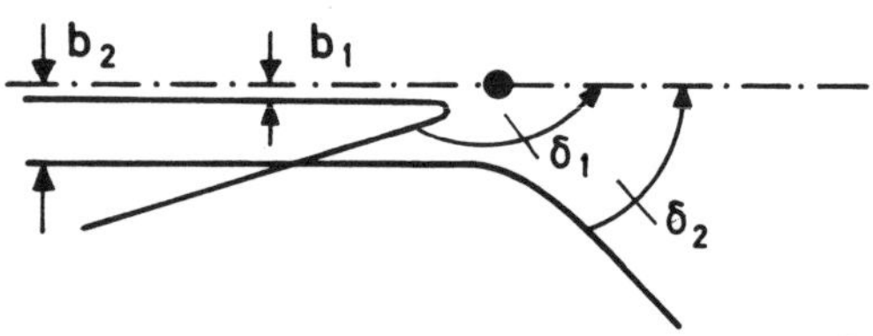

Bild 5.11: Der Streuwinkel δ in Abhängigkeit vom Stoßparameter für monoenergetische α-Teilchen: die größten Streuwinkel (Rückwärtsstreuung) treten bei kleinen Stoßparametern auf, in diesem Fall ist auch die Annäherung an den Kern am größten.

Diesen einfachen Zusammenhang zwischen dem Streuwinkel δ und dem Stoßparameter b haben wir aus der Drehimpulserhaltung ohne Analyse der Bahnkurve gewinnen können, allerdings unter der Annahme, daß die Kraft zwischen beiden Ladungen mit wachsendem Abstand proportional zu $1/r^2$ abfällt.

Rutherford, Geiger und Marsden lieferten 1910 einen entscheidenden Beitrag zum Aufbau der Atome: Sie beschossen eine Goldfolie mit monoenergetischen α-Teilchen. Dabei fanden sie eine Winkelverteilung der gestreuten α-Teilchen, die genau übereinstimmte mit der nach Gl. (5.19) erwarteten Verteilung. Diese Übereinstimmung bestand im besonderen auch bei sehr großen Streuwinkeln, bei denen sich die α-Teilchen dem Kernmittelpunkt bis auf 10^{-14}m nähern. Gl. (5.19) und damit das Coulombsche Kraftgesetz bleiben also auch in diesen kleinen Dimensionen gültig. Dies war der allererste deutliche Hinweis darauf, daß *die gesamte positive Ladung eines Atoms in einem Kern konzentriert ist mit einem Radius von kleiner als 10^{-14} m.* [1)]

Übungsfrage:
Wie könnte man den minimalen Abstand des α-Teilchens vom Kern bestimmen? (Hinweis: an dieser Stelle ist $\dot{r}(t) = 0$).

5.2 Die Erhaltung des Drehimpulses bei Systemen von Massenpunkten

In diesem Abschnitt wollen wir nun von der Bewegung *eines* Körpers, zum Beispiel eines Planeten,im Bereich einer zentralen Kraft, übergehen zur Rotation einer Anordnung von *vielen* Massenpunkten, zum Beispiel eines ganzen galaktischen Systems.

Wenn die Massenpunkte starr miteinander verbunden sind, wie näherungsweise bei vielen Molekülen, Kristallen und beim Kreisel, spricht man von *starren Körpern.* Ihre Rotationsbewegungen, die besonders eindrucksvoll und technisch wichtig sind, wollen wir hier beschreiben.

Bewegung des Massenschwerpunktes

In Bild 1.3b erkennt man im galaktischen System der Jagdhunde an den Spiralarmen deutlich die Rotation des ganzen Systems um ein gemeinsames „Zentrum". Auch ein Stock, den man in die Höhe wirft, dreht sich erfahrungsgemäß um ein „Zentrum", das an den komplizierten Eigenbewegungen des Stockes nicht teilnimmt, sondern unter dem Einfluß der Gravitation eine einfache Wurfparabel durchläuft wie ein einzelner Massenpunkt.

Andererseits hatten wir bereits in Abschnitt 4.6 den *Massenschwerpunkt* r_s eines Systems kennengelernt, dessen Bewegung *nicht* vom Rotationszustand des Systems ab-

[1)] Die Originalarbeit von Rutherford ist abgedruckt im Berkeley Physics Course Vol. I, S. 460 Mc Graw Hill, New York (1965).

hängt, sondern nur durch äußere Kräfte bestimmt wird:

$$M \cdot \frac{d^2\vec{r}_s}{dt^2} = \sum_{j=1}^{N} \vec{F}_j^{ext}\,, \qquad (M = \text{Gesamtmasse des Systems})\,.$$

Der Massenschwerpunkt zum Beispiel des Stockes nimmt also auch nicht an der rotierenden Bewegung teil, ist daher offenbar identisch mit dem sichtbaren Drehzentrum.

Wir fassen zusammen: Ein beliebig geformtes System – frei von äußeren Kräften – kann sich nur um Achsen drehen, welche durch seinen Schwerpunkt gehen.

Versucht man dagegen beispielsweise ein *exzentrisch* gelagertes Rad um eine Achse zu drehen, die *nicht* durch seinen Schwerpunkt geht, so übt das Rad bei der Drehung periodische externe Kräfte auf das Radlager aus, die sich bekanntlich nur durch *Auswuchten,* d.h. eine Korrektur an der Lage des Schwerpunktes, beseitigen lassen.

Da die freie Rotation eines Systems immer um den Schwerpunkt erfolgt, wollen wir zur Beschreibung von Drehbewegungen stets ein Koordinatensystem verwenden, dessen Ursprung im Massenschwerpunkt des Systems liegt.

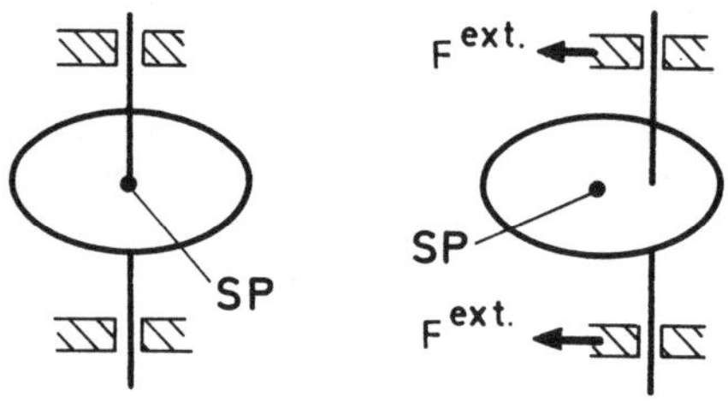

Bild 5.12: Rad mit Schwerpunkt auf bzw. außerhalb der Drehachse: liegt der Schwerpunkt nicht auf der Drehachse, übt das Rad externe Kräfte auf die Radlager aus.

Übungsfrage:
Ein auf dem Tisch liegender Bleistift wird durch eine am Rand kurzzeitig angreifende Kraft in horizontale Bewegung versetzt. Wie läßt sich zeigen, daß sich diese Bewegung zusammensetzt aus einer geradlinigen Bewegung des Schwerpunktes und einer Drehung des Bleistifts um den Schwerpunkt? (Hinweis: Versuchen Sie, die angreifende Kraft in eine entsprechende Drehmoment- bzw. Kraftwirkung zu zerlegen).

Die Drehimpulserhaltung bei einem System von Massenpunkten.

Wir hatten oben gesehen, daß bei *einem* um die Sonne kreisenden Planeten während seiner ganzen Laufzeit die Richtung und Größe des Drehimpulsvektors zeitlich konstant bleibt. Hier wollen wir nun auf einfache Weise diese Aussage auf beliebige Systeme von *vielen* Massen (z.B. schwere Atomkerne mit vielen Nukleonen oder große Atome mit ihren zahlreichen Elektronen) erweitern.

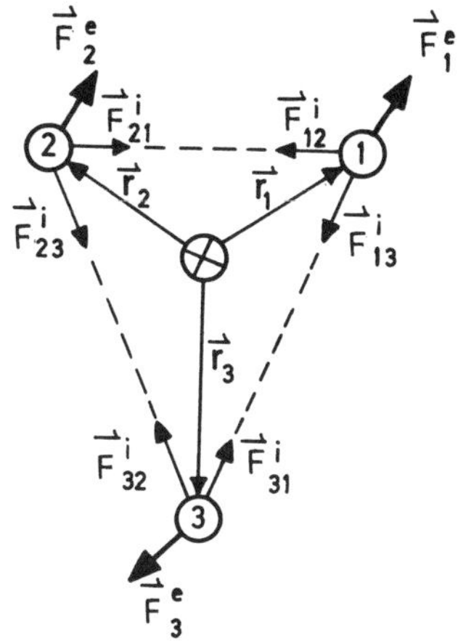

Bild 5.13: System von drei Massenpunkten, auf die innere Kräfte $\vec{F}^{\mathrm{i}}$ sowie externe Kräfte $\vec{F}^{\mathrm{e}}$ wirken.

Bild 5.13 zeigt 3 Massenpunkte, deren Ortsvektoren relativ zu einem willkürlich gewählten Ursprung $\vec{r}_1$, $\vec{r}_2$ bzw. $\vec{r}_3$ sind. Auf jeden Körper wirken sowohl innere Kräfte $\vec{F}^{\mathrm{int}}$ wie auch externe Kräfte $\vec{F}^{\mathrm{ext}}$, welche herrühren von Massen oder Ladungen außerhalb des Systems. Die Newtonsche Bewegungsgleichung für den ersten Körper lautet:

$$\vec{F}_1 = \vec{F}_{13} + \vec{F}_{12} + \vec{F}^{\mathrm{ext}} = \frac{\mathrm{d}(m_1 \vec{v}_1)}{\mathrm{d}t} \quad .$$

Multipliziert man auf beiden Seiten vektoriell mit dem Ortsvektor $\vec{r}$, so erhält man in sehr ähnlicher Weise wie auf S.142 schließlich die folgenden Bewegungsgleichungen:

$$[\vec{r}_1 \times \vec{F}_{12}] + [\vec{r}_1 \times \vec{F}_{13}] + [\vec{r}_1 \times \vec{F}_1^{\mathrm{ext}}] = \frac{\mathrm{d}}{\mathrm{d}t} (m_1[\vec{r}_1 \times \vec{v}_1]) ,$$

$$[\vec{r}_2 \times \vec{F}_{21}] + [\vec{r}_2 \times \vec{F}_{23}] + [\vec{r}_2 \times \vec{F}_2^{\mathrm{ext}}] = \frac{\mathrm{d}}{\mathrm{d}t} (m_2[\vec{r}_2 \times \vec{v}_2]) ,$$

$$[\vec{r}_3 \times \vec{F}_{31}] + [\vec{r}_3 \times \vec{F}_{32}] + [\vec{r}_3 \times \vec{F}_3^{\mathrm{ext}}] = \frac{\mathrm{d}}{\mathrm{d}t} (m_3[\vec{r}_3 \times \vec{v}_3]) .$$

Addiert man diese drei Gleichungen und bedenkt, daß $\vec{F}_{12} = -\vec{F}_{21}$ usw. ist, so ergibt sich:

$$[\vec{F}_{12} \times (\vec{r}_1 - \vec{r}_2)] + [\vec{F}_{23} \times (\vec{r}_2 - \vec{r}_3)] + [\vec{F}_{31} \times (\vec{r}_3 - \vec{r}_1)] +$$

$$+ \sum_{j=1}^{3} [\vec{r}_j \times \vec{F}_j^{\mathrm{ext}}] = \frac{\mathrm{d}}{\mathrm{d}t} \sum_{j=1}^{3} m_j[\vec{r}_j \times \vec{v}_j] .$$

Da die Kraft $\vec{F}_{12}$ parallel zur Verbindungslinie zwischen 1 und 2, d.h. zu $(\vec{r}_1 - \vec{r}_2)$ liegt, entfällt das erste Vektorprodukt $[\vec{F}_{12} \times (\vec{r}_1 - \vec{r}_2)]$ und ebenso die beiden folgenden. Was übrig bleibt, ist die folgende vektorielle Beziehung

$$\boxed{\sum_{j=1}^{3} [\vec{r}_j \times \vec{F}_j^{ext}] = \frac{d}{dt} \sum_{j=1}^{3} m_j [\vec{r}_j \times \vec{v}_j]} , \tag{5.20}$$

deren Gültigkeitsbereich sich nicht nur auf drei, sondern beliebig viele Massenpunkte erstreckt, wie man leicht einsieht.

Das Produkt $[\vec{r}_j \times \vec{F}_j^{ext}]$ ist genauso definiert wie in Gl. (5.2): $[\vec{r}_j \times \vec{F}_j]$ ist das Drehmoment in Bezug auf den Ursprung, welches die äußere Kraft $\vec{F}_j^{ext}$ auf das j-te Teilchen ausübt. Dieser Drehmomentvektor steht auch wieder senkrecht auf $\vec{r}_j$ und $\vec{F}_j$. Das *gesamte Drehmoment,* welches die äußere Kraft auf das ganze System ausübt, wird $\vec{M}$ genannt, d.h.:

$$\vec{M} = \sum_{j=1}^{N} [\vec{r}_j \times \vec{F}_j^{ext}] . \tag{5.21}$$

Auch die Größe $m_j [\vec{r}_j \times \vec{v}_j]$ hatten wir schon auf Seite 142 erklärt: Es ist der Drehimpuls, und zwar des j-ten Teilchens in Bezug auf den Ursprung. Die Summe der Drehimpulsvektoren aller Teilchen des Systems wollen wir als *Gesamtdrehimpuls* des Systems bezeichnen:

$$\vec{L} = \sum_{j=1}^{N} m_j [\vec{r}_j \times \vec{v}_j] . \tag{5.22}$$

Hiermit können wir Gl. (5.20) noch einfacher schreiben:

$$\boxed{\vec{M} = \frac{d\vec{L}}{dt}} . \tag{5.20}$$

Grundgleichung der rotierenden Bewegung

Der Gesamtdrehimpuls eines Systems kann nur durch ein von außen wirkendes Drehmoment verändert werden. Dieses ist das Grundgesetz für alle Rotationsvorgänge.

Ein wichtiger Spezialfall tritt auf, wenn gar keine äußeren Kräfte wirken (alle $\vec{F}_j^{ext} = 0$), weil dann $\vec{M} = 0$ ist. Für ein solches abgeschlossenes System ist dann

$$\vec{L} = \text{konstant}, \tag{5.23}$$

d.h. der Gesamtdrehimpulsvektor eines beliebigen abgeschlossenen Systems ist zeitlich konstant (nach Richtung und Betrag).

Zu Gl. (5.20) und (5.23) gibt es viele Beispiele (siehe z.B. Pohl: Mechanik), wir wollen hier nur einige anführen:

Beispiel 1:
Schwerpunktsbestimmung (Bild 5.14)
Wir wollen einen beliebigen Körper an einem Punkt A aufhängen und uns fragen, wie groß das gesamte Drehmoment infolge der Schwerkraft in bezug auf diesen Punkt ist:

$$\vec{M} = \sum_{i=1}^{N} [\vec{r}_i \times (dm_i \vec{g})] = -[\vec{g} \times \sum_{i=1}^{N} \vec{r}_i \, dm_i] .$$

Nun gilt für die Schwerpunktskoordinate $\vec{r}_s = \dfrac{\sum_{i=1}^{N} \vec{r}_i \, dm_i}{\sum_{i=1}^{N} m_i}$ (Vgl. Gl. (4.47)) und daher

$$\vec{M} = -[\vec{g} \times \vec{r}_s] \cdot \sum_{i=1}^{N} m_i \, . \tag{5.24}$$

Eine stabile Aufhängung, d.h. ohne Drehmoment, ist also nur möglich, wenn der Schwerpunkt unterhalb des Aufhängepunktes liegt (siehe Bild 5.14). Durch Aufhängung an zwei verschiedenen Punkten kann man so den Schwerpunkt ermitteln.

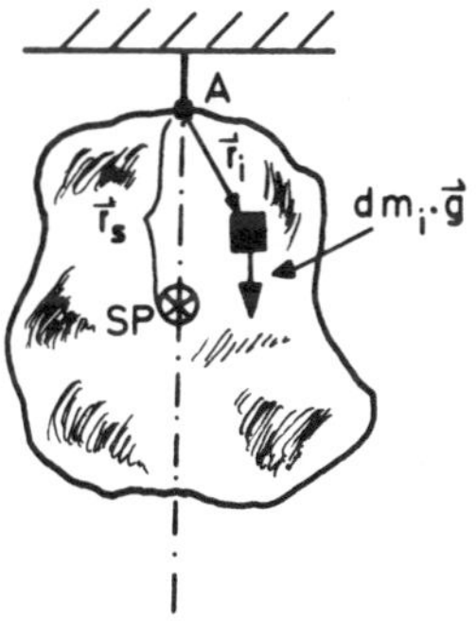

Bild 5.14: Stein, der im Punkt A aufgehängt ist: der Schwerpunkt liegt genau unterhalb des Aufhängepunktes.

Beispiel 2:
Drehimpulserhaltung beim Ausfließen von Wasser aus einem Behälter
Wir nehmen einen breiten Glasbecher mit zentralem verschlossenen Ausfluß und füllen ihn mit Wasser. Durch langsames Umrühren mit einem Löffel kann man die Flüssigkeit in eine langsame, ziemlich gleichförmige Rotation versetzen, welche man auch an der parabelförmigen Krümmung der Wasseroberfläche erkennen kann.

Übungsfrage:
Wie kommt diese Form der Oberfläche zustande?

Öffnet man jetzt den zentralen Ausfluß, so strömt das Wasser radial von außen nach

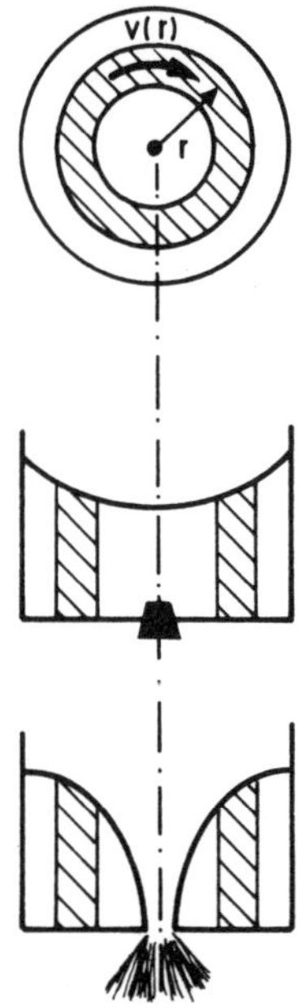

Bild 5.15: Versuch: das Wasser in einem Gefäß wird in gleichförmige Rotation versetzt, wodurch sich die Oberfläche parabelförmig wölbt. Nach Öffnen des Ausflusses bildet sich eine trichterförmige Oberfläche aus.

innen, *ohne jedoch auf den schraffiert eingezeichneten Wasserzylinder ein Drehmoment auszuüben* (vgl. Bild 5.15).

Daher bleibt der Drehimpuls eines solchen Teilzylinders der Masse dm konstant:

$$L_0 = \mathrm{d}m \cdot r \cdot v(r) = \text{konstant}.$$

Beim Ausfließen verkleinert sich der Radius dieser Teilmenge des Wassers,und damit vergrößert sich notwendigerweise ihre Geschwindigkeit. Die neue Geschwindigkeitsverteilung ist

$$v(r) = \frac{1}{r}\,\frac{L_0}{\mathrm{d}m},$$

d.h. die Umlaufgeschwindigkeit strebt gegen Unendlich für $r = 0$. Die entstehende Zentrifugalbeschleunigung wird daher in der Nähe von $r = 0$ um einiges höher als die Erdbeschleunigung, wie sicherlich jeder schon an der fast vertikalen lokalen Neigung der Wasseroberfläche am Ausfluß einer Badewanne beobachtet hat (siehe Bild 5.15 unten).

Beispiel 3:
Drehimpulserhaltung im Sonnensystem
Die interessante, schon auf Seite 92 berichtete Tatsache, daß alle Planeten die Sonne in einer Ebene und im gleichen Drehsinn umkreisen, in dem auch die Sonne sich um

sich selbst dreht, hat zu der Annahme geführt, daß die Sonne früher, d.h. vor einigen 10^9 Jahren, die Gestalt einer rotierenden Scheibe hatte, aus der das Planetensystem durch noch weitgehend unbekannte Prozesse kondensierte.[1)] Was auch zur Bildung der Planeten geführt haben mag, die Planeten tragen heute 98% des gesamten Drehimpulses im Sonnensystem, obschon ihre Masse relativ geringfügig ist. Die Sonne hat also im Laufe der Entwicklung nur 2% ihres ursprünglichen Drehimpulses behalten und den Rest an die Planeten übertragen. Zwar wissen wir wenig über die Bildung der Planeten. Eines ist jedoch sicher: Bei der Planetenbildung blieb der Gesamtdrehimpuls des Sonnensystems konstant.

Übungsfrage:
Unsere Milchstraße hat die Form einer flachen Scheibe (vgl. Bild 2.15 und 1.3b). Wie kann man sich die Ausbildung einer solchen Form aus einer kugelförmigen Gaswolke (mit einem Drehimpuls $\vec{L}$) vorstellen?

5.3 Der Drehimpuls starrer Körper

Ein starrer Körper in Rotation zeichnet sich von anderen Systemen dadurch aus, *daß alle seine Teile die Drehachse mit der gleichen Umlaufsfrequenz, bzw. Winkelgeschwindigkeit umkreisen.* Die Winkelgeschwindigkeit kann dabei als Vektor aufgefaßt werden, der, wie in den folgenden Figuren definiert, parallel zur Drehachse liegt. Wir werden in diesem Abschnitt zunächst zeigen, daß bei der Rotation einfacher und symmetrischer Körper der Drehimpuls parallel zur Winkelgeschwindigkeit liegt.

Drehimpuls einer rotierenden Platte

Als erstes wollen wir die Frage stellen: Wie groß ist der Drehimpuls einer Platte (siehe Bild 5.16), die mit der Winkelgeschwindigkeit $\vec{\omega}$ um eine Drehachse rotiert, welche auf der Platte senkrecht steht? Als Ursprung für den Ortsvektor $\vec{r}_j$ wählen wir den Drehmittelpunkt der Platte so, daß $\vec{r}_j$ den Abstand zwischen der Drehachse und einem umlaufenden Massenelement m_j angibt. Die Umlaufgeschwindigkeit $v_j = r_j\omega$ liegt ebenfalls (wie $\vec{r}_j$) in der Platte. Daher steht das Vektorprodukt $[\vec{r}_j \times \vec{v}_j]$ senkrecht auf der Platte, d.h. es liegt parallel zu $\vec{\omega}$ und hat den Betrag $r_j \cdot v_j = r_j^2\omega$ (da auch $\vec{r}_j$ und $\vec{v}_j$ aufeinander senkrecht stehen).

Bild 5.16: Rotierende Platte: die Drehachse steht senkrecht auf der Platte.

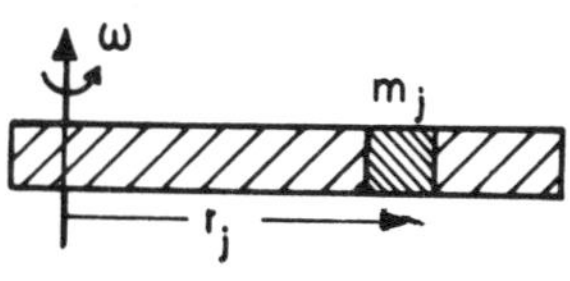

1)siehe z.B. Unsöld, A.: Der neue Kosmos, Kap. 31: Entstehung des Planetensystems Heidelberger Taschenbücher, Berlin (1967)

Die allgemeine, für jedes System gültige Definition des Drehimpulses war (siehe Gl. 5.22):

$$\vec{L} = \sum_{j=1}^{N} m_j \, [\vec{r}_j \times \vec{v}_j] \; .$$

Damit ergibt sich der Drehimpuls der rotierenden Platte zu

$$\vec{L} = \left(\sum_{j=1}^{N} m_j \, r_j^2\right) \vec{\omega}$$

oder kürzer:

(5.25) $$\boxed{\vec{L} = I \cdot \vec{\omega}} \; .$$

Wir fassen zusammen: Wenn man eine beliebige Platte um eine beliebige dazu senkrechte Achse dreht, so ist der Drehimpuls immer parallel zur Winkelgeschwindigkeit.

Den Faktor

(5.26) $$\boxed{I = \sum_{j=1}^{N} m_j \, r_j^2}$$ **Trägheitsmoment**

nennt man das *Trägheitsmoment* der Platte für die spezielle Drehachse.

Übungsfrage:
Wie groß ist das Trägheitsmoment einer kreisförmigen Platte mit der Masse M und dem Radius r_0 bezüglich einer Drehachse durch den Mittelpunkt der Platte?

Drehimpuls eines rotationssymmetrischen Körpers

Betrachten wir jetzt einen dreidimensionalen starren Körper von rotationssymmetrischer Form, wie zum Beispiel den Kinderkreisel in Bild 5.17, welcher sich um seine vertikale Symmetrieachse (oft auch *Figurenachse* genannt) mit der Winkelgeschwindigkeit ω dreht. Um den Drehimpuls auf einfache Weise zu finden, wollen wir die nach Gl. (5.22) notwendige Summation über alle Massenelemente in besonderer Weise durchführen, wie hier erläutert sei:

Der Massenschwerpunkt des Kreisels dient jetzt als Ursprung für die Ortsvektoren $\vec{r}_j$. Zu jeder Teilmasse m_j an der Stelle $\vec{r}_j$ gibt es aus Symmetriegründen eine zweite Teilmasse m_j' mit dem Ortsvektor $\vec{r}_j{}'$, so daß beide Teilmassen sich durch Drehung des Kreisels (um die vertikale Drehachse) um 180° ineinander überführen lassen.

Der Beitrag dieser beiden Massen zum Drehimpuls ist

$$\vec{L}_j = m_j \, [\vec{r}_j \times \vec{v}_j] + m_j' \, [\vec{r}_j{}' \times \vec{v}_j{}'] \, .$$

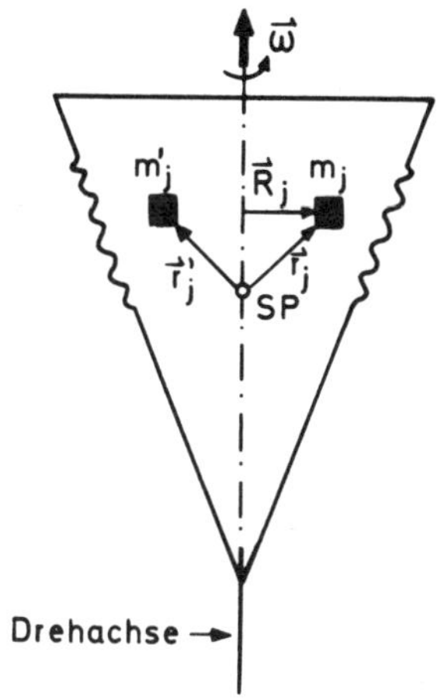

Bild 5.17: Symmetrischer Kinderkreisel: Rotationsachse und Symmetrieachse fallen zusammen.

Da nun $\vec{v}_j = -\vec{v}_j{}'$ sowie $m_j = m_j'$ und schließlich $\vec{r}_j - \vec{r}_j{}' = 2\vec{R}_j$, ergibt sich:

$$\vec{L}_j = m_j\,[(\vec{r}_j - \vec{r}_j{}') \times \vec{v}_j] = 2m_j\,[\vec{R}_j \times \vec{v}_j]\,.$$

Da sowohl $\vec{R}_j$ wie $\vec{v}_j$ senkrecht auf $\vec{\omega}$ stehen, liegt offenbar $[\vec{R}_j \times \vec{v}_j]$ parallel zu $\vec{\omega}$. Der Betrag von $\vec{L}_j$ ist $2\,m_j\,R_j\,v_j = 2\,m_j\,R_j^2\,\omega$. So ergibt sich der Beitrag beider Massen zum Drehimpuls zu

$$\vec{L}_j = 2m_j R_j^2 \vec{\omega}\,,$$

und der Gesamtdrehimpuls ergibt sich durch algebraische Summation über alle Massen:

$$\boxed{\vec{L} = \left(\sum_{j=1}^{N} m_j R_j^{\,2}\right) \vec{\omega} = I \cdot \vec{\omega}}\,. \qquad (5.27)$$

Wenn sich ein rotationssymmetrischer Körper um seine Symmetrieachse dreht, so sind der Drehimpuls und die Winkelgeschwindigkeit parallel. (Aus der Art der Ableitung folgt, daß dies übrigens nicht nur bei Rotationssymmetrie, sondern auch bei Symmetrie gegenüber Drehungen um 180° (= 2-zählige Rotationssymmetrie) gilt). Das *Trägheitsmoment,* auch hier wieder ein skalarer Faktor, kann für viele Körper leicht angegeben werden, wie an folgenden Beispielen erläutert sei.

Beispiel 1:
Trägheitsmoment eines Hohlzylinders (Bild 5.18a)
Ist die Wanddicke klein gegenüber dem Radius r_0, kann das Trägheitsmoment mit Hilfe von Gl. (5.26) sofort angegeben werden:

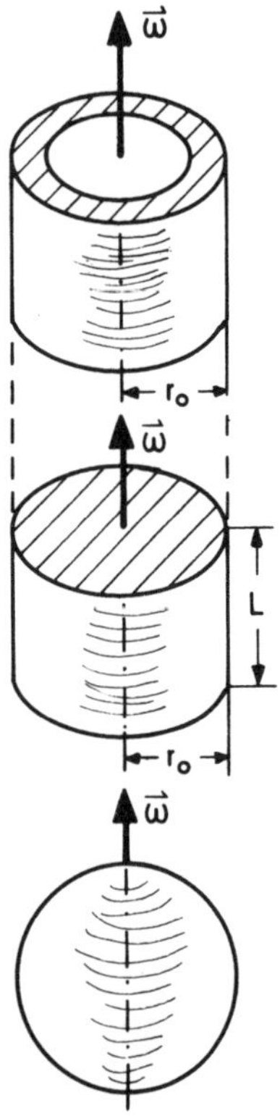

Bild 5.18: a) Hohlzylinder: Drehachse und Zylinderachse fallen zusammen.
b) Vollzylinder: Drehachse und Zylinderachse fallen zusammen.
c) Kugel: Drehachse durch den Mittelpunkt

(5.28) $$I = r_0^2\, M,$$

wobei M die Gesamtmasse ist.

Beispiel 2:
Trägheitsmoment eines Vollzylinders
Wir gehen in Gl. (5.26) von der Summation zur Integration über:

(5.29) $$\boxed{I = \int r^2\, \mathrm{d}m} \;.$$

Mit der Dichte $\rho = \mathrm{d}m/\mathrm{d}V = \text{const}$ erhalten wir für die Masse dm im Volumenelement zwischen r und $r + \mathrm{d}r$ (vgl. Bild 5.18b)

$$\mathrm{d}m = \rho\, \mathrm{d}V = \rho \cdot l \cdot 2\pi r \cdot \mathrm{d}r$$

und damit

$$I = \int_0^{r_0} r^2 \cdot \rho \cdot l \cdot 2\pi r dr = \rho \cdot l \cdot 2\pi \frac{r_0^4}{4} ,$$

(5.30) $$I = \frac{M}{2} r_0^2 ,$$

wobei $M = \rho \cdot \pi \cdot r_0^2 \cdot l$ die Gesamtmasse ist.

Beispiel 3:
Trägheitsmoment einer Kugel
Die Integration erfolgt entsprechend Beispiel 2 und sei zur Übung empfohlen: Das Resultat ist für eine Kugel mit der Masse M und dem Radius r_0

(5.31) $$I = \frac{2}{5} M r_0^2 .$$

(Da eine Kugel für jede beliebige Achse Rotationssymmetrie besitzt, sind bei ihr übrigens $\vec{L}$ und $\vec{\omega}$ immer parallel).

Übungsfrage:
Wie kann man durch einfache vektorielle Zerlegung der $\vec{r}_j$ in Gl. (5.26) zeigen, daß zwischen dem Trägheitsmoment eines Körpers bezüglich einer Drehachse durch den Schwerpunkt I_s und dem Trägheitsmoment I für eine parallele Achse durch einen beliebigen Punkt die Beziehung gilt:

$$\underline{I = Ma^2 + I_s} . \qquad \textbf{(Steinerscher Satz)}$$

(M ist die Masse des Körpers, a der Abstand der Drehachse vom Schwerpunkt.)

Drehimpuls eines beliebig geformten Körpers

Wir haben bisher nur Fälle besprochen, in denen Drehimpuls und Winkelgeschwindigkeit parallel stehen. Um jedoch nicht den falschen Eindruck zu erwecken, daß dies immer eintritt, sei schließlich noch ein Gegenbeispiel gebracht, um zu demonstrieren, daß zwischen $\vec{L}$ und $\vec{\omega}$ durchaus große Winkel auftreten können.

Rotiert man eine Hantel mit zwei gleichen Massen unter einem festen Winkel α gegen die Winkelgeschwindigkeit $\vec{\omega}$ (Bild 5.19), so ist der Drehimpuls nach Gl. (5.22)

$$\vec{L} = m_1 [\vec{r}_1 \times \vec{v}_1] + m_2 [\vec{r}_2 \times \vec{v}_2] .$$

Da $\vec{v}_{1,2}$ senkrecht auf der Bildebene stehen ($\vec{v}_1 = -\vec{v}_2$), überzeugt man sich rasch, daß hier $\vec{L}$ senkrecht auf der Hantelachse (oder Verbindung beider Massen) steht

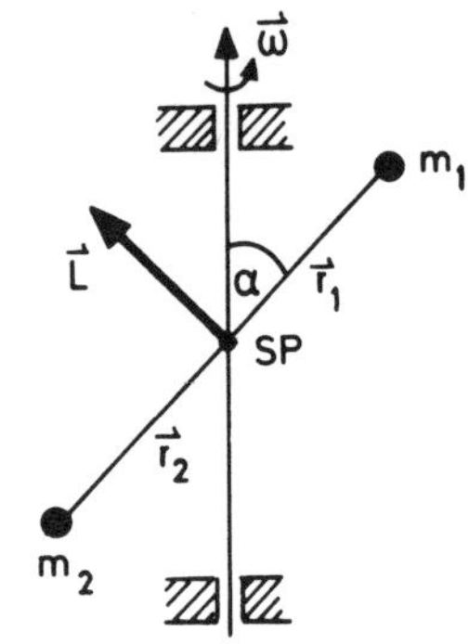

Bild 5.19: Rotierende Hantel: die Drehachse geht durch den Schwerpunkt, steht aber nicht senkrecht auf der Hantelachse.

und so *mit $\vec{\omega}$ einen großen Winkel ($90° - \alpha$) bildet.* (Bei der Drehung der Hantel bleibt der Drehimpulsvektor also nicht konstant, sondern ändert laufend seine Richtung. Dazu sind allerdings äußere Kräfte erforderlich, welche vom Lager auf die Drehachse ausgeübt werden.)

Übungsfrage:
Wie könnte man die Kräfte berechnen, die auf die Lager wirken?

In der theoretischen Mechanik wird die bemerkenswerte Tatsache bewiesen werden, daß es für jeden noch so komplizierten Körper (z.B. einen Felsbrocken) doch genau 3 aufeinander senkrechte Drehachsen gibt, die dadurch ausgezeichnet sind, daß bei einer Rotation um diese Achsen Drehimpuls und Winkelgeschwindigkeit parallel sind. Diese Achsen heißen *Hauptträgheitsachsen.* Bei Rotationssymmetrie des Körpers fällt naturgemäß eine Hauptträgheitsachse mit der Symmetrieachse des Körpers zusammen.

Übungsfrage:
Wie liegen die Hauptträgheitsachsen in einem Quader? Welche Bewegung um den Schwerpunkt führt ein hochgeworfener Ziegelstein aus, wenn ihm zu Beginn ein Drehimpuls parallel zu einer Hauptträgheitsachse bzw. nicht parallel zu einer der Hauptträgheitsachsen erteilt wurde?

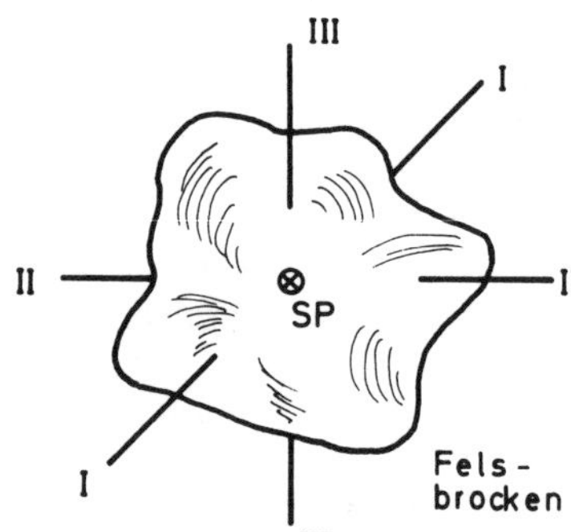

Bild 5.20: Hauptträgheitsachsen eines Felsbrockens

5.4 Die kleinste Einheit des Drehimpulses in der Natur

Viele Beobachtungen, zum Beispiel an Atomen, die wesentlich zur Entwicklung der Quantenmechanik beitrugen, haben gezeigt, daß endliche Drehimpulse nur in halb- oder ganzzahligen Vielfachen einer fundamentalen Grundeinheit auftreten können *(Drehimpulsquantisierung).*

Diese Grundeinheit des Drehimpulses ist

$$\hbar = \frac{h}{2\pi} = 1{,}054 \cdot 10^{-34} \text{ kg m}^2/\text{s}$$

mit der berühmten Planckschen Konstanten h.

Übungsfrage:
Wie kann man sich das Auftreten einer Grundeinheit des Drehimpulses mit Hilfe des Heisenbergschen Unschärfeprinzips (vgl. S. 34) plausibel machen?

Wenn auch ein solcher Drehimpuls der Größe $\hbar$ außerordentlich klein ist, so bewirkt er doch in atomaren Bereichen hohe Umlauf- und Winkelgeschwindigkeiten.

Nehmen wir zum Beispiel ein *Stickstoffmolekül,* welches aus zwei Atomen – im Abstand 1,1 Å voneinander – besteht. Die starke chemische Bindung zwischen beiden Atomen erlaubt es uns, das Molekül nahezu als *starren* Rotator zu betrachten. *Der Drehimpuls des Moleküls sei nun gerade* $\hbar$:

(5.32) $$L = 2\,mrv = 2\,mr^2\omega = \hbar$$

Bild 5.21: Freie Rotation eines Stickstoff-Moleküls um eine Achse, die auf der Molekülachse senkrecht steht (1 Å = 10^{-10} m)

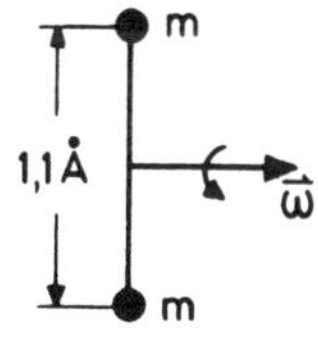

Daraus ergibt sich mit den Werten

$$2r = 1{,}1 \cdot 10^{-10} \text{ m}$$

und $$m = 2{,}3 \cdot 10^{-26} \text{ kg}$$

die Winkelgeschwindigkeit:

$$\omega = \frac{\hbar}{2\,m\,r^2} = 7{,}5 \cdot 10^{11} \text{ s}^{-1}.$$

Umdrehungsfrequenzen dieser Größenordnung sind typisch für Molekülrotationen.

Oder betrachten wir im *Wasserstoffatom* das Elektron auf seiner Kreisbahn um das Proton (im Abstand r). Die elektrostatische Anziehungskraft führt zur Beschleunigung des Elektrons mit der Ladung e:

$$\frac{mv^2}{r} = \frac{1}{4\pi\epsilon_0} \cdot \frac{e^2}{r^2} \,. \tag{5.33}$$

Multiplizieren wir beide Seiten mit r^3, so ergibt sich:

$$\frac{m^2 r^2 v^2}{m} = \frac{1}{4\pi\epsilon_0} \cdot e^2 r \,.$$

Lassen wir nun für den Bahndrehimpuls $mrv = L$ nur ganzzahlige Vielfache von $\hbar$ zu ($L = n\hbar$), so wird daraus

$$4\pi\epsilon_0 \cdot \frac{n^2\hbar^2}{me^2} = r_n = r_1 \cdot n^2, \qquad n = 1, 2, 3, \ldots, \tag{5.34}$$

mit $r_1 = 0{,}529 \cdot 10^{-10}$ m.

Wie man sieht, kann wegen der Quantisierung des Bahndrehimpulses der Bahnradius nur noch diskrete Werte r_n annehmen. Der kleinste Radius entspricht $n = 1$ und ist etwa 0,5 Å. Dieser Radius wird auch *Bohrscher Radius* genannt und stimmt gut mit dem beobachteten Radius des Wasserstoffatoms überein. Der nächstgrößere Radius für $n = 2$ ist $r = (2)^2 \cdot 0{,}5$ Å = 2 Å, usw.

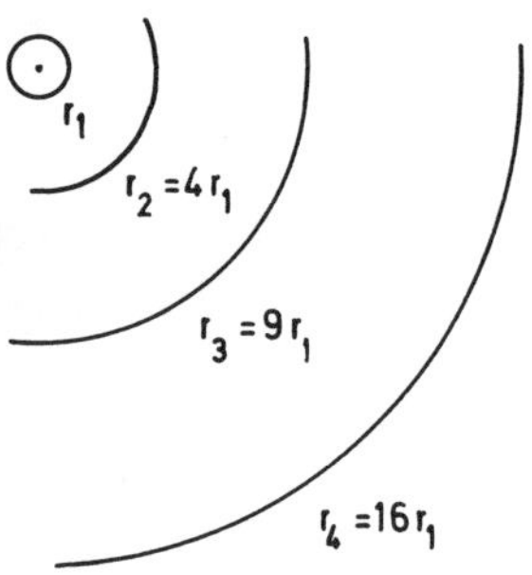

Bild 5.22: Bohrsche Elektronenbahnen in einem Wasserstoffatom: aufgrund der Drehimpulsquantisierung sind nur diskrete Bahnradien möglich ($r_1 = 0{,}5$ Å $= 0{,}5 \cdot 10^{-10}$ m).

Wir wollen uns noch fragen, wie groß die Gesamtenergie des Atoms ist, wenn sich das Elektron in den Bahnen r_1, r_2, r_3 usw. befindet. Die kinetische Energie ist nach Gl. (5.33)

$$T = \frac{mv^2}{2} = \frac{1}{4\pi\epsilon_0} \cdot \frac{e^2}{2r} \,,$$

die potentielle Energie

$$V = -\frac{1}{4\pi\epsilon_0} \cdot \frac{e^2}{r} .$$

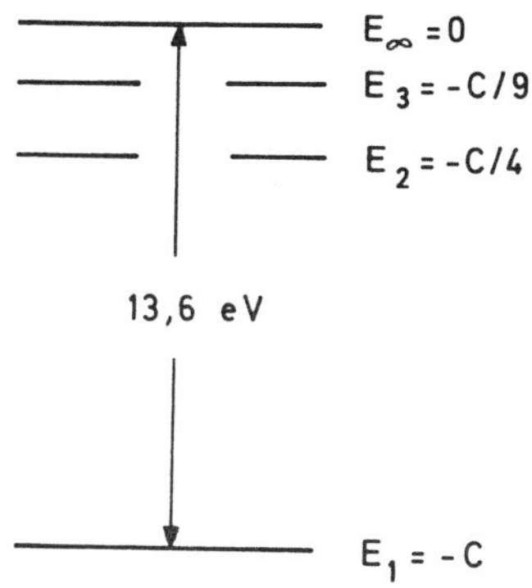

Bild 5.23: Energieniveaus eines Wasserstoffatoms: jeder Bahn entspricht eine bestimmte Gesamtenergie. Der Grundzustand hat eine Energie von 13,6 eV.

Somit ergibt sich für die Gesamtenergie $E = T + V$:

$$E_n = -\frac{1}{4\pi\epsilon_0} \cdot \frac{e^2}{2r_n} . \tag{5.35}$$

Setzt man den Wert r_n aus Gl. (5.34) ein, so erhält man:

$$\boxed{E_n = -\frac{me^4}{2(4\pi\epsilon_0)^2\,\hbar^2} \cdot \frac{1}{n^2} = -C/n^2} \tag{5.36}$$

mit $C = 2{,}17 \cdot 10^{-18}$ Joule
$= 13{,}6\ eV.$

Wie man sieht, entspricht jeder Bahn ein bestimmtes Energieniveau. Die Energiedifferenz zwischen E_1 und E_∞, die man aufbringen muß, um das Elektron ganz vom Atom im Grundzustand zu trennen, nennt man die *Bindungs- oder Ionisationsenergie C.*

Anmerkung: Im atomaren Bereich wird häufig als Energieeinheit das Elektronenvolt [eV] verwendet. 1 eV ist die Energie, die ein Elektron gewinnt, wenn es die Potentialdifferenz von 1 V durchläuft:

$$1\ \text{eV} = 1{,}602 \cdot 10^{-19}\ \text{J} .$$

In der Welt der Elementarteilchen spielt der *Eigendrehimpuls, den jedes Elementarteilchen besitzt,* noch eine weitere fundamentale Rolle. Jedes Teilchen dreht sich – wie die Erde – um seine eigene Achse. Sein Eigendrehimpuls oder *Spin* beträgt ein ganzzahliges Vielfaches von $\hbar/2$.

Tabelle 5.2: **Eigendrehimpulse oder Spins von Elementarteilchen:**

Nukleonen (n, p)	: 1/2 $\hbar$
Leptonen (e^-, e^+, ν, $\overline{\nu}$, μ^+, μ^-)	: 1/2 $\hbar$
Photonen (γ)	: 1 $\hbar$
Mesonen (π, K)	: 0 $\hbar$

Bei allen Reaktionen und Zerfällen von Atomen und Kernen gilt die Erhaltung des Gesamtdrehimpulses, und sie verlaufen so, daß die Vektorsummen aus allen Bahndrehimpulsen und Eigendrehimpulsen erhalten bleibt.

Beispiel:
Der Zerfall eines π^--Mesons

$$\pi^- \rightarrow \mu^- + \overline{\nu}$$

verläuft so, daß die Bahndrehimpulse (im Schwerpunktsystem) Null sind. Zum Gesamtdrehimpuls tragen nur die Spins bei:

Teilchen	π^-	μ^-	$\overline{\nu}$
Spin [$\hbar$]	0	1/2	1/2

Die Eigendrehimpulse der Zerfallsprodukte Myon und Neutrino müssen also antiparallel stehen.

Da viele Elementarteilchen elektrische Ladungen tragen, bedingt der spezielle Drehimpuls auch besondere Kreisströme und magnetische Eigenschaften der Teilchen, deren Studium wichtige Aufschlüsse über die Ladungsverteilung im Teilchen erlaubt.

Übungsfrage:
Beim Zerfall eines Neutrons können das entstehende Proton und Elektron leicht, zum Beispiel in einer Nebelkammer, nachgewiesen werden. Warum muß aufgrund der Drehimpulserhaltung noch zusätzlich ein Teilchen entstanden sein? (s. auch S. 138)

5.5 Der symmetrische Kreisel

Im folgenden wollen wir die Rotationsbewegung von starren Körpern um freie Achsen näher betrachten. Zwar müssen auch hier die Drehachsen immer durch den Schwerpunkt gehen, aber ihre Orientierung im Raum ist nicht durch Lager festgelegt, sondern kann sich ändern.

Wir wollen einfachheitshalber annehmen, daß der sich drehende Körper, den man auch *Kreisel* nennt, Rotationssymmetrie besitzt. (In diesem Fall spricht man von einem *symmetrischen Kreisel*.) Die Abbildungen 5.24 und 5.25 zeigen zwei Formen von

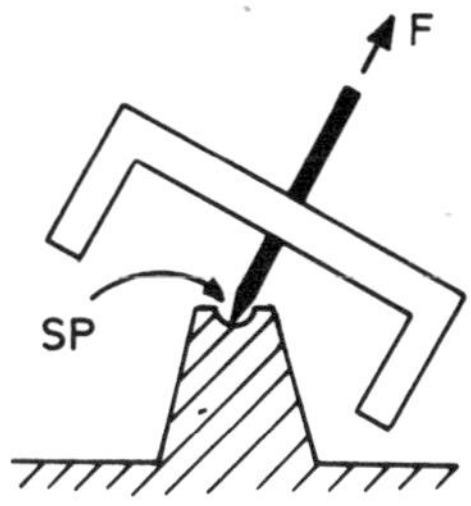

Bild 5.24: Symmetrischer Kreisel, im Schwerpunkt gelagert: die Schwerkraft kann kein Drehmoment auf den Kreisel ausüben.

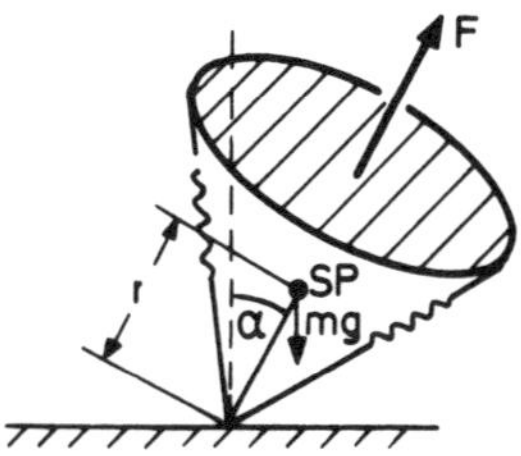

Bild 5.25: Symmetrischer Kreisel, unterhalb des Schwerpunktes unterstützt: auf den geneigten Kreisel greift im Aufstützpunkt ein Drehmoment an.

symmetrischen Kreiseln: Der obere ist genau im Schwerpunkt festgehalten. Daher übt die Erdanziehung kein aufrichtendes Drehmoment auf ihn aus, und er bleibt in jeder schiefen Lage stehen. Es handelt sich um einen *kräftefreien Kreisel.* Im Gegensatz dazu ist der Kinderkreisel von Bild 5.25 *unterhalb* des Schwerpunkts unterstützt, so daß bei einer Neigung um den Winkel α infolge der Gravitationskraft mg, die ja am Schwerpunkt angreift, ein Drehmoment auftritt *(Kreisel mit Drehmoment).*

Wir wollen im folgenden an Hand der Grundgleichung (5.20)

$$\vec{M} = \frac{d\vec{L}}{dt} \qquad (5.20)$$

die Bewegung eines Kreisels ohne und mit äußerem Drehmoment beschreiben.

Der kräftefreie symmetrische Kreisel

Die Symmetrieachse des Kreisels, die man auch oft *Figurenachse* nennt, sei mit $\vec{F}$ bezeichnet (siehe Bild 5.24). Das Trägheitsmoment des Kreisels für eine Drehung um die Figurenachse habe einen anderen Wert als für die Drehung um eine dazu senkrechte Achse ($I_{\parallel} \neq I_{\perp}$). Da auf den kräftefreien Kreisel kein Drehmoment wirkt, kann sich nach Gl. (5.20) die Richtung der Drehimpulsachse $\vec{L}$ während der Rotation nicht ändern. Die Drehimpulsachse bleibt fest im Raume stehen. Versetzt man also den Kreisel mit etwas Sorgfalt so in Rotation, daß er sich *genau um die Figurenachse dreht* (d.h. die Winkelgeschwindigkeit $\vec{\omega}$ liegt in Richtung der Figurenachse), dann liegt auch der Drehimpulsvektor $\vec{L}$ in Richtung von $\vec{F}$, da ja für diesen Fall (siehe Abschnitt 5.3) $\vec{\omega}$ und $\vec{L}$ parallel sind. Wegen der Konstanz des Drehimpulses bleibt daher auch die Figurenachse im Raume fest stehen.

Bild 5.26: Nutation des kräftefreien symmetrischen Kreisels: momentane Drehachse und Figurenachse rotieren auf einem Kegelmantel um den raumfesten Drehimpulsvektor.

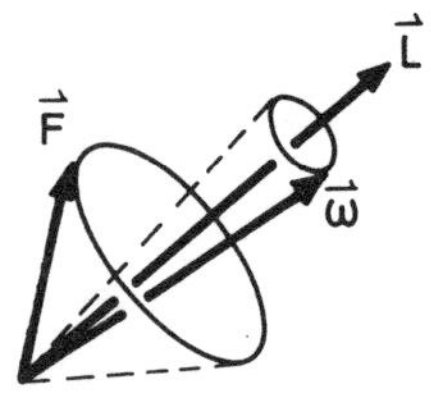

Stört man jedoch die Parallelität von Figurenachse und Winkelgeschwindigkeit (z.B. durch einen seitlichen Schlag auf den Kreisel), dann gilt auch die Parallelität von $\vec{\omega}$ und $\vec{L}$ nicht mehr: Jetzt bewegen sich die momentane Drehachse $\vec{\omega}$ und die Figurenachse $\vec{F}$ mit einem endlichen Winkel um die raumfeste Drehimpulsachse $\vec{L}$, wie in Bild 5.26 dargestellt, wobei alle 3 Achsen jeweils in einer Ebene bleiben. Diese Rotation der Figurenachse des kräftefreien symmetrischen Kreisels auf einem Kegelmantel, die immer auftritt, wenn $\vec{\omega}$ und $\vec{F}$ nicht zusammenfallen, heißt *Nutation.*

Übungsfrage:
Auch die Erdachse führt eine Nutationsbewegung mit einer Periode von etwa 420 Tagen aus und einem Öffnungswinkel von kleiner als $1/2''$ aus. Was könnte die Ursache dieser Nutationsbewegung sein?

Der Kreisel unter dem Einfluß eines Drehmoments

Wir wollen hier an Hand von einigen Beispielen zeigen, wie sich ein Kreisel bewegt, wenn ein konstantes Drehmoment versucht, die Kreiselachse zu kippen (vgl. Bild 5.27).

Die Masse des Kreiselkörpers sei klein gegen m, so daß auf den Kreisel ein Drehmoment $\vec{M} = [\vec{R} \times m\vec{g}]$ (vom Betrag Rmg) wirkt, welches in die Zeichenebene hineingerichtet ist. Nach der Grundgleichung (5.20) führt dies in jedem Zeitintervall $\mathrm{d}t$ zu einer Veränderung des Drehimpulsvektors

$$\mathrm{d}\vec{L} = \vec{M}\,\mathrm{d}t\,.$$

Da $\vec{M}$ senkrecht auf $\vec{L}$ steht (wie aus Bild 5.27 ersichtlich), steht auch $\mathrm{d}\vec{L}$ senkrecht auf $\vec{L}$: hieraus folgt, daß der Drehimpuls nur seine Richtung, nicht aber seinen Betrag ändert. Die Drehimpulsachse weicht somit senkrecht zur angreifenden Kraft aus und beschreibt einen Kreis mit der Winkelgeschwindigkeit (siehe Bild 5.28):

$$\mathrm{d}\varphi = \frac{\mathrm{d}L}{L} = \frac{M}{L}\mathrm{d}t$$

oder

$$\frac{\mathrm{d}\varphi}{\mathrm{d}t} = \frac{M}{L} \qquad (5.37)$$

Diese Bewegung des Kreisels heißt *Präzession.*

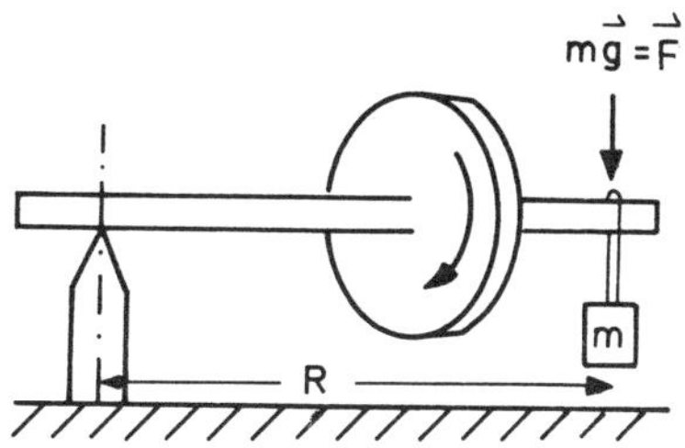

Bild 5.27: Symmetrischer Kreisel mit Drehmoment: die Schwerkraft steht senkrecht auf der Kreiselachse.

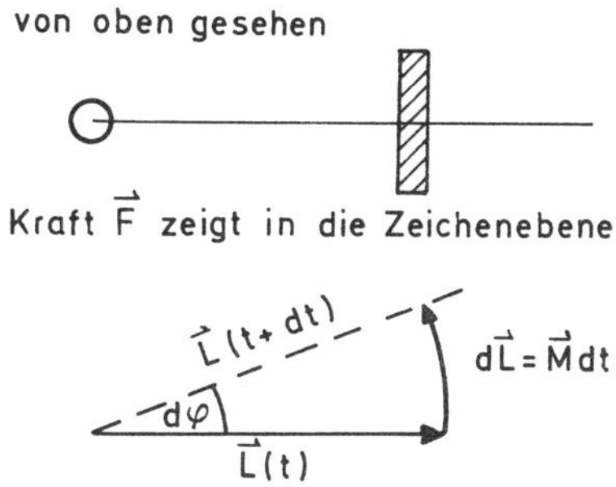

Bild 5.28: Zur Präzession des Kreisels: Das angreifende Drehmoment bewirkt eine Kreisbewegung des Drehimpulsvektors.

Wir halten fest: Versucht man, den Kreisel *durch ein Drehmoment* zu kippen, so weicht die Kreiselachse senkrecht zur angreifenden Kraft aus und beschreibt eine *Präzessionsbewegung* mit der Kreisfrequenz (M/L).

Übungsfrage:
Welche (Kreisel-) Kräfte wirken auf die Räder eines Autos, das in eine Rechtskurve gelenkt wird?

Als nächstes Beispiel wollen wir die Präzession eines Kinderkreisels betrachten, welcher den gleichen Gesetzmäßigkeiten folgt. Bild 5.29 zeigt einen Kreisel, der gegen die

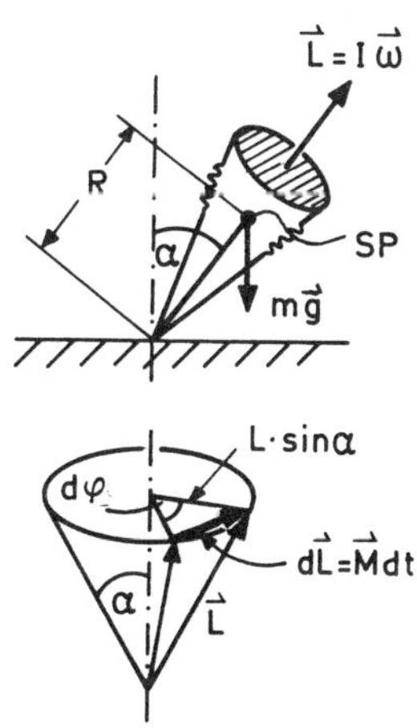

Bild 5.29: Präzession eines Kinderkreisels: die Kreiselachse bildet mit der Richtung der Schwerkraft einen Winkel α. Drehimpulsvektor und Kreiselachse bewegen sich gleichförmig auf einem Kegelmantel mit dem Öffnungswinkel 2α.

Vertikale um den Winkel α geneigt ist. Das resultierende Drehmoment $\vec{M} = [\vec{R} \times m\vec{g}]$ (wiederum in die Zeichenebene weisend) hat einen Betrag von

(5.38) $$M = R \cdot mg \cdot \sin\alpha .$$

Die Drehimpulsachse weicht wieder in Richtung des Drehmoments aus: $d\vec{L} = \vec{M}\, dt$. Das bedeutet:

1. $d\vec{L}$ liegt senkrecht zu $\vec{L}$, d.h. der Betrag von $\vec{L}$ bleibt konstant.
2. $d\vec{L}$ liegt senkrecht zur vertikalen Kraft, d.h. in einer horizontalen Ebene. Der Endpunkt von $\vec{L}$ beschreibt daher einen Kreis in der horizontalen Ebene wie in Bild 5.29 unten angedeutet. Für die Winkelgeschwindigkeit dieser Präzessionsbewegung ergibt sich:

$$\frac{d\varphi}{dt} = \frac{dL/dt}{L \sin\alpha} = \frac{M}{L \sin\alpha} = \frac{R \cdot mg \cdot \sin\alpha}{L \cdot \sin\alpha},$$

also:

(5.39) $$\frac{d\varphi}{dt} = \frac{R \cdot mg}{L} .$$

Die Präzessionsfrequenz des Kinderkreisels ist also unabhängig vom Neigungswinkel α.

Auch im Mikroskopischen kann man die Präzessionsbewegung beobachten: Atome, Kerne und Elementarteilchen mit Drehimpuls besitzen oft – wie schon erwähnt – ein magnetisches Moment, verhalten sich also etwa wie ein Stabmagnet. Legt man ein äußeres Magnetfeld an, so entsteht ein Drehmoment, welches versucht, die Drehimpulsachse parallel zum Magnetfeld zu orientieren. Infolge dieses Drehmoments präzediert die Drehimpulsachse des Teilchens um das Magnetfeld mit einer charakteristischen Resonanzfrequenz, die man leicht beobachten kann. (Hierauf kommen wir später zurück im Rahmen der Atomphysik.)

Schließlich sei auch noch als technische Anwendung der Kreiselkompaß erwähnt. Er besteht im wesentlichen aus einem elektrisch getriebenen Rotor, dessen Drehachse sich in einer horizontalen Ebene ganz frei bewegen kann. Diese freie Beweglichkeit der Rotorachse wird oft dadurch erzielt, daß das Rotorgehäuse auf einer Flüssigkeit

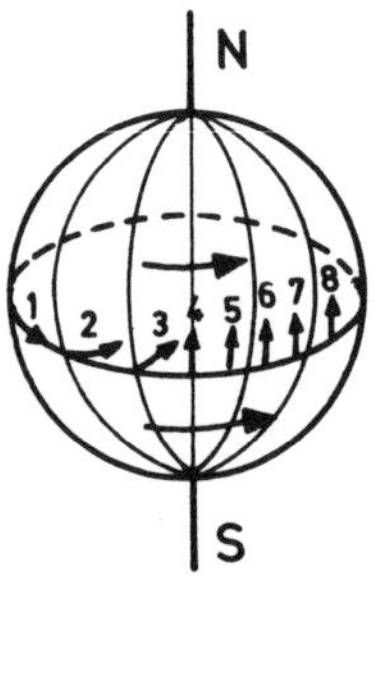

Bild 5.30: Nord-Süd-Ausrichtung der Drehachse eines Kreiselkompasses infolge der Erddrehung

schwimmt. Nehmen wir an, der Kreisel wird auf einem Schiff im Atlantik in der Äquatornähe in Gang gesetzt,und die Rotorachse weist zufällig nach Osten zu dieser Zeit (Position 1 in Bild 5.30). Durch die Erddrehung wird bei dieser Orientierung der Rotorachse ein Drehmoment auf die Achse ausgeübt, da ja die Achse in einer horizontalen Ebene bleibt. Als Folge davon (siehe Gl. (5.20)) dreht sich die Rotorachse mehr und mehr in die Nord-Süd-Richtung (Position 2 – 4 in Bild 5.30). Nach dem Erreichen der Nord-Süd-Richtung wirkt kein weiteres Drehmoment mehr, und die Drehimpulsachse des Kreisels bleibt daher von diesem Zeitpunkt ab genau parallel zur Drehachse der Erde orientiert. So ist der Kreiselkompaß ein hervorragendes Hilfsmittel der Navigation, welcher nicht wie der magnetische Kompaß auf mancherlei magnetische Störungen anfällig ist.

Übungsfrage:
Um einem Satelliten eine feste Orientierung zu geben, wird er häufig in eine nutationsfreie Rotation versetzt. Inwieweit kann die Inhomogenität des Schwerefeldes der Erde innerhalb des Satelliten zu einer störenden Präzessionsbewegung führen?

5.6 Die Energie eines starren Rotators

Wir wollen uns zunächst fragen, wie groß die *kinetische Energie* eines Körpers ist, der sich fortbewegt und sich gleichzeitig um seinen eigenen Schwerpunkt dreht. Erfolgt die Rotation um eine Hauptträgheitsachse, so ist $\vec{L}$ parallel zu $\vec{\omega}$, und die gesamte kinetische Energie ergibt sich zu (siehe Bild 5.31)

$$T = \frac{1}{2}\sum_{j=1}^{N} m_j \left(\frac{d\vec{\rho}_j}{dt}\right)^2 = \frac{1}{2}\sum_{j=1}^{N} m_j \left(\frac{d(\vec{R}+\vec{r}_j)}{dt}\right)^2 =$$

$$= \frac{1}{2}\sum_{j=1}^{N} m_j \left(\frac{d\vec{R}}{dt}\right)^2 + \frac{d\vec{R}}{dt}\sum_{j=1}^{N} m_j \frac{d\vec{r}_j}{dt} + \frac{1}{2}\sum_{j=1}^{N} m_j \left(\frac{d\vec{r}_j}{dt}\right)^2 .$$

Da $\sum_{j=1}^{N} m_j \vec{r}_j = 0$ und $d\vec{r}_j/dt = r_j\,\omega$ sowie $\sum_{j=1}^{N} m_j \vec{r}_j^{\,2} = I$ gilt, ist schließlich

(5.40) $$\boxed{T = \frac{M}{2}\left(\frac{d\vec{R}}{dt}\right)^2 + \frac{I}{2}\omega^2}\ .$$ **Energie eines starren Rotators**

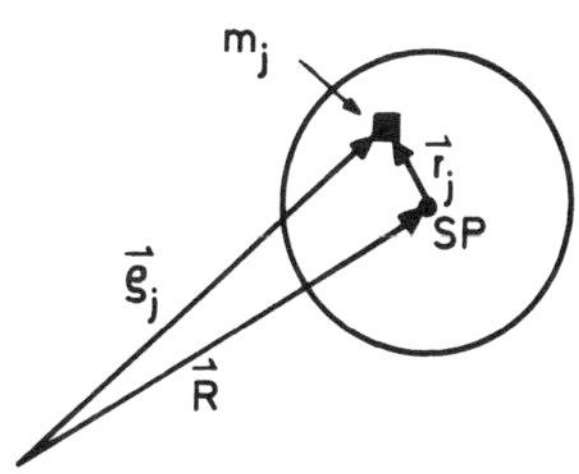

Bild 5.31: Die Bewegung eines starren Körpers läßt sich zerlegen in die Bewegung des Schwerpunktes und eine Bewegung um den Schwerpunkt.

Übungsfrage:
Nehmen Sie eine volle und eine leere Bierflasche. Lassen Sie beide aus gleicher Höhe eine schiefe Ebene herabrollen. Warum kommt die volle Flasche früher unten an? (Versuchen Sie es mit dem Prinzip der Energieerhaltung!)

Nun wollen wir noch den Begriff der potentiellen Energie für starre Rotatoren diskutieren und als Anwendung die Drehschwingung eines Rotators betrachten.

In vielen physikalischen Meßgeräten ist ein starrer, um eine festgelagerte Drehachse drehbarer Körper mit einer Spiralfeder oder einem verdrillbaren Draht verbunden. In der Gleichgewichtslage übt die Feder oder der Draht kein Drehmoment auf den Körper aus. Wird aber von außen ein Drehmoment angelegt, so dreht sich der Körper. Dabei erzeugt die gedrehte Feder oder der Draht ein *Richtmoment,* das bei kleinen Drehwinkeln diesem proportional ist und dem äußeren Drehmoment entgegengerichtet ist:

$$M_r = -D\varphi \tag{5.41}$$

Im Gleichgewicht ist die Summe aus äußerem Drehmoment und Richtmoment Null.

Die Arbeit, die geleistet werden muß, um den Körper um den Winkel $d\varphi$ zu drehen, ist

$$dW = M\,d\varphi = -D\varphi\,d\varphi. \tag{5.42}$$

Daraus ergibt sich die potentielle Energie, die bei einer Drehung von $\varphi = 0$ bis φ dem System zugeführt wird, zu:

$$V(\varphi) = -\int_0^\varphi dW = \int_0^\varphi D\varphi\,d\varphi = \frac{D\varphi^2}{2} \tag{5.43}$$

Die gespeicherte potentielle Energie ist proportional zum Quadrat des Drehwinkels φ in Analogie zu der potentiellen Energie einer gedehnten Feder, die proportional zum Quadrat der Dehnung ist. Das beschriebene System kann Drehschwingungen um die Gleichgewichtslage durchführen. Sie können mit Hilfe des Energieerhaltungssatzes beschrieben werden. Die kinetische Energie des schwingenden Rotators ist $T = \frac{1}{2} I \left(\frac{d\varphi}{dt}\right)^2$, die potentielle Energie ist $V = \frac{1}{2} D\varphi^2$. Die gesamte Energie muß konstant bleiben. Daher gilt die Beziehung

$$\frac{1}{2} I \left(\frac{d\varphi}{dt}\right)^2 + \frac{1}{2} D\varphi^2 = E = \text{konstant}.$$

Eine ähnliche Differentialgleichung haben wir für lineare Schwingungen gefunden (vgl. S. 108) und bereits früher gelöst:

$$\frac{1}{2}mv^2 + \frac{1}{2}cx^2 = E,$$

und hieraus ergab sich die Resonanzfrequenz $\omega_0^2 = \frac{c}{m}$.

Für Drehschwingungen erhalten wir in analoger Weise die Schwingungsfrequenz

$$\omega_0^2 = \frac{D}{I}. \qquad (5.44)$$

Anwendung: Bestimmung des Trägheitsmoments eines Körpers:
Zuerst bestimmt man D durch Messung der Schwingungsfrequenz für einen Körper mit bekanntem Trägheitsmoment. Dann kann I auch für einen beliebigen Körper durch Messung von ω bestimmt werden.

Übungsfrage:
Kann man das Trägheitsmoment eines Körpers bezüglich einer Achse auch dadurch bestimmen, daß man die Schwingungsperiode einer Pendelschwingung des Körpers um die Achse feststellt?

5.7 Scheinkräfte in rotierenden Bezugssystemen

Wie wir bereits in Abschnitt 3.2 gesehen haben, ist das Newtonsche Gesetz $\vec{F} = m\vec{a}$ nur in selbst unbeschleunigten Bezugssystemen, sog. Inertialsystemen, gültig, wie zum Beispiel in einem geradlinig und mit konstanter Geschwindigkeit fahrenden Zug.

Sobald jedoch das Bezugssystem *beschleunigt* wird, wenn zum Beispiel wie in Bild 5.32 ein D-Zug-Wagen in eine scharfe Rechtskurve fährt, gilt das Newtonsche Gesetz *in diesem System* nicht mehr: Der als schwarzer Punkt angedeutete Passagier nämlich, der sich nicht festhält, wird im Wagen in Fahrtrichtung gesehen nach links beschleunigt und leider dabei aus dem Wagenfenster geschleudert, obwohl keine „echte" Kraft auf ihn wirkt. Für einen *ruhenden* Beobachter ergeben sich in der Beschreibung dieses Vorgangs keinerlei Schwierigkeiten: Der Passagier bewegt sich auf einer geradlinigen Bahn, da keine horizontale Kraft auf ihn wirkt. Der Wagen jedoch erfährt eine Beschleunigung zum Krümmungsmittelpunkt der Kurve. Anders sieht dieser Unfall *für die übrigen Mitreisenden* im gleichen Abteil aus: Der unglückliche Passagier scheint unter dem Einfluß einer fiktiven Kraft aus dem Fenster geschleudert worden zu sein. *Diese Scheinkraft existiert offenbar nur für Beobachter in beschleunigten Bezugssystemen.*

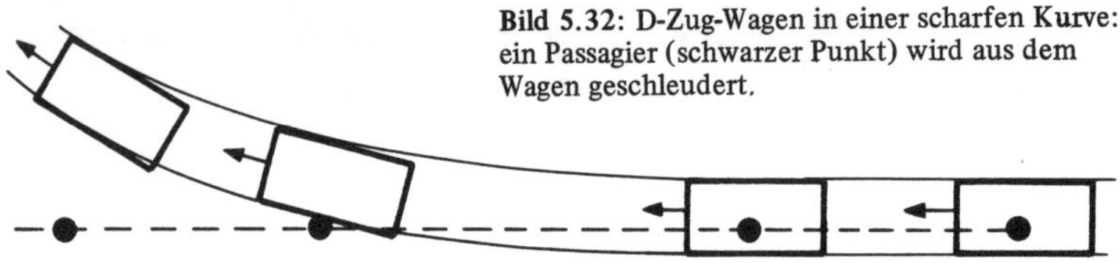

Bild 5.32: D-Zug-Wagen in einer scharfen Kurve: ein Passagier (schwarzer Punkt) wird aus dem Wagen geschleudert.

Beschleunigte Bezugssysteme von besonderer Wichtigkeit sind *rotierende Bezugssysteme*, wie z.B. unsere Erde. Bei jeder Rotation tritt bekanntlich eine Beschleunigung zur Drehachse hin auf. Wir wollen hier zeigen, daß auch ein mitrotierender Beobachter alle Bewegungen im rotierenden System richtig beschreibt, wenn man zwei zusätzliche Scheinkräfte einführt, die *Zentrifugalkraft* und die *Corioliskraft.*

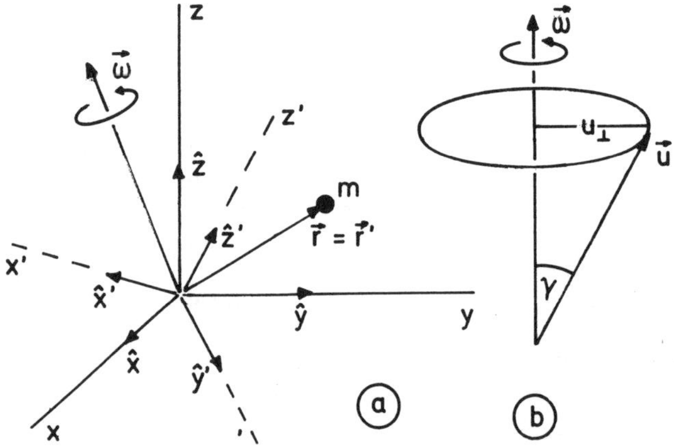

Bild 5.33: a) Das Koordinatensystem (x', y', z') dreht sich gegenüber dem (x, y, z)-System mit der Winkelgeschwindigkeit $\vec{\omega}$. b) Der Vektor $\vec{u}$ rotiert mit der Winkelgeschwindigkeit $\vec{\omega}$.

Wir betrachten zwei Bezugssysteme (x, y, z) und (x', y', z') mit gemeinsamem Ursprung (siehe Bild 5.33). Das System (x', y', z') rotiert gegenüber dem (x, y, z)-System um eine Drehachse durch den Ursprung mit konstanter Winkelgeschwindigkeit $\vec{\omega}$. ($\vec{\omega}$ ist ein Vektor in die Richtung der Drehachse, die im Uhrzeigersinn umlaufen wird – Rechtssystem). Ein Körper mit der Masse m soll sich nun im System (x, y, z) auf einer Bahn bewegen, die durch den Ortsvektor $\vec{r}(t) = x(t)\,\hat{x} + y(t)\,\hat{y} + z(t)\,\hat{z}$ beschrieben wird. Dabei sind $\hat{x}$, $\hat{y}$ und z die Basisvektoren des (x, y, z)-Systems. Wir können $\vec{r}(t)$ aber auch ebensogut mit den Basisvektoren $\hat{x}'$, $\hat{y}'$ und $\hat{z}'$ des (x', y', z')-Systems darstellen, da beide Systeme einen gemeinsamen Ursprung haben: $\vec{r}(t) = \vec{r}\,'(t)$ oder

$$x(t)\,\hat{x} + y(t)\,\hat{y} + z(t)\,\hat{z} = x'(t)\,\hat{x}'(t) + y'(t)\,\hat{y}'(t) + z'(t)\,\hat{z}'(t). \tag{5.46}$$

Differenzieren wir nun nach der Zeit, so erhalten wir auf der linken Seite $\vec{v} = (\mathrm{d}x/\mathrm{d}t)\,\hat{x} + (\mathrm{d}y/\mathrm{d}t)\,\hat{y} + (\mathrm{d}z/\mathrm{d}t)\,\hat{z}$. Auf der rechten Seite müssen wir jedoch berücksichtigen, daß die Basisvektoren $\hat{x}'$, $\hat{y}'$ und $\hat{z}'$ rotieren, sich also zeitlich verändern. Wir erhalten damit für die Geschwindigkeit

$$\vec{v} = \left[\frac{\mathrm{d}x'}{\mathrm{d}t}\,\hat{x}' + \frac{\mathrm{d}y'}{\mathrm{d}t}\,\hat{y}' + \frac{\mathrm{d}z'}{\mathrm{d}t}\,\hat{z}'\right] + \left[x'\,\frac{\mathrm{d}\hat{x}'}{\mathrm{d}t} + y'\,\frac{\mathrm{d}\hat{y}'}{\mathrm{d}t} + z'\,\frac{\mathrm{d}\hat{z}'}{\mathrm{d}t}\right] \tag{5.47}$$

und entsprechend für die Beschleunigung $\vec{a} = \mathrm{d}\vec{v}/\mathrm{d}t$:

(5.48)
$$\vec{a} = \left[\frac{d^2x'}{dt^2}\hat{x}' + \frac{d^2y'}{dt^2}\hat{y}' + \frac{d^2z'}{dt^2}\hat{z}'\right] + 2\left[\frac{dx'}{dt}\frac{d\hat{x}'}{dt} + \frac{dy'}{dt}\frac{d\hat{y}'}{dt} + \frac{dz'}{dt}\frac{d\hat{z}'}{dt}\right] + \left[x'\frac{d^2\hat{x}'}{dt^2} + y'\frac{d^2\hat{y}'}{dt^2} + z'\frac{d^2\hat{z}'}{dt^2}\right].$$

Dabei ist $\vec{a}' = (d^2x'/dt^2)\,\hat{x}' + (d^2y'/dt^2)\,\hat{y}' + (d^2z'/dt^2)\,\hat{z}'$ die Beschleunigung von m im (x', y', z')-System. Die Beschleunigungen in den beiden Bezugssystemen unterscheiden sich also durch zwei zusätzliche Terme, die zu den oben erwähnten Scheinkräften in rotierenden Systemen führen. Diese beiden Terme enthalten zeitliche Ableitungen der Basisvektoren $\hat{x}'$, $\hat{y}'$ und $\hat{z}'$, die wir nun berechnen wollen. Hierzu betrachten wir zunächst einen beliebigen Vektor $\vec{u}$, der mit konstanter Winkelgeschwindigkeit $\vec{\omega}$ um eine Drehachse rotiert. Wie aus Bild 5.33 ersichtlich ist, steht der Vektor $d\vec{u}/dt$ senkrecht auf $\vec{u}$ und $\vec{\omega}$ und hat den Betrag $|d\vec{u}/dt| = \omega u_\perp = \omega u \sin\gamma$. Wir können also schreiben:

(5.49)
$$\boxed{\frac{d\vec{u}}{dt} = \vec{\omega} \times \vec{u}}\ .$$

Für $\vec{u} = \hat{x}'$ liefert diese Beziehung $d\hat{x}'/dt = \vec{\omega} \times \hat{x}'$ und für $\vec{u} = d\hat{x}'/dt$: $d^2\hat{x}'/dt^2 = \vec{\omega} \times (d\hat{x}'/dt) = \vec{\omega} \times (\vec{\omega} \times \hat{x}')$. Entsprechendes gilt für $\hat{y}'$ und $\hat{z}'$. Wir können damit Gl. (5.48) umformen in

(5.50)
$$\vec{a} = \vec{a}' + 2\,\vec{\omega} \times \left(\frac{dx'}{dt}\hat{x}' + \frac{dy'}{dt}\hat{y}' + \frac{dz'}{dt}\hat{z}'\right) + \vec{\omega} \times [\vec{\omega} \times (x'\hat{x}' + y'\hat{y}' + z'\hat{z}')] = \vec{a}' + 2\,\vec{\omega} \times \vec{v}' + \vec{\omega} \times (\vec{\omega} \times \vec{r}').$$

Wirkt auf einen Körper mit der Masse m im System (x, y, z) eine Kraft $\vec{F} = m\vec{a}$, so stellt ein Beobachter im rotierenden System (x', y', z') eine Kraft

(5.51)
$$\boxed{\vec{F}' = m\vec{a}' = \vec{F} - 2\,m\,(\vec{\omega} \times \vec{v}') - m\vec{\omega} \times (\vec{\omega} \times \vec{r}')}$$

fest. Zusätzlich zu $\vec{F}$ wirken im rotierenden System also zwei Teilkräfte $\vec{F}_c' = -2\,m\,(\vec{\omega} \times \vec{v}')$ und $\vec{F}_n' = -m\vec{\omega} \times (\vec{\omega} \times \vec{r}')$ auf einen Körper. $\vec{F}_c'$ wird als *Corioliskraft* bezeichnet. Sie tritt nur dann auf, wenn sich ein Körper im rotierenden System bewegt, da sie proportional zur Geschwindigkeit $\vec{v}'$ ist. $\vec{F}_n'$ wirkt dagegen auch auf einen im (x', y', z')-System ruhenden Körper. Sie steht senkrecht auf der Drehachse und zeigt nach außen. $\vec{F}_n'$ heißt deshalb *Zentrifugalkraft*. Ihr Betrag ist gleich $F_n' = m\,\omega^2 r_\perp'$, wobei $r_\perp'$ die Projektion von $\vec{r}'$ auf eine Ebene senkrecht zur Drehachse ist.

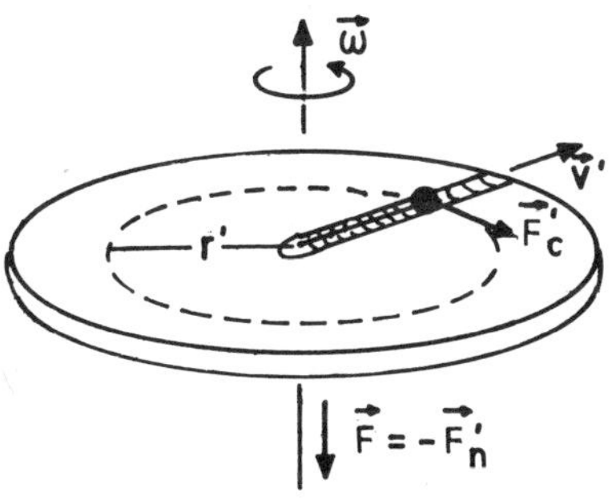

Bild 5.34: Auf einem Plattenteller rotiert eine Masse m, die durch eine radiale Rille geführt ist. Über einen Seilzug durch das Drehzentrum kann die Masse in radialer Richtung bewegt werden.

Betrachten wir z.B. eine Masse m auf einem Schallplattenteller, der mit der Winkelgeschwindigkeit $\vec{\omega}$ rotiert (siehe Bild 5.34). Ruht die Masse im Abstand r' auf dem Plattenteller, so sind in Gl. (5.51) $\vec{F}'$ und die Corioliskraft Null. Deshalb muß die Zentrifugalkraft $\vec{F}'_n = m\,\omega^2\,\vec{r}'$ durch eine gleich große, entgegengesetzt gerichtete Kraft $\vec{F} = -\vec{F}'_n$ ausgeglichen werden, wie in Bild 5.34 gezeigt ist. Ein Beobachter, der nicht mitrotiert, führt diese Kraft auf das Wirken einer *Zentripetalkraft* $\vec{F} = -m\,\omega^2\vec{r}$ zurück, da in seinem Bezugssystem m mit der Winkelgeschwindigkeit ω rotiert. Bewegt sich nun die Masse, die durch eine radiale Rille auf dem Plattenteller geführt wird, mit *konstanter* Geschwindigkeit radial nach außen, so ist wieder $\vec{F}' = 0$. Die Kraft $\vec{F}$ muß neben der Zentrifugalkraft auch die Corioliskraft $\vec{F}'_c = -2\,m(\vec{\omega} \times \vec{v}')$ ausgleichen, die senkrecht zur Rille wirkt (siehe Bild 5.34). Ein Beobachter, der nicht mitrotiert, führt diese Kraftkomponente von $\vec{F}$, die von der Rille auf m ausgeübt wird, auf ein Drehmoment $\vec{M} = -\vec{r} \times \vec{F}'_c = 2\,mrv'\vec{\omega}$ zurück. Was ist die Ursache dieses Drehmoments? Nun, durch die radiale Bewegung der Masse ändert sich ihr Drehimpuls $\vec{L} = m(\vec{r} \times \vec{v}) = mr^2\,\vec{\omega}$, so daß $\vec{M} = d\vec{L}/dt = 2\,mr(dr/dt)\,\vec{\omega}$ zu dem beobachteten Drehmoment führt.

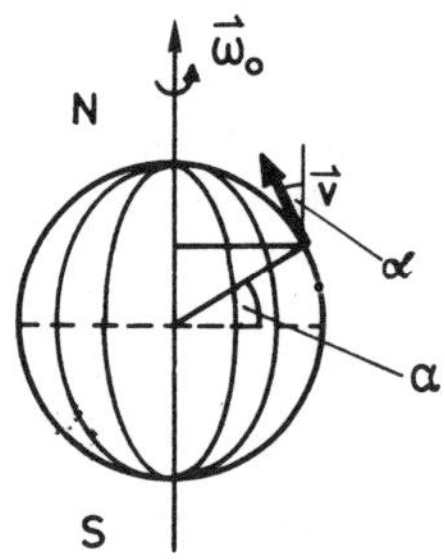

Bild 5.35: Coriolis-Kraft auf der Erdoberfläche.

Wir wollen schließlich mit Hilfe von Gl. (5.51) den Einfluß der *Corioliskraft* auf Bewegungen von Körpern auf der Erdoberfläche diskutieren. Fließen z.B. Luftmassen auf der Nordhalbkugel nach Norden wie in Bild 5.35 gezeigt, so führt die Corioliskraft $\vec{F}'_c = -2\,m(\vec{\omega} \times \vec{v}')$ zu einer östlichen oder Rechtsablenkung. Auch bei einer Bewegung von Osten nach Westen tritt durch die Corioliskraft eine Abweichung nach rechts, d.h. nach Norden auf. Alle horizontalen Bewegungen auf der Nordhalbkugel der Erdoberfläche führen somit zu einer Rechtsabweichung, auf der Südhalbkugel zu einer Linksabweichung. Der Betrag der Corioliskraft parallel zur Erdoberfläche ist hierbei

$$F'_c = 2\,mv'\omega\,\sin\alpha\,, \quad (5.52)$$

wobei α den geographischen Breitengrad angibt.

Übungsfragen:
Wir wirkt sich die Erdrotation auf den freien Fall aus? Führt die Corioliskraft zu einer Störung des Kreiselkompasses auf einem fahrenden Schiff oder in einem Flugzeug?

5.8. Schlußbemerkung: Vergleich zwischen linearer und rotierender Bewegung

Zum Abschluß unserer Beschreibung der rotierenden Bewegung wollen wir noch auf die große formale Ähnlichkeit zwischen der linearen und der rotatorischen Bewegung hinweisen, wie sie in der folgenden Gegenüberstellung zum Ausdruck kommt:

Tabelle 5.3: **Gegenüberstellung entsprechender Begriffe der linearen Bewegung und der Rotationsbewegung**

Lineare Bewegung		Rotationsbewegung	
Ortskoordinate	x	Winkelkoordinate	φ
Geschwindigkeit	$v = \mathrm{d}x/\mathrm{d}t$	Winkelgeschwindigkeit	$\omega = \mathrm{d}\varphi/\mathrm{d}t$
Masse	m	Trägheitsmoment	I
Impuls	$p = mv$	Drehimpuls	$L = I\omega$
Kraft	$F = \mathrm{d}p/\mathrm{d}t$	Drehmoment	$M = \mathrm{d}L/\mathrm{d}t$
Kinetische Energie	$\frac{1}{2}mv^2 = p^2/2m$	Kinetische Energie	$\frac{1}{2}I\omega^2 = L^2/2I$

Literaturhinweise zu Kapitel 5

Berkeley Physics Course Vol. I, Mc Graw Hill (New York) (1965): Chap. 9: Inverse Square-Law Force, Chap. 8: Elementary Dynamics of Rigid Bodies, p. 83, Velocity and acceleration in rotating coordinate systems

Pohl, R.W.: Einführung in die Physik Bd. I, Springer Berlin (1969): Kap. 6: Drehbewegungen fester Körper

Giese, R.: Weltraumforschung I, BI-Hochschultaschenbücher Bd. 107/107a (1966): Kapitel Drehbewegungen und Lagebestimmung von Raumflugkörpern

Goldreich, P.: Tides and the Earth-Moon-System, Scientific American, **226**, April (1972)

Kendall, H.W. and Panofsky: The Structure of the Proton and the Neutron, Scientific American, **224**, June (1971): Streuexperimente von Elektronen an Protonen und Neutronen

6. Bewegte Bezugssysteme - Relativistische Mechanik

In diesem Kapitel wollen wir uns mit der Transformation der Gesetze der Mechanik und und der kinematischen Größen wie Länge, Zeit, Geschwindigkeit bei Beobachtungen in gegeneinander bewegten Bezugssystemen, beschäftigen.

6.1 Die Galilei-Transformation und das Relativitätsprinzip der klassischen Mechanik

Dynamische Äquivalenz

Bisher gingen wir davon aus, daß die Phänomene der Mechanik mit Hilfe des Newtonschen Grundgesetzes in einem Inertialsystem S als Bezugssystem adäquat beschreibbar sind. (Ein Inertialsystem ist ein Bezugssystem, in dem das Galileische Trägheitsprinzip gültig ist, d.h. ein Körper, auf den keine äußeren Kräfte wirken, ruht oder bewegt sich gleichförmig geradlinig relativ zu diesem Inertialsystem.) Um Bewegungen zu beschreiben, benötigen wir zusätzlich noch eine Uhr zur Messung der Zeit. Wir können nun zeigen, daß das Newtonsche Grundgesetz $\vec{F} = m\vec{a}$ und damit die gesamte Newtonsche Mechanik in jedem Bezugssystem S' gültig ist, das sich gegen S geradlinig gleichförmig bewegt, wenn in beiden Systemen das gleiche Zeitmaß gilt (dynamische Äquivalenz). Dies heißt, eine Uhr soll gleiche Zeitintervalle anzeigen, wenn sie von S oder von S' beobachtet wird. Wir werden später sehen, daß gerade diese auf den ersten Blick plausible Annahme gleicher Zeitmaßstäbe in beiden Inertialsystemen nicht richtig ist.

Hier sei kurz der Beweis der dynamischen Äquivalenz ausgeführt: Die Lage der Masse m am Ort P soll im System S durch den Ortsvektor $\vec{r}$, im System S' durch den Ortsvektor $\vec{r}\,'$ gekennzeichnet sein. Der Vektor vom Ursprung von S zum Ursprung von S' soll $\vec{R}$ sein (siehe Bild 6.1).

Dann gilt:

$$\vec{r} = \vec{r}\,' + \vec{R}\,.$$

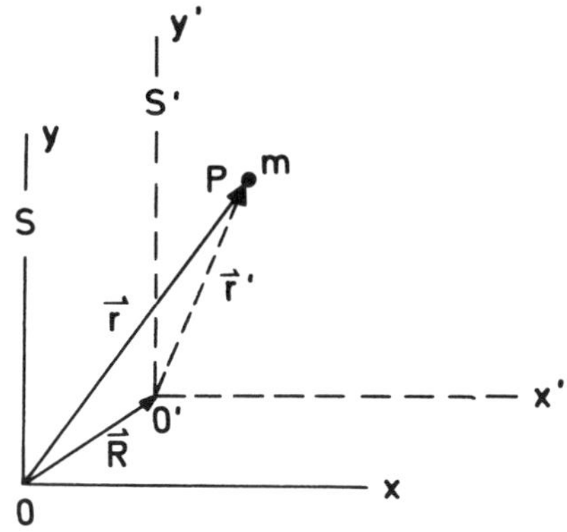

Bild 6.1: Zur Transformation eines Ortsvektors $\vec{r}$ vom Bezugssystem S ins System S'

Die zeitliche Änderung von $\vec{r}$ erhält man durch Differentiation nach der Zeit, wobei die Zeitintervalle in S' gleich denen in S sein sollen: $\underline{\mathrm{d}t' = \mathrm{d}t}$, d.h.

$$\frac{\mathrm{d}\vec{r}}{\mathrm{d}t} = \frac{\mathrm{d}\vec{r}\,'}{\mathrm{d}t} + \frac{\mathrm{d}\vec{R}}{\mathrm{d}t}.$$

Wenn die auf S bezogene Relativgeschwindigkeit $\frac{\mathrm{d}\vec{R}}{\mathrm{d}t}$ des Bezugssystems S' konstant ist, erhalten wir folgende Beziehung für die Beschleunigungen von m relativ zu S und S':

$$\frac{\mathrm{d}^2\vec{r}}{\mathrm{d}t^2} = \frac{\mathrm{d}^2\vec{r}\,'}{\mathrm{d}t^2}.$$

Die Beschleunigungen sind gleich in beiden Systemen.

Wenn wir in beiden Systemen die gleiche Beschleunigung der Masse m beobachten, können wir daraus schließen, daß auch die in S und S' angreifende Kraft gleich sein muß.

Es ist also

(6.1) $$m\frac{\mathrm{d}^2\vec{r}}{\mathrm{d}t^2} = m\frac{\mathrm{d}^2\vec{r}\,'}{\mathrm{d}t^2} = \vec{F}, \qquad \text{q.e.d.}$$

Übungsfrage:
Welche Folgerung läßt sich aus dem Prinzip der dynamischen Äquivalenz für den Fall $\vec{F} = 0$ ziehen? (Hinweis: Integrieren Sie Gl. (6.1))

Galilei-Transformation

Die Transformation

(6.2)
$$\vec{r}\,' = \vec{r} - \vec{v}_0\, t, \qquad t' = t$$
Galilei-Transformation

mit der konstanten Geschwindigkeit $\vec{v}_0 = \frac{d\vec{R}}{dt}$ heißt *Galilei-Transformation.*

Lassen wir speziell zur Zeit $t = 0$ die beiden Bezugssysteme zusammenfallen und nehmen an, daß sich S' in + x-Richtung mit der Geschwindigkeit v_0 bewegt, so wird die Koordinaten-Darstellung der Galilei-Transformation

(6.2)
$$x' = x - v_0 t\,, \quad y' = y\,, \quad z' = z\,, \quad t' = t\,.$$
Galilei-Transformation

Mit Hilfe der Galilei-Transformation können wir Beobachtungen eines Vorganges von zwei Bezugssystemen aus in Beziehung bringen.

Beispiel :
Teilchenbewegung unter dem Einfluß einer konstanten Kraft (Gravitation an der Erdoberfläche, siehe Bild 6.2).

Ein Wagen bewegt sich mit konstanter Geschwindigkeit v_0 in der horizontalen + x-Richtung eines an der Erdoberfläche befestigten Bezugssystems S. Das Bezugssystem S' soll am Wagen befestigt sein. Zur Zeit $t = 0$ läßt ein Beobachter auf dem Wagen einen Ball fallen. Zu diesem Zeitpunkt sollen S und S' zusammenfallen. Ein Beobachter auf der Erde und der Beobachter auf dem Wagen sehen den Ball entsprechend dem Newtonschen Gesetz $\vec{F} = m\vec{a}$ mit der gleichen Beschleunigung fallen. In dem S-System (Beobachter auf der Erde) hat der Ball eine Anfangsgeschwindigkeit $+v_0$ in der horizontalen + x-Richtung. Der Ball fällt in einer Parabel. In S' war der Ball zur Zeit $t = 0$ ruhend. Er fällt geradlinig nach unten.

Beide Systeme sind dynamisch äquivalent. Es gibt kein dynamisches Experiment, durch das ein Inertialsystem von einem anderen unterscheidbar ist. Newton drückte dies in seinem berühmten *Relativitätsprinzip der Mechanik* folgendermaßen aus:

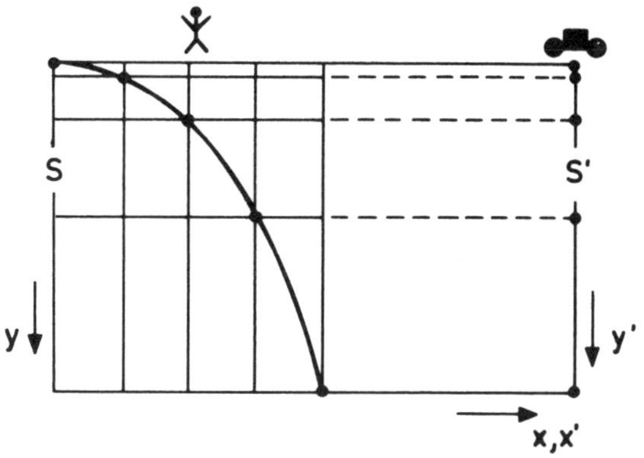

Bild 6.2: Aus einem Wagen mit der konstanten Geschwindigkeit $\vec{v}_0$ fällt ein Ball. Ein auf der Erde ruhender Beobachter (System *S*) sieht den Ball auf einer Parabel fallen, während der Ball im Bezugssystem *S'*, in dem der Wagen ruht, geradlinig nach unten fällt.

„Die Bewegungen von Körpern, die in einem Raum eingeschlossen sind, sind unter sich gleich, unabhängig davon, ob der Raum ruht oder sich gleichförmig auf einer geraden Linie vorwärts bewegt".

Im nächsten Abschnitt werden wir ein Experiment kennenlernen, das den Voraussagen der Galilei-Transformation widerspricht. Dennoch ist diese Transformation eine nützliche Näherung für kleine Geschwindigkeiten.

6.2 Das Relativitätsprinzip und die Elektrodynamik

Im Laufe der Weiterentwicklung der Physik stellte sich nun die Frage, ob dieses Relativitätsprinzip auch für alle anderen physikalischen Gesetze außerhalb der Mechanik gültig ist.

Nachdem im vorigen Jahrhundert elektromagnetische Phänomene intensiv untersucht wurden und schließlich von Maxwell Gesetze für alle elektromagnetischen Erscheinungen gefunden wurden, kamen Zweifel an der Gültigkeit des Relativitätsprinzips für den Elektromagnetismus auf. Die Maxwellschen Gleichungen sagen nämlich voraus, daß sich elektrische Felder, die von beschleunigten Ladungen erzeugt werden, als Wellen nach allen Richtungen im Raum mit einer konstanten Geschwindigkeit, der Lichtgeschwindigkeit, ausbreiten. Dabei ist diese Ausbreitungsgeschwindigkeit unabhängig davon, ob die Quelle ruht oder sich mit irgendeiner beliebigen Geschwindigkeit bewegt. Es erhebt sich nun sofort die Frage, in welchem Bezugssystem diese isotrope Wellenausbreitung erfolgt. Bei Schallwellen z.B. ist dies ein Koordinatensystem, in dem das Übertragungsmedium (z.B die Luft) ruht. Analog nahm man an, daß es auch für die neuen elektromagnetischen Wellen ein solches Übertragungsmedium geben müßte, das *Weltäther* genannt wurde. Das System des ruhenden Weltäthers wäre dann das Koordinatensystem, in dem die Maxwellschen Gleichungen gelten und sich die elektromagnetischen Wellen isotrop mit der Geschwindigkeit c ausbreiten.

Bei Gültigkeit der Galilei-Transformation (vektorielle Addition von Geschwindigkeiten) ist es nun offensichtlich, daß das System des ruhenden Äthers sich in meßbarer Weise von allen dagegen geradlinig gleichförmig bewegten Systemen unterscheidet. Gilt nämlich die isotrope Ausbreitung des Lichtes mit der Geschwindigkeit c in einem bestimmten Inertialsystem, so muß sich das Licht in jedem anderen dagegen gleichförmig geradlinig bewegten System mit einer anderen Geschwindigkeit und außerdem anisotrop ausbreiten, entsprechend der vektoriellen Addition der Systemgeschwindigkeit zur Lichtgeschwindigkeit. Anders ausgedrückt bedeutet dieser Tatbestand, daß die Maxwellschen Gleichungen nicht invariant gegen Galilei-Transformationen sind; wenn die Maxwellschen Gleichungen in einem bestimmten System ihre bekannte einfache Form haben, so ändert sich diese durch jede Galilei-Transformation in komplizierter Weise.

Die Messung der Geschwindigkeit eines beliebigen Systems relativ zu dem genannten Weltäther ist nach dem Gesagten möglich durch Messung der Richtungsabhängigkeit der Lichtgeschwindigkeit in dem bewegten System:

Beobachten wir zum Beispiel die Lichtgeschwindigkeit in einem System, das sich mit der Geschwindigkeit v relativ zum Äther bewegt, einmal in und einmal entgegen der Bewegungsrichtung des Systems, so erwarten wir nach der Galilei-Transformation die Werte $c - v$ und $c + v$, und aus der Differenz der beiden Lichtgeschwindigkeiten sollte man die Geschwindigkeit v bestimmen können.

Es wurden nun Experimente dieser Art mit hoher Präzision durchgeführt, die aber sämtlich nur den Wert $v = 0$ ergaben, d.h. es konnte nie eine Bewegung relativ zum Äther beobachtet werden.

Dies führte Einstein zu der revolutionären Annahme, daß der angenommene Äther als ausgezeichnetes Bezugssystem für die Ausbreitung elektromagnetischer Wellen gar nicht existiert, sondern daß sich das Licht *entgegen den Gesetzen der klassischen Kinematik in allen beliebig gegeneinander geradlinig gleichförmig bewegten Inertialsystemen isotrop mit derselben Geschwindigkeit c ausbreitet.*

Bevor wir diesen Gedanken näher erläutern, wollen wir jedoch noch das entscheidende Experiment, mit dem versucht wurde, die Geschwindigkeit der Erde relativ zum Äther zu messen, etwas näher betrachten.

Der Michelson Versuch

Michelson suchte die Bewegung der Erde relativ zum Äther und damit dessen Existenz nachzuweisen und verwendete dazu 1881 folgende Anordnung (siehe Bild 6.3):

Eine Lichtquelle Q und eine Linse erzeugen ein paralleles Lichtbündel. Dieses wird mit Hilfe einer halbdurchlässigen Platte P geteilt, die beiden Teile laufen zu zwei Spiegeln S_1 und S_2, werden reflektiert, durch die halbdurchlässige Platte wieder vereinigt und schließlich durch ein Fernrohr F beobachtet. Die dort beobachtete Interferenzerscheinung (vgl. Bild 6.7) hängt von der Phasendifferenz der beiden Teilstrahlen und damit von der Zeitdifferenz Δt zwischen den Laufzeiten der beiden Teilstrahlen auf den Wegen $\overline{PS_1P}$ und $\overline{PS_2P}$ ab. Die beiden Strecken $\overline{PS_1}$ und $\overline{PS_2}$ seien gleich:

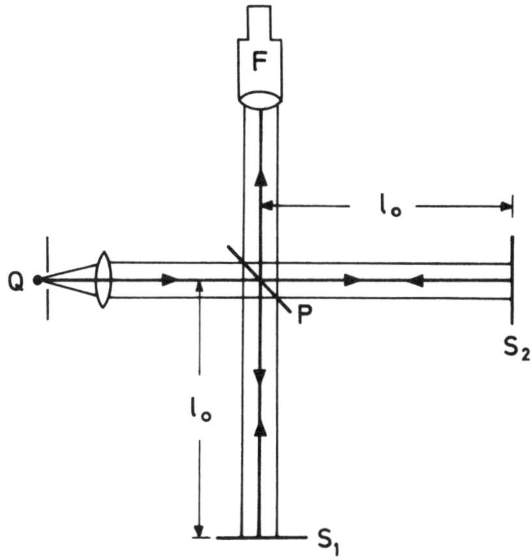

Bild 6.3: Prinzipieller Aufbau des Michelson-Interferometers

$$\overline{PS_1} = \overline{PS_2} = l_0 .$$

Nehmen wir zunächst an, das Interferometer ruhe im Äther, dann ist die Lichtgeschwindigkeit auf allen Lichtwegen gleich c und $\Delta t = 0$.

Bewegt sich jedoch das Interferometer zum Beispiel in der Richtung $\overline{PS_2}$ mit der Geschwindigkeit v, so sollte eine Laufzeitdifferenz Δt auftreten.

Das sieht man folgendermaßen: wir betrachten ein Koordinatensystem S, in dem der Äther ruht, und ein dagegen bewegtes System S', in dem das Interferometer ruht (vgl. Bild 6.4).

In S ist die Lichtgeschwindigkeit c, in S' ist sie $c - v$ bei Bewegung nach rechts und $c + v$ bei Bewegung nach links.

Im System S' können wir sofort die Laufzeit $\overline{PS_{/\!/}P}$ berechnen:

(6.3)
$$t_{/\!/} = \frac{l_0}{c-v} + \frac{l_0}{c+v} = \frac{2l_0c}{c^2-v^2} .$$

Etwas schwieriger ist die Berechnung der Laufzeit $\overline{PS_\perp P}$. Wir betrachten dazu die Bewegung in S. (Siehe hierzu Bild 6.5).

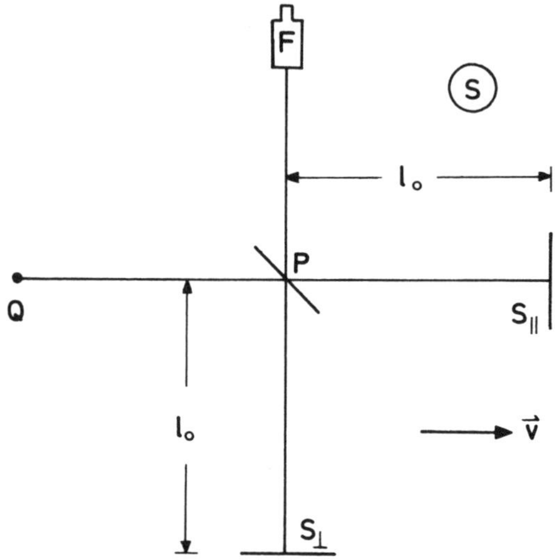

Bild 6.4: Der „Lichtäther" ruht im Koordinatensystem S, das Michelson-Interferometer dagegen bewegt sich mit der Geschwindigkeit $\vec{v}$. Die Spiegel $S_\parallel$ bzw. $S_\perp$ reflektieren parallel bzw. senkrecht zur Bewegungsrichtung.

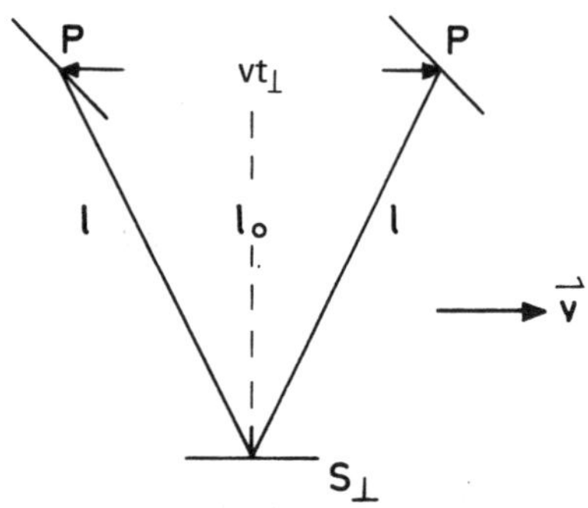

Bild 6.5: Zur Berechnung der Laufzeit $t_\perp$ des Lichtes in dem Interferometerarm, der senkrecht zur Bewegungsrichtung liegt.

In S ist die Lichtgeschwindigkeit gleich c, das Interferometer bewegt sich mit der Geschwindigkeit v nach rechts. Die Laufzeit $t_\perp$, die das Licht für den Weg von P nach $S_\perp$ und zurück braucht, ist dann gegeben durch:

$$t_\perp = 2\frac{l}{c} .$$

Die Länge l des Lichtweges kann man unmittelbar Bild 6.5 entnehmen:

$$l^2 = l_0^2 + \left(\frac{v\,t_\perp}{2}\right)^2$$

oder

$$\left(\frac{c\,t_\perp}{2}\right)^2 = l_0^2 + \left(\frac{v\,t_\perp}{2}\right)^2 .$$

Damit ist die Laufzeit $t_\perp$:

(6.4) $$t_\perp = \frac{2\,l_0}{\sqrt{c^2 - v^2}} .$$

Als gesamte Zeitdifferenz erhalten wir somit:

$$\Delta t = t_{||} - t_\perp =$$

$$= 2 l_0 \left(\frac{c}{c^2 - v^2} - \frac{1}{\sqrt{c^2 - v^2}}\right);$$

(6.5) $$\Delta t = \frac{2 l_0}{c}\left(\frac{1}{1 - v^2/c^2} - \frac{1}{\sqrt{1 - v^2/c^2}}\right).$$

Wir beachten nun, daß $v \ll c$, und entwickeln die beiden Glieder in eine binomische Reihe:

$$(1 + x)^n = 1 + nx + \binom{n}{2} \cdot x^2 + \ldots$$

Vernachlässigen wir die quadratischen und alle höheren Glieder, so gilt:

$$\Delta t = \frac{2 l_0}{c}\left[\left(1 + \frac{v^2}{c^2}\right) - \left(1 + \frac{1}{2}\frac{v^2}{c^2}\right)\right],$$

also:

(6.6) $$\Delta t = \frac{2 l_0}{c} \cdot \frac{1}{2} \cdot \frac{v^2}{c^2} .$$

Der Strahl $\overline{PS_{//}P}$ braucht um die gerade berechnete Zeitdifferenz Δt länger als der Strahl $\overline{PS_\perp P}$. Drehen wir nun das Interferometer um 90°, so vertauschen die beiden Strahlen ihre Rolle, und wir erwarten daher eine Zeitdifferenz von $-\Delta t$ (Bild 6.6).

Die insgesamt erwartete Änderung $\Delta(\Delta t)$ bei der Drehung sollte daher $2\Delta t$ betragen:

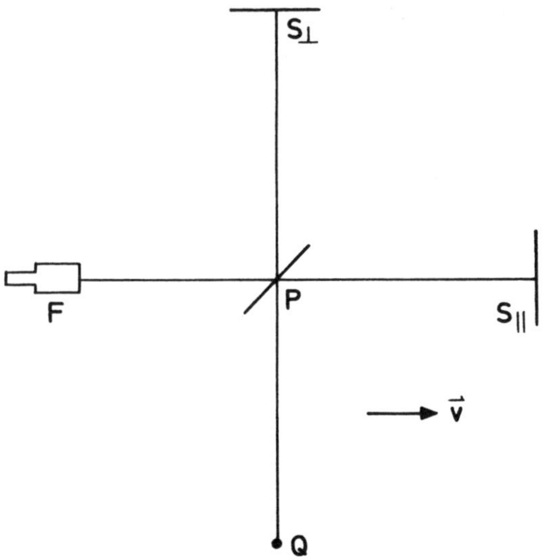

Bild 6.6: Wird das Michelson-Interferometer um 90° gedreht, so wird aus $S_\parallel$ der Spiegel $S_\perp$ und umgekehrt.

(6.7) $$\Delta(\Delta t) = 2\Delta t = \frac{2l_0}{c} \cdot \frac{v^2}{c^2}.$$

Diese Zeitdifferenz ist sehr klein. Nehmen wir als v die Bahngeschwindigkeit der Erde um die Sonne (v = 30 km/s), so wird mit

$$\frac{v}{c} = 10^{-4} \rightarrow \frac{v^2}{c^2} = 10^{-8}$$

$$\Delta(\Delta t)\,[\mathrm{s}] = \frac{2 \cdot 10^{-8}}{3 \cdot 10^8}\, l_0\,[\mathrm{s}] = 0{,}67 \cdot 10^{-16}\, l_0\,[\mathrm{s}]$$

oder für l_0 = 10 m

(6.8) $$\Delta(\Delta t) = 0{,}67 \cdot 10^{-15}\ \mathrm{s}.$$

So kleine Zeitdifferenzen sind aber mit empfindlichen Interferometern noch durchaus meßbar. Die Schwingungsdauer einer „Lichtschwingung“ beträgt nämlich nur

$$T = \frac{1}{f} = \frac{\lambda}{c} = \frac{5 \cdot 10^{-7}}{3 \cdot 10^8} = 1{,}67 \cdot 10^{-15}\ \mathrm{s}.$$

Zeitdifferenzen bis zu etwa 1/100 dieser Schwingungsdauer erzeugen noch meßbare Verschiebungen der im Fernrohr beobachteten Interferenzstreifen, d.h. die Empfindlichkeit einer solchen Anordnung ist wesentlich größer als der erwartete Effekt.

Ergebnis eines Michelson Experimentes

Das erstaunliche Ergebnis dieses Experimentes, für das Michelson im Jahre 1904 den Nobelpreis erhielt, ist, *daß keinerlei Effekt gefunden werden konnte:* Eine Rotation des Interferometers um seine Achse liefert keine meßbare Zeitdifferenz zwischen den Lichtwegen (siehe Bild 6.7 und 6.8). Die Versuche wurden während der letzten Jahre an zahlreichen Orten, zu verschiedenen Jahreszeiten (d.h. verschiedene Richtungen der Erdgeschwindigkeit relativ zum Milchstraßensystem) ausgeführt und verliefen sämtlich negativ. Aus den besten dieser Experimente ergab sich, daß die tatsächliche Zeitverschiebung kleiner sein muß als 1/1000 des Wertes, der sich aus Gl. (6.8) ergibt.

Das Ergebnis zeigt, daß entgegen den Erwartungen eine Relativbewegung der Erde zum Äther nicht nachweisbar ist. Daraus muß geschlossen werden, daß es *kein ausgezeichnetes Koordinatensystem gibt.*

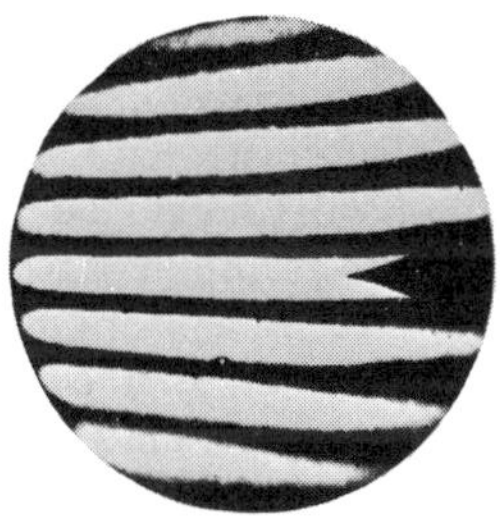

Bild 6.7: Interferenzstreifen, wie sie im Fernrohr des Michelson-Morley-Interferometers zu erkennen sind (monochromatische Lichtquelle). (Entnommen: R. S. Shankland, The Michelson-Morley-Experiment, Sci. Am. Nov., 1964). Die Änderung der Lage eines bestimmten Interferenzstreifens wird mit Hilfe eines Fadenkreuzes bestimmt, das in das Fernrohr eingeblendet wird.

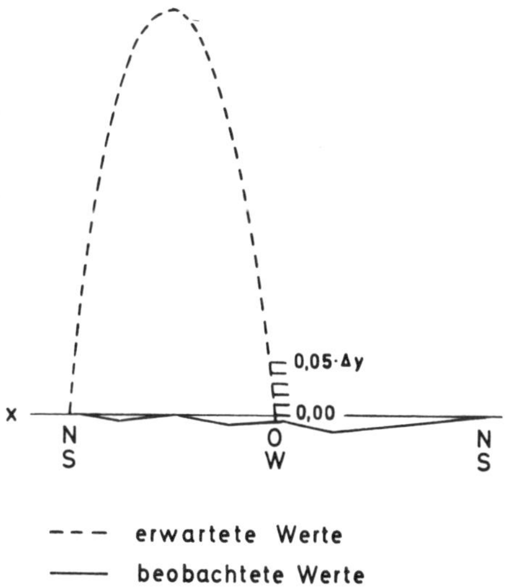

Bild 6.8: Ergebnis eines Michelson-Experiments: Änderung der Lage eines Interferenzstreifens (in Einheiten des Streifenabstandes Δy). Die beobachtete Änderung ist mehr als ein Faktor 40 kleiner als man nach Gl. (6.8) erwartet.

Denn die Annahme, daß der Äther relativ zur Erde ruht, während dann alle anderen Sterne sich notwendigerweise relativ zum Äther bewegen müßten, erscheint extrem unwahrscheinlich. *Statt dessen besitzt die Lichtgeschwindigkeit in allen Inertialsystemen den gleichen Wert, nämlich* $c = 2{,}998 \cdot 10^8\ m/s$.

6.3 Die Lorentz-Transformation

Die Relativität der Gleichzeitigkeit

Das Ergebnis des Michelson-Versuches zwingt uns zu der Annahme, daß die Lichtgeschwindigkeit in allen Koordinatensystemen, die sich gegen die Lichtquelle geradlinig gleichförmig bewegen, dieselbe ist. In anderen Worten: Die Ausbreitung eines Lichtimpulses, gemessen in irgendeinem Koordinatensystem, erfolgt unabhängig davon, mit welcher Geschwindigkeit sich die Lichtquelle im Moment der Lichtemission relativ zum gewählten Koordinatensystem bewegt. Um zu erkennen, was dies konkret bedeutet, betrachten wir die Ausbreitung eines Lichtimpulses, der zur Zeit $t = 0$ von der Lichtquelle emittiert wird, in zwei verschiedenen Inertialsystemen. Zum Beispiel in einem Inertialsystem S, in dem die Lichtquelle ruht, und in einem zweiten System S', das sich gegenüber dem ersten mit einer Geschwindigkeit $\vec{v} = v\hat{x}$ in x-Richtung bewegt. (Dabei ist $\hat{x}$ ein Einheitsvektor in Richtung der positiven x-Achse.) Zum Zeitpunkt $t = 0$, bei dem die beiden Systeme gerade zusammenfallen, werde von der Quelle ein Lichtimpuls emittiert (vgl. Bild 6.9). Wir fragen nun, wie breitet sich die zugehörige Wellenfront des Lichtes aus? In beiden Systemen beträgt die Lichtgeschwindigkeit c. Betrachten wir daher die Lichtausbreitung in S, so ist sie gegeben durch eine Kugel um den Ursprung 0 von S. Zur Zeit t hat das Licht den Weg ct zurückgelegt. Also

$$x^2 + y^2 + z^2 = c^2 t^2 . \qquad (6.9)$$

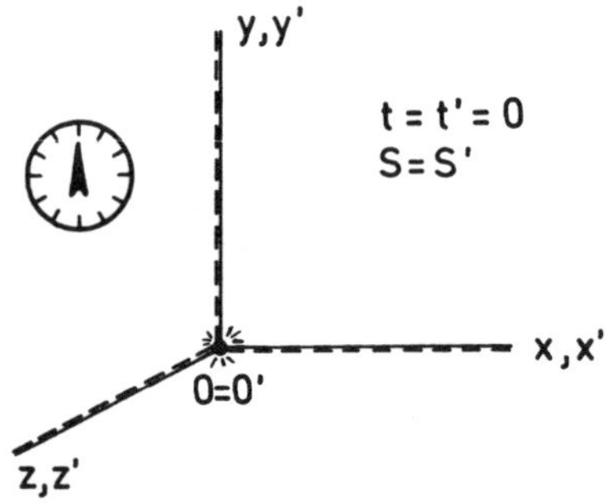

Bild 6.9: Zur Zeit $t = 0$, bei der die beiden Inertialsysteme S und S' gerade zusammenfallen, emittiert eine Lichtquelle im Ursprung 0 = 0' einen kurzen Lichtimpuls.

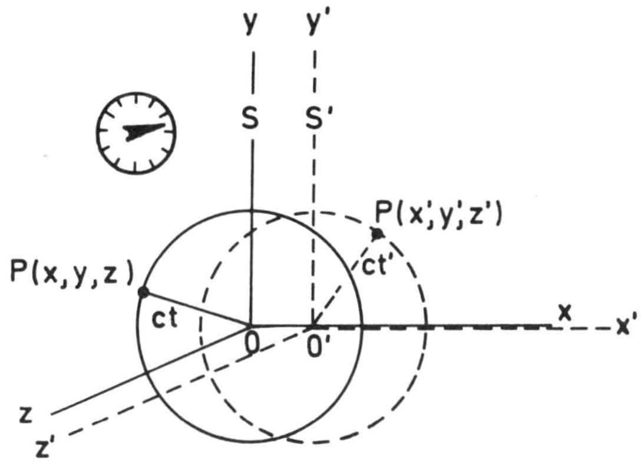

Bild 6.10: Zu einem späteren Zeitpunkt t sieht ein Beobachter im System S eine kugelförmige Wellenfront mit dem gleichen Radius ct. Zur gleichen Zeit $t' = t$ erwartet man im System S' eine kugelförmige Wellenfront mit dem gleichen Radius ct, jedoch um dem Mittelpunkt 0'.

In S' beträgt die Lichtgeschwindigkeit ebenfalls c, d.h. betrachtet in S' breitet sich der Lichtimpuls ebenfalls kugelförmig, aber um den Mittelpunkt 0', aus, also

$$(6.10) \qquad x'^2 + y'^2 + z'^2 = c^2 t'^2 .$$

Dieses Ergebnis scheint zunächst paradox. In ein- und derselben Zeit $t = t'$ sollte die Wellenfront demnach auf zwei verschiedenen Kugeln mit verschiedenen Mittelpunkten im Abstand $\overline{00'} = vt$ (vgl. Bild 6.10) liegen.

Eine Lösung dieses Widerspruches ist – wie wir sehen werden – nur möglich, wenn man die Annahme einer universell gültigen Zeit aufgibt und stattdessen annimmt, daß beim Übergang zwischen gleichförmig geradlinig bewegten Koordinatensystemen nicht nur eine zeitabhängige Änderung der Ortskoordinaten, *sondern auch eine ortsabhängige Änderung der Zeit stattfindet.*

Konkret heißt das: Zwei Vorgänge an verschiedenen Punkten des Raumes, die einem Beobachter in S gleichzeitig erscheinen, sieht ein Beobachter in S' als zeitlich gegeneinander verschobene Ereignisse.

Dies erscheint zunächst wenig einleuchtend, läßt sich aber verstehen, wenn man folgende Frage etwas genauer betrachtet: Was heißt Gleichzeitigkeit zweier Ereignisse, die an zwei verschiedenen Raumpunkten A und B stattfinden?

Die Zeitmessung an einem Ort A ist begrifflich einfach: Sie besteht in der Feststellung der Koinzidenz des Ereignisses mit der momentanen Zeitangabe einer an dem betrachteten Ort befindlichen Uhr. (Beispiel: Messung der Zeit eines Läufers am Ziel mit einer Stoppuhr.) Bei der Zeitmessung an zwei verschiedenen Orten A und B führen wir nun eine solche Messung mit zwei Uhren an beiden Orten aus und definieren zwei Ereignisse als gleichzeitig, wenn die beiden gemessenen Zeiten t_A und t_B gleich sind. Voraussetzung für dieses Verfahren ist jedoch, daß wir die Möglichkeit besitzen, die beiden Uhren zu synchronisieren und experimentell ihren Synchronismus zu überprüfen. Dazu benutzen wir wieder die Signalübermittlung durch elektromagnetische Wellen (Zeitzeichen im Rundfunk). Nach Einstein kann man im Prinzip folgendes Synchronisierungsverfahren verwenden: Zur Zeit t_A (gemessen mit der Uhr in A) werde von A ein Lichtsignal emittiert, es erreicht B zur Zeit t_B (gemessen mit der Uhr in B), werde dort reflektiert und komme wieder nach A zurück zur Zeit $t_{A'}$.

Wir definieren: Beide Uhren laufen *synchron,* wenn gleiche Zeiten für den Hin- und Rückweg gemessen werden, also

$$\underbrace{t_B - t_A}_{\text{Hinweg}} = \underbrace{t_{A'} - t_B}_{\text{Rückweg}} \,.$$

Damit kann man innerhalb eines bestimmten Bezugssystems Uhren an beliebigen Punkten des Raumes mit einer Uhr im Ursprung synchronisieren und damit eine einheitliche Zeit t in dem betreffenden System definieren. Voraussetzung ist allerdings die Annahme, daß die Lichtgeschwindigkeit richtungsunabhängig, d.h. der Raum selbst isotrop ist.

Damit ist das Problem der Feststellung der Gleichzeitigkeit von räumlich getrennten Ereignissen in einem einmal festgelegten Koordinatensystem gelöst, und wir können als nächstes folgende Frage behandeln: Erscheinen zwei Uhren an verschiedenen Punkten, die in einem Koordinatensystem nach dem beschriebenen Verfahren synchronisiert sind, auch für einen Beobachter in einem dagegen gleichförmig bewegten System synchronisiert?

Wir betrachten zu diesem Zweck folgendes konkretes Beispiel:

Die Uhren A und B befinden sich im Abstand r_{AB} (vgl. Bild 6.11) und seien in dem beschriebenen Sinne synchron im System S, in dem beide ruhen. Zu einer bestimmten Zeit t bewege sich an den beiden Uhren ein Stab M der Länge r_{AB} mit zwei weiteren

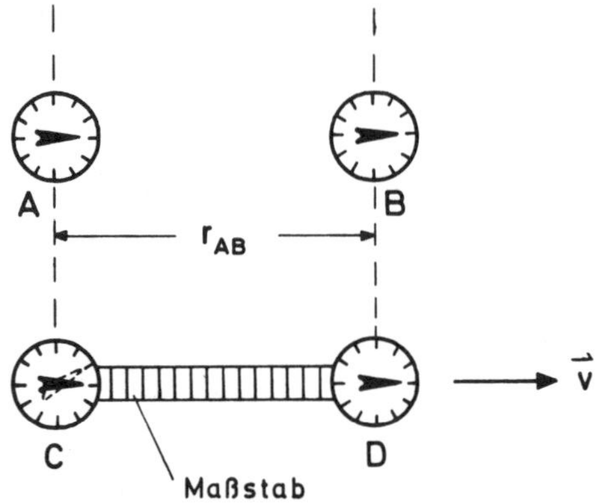

Bild 6.11: An zwei Uhren A und B im System S bewegt sich ein Maßstab M mit zwei Uhren C und D an seinen beiden Enden vorbei. Im Moment der räumlichen Koinzidenz zeigen alle Uhren die gleiche Zeit.

Uhren C und D an seinen beiden Enden mit der Geschwindigkeit v vorüber (System S'). Wir nehmen zunächst an, die Uhren C und D zeigen im Moment der räumlichen Koinzidenz die gleiche Zeit an wie A und B.

Dann sehen wir sofort, *daß nun C und D nicht mehr in dem beschriebenen Sinne synchron sind* in ihrem zugehörigen Bezugssystem S'. Die Zeit, die ein Lichtsignal braucht, um von C nach D zu kommen, ist nämlich länger als $t_B - t_A$, da sich D während der Laufzeit des Lichtsignals mit einer Geschwindigkeit v nach rechts bewegt hat und das Lichtsignal einen entsprechend längeren Weg zurücklegen muß; umgekehrt braucht das Signal für den Rückweg eine kürzere Zeit, da dann die Uhr C dem Lichtsignal entgegenläuft. Einem Beobachter in S' erscheinen damit die beiden Uhren nicht synchronisiert, Uhr C geht für ihn vor.

Quantitativ erhalten wir für die beiden Laufzeiten

$$C \rightarrow D:\quad t_D - t_C = \frac{r_{CD}}{c-v} ,$$

$$D \rightarrow C:\quad t_{C'} - t_D = \frac{r_{CD}}{c+v} ,$$

wobei r_{CD} der Abstand der Uhren C und D gemessen im ruhenden System S ist.

Um die beiden Uhren in S' zu synchronisieren, d.h. $t_D - t_C = t_{C'} - t_D$ zu erreichen, müssen wir daher eine der beiden Uhren um den Betrag

$$\Delta t = \frac{1}{2}\left[(t_D - t_C) - (t_{C'} - t_D)\right] = \frac{v \cdot r_{CD}}{c^2 - v^2} \qquad (6.11)$$

verstellen, obwohl sie in S synchron laufen.

Die Ursache für diese *Relativität der Gleichzeitigkeit,* d.h. ihre Abhängigkeit vom Bezugssystem liegt darin, daß wir die experimentell festgestellte Konstanz der Lichtgeschwindigkeit in beiden Systemen S und S' angewendet haben.

Nach den Gesetzen der klassischen Kinematik hätten wir das genannte Synchronisierungskriterium nur im System des ruhenden Äthers anwenden dürfen und im bewegten System entsprechend der unterschiedlichen Lichtgeschwindigkeit in und entgegen der Bewegungsrichtung korrigieren müssen. Dadurch wäre dann die besprochene Zeitdifferenz wieder verschwunden, und wir hätten dann das Ergebnis erhalten, daß zwei Ereignisse, die in S gleichzeitig vor sich gehen, dies auch in allen anderen Systemen S' tun.

Wir sehen also: Die experimentell beobachtete Konstanz der Lichtgeschwindigkeit zwingt uns dazu, von der Vorstellung einer universell gültigen Zeit abzugehen, aber sie liefert zugleich auch die Erklärung, wie die besprochene *Relativität der Gleichzeitigkeit* zustande kommt.

Übungsfrage:
In der Mitte zwischen den Uhren A und B strahlt eine Lichtquelle einen kurzen Lichtimpuls aus. Zu welchen Zeitpunkten werden die Uhren A und B bzw. C und D (vgl. Bild 6.11) das Ereignis registrieren?

Die Lorentz-Transformation

Nach diesen Vorbemerkungen sind wir nun in der Lage, das Grundgesetz der relativistischen Kinematik, die sogenannte Lorentz-Transformation, die an die Stelle der Galilei-Transformation tritt, abzuleiten.

Wir stellen dazu die folgende Frage: Welche Transformation der Ortskoordinaten und der Zeit zwischen gleichförmig gegeneinander bewegten Systemen liefert die geforderte Konstanz der Lichtgeschwindigkeit in allen Inertialsystemen? Die Antwort auf diese Frage ist eindeutig, wenn wir noch die folgenden beiden Annahmen machen:

1. Das *Trägheitsprinzip* soll weiterhin in allen Inertialsystemen gelten. Damit muß die Transformation jede geradlinig gleichförmige Bewegung wieder in eine solche überführen; das bedeutet, daß nur *lineare* Transformationen zwischen x, y, z, t und x', y', z', t' zulässig sind, also: $x' = a_1 x + a_2 y + a_3 z + a_4 t$ usw.

2. Das *Relativitätsprinzip* soll weiterhin gelten, d.h. alle Inertialsysteme sollen gleichwertig sein. Dies bedeutet, daß die Transformationen von S nach S' und S' nach S symmetrisch sein müssen. Durch die zusätzliche Bedingung der Konstanz der Lichtgeschwindigkeit wird die Zahl der nach 1. möglichen linearen Transformationen auf eine einzige reduziert, die sog. *Lorentz-Transformation*[1].

Für den einfachen Fall einer Bewegung von S' in der positiven x-Richtung lauten die so festgelegten Transformationsgleichungen folgendermaßen:

$$(6.12) \qquad x' = \frac{x - vt}{\sqrt{1 - v^2/c^2}} ,$$

$$y' = y ,$$
$$z' = z ,$$

$$t' = \frac{t - x \cdot v/c^2}{\sqrt{1 - v^2/c^2}} ,$$

oder mit den Abkürzungen

$$(6.13) \qquad \boxed{\beta = \frac{v}{c}} \qquad \text{und (6.14)} \qquad \boxed{\gamma = \frac{1}{\sqrt{1 - v^2/c^2}} = \frac{1}{\sqrt{1 - \beta^2}}} :$$

[1] siehe hierzu: Berkeley Physics Course I, Chap. II, McGraw-Hill (1965).

(6.15)
$$\boxed{\begin{aligned} x' &= \gamma\ (x - \beta ct)\,, \\ y' &= y\,, \\ z' &= z\,, \\ t' &= \gamma\ (t - \frac{\beta x}{c})\,. \end{aligned}}$$

Lorentz-Transformation

Die Rücktransformation ergibt:

(6.16)
$$\begin{aligned} x &= \gamma\,(x' + \beta ct')\,, \\ y &= y'\,, \\ z &= z'\,, \\ t &= \gamma\ (t' + \frac{\beta x'}{c})\,. \end{aligned}$$

Übungsfrage:
Erfüllt die Transformation (6.15) die Forderung nach der Konstanz der Lichtgeschwindigkeit in beiden Bezugssystemen? (Hinweis: Zeigen Sie, daß sich die Gleichung $\vec{r}\,'^2 = c^2 t'^2$, die die Ausbreitung der kugelförmigen Wellenfront einer Lichtwelle im System S' beschreibt, mit Hilfe der Lorentz-Transformation überführen läßt in die Gl. $\vec{r}^{\,2} = c^2 t^2$, die die Ausbreitung der gleichen Lichtwelle im System S mit der Geschwindigkeit c angibt.)

Für kleine Geschwindigkeiten $v/c \to 0$, wird $\beta = 0$ und $\gamma = 1$.

Damit erhalten wir aus Gl. (6.15):

(6.17)
$$\begin{aligned} x' &= x - vt\,, \\ y' &= y\,, \\ z' &= z\,, \\ t' &= t\,, \end{aligned}$$

d.h. im Grenzfall kleiner Geschwindigkeiten erhalten wir – wie erwartet – die Galilei-Transformation der klassischen Mechanik.

Die Lorentz-Transformation hat drei besonders interessante Konsequenzen:

1. Die *vektorielle Addition* von Geschwindigkeiten wird *ungültig* und muß durch ein komplizierteres Gesetz ersetzt werden.

2. *Längenkontraktion:* Die Länge einer Strecke erscheint einem Beobachter in einem relativ zur Strecke bewegten System stets kürzer als in dem System, in dem die Strecke ruht.

3. *Zeitdilatation:* Die Zeitdauer eines Vorganges erscheint in einem bewegten System länger als in dem System, in dem die Uhr ruht.

Diese wichtigen Konsequenzen wollen wir nun etwas näher betrachten.

Addition von Geschwindigkeiten

Das System S' bewege sich mit $\vec{v} = v\hat{x}$ entlang der x-Achse relativ zu S. Das Teilchen P bewege sich mit der Geschwindigkeit $\vec{u}' = (u'_x, u'_y, u'_z)$ im System S'. Gesucht ist die Geschwindigkeit $\vec{u} = (u_x, u_y, u_z)$ von P in S.

Da die Geschwindigkeit $\vec{u}$ definiert ist durch $\vec{u} = \mathrm{d}\vec{r}/\mathrm{d}t$, benötigen wir die Transformation der Differentiale $\mathrm{d}x$, $\mathrm{d}y$, $\mathrm{d}z$ sowie $\mathrm{d}t$ aus Gl. (6.16):

$$
\begin{aligned}
x &= \gamma x' + \gamma\beta c t' &&\rightarrow& \mathrm{d}x &= \gamma \mathrm{d}x' + \gamma\beta c\,\mathrm{d}t' ,\\
t &= \gamma t' + \frac{\gamma\beta x}{c} &&\rightarrow& \mathrm{d}t &= \gamma \mathrm{d}t' + \frac{\gamma\beta}{c}\mathrm{d}x' ,\\
y &= y' &&\rightarrow& \mathrm{d}y &= \mathrm{d}y' ,\\
z &= z' &&\rightarrow& \mathrm{d}z &= \mathrm{d}z' .
\end{aligned}
$$

Daraus folgt nun:

$$
u_x = \frac{\mathrm{d}x}{\mathrm{d}t} = \frac{\mathrm{d}x' + \beta c\,\mathrm{d}t'}{\mathrm{d}t' + \beta/c\ \mathrm{d}x'} = \frac{\mathrm{d}x'/\mathrm{d}t' + \beta c}{1 + \beta/c\dfrac{\mathrm{d}x'}{\mathrm{d}t'}} = \frac{u'_x + v}{1 + \dfrac{u'_x \cdot v}{c^2}} ,
$$

$$
u_y = \frac{\mathrm{d}y}{\mathrm{d}t} = \frac{\mathrm{d}y'}{\gamma(\mathrm{d}t' + \beta/c\ \mathrm{d}x')} = \frac{u_y}{\gamma\left(1 + \dfrac{u'_x \cdot v}{c^2}\right)} = \frac{u_y\sqrt{1 - v^2/c^2}}{1 + \dfrac{u'_x \cdot v}{c^2}} ,
$$

ebenso u_z.

Damit erhalten wir also das *relativistische Additionstheorem der Geschwindigkeit:*

(6.18)
$$
\boxed{
\begin{aligned}
u_x &= \frac{u'_x + v}{1 + u'_x\, v/c^2} ,\\
u_y &= \frac{u'_y\sqrt{1 - v^2/c^2}}{1 + u'_x \cdot v/c^2} ,\\
u_z &= \frac{u'_z\sqrt{1 - v^2/c^2}}{1 + u'_x \cdot v/c^2} .
\end{aligned}
}
$$

relativistisches Additionstheorem der Geschwindigkeit

Übungsfrage:
Welche Form haben die inversen Transformationsgleichungen $\vec{u}' = \vec{u}'\,(u_x, u_y, u_z)$?

Beispiel 1:
Das Teilchen P sei ein Photon und bewege sich mit $u_x' = c$ in S'. Dann ist

$$u_x = \frac{c + v}{1 + \frac{c \cdot v}{c^2}} = c\,.$$

Das Photon bewegt sich auch in S mit c unabhängig von v wie gefordert. Weitere Konsequenz: Es gibt kein Bezugssystem, in dem ein Photon (allgemein ein Teilchen mit der Ruhemasse 0) ruht.

Beispiel 2:
Zwei Teilchen bewegen sich im System S' mit der Geschwindigkeit $u_x' = \pm\, 0{,}9\, c$ aufeinander zu. Wie groß ist die Geschwindigkeit eines Teilchens relativ zum anderen?

Wir wählen das Teilchen mit $u_x' = -\,0{,}9\, c$ als System S, dann ist $v = +\,0{,}9\, c$ und das andere Teilchen hat im System S die Geschwindigkeit:

$$u_x = \frac{0{,}9\, c + 0{,}9\, c}{1 + \frac{0{,}9\, c \cdot 0{,}9\, c}{c^2}} = \frac{1{,}80}{1{,}81}\, c = 0{,}994\, c\,.$$

Allgemein folgt aus der Gl. (6.18), daß man durch Addition von zwei Geschwindigkeiten $\vec{v}$ und $\vec{u}$ keine Geschwindigkeit größer als die Lichtgeschwindigkeit c erhalten kann, solange $\vec{u}$ und $\vec{v}$ beide $\leqslant c$ sind.

Übungsfrage:
Zeigen Sie, daß Gl. (6.18) für $v \ll c$ sich auf die klassische vektorielle Addition von Geschwindigkeiten $\vec{u}' + \vec{v}$ reduziert.

Längenkontraktion

Wir wollen nun überprüfen, inwieweit sich die Länge l_0 eines Maßstabs, der im System S ruht, sich in einem System S' ändert, das sich gleichförmig mit der Geschwindigkeit $\vec{v} = v\hat{x}$ entlang der x-Achse relativ zu S bewegt.

a) Länge eines Maßstabes senkrecht zur Bewegungsrichtung der beiden Systeme (vgl. Bild 6.12):

Nach der Lorentz-Transformation ist

$$y = y' \quad \text{und} \quad z = z'\,.$$

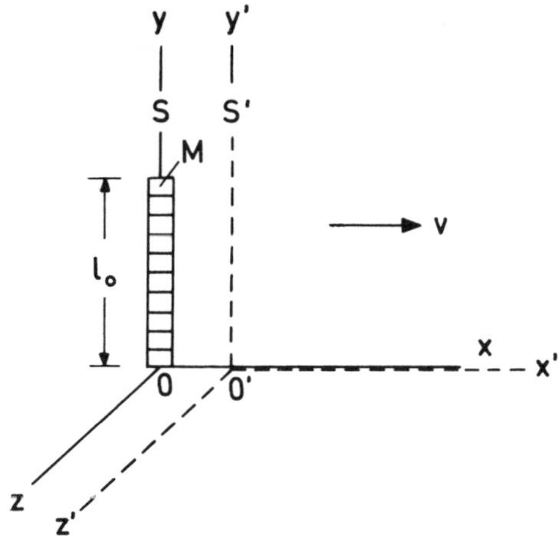

Bild 6.12: Der Maßstab M steht senkrecht auf der Bewegungsrichtung. Für einen Beobachter in S' hat der Maßstab die gleiche Länge l_0 wie in S.

Die Länge eines Maßstabes in der yz-Ebene ist also unabhängig von der Bewegung in x-Richtung. Eine Messung im S- und im S'-System ergibt gleiche Resultate.

b) Die Länge eines Maßstabes in Bewegungsrichtung (siehe Bild 6.13):

1. Wir betrachten einen Maßstab M_1, der parallel zur x-Achse liegt und im System S ruht. Die Koordinaten seines Anfangs- und Endpunktes seien x_{1M_1} und x_{2M_1} und zeitunabhängig. Wir nennen dann

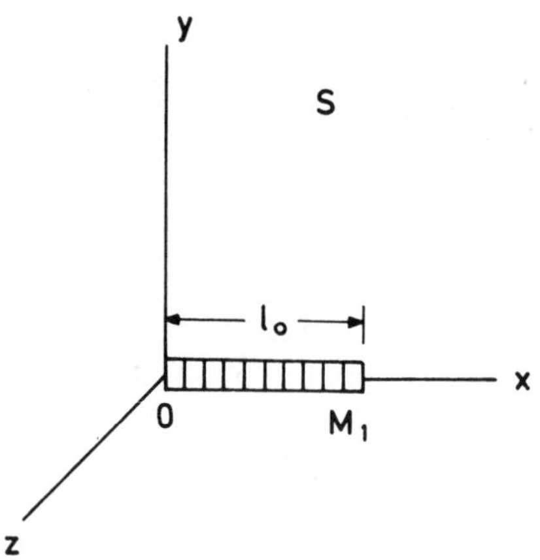

Bild 6.13a: Der Maßstab M_1 mit der Länge l_0 liegt parallel zur x-Achse und ruht im System S.

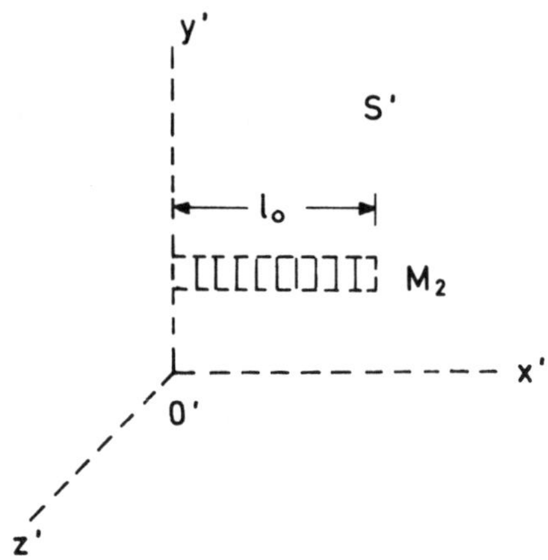

Bild 6.13b: Ein identischer Maßstab M_2 mit der Länge l_0 ruht im System S' und liegt parallel zur x'-Achse.

$$l_{0M_1} = x_{2M_1} - x_{1M_1}$$

die Ruhelänge des Maßstabes M_1 (vgl. Bild 6.13a).

2. Wir betrachten einen identischen Maßstab, der in S' ruhen soll. Dann sind x'_1 und x'_2 zeitunabhängig und seine Ruhelänge ist gegeben durch (vgl. Bild 6.13b)

$$l_{0M_2} = x'_{2M_2} - x'_{1M_2} \; .$$

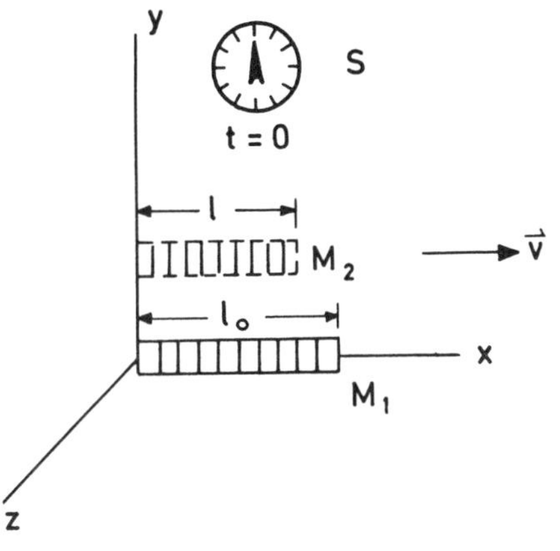

Bild 6.13c: Einem Beobachter, der im System S die beiden Maßstäbe M_1 und M_2 zur Zeit $t = 0$ vergleicht, erscheint der Maßstab M_2 verkürzt.

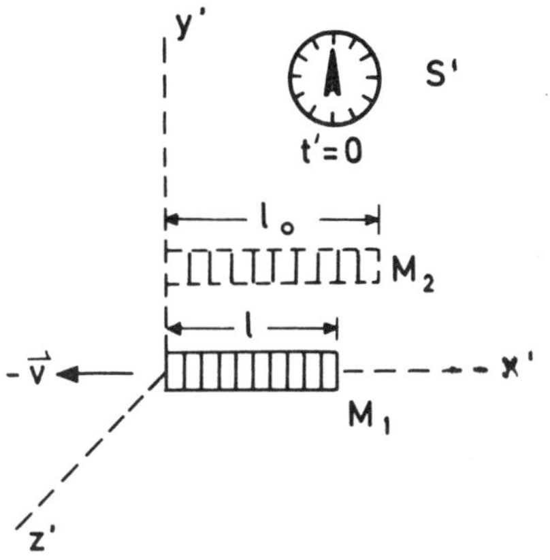

Bild 6.13d: Einem Beobachter im System S' dagegen erscheint der Maßstab M_1, der sich mit der Geschwindigkeit $-\vec{v}$ bewegt, verkürzt.

3. Wir betrachten nun beide Maßstäbe im System S (vgl. Bild 6.13c). M_1 ist damit weiterhin in Ruhe, seine Länge in S ist l_0. M_2 bewegt sich mit der Geschwindigkeit v in positiver x-Richtung.

Die Längenmessung des bewegten Maßstabes nehmen wir vor, indem wir *gleichzeitig*, zum Beispiel bei $t = 0$, die Positionen von Anfang und Ende von M_2, also x_{1M_2} und x_{2M_2}, *mit Uhren beobachten, die im S-System synchronisiert sind.*

Dann ist die Länge von M_2 im relativ zum Maßstab bewegten System S definiert durch:

$$l_{M_2} = x_{2M_2}(t) - x_{1M_2}(t) \; .$$

Nun gilt nach der Lorentz-Transformation

$$x'_{2M_2} = \gamma (x_{2M_2} - \beta ct) ,$$

$$x'_{1M_2} = \gamma (x_{1M_2} - \beta ct) ,$$

damit:

$$x'_{2M_2} - x'_{1M_2} = \gamma (x_{2M_2} - x_{1M_2}) .$$

Die Differenz der gestrichenen Koordinaten ist aber gerade die Ruhelänge l_{0M_2} von M_2, daher:

$$l_{0M_2} = \gamma l_{M_2} .$$

Dies gilt natürlich für jeden beliebigen Maßstab.

Das heißt: Die Länge des bewegten Maßstabes erscheint im ruhenden System um den Faktor $\sqrt{1 - v^2/c^2}$ verkürzt *(Längenkontraktion)*:

(6.19) $$\boxed{l = l_0 \cdot \sqrt{1 - v^2/c^2}.}$$ **Längenkontraktion**

4. Wir können natürlich auch beide Maßstäbe im System S' betrachten. Dann ruht M_2, während sich M_1 mit v in negativer x-Richtung bewegt. M_2 besitzt seine Ruhelänge l_0, während M_1 nun verkürzt erscheint. Die Länge von M_1 in S' wird wieder als Differenz der Koordinaten x'_{1M} und x'_{2M} im System S' gemessen, zu beliebiger, aber gleicher Zeit t' (mit Uhren synchronisiert im S'-System). Wir können dann die Rechnung wiederholen und bekommen

(6.20) $$l_{M_1} = l_{0M_1} \cdot \sqrt{1 - v^2/c^2} .$$

Wieder erscheint der bewegte Maßstab um den Faktor $\sqrt{1 - v^2/c^2}$ verkürzt. Die Verkürzung hängt nur vom Betrag v der Geschwindigkeit ab.

Übungsfrage:
Warum muß dies so sein?

Der physikalische Grund für diese Verkürzung, die sich formal aus der Lorentz-Transformation ergibt, *ist die besprochene Relativität der Gleichzeitigkeit.* Gleichzeitige Messung der Positionen von Anfang und Ende des Maßstabes in S bedeutet Messung zu verschiedenen Zeiten in S' und umgekehrt.

Übungsfrage:
Bitte zeigen Sie mit Hilfe der Lorentz-Transformation, daß zwei Ereignisse, zum Beispiel die Emission von Lichtquanten, welche in S gleichzeitig ($\Delta t = 0$) aber an verschiedenen Orten (Entfernung in S: Δx) stattfinden, sich in S' *räumlich* verschoben mit $\Delta x' = \gamma \Delta x$ und zeitlich getrennt mit $\Delta t' = (\beta\gamma/c)\,\Delta x$ ereignen.

Die Zeitdilation

Als weitere wichtige Konsequenz der betrachteten Relativität der Gleichzeitigkeit ergibt sich die Zeitdilation. Wir betrachten zunächst eine Uhr, die im System S ruht. Eine Messung eines Zeitintervalles in S mit einer solchen darin ruhenden Uhr nennen wir die *Eigenzeit* τ von S. Nehmen wir an, die Uhr befinde sich bei $x = 0$, dann erhalten wir aus der Lorentz-Transformation

$$(6.21) \qquad \boxed{t' = \tau\gamma = \frac{\tau}{\sqrt{1-\beta^2}} = \frac{\tau}{\sqrt{1-v^2/c^2}}} \qquad \textbf{Zeitdilatation}$$

für das gleiche Zeitintervall gemessen in einem System S', das sich mit der Geschwindigkeit $v \cdot \hat{x}$ relativ zu S bewegt. Das Zeitintervall gemessen im bewegten System ist stets länger als das Intervall gemessen in S. Dieser Effekt wird *Zeitdilatation* genannt.

Dies wollen wir anhand des in Bild 6.14 dargestellten Beispiels noch einmal erläutern:

Nach Ablauf der Zeit $t = l_0/v$ ist die Uhr U' am Ort der Uhr U_2 angekommen. U_2 zeigt die Zeit:

$$t = \frac{l_0}{v}\,.$$

Nach Gl. (6.15) zeigt U' die Zeit $t' = \gamma(t - \frac{\beta}{c}x)$, wobei $x = l_0 = vt$ ist. Damit wird

$$(6.22) \qquad t' = \frac{t - v^2/c^2\; t}{\sqrt{1-v^2/c^2}} = t \cdot \sqrt{1-v^2/c^2}\,.$$

Die bewegte Uhr geht somit scheinbar langsamer als die ruhende Uhr im System S.

Natürlich sind, wie bei der Längenkontraktion, die beiden Systeme S und S' völlig gleichwertig. Betrachten wir den in den Bildern dargestellten Vorgang in S', wobei jetzt in S' mehrere Uhren gleichabständig aufgestellt sind, so kehrt er sich um: die nunmehr bewegte Uhr in S zeigt die *gleiche* Zeitdilatation wie vorher die Uhr in S'.

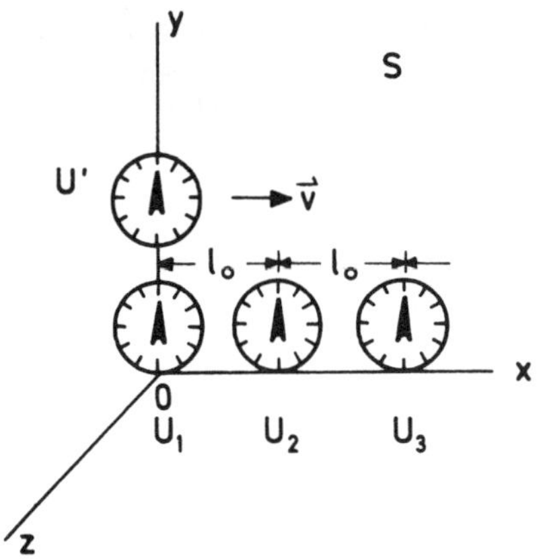

Bild 6.14 a: Die Uhren U_1, U_2, U_3 sind in dem System S entlang der x-Achse in gleichen Abständen l_0 aufgestellt und synchronisiert. Die Uhr U', die sich zur Zeit $t = 0$ bei $x = 0$ befindet und die Zeit $t' = 0$ anzeigt, bewegt sich mit der Geschwindigkeit $\vec{v} = v\hat{x}$ nach rechts.

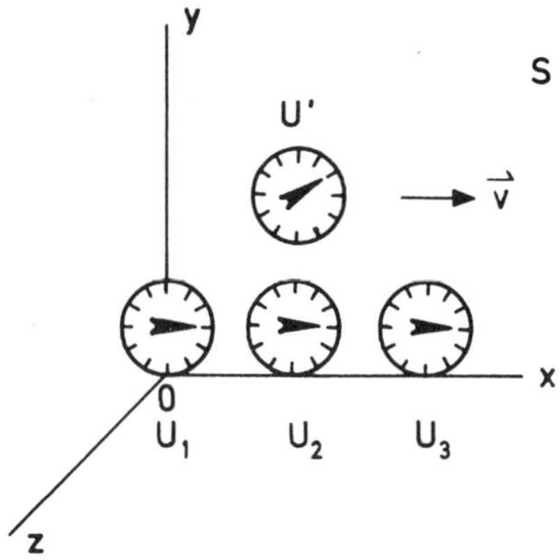

Bild 6.14b: Zu einer späteren Zeit t befindet sich U' am Ort der Uhr U_2. - Aufgrund der Zeitdilatation geht die Uhr U' gegenüber den im System S ruhenden Uhren nach.

Übungsfrage:

Ein Beobachter im System S, der an der Uhr U_2 steht und die Zeit der Uhr U' mit seiner Uhr U_2 vergleicht (vgl. Bild 6.14b), wird die nachgehende Uhr U' mit Hilfe der Zeitdilatation deuten. Wie wird sich aber ein Beobachter im System S' die Tatsache erklären, daß die Uhr U_2 offensichtlich gegenüber seiner Uhr U' vorgeht?

Beispiel:
Drastisch zeigt sich dieser Effekt beim radioaktiven Zerfall, zum Beispiel von Mesonen. Wie wir schon behandelt haben (vgl. S. 42), wird jeder radioaktive Zerfall charakterisiert durch eine Zerfallskonstante λ (Dimension: reziproke Zeit) und eine mittlere Lebensdauer $\tau = 1/\lambda$ der Teilchen bezüglich des Zerfalls. Bei der früheren Betrachtung waren wir noch von der Existenz einer absoluten Zeit ausgegangen, nun müssen wir erst einmal festlegen, auf welches Bezugssystem sich diese mittlere Lebensdauer τ beziehen soll. Das natürliche System für die Betrachtung ist dasjenige, in dem das Teilchen vor dem Zerfall ruht, und die mittlere Lebensdauer wird also in der *Eigenzeit* dieses ruhenden Systems gemessen.

Betrachten wir den Zerfall eines Teilchens einmal in einem System S, in dem das Teilchen ruht, und ein zweites Mal in einem System S', in dem das Teilchen sich schnell, d.h. fast mit Lichtgeschwindigkeit bewegt (vgl. Bild 6.15), so werden wir sehr verschiedene Lebensdauern feststellen: Während nämlich das instabile Teilchen im Ruhesystem im Mittel innerhalb der Zeit τ zerfällt, tritt der Zerfall im System S', in dem sich das Teilchen gegenüber dem Beobachter und der Uhr bewegt, erst nach der Zeit

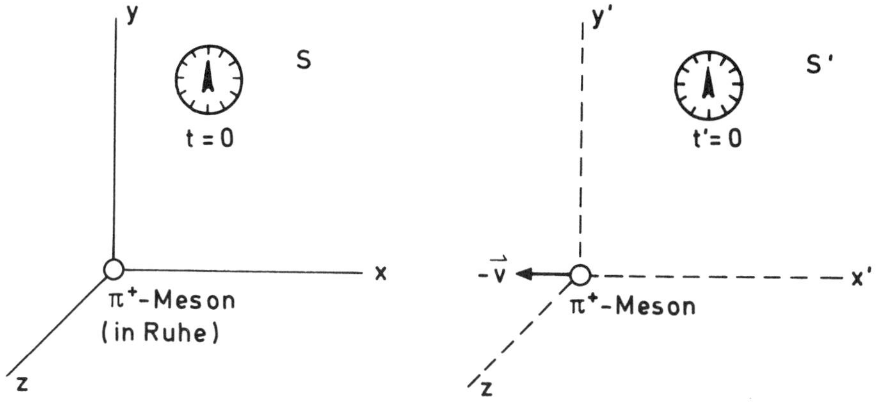

Bild 6.15a: Ein instabiles Teilchen (π^+ - Meson) befindet sich im Ruhsystem S im Ursprung 0. Der Zeitpunkt für den Beginn der Beobachtung sei $t = 0$. Das System S' bewegt sich gegenüber S mit der Geschwindigkeit $\vec{v}$, so daß beide Systeme zur Zeit $t = t' = 0$ zusammenfallen. Im System S' besitzt das π^+ - Meson die Geschwindigkeit - $\vec{v}$.

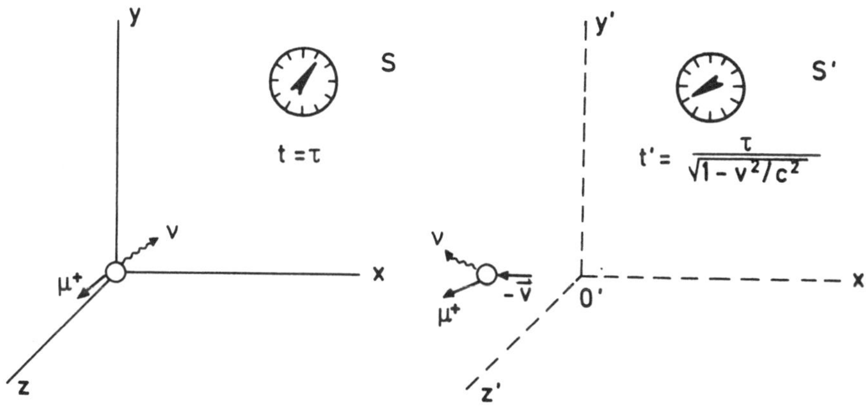

Bild 6.15b: Nach der Zeit $t = \tau$ tritt im System S der Zerfall des π^+-Mesons ein: $\pi^+ \to \mu^+ + \nu$. Im bewegten System S' ist jedoch aufgrund der Zeitdilatation eine um den Faktor $1/\sqrt{1-v^2/c^2}$ längere Zeit vergangen.

$$t' = \frac{\tau}{\sqrt{1 - v^2/c^2}}$$

ein.

Diese Verlängerung der Lebensdauer von rasch bewegten Teilchen kann sehr groß sein, wenn v nahe bei c liegt. Mit Hochenergiebeschleunigern ist es möglich, π-Mesonen zu erzeugen, die sich relativ zur Erde fast mit der Lichtgeschwindigkeit bewegen:

$$v = (1 - 5 \cdot 10^{-5})\, c\,.$$

Dann wird

$$t' = \frac{\tau}{\sqrt{1 - (1 - 5 \cdot 10^{-5})^2}} = 100\,\tau\,.$$

Die Lebensdauer erscheint um einen Faktor 100 verlängert. Dies wird auch tatsächlich beobachtet. Während die mittlere Lebensdauer τ des ruhenden π-Mesons $2{,}5 \cdot 10^{-8}$ s beträgt, mißt man bei den schnell bewegten den 100-fachen Wert. Ähnliches hat man auch bei den μ-Mesonen der kosmischen Strahlung beobachtet. Ohne Zeitdilatation könnten die in der oberen Atmosphäre erzeugten μ-Mesonen nicht bis auf die Erdoberfläche gelangen.

Wir wollen die Erscheinung der Zeitdilatation, die wir zunächst nur formal aus der Lorentz-Transformation abgeleitet haben, noch etwas genauer verstehen, indem wir eine spezielle Uhr betrachten, bei der wir im einzelnen verstehen können, warum sie im bewegten Zustand, vom ruhenden System aus betrachtet, langsamer läuft.

Als einfaches Beispiel verwenden wir eine sog. *Lichtimpulsuhr* (siehe Bild 6.16). Diese Uhr besteht aus zwei Spiegeln, die einen kurzen Lichtimpuls genau in sich zurückreflektieren (wie im Resonator eines Lasers). Ein Umlauf des Lichtimpulses im Spiegelsystem definiert auf diese Weise eine Zeiteinheit. Wenn der Abstand der beiden Spiegel l_0 ist, dann ist bei ruhender Uhr die Zeiteinheit $\Delta t = 2l_0/c$ (Eigenzeit). Diese Uhr bewegt sich nun senkrecht zu ihrer Längsrichtung mit der Geschwindigkeit $\vec{v}$ relativ zu

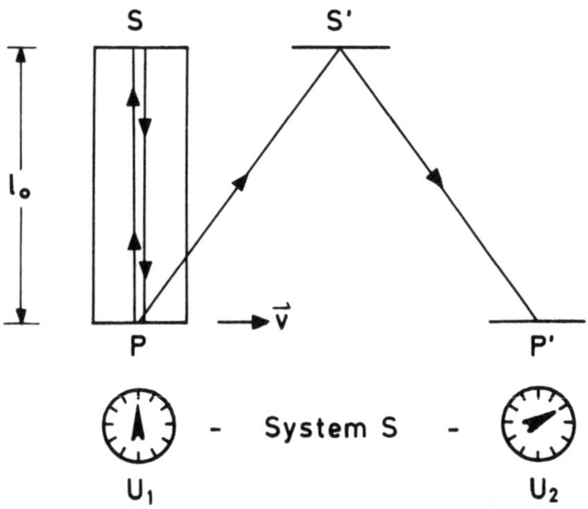

Bild 6.16: Lichtimpulsuhr: Eine Lichtimpulsuhr, die aus zwei Spiegeln besteht, bewegt sich im System S mit der Geschwindigkeit $\vec{v}$ senkrecht zu ihrer Längsrichtung. Die beiden Uhren U_1 und U_2, die im System S synchronisiert sind, messen die Laufzeit des Signals in S dadurch, daß sie über den (nicht total reflektierenden) Spiegel P Lichtsignale registrieren.

den Uhren U_1 und U_2 im System S. Dann erscheint *in S der Lichtweg der Impulse der Uhr verlängert.* Statt des Weges $\overline{PSP}$ müssen sie den längeren Weg $\overline{PS'P'}$ zurücklegen, da während der Laufzeit des Signals sich die Uhr um

$$\overline{PP'} = v\,\Delta t'$$

weiterbewegt hat. Damit erhalten wir für den Lichtweg bei bewegter Uhr

$$\overline{PS'} + \overline{S'P'} = 2\sqrt{l_0{}^2 + \left(\frac{v \cdot \Delta t'}{2}\right)^2}\ .$$

Diese Strecke muß nun gleich sein der Zeiteinheit $\Delta t'$ der bewegten Uhr multipliziert mit der Lichtgeschwindigkeit:

$$c \cdot \Delta t' = 2\sqrt{l_0{}^2 + \left(\frac{v \cdot \Delta t'}{2}\right)^2}\ .$$

Dies ergibt aufgelöst nach $\Delta t'$:

$$\Delta t' = \frac{2\,l_0}{c\sqrt{1 - v^2/c^2}} = \frac{\Delta t}{\sqrt{1 - v^2/c^2}}\ . \qquad (6.23)$$

Das heißt, infolge der Wegverlängerung und der Konstanz der Lichtgeschwindigkeit in allen Systemen stellt der Beobachter in S fest, daß die bewegte Uhr genau um den Zeitdilatationsfaktor

$$1/\sqrt{1 - v^2/c^2}$$

langsamer geht als die ruhende Uhr.

Für andere Arten von Uhren ist dies nicht so einfach zu zeigen, aber nach dem Relativitätsprinzip müssen alle Uhren diesen Dilatationseffekt zeigen, wenn wir ihn auch nur für eine spezielle Art von Uhr bewiesen haben.

Übungsfrage:
Wie kann man sich mit Hilfe der Lichtimpulsuhr die Längenkontraktion plausibel machen? (Hinweis: Betrachten Sie eine Lichtimpulsuhr, die sich parallel zu ihrer Längsrichtung bewegt.)

6.4 Der Doppler-Effekt in relativistischer Behandlung

Den Dopplereffekt in der klassischen Kinematik lernen wir noch im Kapitel „Wellen" kennen. Bewegt sich entweder die Quelle oder der Empfänger von Wellen, zum Beispiel Schallwellen, relativ zu dem Medium, in dem die Wellen sich fortpflanzen, so wird eine scheinbare Frequenz f' beobachtet, die sich von der wahren Frequenz f, wie sie bei ruhendem Empfänger und Quelle beobachtet wird, unterscheidet.

Dabei hängt in der klassischen Kinematik (vgl. S. 282) diese Frequenzverschiebung nicht nur von der Relativgeschwindigkeit zwischen Quelle und Empfänger ab, sondern auch davon, wie sich die beiden relativ zum Fortpflanzungsmedium der Wellen bewegen. Entfernt sich zum Beispiel eine Schallquelle mit der Geschwindigkeit v vom im Medium ruhenden Empfänger, so gilt:

$$f' = \frac{f}{1 + v/v_s} \tag{6.24}$$

(v_s = Ausbreitungsgeschwindigkeit der Wellen).

Entfernt sich dagegen der Empfänger mit derselben Geschwindigkeit von der im Medium ruhenden Quelle, so gilt:

$$f' = f(1 - v/v_s)\ . \tag{6.25}$$

Aus der bisher behandelten relativistischen Kinematik sehen wir sofort, daß diese Beziehungen (Gl. 6.24) und Gl. (6.25) für elektromagnetische Wellen nicht gelten können. Für elektromagnetische Wellen gibt es, wie wir gesehen haben, kein Fortpflanzungsmedium, kein „Weltäther", und damit sind die beiden Fälle, bewegte Quelle und bewegter Empfänger, ununterscheidbar, und es müssen die *beiden Gleichungen* (6.24) und (6.25) durch *eine* universell gültige Gleichung, in der nur noch die Relativgeschwindigkeit zwischen Quelle und Empfänger vorkommt, ersetzt werden.

Diese Beziehung wollen wir im folgenden ableiten. Dazu betrachten wir das folgende Beispiel (siehe Bild 6.17).

Die Quelle (z.B. ein Radarimpulssender) ruht im Ursprung des Koordinatensystems S, der Beobachter entfernt sich mit der Geschwindigkeit v von der Quelle. Die Quelle sende im Abstand τ Impulse aus, die sich mit der Lichtgeschwindigkeit c ausbreiten.

Ein in S ruhender Beobachter ($v = 0$) wird diese Impulse ebenfalls im zeitlichen Abstand τ beobachten und die Frequenz $f = 1/\tau$ finden.

Die Frequenz, die der bewegte Beobachter wahrnimmt, ergibt sich folgendermaßen:

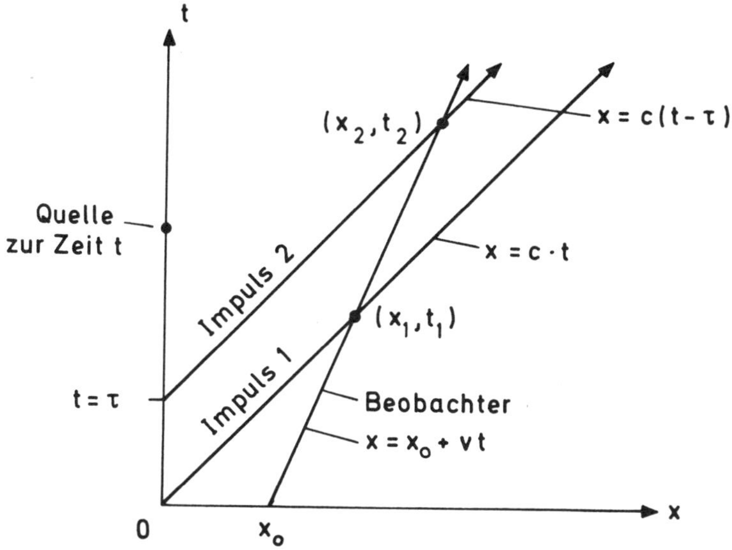

Bild 6.17: Weg-Zeit-Diagramm: Eine Quelle, die im Ursprung des Systems S ruht, sendet zur Zeit $t = 0$ einen Impuls 1 aus (Bewegungslinie $x = ct$) und zur Zeit $t = \tau$ einen Impuls 2 aus (Bewegungslinie $x = c(t - \tau)$). Ein Beobachter bewegt sich mit der Geschwindigkeit v relativ zur Quelle. Seine Bewegungslinie wird beschrieben durch $x = x_0 + vt$.

a) Der Zeitabstand zwischen Wahrnehmung zweier aufeinanderfolgender Impulse durch den bewegten Beobachter ergibt sich in S als Differenz $t_2 - t_1$ (siehe Bild 6.17) der beiden Schnittpunkte zwischen den Bewegungslinien der Impulse und des Beobachters. Aus den Gleichungen für die Schnittpunkte

$$x_1 = ct_1 = x_0 + v \cdot t_1 ,$$

$$x_2 = c(t_2 - \tau) = x_0 + v \cdot t_2$$

ergibt sich:

$$t_2 - t_1 = \tau \cdot \frac{c}{c-v}$$

und

$$x_2 - x_1 = c \cdot \tau \cdot \frac{v}{c-v} .$$

b) Diese Zeitdifferenz mißt der Beobachter nun mit einer in seinem Koordinatensystem S' ruhenden Uhr; wir müssen also $t_2 - t_1$ in das System S' umrechnen. Die Lorentz-Transformation liefert dafür:

$$t_2' - t_1' = \gamma\,[(t_2 - t_1) - v/c^2\,(x_2 - x_1)]\,.$$

Einsetzen der in a) gewonnenen Ausdrücke für $t_2 - t_1$ und $x_2 - x_1$ liefert:

$$t_2' - t_1' = \gamma\,[\frac{c \cdot \tau}{c-v} - \frac{v}{c^2} \cdot \frac{c \cdot v \cdot \tau}{c-v}] =$$

$$= \gamma \cdot \tau \frac{c}{c-v}(1 - \frac{v^2}{c^2}) =$$

$$= \tau \frac{\sqrt{1 - v^2/c^2}}{1 - v/c} = \tau \sqrt{\frac{1 + v/c}{1 - v/c}}\,.$$

Die scheinbare Frequenz f', die der Beobachter mit einer in seinem System ruhenden Uhr feststellt, ist nun wieder das Reziproke dieser Zeitdifferenz $t_2' - t_1'$, also:

$$f' = \frac{1}{t_2' - t_1'} = 1/\tau \cdot \sqrt{\frac{1 - v/c}{1 + v/c}} = f \sqrt{\frac{1 - v/c}{1 + v/c}}\,. \qquad (6.26)$$

Übungsfrage:
Zeigen Sie, daß sich Gl. (6.26) für kleine Geschwindigkeiten $v/c \ll 1$ reduziert zu:

$$\frac{\Delta f}{f} = \frac{f - f'}{f} = \frac{v}{c}\,.$$

Dieses Ergebnis hängt nur noch von der Relativgeschwindigkeit v zwischen Quelle und Empfänger ab. Es liegt zwischen den Ergebnissen für die beiden in der klassischen Betrachtung unterschiedenen Fälle; die rechte Seite von Gleichung (6.26) ist genau das geometrische Mittel der rechten Seite von Gleichung (6.24) und Gleichung (6.25).

Das bekannteste Beispiel für diesen relativistischen Dopplereffekt ist die sog. *kosmologische Rotverschiebung.* Im Spektrum entfernter Galaxien finden wir Absorptionslinien des Elementes Kalzium, die gegenüber den auf der Erde beobachteten Werten deutlich zu längeren Wellenlängen, d.h. kleineren Frequenzen verschoben sind. Diese Verschiebung ist umso stärker, je weiter die betreffenden Galaxien von uns entfernt sind, und zwar gilt (siehe Bild 6.18) ein annähernd linearer Zusammenhang zwischen der Größe Δf der Rotverschiebung und der Entfernung der betreffenden Galaxie *(Hubblesches Gesetz).*

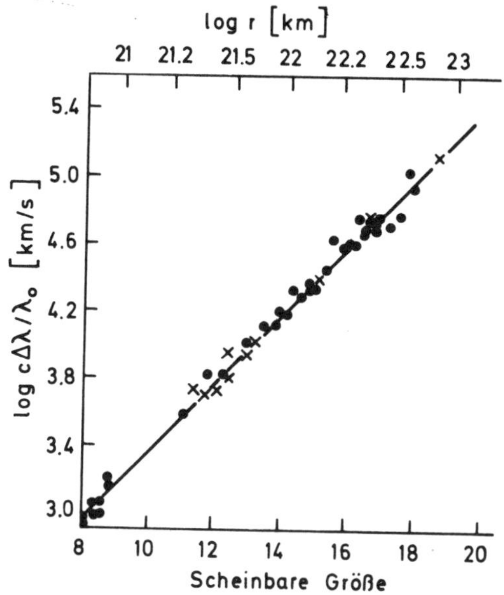

Bild 6.18: Beziehung zwischen Rotverschiebung und scheinbarer Größe für die hellsten Galaxien (x Radioastronomische, • nicht-radioastronomische Messungen) (entnommen: D.W. Sciama, Modern Cosmology, At the University Press, Cambridge, 1971). Wenn man annimmt, daß die Leuchtkraft aller Galaxien in etwa gleich ist, so kann man aus der scheinbaren Größe die Entfernung einer Galaxie ermitteln (oberer Maßstab).

Deuten wir diese Rotverschiebung als Dopplereffekt, so kommen wir zur Vorstellung des expandierenden Universums. Besitzen nämlich alle Galaxien Geschwindigkeiten, die proportional zu ihrer Entfernung voneinander sind, so heißt dies:

Alle Materie war vor einer bestimmten Zeit T an einem Punkt vereinigt und bewegt sich seitdem mit verschiedener Geschwindigkeit auseinander. Nur dann ergibt sich der lineare Zusammenhang zwischen Geschwindigkeit und Entfernung. Die Zeit, zu der diese Expansion begonnen hat, ergibt sich aus $T = r/v$ und läßt sich aus Bild 6.18 ermitteln zu $T = 18 \cdot 10^9$ Jahre in guter Übereinstimmung mit anderen Abschätzungen des Alters des Universums.

Übungsfrage:
Unter dem transversalen Dopplereffekt versteht man eine Frequenzverschiebung, die auftritt, wenn sich der Beobachter senkrecht zur Ausbreitungsrichtung der Impulse bewegt (bzw. wenn sich eine Lichtquelle senkrecht zur Beobachtungsrichtung bewegt). Zeigen Sie mit Hilfe von Bild 6.14, daß im relativistischen Fall eine Frequenzverschiebung entsprechend

$$f' = f\sqrt{1 - \frac{v^2}{c^2}}$$

erwartet wird. Wie groß sollte sie im nichtrelativistischen Fall sein?

6.5 Relativistische Dynamik

Bisher haben wir uns mit Fragen der Kinematik beschäftigt. Wir gingen aus von der Beschreibung der Bewegung eines Punktes im Raum in einem bestimmten Koordinatensystem, also $(x(t), y(t), z(t))$,und haben das Problem betrachtet, wie diese Bewegung $(x'(t'), y'(t'), z'(t'))$ in einem dagegen geradlinig gleichförmig bewegten System aussieht, und wir haben die Lorentz-Transformation als Lösung dieses Problems kennengelernt.

Der Übergang von der Galilei- zur Lorentz-Transformation hat aber auch tiefgreifende Konsequenzen für die Dynamik, d.h. den Zusammenhang zwischen Kraft und Beschleunigung und die Erhaltungssätze von Impuls und Energie.

Die wichtigsten dieser Abweichungen von der klassischen Mechanik wollen wir im folgenden näher betrachten. Als erstes wollen wir uns mit dem Erhaltungssatz des Impulses beschäftigen, da wir an diesem Beispiel unmittelbar einsehen können, warum und wie wir aufgrund der relativistischen Kinematik die Gesetze der klassischen Mechanik modifizieren müssen.

Impulserhaltung in der speziellen Relativitätstheorie – Relativistischer Impuls

Der klassische Impulserhaltungssatz für ein System von N Massenpunkten, auf die keine äußeren Kräfte wirken, lautet:

$$(6.27) \qquad \sum_{i=1}^{N} \vec{p}_i = \sum_{i=1}^{N} m_i \vec{v}_i = \vec{P} = \text{const}.$$

Dieser Satz galt bei Gültigkeit der Galilei-Transformation in allen Inertialsystemen. Bei einem Übergang von S nach S' (S' bewegt sich mit konstanter Geschwindigkeit $\vec{v}_0$ relativ zu S) ändert sich sowohl jeder einzelne Impuls $\vec{p}_i$ um $m_i \cdot \vec{v}_0$ als auch damit $\vec{P}$ um $\sum_{i=1}^{N} m_i \vec{v}_0$. Damit ändert sich aber nur der Wert der Konstanten, und der Erhaltungssatz gilt auch in S':

$$(6.28) \qquad \sum_{i=1}^{N} m_i \vec{v}_i' = \vec{P}' = \text{const}' = \text{const} + \vec{v}_0 \sum_{i=1}^{N} m_i .$$

Jede Bewegung der Massenpunkte des Systems in S, zum Beispiel ein Stoß zwischen zwei Massen, bei dem sich der Gesamtimpuls $\vec{P}$ nicht ändert, verläuft auch in S' ohne Änderung von $\vec{P}'$.

Verwenden wir jedoch beim Übergang von S nach S' die Lorentz-Transformation, so wird der Impulssatz in seiner bisherigen Form ungültig.

Das können wir am einfachsten an dem auf S. 134 beschriebenen Beispiel des elastischen Stoßes zweier Protonen, also zweier gleicher Massen,sehen. Wir wollen im

Schwerpunktsystem $S' = \underline{S}$ den völlig symmetrischen Fall annehmen, wie er in Bild 6.19a dargestellt ist. Das Laborsystem S sei dadurch ausgezeichnet, daß Proton 2 sich längs der x-Achse nicht bewegt (vgl. Bild 6.19b).

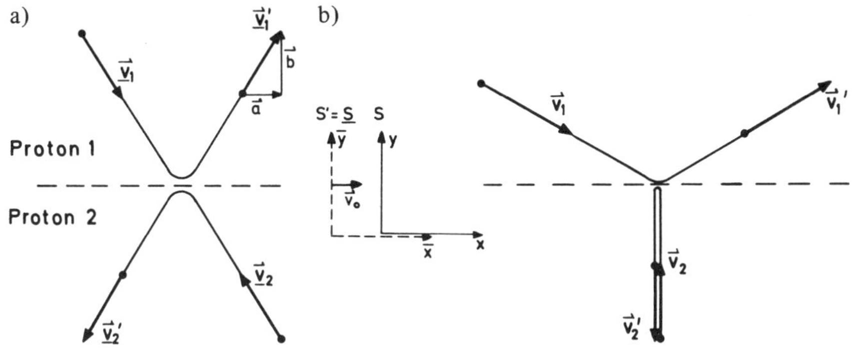

c)

Schwerpunktsystem $S' = \underline{S}$	Laborsystem S
Proton 1: m_0 $\underline{v}_{1x} = a,\ \underline{v}'_{1x} = a$ $\underline{v}_{1y} = -b,\ \underline{v}'_{1y} = b$	$v_x = \dfrac{\underline{v}_x + v_0}{1 + \dfrac{\underline{v}_x v_0}{c^2}}$
Proton 2: m_0 $\underline{v}_{2x} = -a,\ \underline{v}'_{2x} = -a$ $\underline{v}_{2y} = +b,\ \underline{v}'_{2y} = -b$	$v_y = \dfrac{\underline{v}_y \sqrt{1 - \dfrac{v_0^2}{c^2}}}{1 + \dfrac{\underline{v}_x v_0}{c^2}}$
	$v_0 = -\underline{v}_{2x} = a$

Bild 6.19: Elastischer Stoß zweier Protonen
a) im Schwerpunktsystem $\underline{S}$ seien die Bahnen beider Protonen vollkommen symmetrisch.
b) Laborsystem S: Proton 2 hat keine Geschwindigkeitskomponente längs der x-Achse.
c) Geschwindigkeiten der beiden Protonen vor und nach dem Stoß im Schwerpunktsystem und Transformationsgleichungen (6.18) für die Rücktransformation ins Laborsystem

a) Im Schwerpunktsystem $\underline{S}$ besitzen die beiden Protonen vor dem Stoß die Geschwindigkeiten $\underline{\vec{v}_1}$ und $\underline{\vec{v}_2} = -\underline{\vec{v}_1}$. Durch den Stoß ändern die y-Komponenten beider Geschwindigkeiten nur ihr Vorzeichen, der gesamte nichtrelativistische Impuls bleibt also erhalten.

b) Transformieren wir nun jeweils den Impuls der Teilchen vor dem Stoß bzw. nach dem Stoß zurück ins Laborsystem mithilfe des relativistischen Additionstheorems für Geschwindigkeiten Gl. (6.18) (vgl. Bild 6.19c), so erhalten wir für die y-Komponenten des Gesamtimpulses P_y vor dem Stoß bzw. P'_y nach dem Stoß:

$$P_y = m_0\,(v_{1y} + v_{2y}) = m_0\left(\frac{-b\sqrt{1-\frac{v_0^2}{c^2}}}{1+\frac{av_0}{c^2}} + \frac{b\sqrt{1-\frac{v_0^2}{c^2}}}{1-\frac{av_0}{c^2}}\right),$$

$$P'_y = m_0\,(v'_{1y} + v'_{2y}) = m_0\left(\frac{+b\sqrt{1-\frac{v_0^2}{c^2}}}{1+\frac{av_0}{c^2}} + \frac{-b\sqrt{1-\frac{v_0^2}{c^2}}}{1-\frac{av_0}{c^2}}\right) = -P_y\,.$$

Da $P_y = -P'_y$, ist der Impuls vor und nach dem Stoß nicht gleich. Dies gilt für alle Koordinatensysteme, die sich mit beliebiger Geschwindigkeit v_0 relativ zum Schwerpunktsystem $\underline{S}$ bewegen. *Mit der klassischen Impulsdefinition $\vec{p} = m_0\vec{v}$ bekommen wir also Impulserhaltung nur in einem einzigen Bezugssystem.* Der Erhaltungssatz verliert im relativistischen Bereich seine Gültigkeit.

Lorentzinvariant ist jedoch die Größe

$$\text{(6.29)} \qquad \vec{p}_{\text{rel}} = \frac{m_0}{\sqrt{1-\frac{v^2}{c^2}}}\,\vec{v}\,.$$

Um dies einzusehen, wollen wir die y-Komponenten dieser Größe vor und nach dem Stoß für die beiden Protonen berechnen:

a) Schwerpunktsystem:

$$(\underline{p_{1y}})_{\text{rel}} = \frac{m_0\,v_{1y}}{\sqrt{1-\frac{v^2}{c^2}}} = -(\underline{p_{2y}})_{\text{rel}}\,,$$

da $\vec{v}_1 = -\vec{v}_2$. Es gilt also: $(\underline{P_y})_{\text{rel}} = 0$. Da im Schwerpunktsystem die y-Komponenten nach dem Stoß nur ihr Vorzeichen umkehren, bleibt die Größe $(\underline{P_y}')_{\text{rel}} = (\underline{P_y})_{\text{rel}}$ erhalten.

b) Laborsystem: Transformieren wir mit Hilfe von Gl. (6.18) (vgl. Bild 6.19c) zurück ins Laborsystem, so erhalten wir für $(P_y)_{\text{rel}}$ vor dem Stoß:

$$(p_{1y})_{\text{rel}} = \frac{m_0 v_{1y}}{\sqrt{1-\frac{v_{1x}^2+v_{1y}^2}{c^2}}} = \frac{-m_0 b\cdot\sqrt{1-\frac{v_0^2}{c^2}}}{\left(1+\frac{a v_0}{c^2}\right)\cdot\sqrt{1-\frac{1}{c^2}\left[\left(\frac{a+v_0}{1+\frac{a v_0}{c^2}}\right)^2+\frac{b^2\left(1-\frac{v_0^2}{c^2}\right)}{\left(1+\frac{a v_0}{c^2}\right)^2}\right]}},$$

$$(p_{2y})_{\text{rel}} = \frac{m_0 v_{2y}}{\sqrt{1-\frac{v_{2x}^2+v_{2y}^2}{c^2}}} = \frac{m_0 b\cdot\sqrt{1-\frac{v_0^2}{c^2}}}{\left(1-\frac{a v_0}{c^2}\right)\cdot\sqrt{1-\frac{1}{c^2}\left[\left(\frac{-a+v_0}{1-\frac{a v_0}{c^2}}\right)^2+\frac{b^2\left(1-\frac{v_0^2}{c^2}\right)}{\left(1-\frac{a v_0}{c^2}\right)^2}\right]}}.$$

Man kann nun leicht sehen, daß die Nenner der beiden Ausdrücke gleich groß sind. sind. Dies bedeutet, daß im Laborsystem (bzw. in jedem System, das sich mit der Geschwindigkeit v_0 gegenüber dem Schwerpunktsystem bewegt) die Größe

$$(P_y)_{\text{rel}} = (p_{1y})_{\text{rel}} + (p_{2y})_{\text{rel}} = 0$$

vor dem Stoß verschwindet. Durch den Stoß werden wiederum nur die Vorzeichen von $(p_{1y})_{\text{rel}}$ und $(p_{2y})_{\text{rel}}$ geändert, so daß ebenfalls $(P'_y)_{\text{rel}} = 0$ nach dem Stoß ist, also gilt:

$$(P_y)_{\text{rel}} = (P'_y)_{\text{rel}}\,.$$

Die Größe

$$\vec{p}_{\text{rel}} = \frac{m_0}{\sqrt{1-v^2/c^2}}\,\vec{v}$$

hat somit zwei wichtige Eigenschaften:

1. Sie ist für kleine Geschwindigkeiten ($v \ll c$) identisch mit der klassischen Definition des Impulses $\vec{p} = m_0\vec{v}$.

2. Sie ist, wie gezeigt, lorentzinvariant, d.h., gilt die Erhaltung von $\vec{p}_{\text{rel}}$ in einem Inertialsystem, so gilt sie gemäß der Lorentz-Transformation auch in allen übrigen Inertialsystemen. Außerdem ist $\vec{p}_{\text{rel}}$, was wir hier nicht zeigen wollen, die einzige Größe, die gleichzeitig die beiden Bedingungen 1 und 2 erfüllt.

Es ist daher naheliegend, in der relativistischen Mechanik die klassische Definition für den Impuls zu verallgemeinern gemäß Gl. (6.29).

Der Impuls eines Massenpunktes mit der Geschwindigkeit $\vec{v}$ ist gegeben durch

(6.30) $$\boxed{\vec{p}_{\mathrm{rel}} = \frac{m_0}{\sqrt{1 - v^2/c^2}} \cdot \vec{v}}\,.$$ **relativistischer Impuls**

Dabei ist m_0 die Masse im Ruhesystem des Massenpunktes (Ruhemasse). (Im weiteren werden wir den Index „rel" weglassen).
Das Grundpostulat der relativistischen Mechanik ist nun die Forderung nach der Erhaltung des relativistischen Impulses in allen Inertialsystemen.

Aus diesem einzigen neuen Postulat und der klassischen Bewegungsgleichung

$$\vec{F} = \frac{\mathrm{d}\vec{p}}{\mathrm{d}t}$$

folgt die gesamte relativistische Dynamik.

Bei Abwesenheit von äußeren Kräften erhalten wir mit Gl. (6.27) sofort in allen Intialsystemen die relativistische Form des Impulssatzes für ein System von Massenpunkten:

(6.31) $$\sum_{i=1}^{N} \frac{m_{0i}}{\sqrt{1 - v_i^2/c^2}} \cdot \vec{v}_i = \vec{P} = \text{const}$$

oder in Koordinaten, zum Beispiel für die x-Richtung

(6.32) $$\sum_{i=1}^{N} \frac{m_{0i}\, v_{xi}}{\sqrt{1 - (v_{xi}^{\ 2} + v_{yi}^{\ 2} + v_{zi}^{\ 2})/c^2}} = \text{const} = P_x$$

und ebenso für P_y und P_z.

Der Ausdruck $\dfrac{m_0}{\sqrt{1 - v^2/c^2}}$ wird oft als *relativistische Masse m* bezeichnet, da sich mit dieser Definition der relativistische Impuls formal wie in der klassischen Physik als Produkt von Masse und Geschwindigkeit darstellen läßt:

(6.33) $$\vec{p} = m \cdot \vec{v}$$

mit

(6.34) $$\boxed{m = \frac{m_0}{\sqrt{1 - v^2/c^2}}}\,.$$ **relativistische Masse**

Die so definierte relativistische Masse ist geschwindigkeitsabhängig. Sie hängt daher auch vom Bezugssystem ab. Gehen wir zu einem anderen (gegen das erste bewegte) Bezugssystem über, so ändert sich die relativistische Masse aller Körper infolge der verschiedenen Relativgeschwindigkeiten in den beiden Systemen. In dem Bezugssystem, in dem der betreffende Körper ruht, nimmt auch die relativistische Masse den Wert m_0 an, der daher *Ruhemasse* genannt wird. Diese Ruhemasse ist identisch mit der trägen Masse der Newtonschen Mechanik.

Die relativistische Masse gibt im allgemeinen nicht das Verhältnis von Kraft zu Beschleunigung an, wie wir bei der Besprechung der Bewegungsgleichung noch sehen werden.

Nach dieser Behandlung des relativistischen Impulses wollen wir in den beiden nächsten Abschnitten die Konsequenzen des Postulates $\vec{p} = \gamma m_0 \vec{v}$ für die Bewegungsgleichung und den Energiesatz untersuchen.

Bewegungsgleichung

Mit der Einführung des relativistischen Impulses erhalten wir die Bewegungsgleichung

(6.35) $$\boxed{\vec{F} = \frac{d}{dt}\vec{p} = \frac{d}{dt}\left(\frac{m_0 \vec{v}}{\sqrt{1 - v^2/c^2}}\right) =}$$ **relativistische Bewegungsgleichung**

$$= \frac{d}{dt}(m_0 \gamma \vec{v}) = \gamma m_0 \frac{d\vec{v}}{dt} + m_0 \vec{v}\frac{d\gamma}{dt}$$

oder in Koordinaten:

$$F_x = m_0 \gamma \frac{dv_x}{dt} + m_0 \gamma^3 \frac{v_x}{c^2}\left(v_x \frac{dv_x}{dt} + v_y \frac{dv_y}{dt} + v_z \frac{dv_z}{dt}\right),$$

(6.36) $$F_y = m_0 \gamma \frac{dv_y}{dt} + m_0 \gamma^3 \frac{v_y}{c^2}\left(v_x \frac{dv_x}{dt} + v_y \frac{dv_y}{dt} + v_z \frac{dv_z}{dt}\right),$$

$$F_z = m_0 \gamma \frac{dv_z}{dt} + m_0 \gamma^3 \frac{v_z}{c^2}\left(v_x \frac{dv_x}{dt} + v_y \frac{dv_y}{dt} + v_z \frac{dv_z}{dt}\right).$$

Dieses Gleichungssystem zeigt uns den wichtigsten Unterschied zu den klassischen Bewegungsgleichungen. Die Bewegungen in den verschiedenen Koordinatenrichtungen sind nunmehr gekoppelt. Eine Kraft in irgendeine Richtung, zum Beispiel F_x, erzeugt im allgemeinen Beschleunigungen in allen Koordinatenrichtungen. Kraftvektor und Beschleunigungsvektor sind im allgemeinen nicht mehr parallel.

Wesentlich einfacher werden die Bewegungsgleichungen, wenn wir den Fall betrachten, daß sich zum betrachteten Zeitpunkt das Teilchen parallel zur x-Achse bewegt, also $v_y = v_z = 0$. Dann erhalten wir aus Gl. (6.36):

(6.37)
$$F_x = m_0\gamma\frac{dv_x}{dt} + m_0\gamma^3\frac{v_x^2}{c^2}\,\frac{dv_x}{dt} =$$

$$= m_0\frac{dv_x}{dt}\,\gamma\,(1 + \frac{1}{1 - v^2/c^2}\cdot\frac{v_x^2}{c^2}) = m_0\frac{dv_x}{dt}\,\gamma\,(\frac{c^2 - v_x^2 + v_x^2}{c^2\,(1 - v^2/c^2)}) =$$

$$= m_0\frac{dv_x}{dt}\,\gamma^3$$

also

(6.38)
$$\left.\begin{aligned} F_x &= m_0\gamma^3\frac{dv_x}{dt}\,,\\ F_y &= m_0\gamma\,\frac{dv_y}{dt}\,,\\ F_z &= m_0\gamma\,\frac{dv_z}{dt} \end{aligned}\right\}\qquad \text{für } v_y = v_z = 0\,.$$

Die Beschleunigung, die eine bestimmte Kraft hervorruft, hängt also davon ab, ob sie parallel oder senkrecht zu der im Moment der Kraftwirkung vorhandenen Geschwindigkeit wirkt. (*Longitudinale und transversale träge Masse*).

Beispiel:
Um zu sehen, welche Veränderungen durch die neue Form der Bewegungsgleichung eintreten, betrachten wir das einfachste Kraftfeld, eine zeitlich und räumlich konstante Kraft, zum Beispiel ein konstantes elektrisches Feld in x-Richtung

$$\vec{F} = qE\hat{x}\,.$$

Die Masse m_0 soll sich zur Zeit $t = 0$ im Ursprung in Ruhe befinden:

$$(\vec{r}(0) = 0, \vec{v}(0) = 0)$$

Dann ist klassisch

$$m_0\vec{v}(t) = qEt\cdot\hat{x}\rangle\, v = v_x = \frac{qEt}{m_0}$$

Die Geschwindigkeit steigt linear mit der Zeit unbegrenzt an.

Nun wollen wir das Problem relativistisch behandeln. Am Anfang ist $v_x = v_y = v_z = 0$, außerdem ist $F_y = F_z = 0$ für alle Zeiten. Wir brauchen also nur die x-Komponente der relativistischen Bewegungsgleichung zu berücksichtigen:

$$qE = \frac{dp_x}{dt} = \frac{d}{dt}\left(\frac{m_0 v_x}{\sqrt{1 - v_x^2/c^2}}\right).$$

Übungsfrage:
Zeigen Sie, daß nur $v_y = v_z = 0$ für alle Zeiten t möglich sind.

Nach Integration der Bewegungsgleichung erhalten wir:

(6.39) $$qE \cdot t = \frac{m_0 v_x}{\sqrt{1 - v^2/c^2}} \rangle \; v_x = \frac{qE\,t}{m_0} \cdot \frac{1}{\sqrt{1 + (qE\,t\,/\,m_0 c)^2}}.$$

Bild 6.20 zeigt die beiden Lösungen: Für $v_x \ll c$ stimmen sie überein, für $v \to c$ treten zunehmend Abweichungen auf, die klassische Lösung steigt weiter linear mit der Zeit an, in der relativistischen Lösung geht v_x asymptotisch gegen c, eine Beschleunigung auf Überlichtgeschwindigkeit ist nicht möglich.

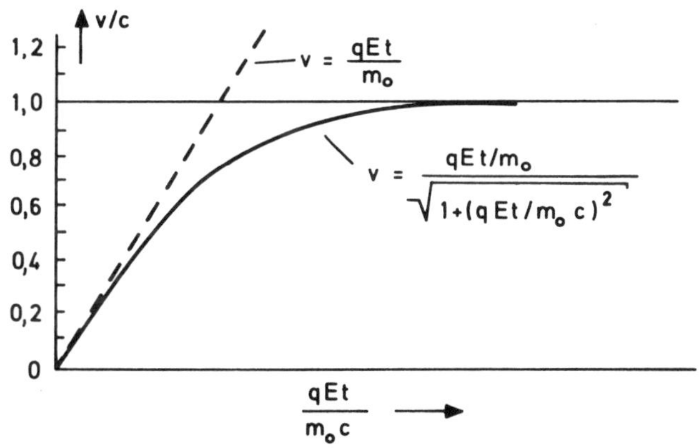

Bild 6.20: Geschwindigkeit eines geladenen Teilchens mit der Masse m_0 und der Ladung q in einem konstanten elektrischen Feld E als Funktion der Zeit. Die gestrichelte Kurve gibt die nichtrelativistische Näherung wieder.

Mit Hilfe von Gl. (6.34) und Gl. (6.30) können wir für diesen einfachen Fall auch die relativistische Masse m und den relativistischen Impuls p als Funktion der Zeit berechnen. Wir erhalten (siehe Bild 6.21):

$$m = m_0 \sqrt{1 + \left(\frac{qEt}{m_0 c}\right)^2}\;;$$

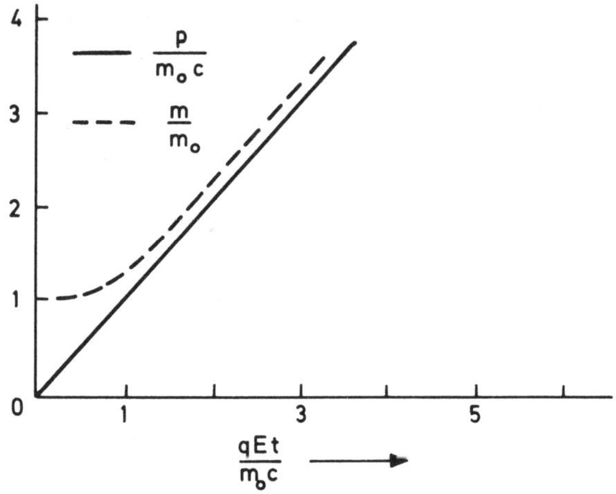

Bild 6.21: Relativistischer Impuls (ausgezogene Kurve) und relativistische Masse (gestrichelte Kurve) eines geladenen Teilchens in einem konstanten elektrischen Feld E als Funktion der Zeit

$$p_x = qEt \; ,$$

$$p_y = p_z = 0 \; .$$

Die Bewegungsgleichung (6.35) bzw. (6.38) unterscheidet sich noch in einer zweiten Hinsicht wesentlich von der klassischen Bewegungsgleichung.

Die klassische Bewegungsgleichung war invariant gegen Galilei-Transformationen. Die Beschleunigung eines Massenpunktes änderte sich bei Gültigkeit der Galilei-Transformation nicht, wenn man von einem Koordinatensystem zu einem dagegen gleichförmig geradlinig bewegten überging. Damit ergab sich auch die Kraft unabhängig vom Bezugssystem für alle Inertialsysteme. Erst bei Übergang zu beschleunigten Systemen mußten wir Zusatzkräfte, die Trägheitskräfte, einführen, um den Effekt der Koordinatentransformation zu berücksichtigen.

Gehen wir nun mittels der Lorentz-Transformation von einem System S in ein dagegen mit $\vec{v}_0 = v_0 \hat{x}$ bewegtes System S' über, so ändert sich nach der Lorentz-Transformation:

1. Die Geschwindigkeit v in S geht über in die Geschwindigkeit v' in S' nach Gl. (6.18) (relativistisches Additionstheorem der Geschwindigkeiten).

2. Die Beschleunigung $\mathrm{d}v/\mathrm{d}t$ geht über in eine davon verschiedene Beschleunigung $\mathrm{d}v'/\mathrm{d}t'$, da in beiden Systemen die Zeit verschieden ist (Zeitdilatation). Die Folge davon ist: Die linke Seite ändert sich beim Übergang von einem Inertialsystem zum anderen. Damit die Gleichung gültig bleibt, müssen wir auch die rechte Seite ändern. D.h., *eine Kraft, die in einem System S einen*

bestimmten Wert hat, scheint in einem dagegen bewegten System S' einen anderen Wert zu haben. Die Kraftkomponenten müssen also schon beim Übergang zwischen gleichförmig geradlinig bewegten Koordinatensystemen transformiert werden. Relativistisch müssen wir zu jeder Kraft das dazugehörige Koordinatensystem angeben, zum Beispiel hat das Coulombsche Gesetz

$$\vec{F}_{\text{Coul}} = \frac{1}{4\pi\epsilon_0} \frac{q_1 q_2}{r^3} \vec{r}$$

für die Anziehungskraft, die eine Punktladung q_1 auf eine zweite Ladung q_2 ausübt, nur Sinn, wenn wir das zugehörige Koordinatensystem angeben. Es ist (und das gilt auch für die Anziehung zwischen zwei Massen) das Koordinatensystem, das im Kraftzentrum q_1 ruht; für die Kraft, die q_1 auf q_2 ausübt, ist es das System, in dem q_2 ruht. Betrachten wir die Kräfte in anderen, dagegen gleichförmig geradlinig bewegten Systemen, so müssen wir die Kräfte mit Hilfe der Lorentz-Transformation auf das neue System umrechnen. Dies ist die Ursache der sog. Lorentzkraft, einer zusätzlich zur Coulomb-Kraft hinzukommenden magnetischen Kraft zwischen elektrischen Ladungen (siehe Physik II).

Energieerhaltung

Die Abweichung der relativistischen Bewegungsgleichung von der klassischen führt auch zu einer Änderung des Zusammenhanges zwischen kinetischer Energie und Geschwindigkeit. Wir bekommen den neuen Zusammenhang, wenn wir wieder davon ausgehen, daß die Arbeit,die eine Kraft bei der Beschleunigung eines freien Teilchens leistet, gleich der Änderung der kinetischen Energie des so beschleunigten Teilchens sein muß.

Nach Gl. (6.35) ist

$$\vec{F} = \frac{\mathrm{d}}{\mathrm{d}t} \left(\frac{m_0}{\sqrt{1 - v^2/c^2}} \vec{v} \right) .$$

Nach Gl. (4.3) (vgl. S. 106) leistet die Kraft $\vec{F}$ längs des Wegelementes $\mathrm{d}\vec{r}$ die Arbeit

$$\mathrm{d}W = \vec{F} \cdot \mathrm{d}\vec{r} = m_0 \frac{\mathrm{d}}{\mathrm{d}t} \left(\frac{\vec{v}}{\sqrt{1 - v^2/c^2}} \right) \cdot \mathrm{d}\vec{r} = m_0 \, \mathrm{d} \left(\frac{\vec{v}}{\sqrt{1 - v^2/c^2}} \right) \cdot \vec{v} ,$$

da $\mathrm{d}\vec{r} = \vec{v} \cdot \mathrm{d}t$. Die kinetische Energie T_{rel} erhalten wir durch Integration von $\mathrm{d}W$:

$$T_{\text{rel}} = \int m_0 \vec{v} \, d \left(\frac{\vec{v}}{\sqrt{1 - v^2/c^2}} \right) = m_0 \frac{v^2}{\sqrt{1 - v^2/c^2}} - \int m_0 \frac{\vec{v}}{\sqrt{1 - v^2/c^2}} \mathrm{d}\vec{v} .$$

Nun ist wegen $\mathrm{d}(\vec{v}\cdot\vec{v}) = \vec{v}\cdot\mathrm{d}\vec{v} + \mathrm{d}\vec{v}\cdot\vec{v} = 2\,\vec{v}\cdot\mathrm{d}\vec{v}$

$$T_{\text{rel}} = m_0 \frac{v^2}{\sqrt{1 - v^2/c^2}} - \int \frac{m_0}{2} \cdot \frac{\mathrm{d}v^2}{\sqrt{1 - v^2/c^2}} = \frac{m_0\, c^2}{\sqrt{1 - v^2/c^2}} + E_0 .$$

Wenn wir daran festhalten, daß bei Ruhe ($v = 0$) die kinetische Energie Null sein soll, können wir E_0 bestimmen:

$$0 = m_0\, c^2 + E_0 \quad > \quad E_0 = - m_0\, c^2 .$$

Damit gilt:

(6.40)
$$\boxed{\begin{aligned} T_{\text{rel}} &= \frac{m_0\, c^2}{\sqrt{1 - v^2/c^2}} - m_0\, c^2 \\ &= mc^2 - m_0\, c^2 . \end{aligned}}$$
rel. kin. Energie

Für $v/c \ll 1$ gilt näherungsweise:

$$(1 - v^2/c^2)^{-1/2} \approx 1 + \frac{1}{2} \cdot \frac{v^2}{c^2}$$

und Gl. (6.40) geht über in:

$$T = \frac{1}{2}\, m_0\, v^2 .$$

Wie erforderlich geht der neue Ausdruck für kleine Geschwindigkeiten in den klassischen über.

Nach Gl. (6.40) bewirkt also eine Änderung der rel. kin. Energie T (den Index „rel“ wollen wir im weiteren weglassen) zugleich eine Änderung der rel. Masse. Für einen freien Massenpunkt gilt:

(6.41)
$$\Delta T = \Delta m \cdot c^2 .$$

Leistet also eine äußere Kraft an einem freien Massenpunkt Arbeit, so ändert sich dessen relativistische Masse um den Betrag der zugeführten Energie dividiert durch das Quadrat der Lichtgeschwindigkeit.

Etwas Ähnliches gilt nun auch für die potentielle Energie. Betrachten wir zwei Massenpunkte, die aufeinander Gravitationskräfte ausüben und damit eine gegenseitige potentielle Energie $V_{12} = -\gamma \frac{m_1 m_2}{r_{12}}$ besitzen. Ist dieses System abgeschlossen (keine äußere Kräfte), so bewirkt eine Änderung der potentiellen Energie eine entsprechende Änderung der kinetischen Energie und führt nach Gl. (6.40) zu einer Massenänderung. Die gesamte relativistische Masse (betrachtet z.B. im Schwerpunktsystem) bleibt jedoch erhalten, da die Gesamtenergie konstant ist. Also muß sich die Ruhemasse der Teilchen verändern.

Ebenso führen Änderungen bei allen anderen Arten von potentieller Energie zu Änderungen der Ruhemasse:

(6.42) $$\Delta m_0 = \frac{\Delta V}{c^2} .$$

Aus Gl. (6.40) folgt nun die Beziehung

$$\Delta T = (\Delta m - \Delta m_0)\, c^2 = \Delta m \cdot c^2 - \Delta V.$$

Da nun

(6.43) $$\Delta E = \Delta T + \Delta V = \Delta m c^2 ,$$

ist es naheliegend, die *relativistische Gesamtenergie* eines Massenpunktes zu definieren durch

(6.44) $$\boxed{E = mc^2 = \frac{m_0\, c^2}{\sqrt{1 - v^2/c^2}}} .$$ **rel. Gesamtenergie**

Dabei bezeichnet man $m_0 c^2$ als die *Ruheenergie* der Masse m_0.

Für ein System von N Massenpunkten mit der gesamten potentiellen Energie $V_{\text{pot}}\, (\vec{r}_1, \ldots \vec{r}_N)$ ist dann die Gesamtenergie

(6.45) $$E = \frac{\sum\limits_{i=1}^{N} \frac{m_{0i}\, c^2}{\sqrt{1 - v_i^2/c^2}} + V_{\text{pot}}\, (\vec{r}_1, \ldots \vec{r}_N)}{\sqrt{1 - v_s^2/c^2}} = \frac{M_0 c^2}{\sqrt{1 - v_s^2/c^2}}$$

in einem System, in dem sich der Schwerpunkt mit der Geschwindigkeit $\vec{v}_s$ bewegt. ($\vec{v}_i$ ist die Geschwindigkeit der i-ten Masse im Schwerpunktsystem).

Diese Gesamtenergie bleibt nun relativistisch genauso erhalten, wie der klassische Ausdruck für die Summe aus potentieller und kinetischer Energie, wenn auf das System keine äußeren Kräfte wirken.

Wirkt jedoch auf ein System, wie z.B. das System Erde – Sonne, eine äußere Kraft $\vec{F}_{\text{ext}}$, dann bewegt sich der Schwerpunkt des Systems entsprechend der relativistischen Bewegungsgleichung

$$\vec{F}_{\text{ext}} = \frac{\mathrm{d}}{\mathrm{d}t}\left(\frac{M_0}{\sqrt{1 - v_s^2/c^2}} \cdot \vec{v}_s\right),$$

wobei M_0 die Gesamtmasse ist. Beim System Erde-Sonne ist sie z.B. nach Gl. (6.45)

$$M_0 = m_E + m_S - \frac{1}{c^2}\frac{\gamma \cdot m_E \cdot m_S}{r_{E\text{-}S}}$$

mit

$$m_E = \frac{m_{0E}}{\sqrt{1 - v_E^2/c^2}} \qquad \text{und} \qquad m_S = \frac{m_{0S}}{\sqrt{1 - v_S^2/c^2}} .$$

Beispiel:
Ein Wasserstoffatom besteht aus einem Elektron (e) und einem Proton (p). Die gesamte rel. Masse ist in diesem Fall

$$M_0 = \frac{m_{0p}}{\sqrt{1 - v_p^2/c^2}} + \frac{m_{0e}}{\sqrt{1 - v_e^2/c^2}} + \frac{V_{e\text{-}p}}{c^2} =$$

$$= m_{0p} + m_{0e} + \frac{(T_p + T_e - V_{e\text{-}p})}{c^2} .$$

Die Größe $(T_p + T_e - V_{e\text{-}p}) = -E_B$ wird als Bindungsenergie bezeichnet. Die Gesamtenergie des Wasserstoffatoms ist damit

$$E = (m_0\, c^2)_p + (m_0\, c^2)_e - E_B .$$

Wie groß ist nun der Beitrag der Bindungsenergie zur Gesamtmasse beim Wasserstoffatom?

$$E_B = 13{,}6\ \text{eV} = 22 \cdot 10^{-19}\ \text{J} ;$$

$$E_B/c^2 = \frac{22 \cdot 10^{-19}}{9 \cdot 10^{16}} \cdot \frac{\text{kg}\, m^2 \cdot s^2}{s^2 \cdot m^2} = 2{,}4 \cdot 10^{-35}\ \text{kg} .$$

Dagegen ist

$$m_{0e} = 9{,}1 \cdot 10^{-31} \text{ kg} ,$$

$$m_{0p} = 1{,}67 \cdot 10^{-27} \text{ kg} .$$

Der Beitrag der Bindungsenergie ist also vernachlässigbar klein, relativistische Korrekturen bei der Berechnung des Bahnradius des Elektrons im H-Atom (vgl. S.164) sind also nicht notwendig.

Anders ist der Fall bei Atomkernen. Die Stärke der Kernkräfte bewirkt etwa um einen Faktor 10^6 höhere Bindungsenergien.

Beispiel 2:
Deuteron = Proton + Neutron ist völlig äquivalent zu dem ersten Beispiel, nur ist jetzt

$$E_B = 2{,}2 \text{ MeV},$$

damit:

$$E_B/c^2 = 4 \cdot 10^{-30} \text{ kg} ;$$

dagegen ist

$$m_{0p}c^2 + m_{0n}c^2 = 3{,}35 \cdot 10^{-27} \text{ kg} .$$

Im Falle des Deuterons führt die Bindungsenergie dazu, daß die Ruhemasse des Systems um etwa 1 ‰ kleiner ist als die Ruhemasse der Bestandteile. Dieser Effekt ist gut meßbar und experimentell bestätigt. Bei den schweren Kernen ist die Bindungsenergie noch wesentlich größer. Sie ist annähernd proportional der Massenzahl und beträgt etwa 8 ‰ der Ruheenergie.

Beispiel 3:
Betrachten wir Anfangs- und Endzustand eines Stoßes zwischen Massenpunkten, zum Beispiel Elementarteilchen, so ist in diesen Zuständen die potentielle Energie Null, und der relativistische Energiesatz lautet:

$$(6.46) \qquad \sum_{i=1}^{N} \frac{m_{0i}\, c^2}{\sqrt{1 - v_i^2/c^2}} = \sum_{i=1}^{N'} \frac{m'_{0i}\, c^2}{\sqrt{1 - v_i'^2/c^2}} .$$

oder:

$$\sum_{i=1}^{N} m_{0i}\, c^2 + \sum_{i=1}^{N} T_i = \sum_{i=1}^{N'} m'_{0i}\, c^2 + \sum_{i=1}^{N'} T'_i \,. \tag{6.47}$$

Vergleichen wir dies mit der entsprechenden Gleichung im klassischen Fall (Gl. 4.39) (vgl. S. 124), so sehen wir, daß sich in Gl. (6.47) die Zahl der Teilchen und ihre Ruhemasse verändern können. *Die beiden klassischen Erhaltungssätze für Masse und Energie sind in der relativistischen Mechanik in einem Satz zusammengefaßt.* (Aus diesem Grunde ist es jetzt auch nicht mehr notwendig, die Umwandlung von kinetischer Energie in andere Energieformen durch einen Q-Wert zu berücksichtigen.)

Die relativistische Gesamtenergie eines abgeschlossenen Systems, die gleich ist der relativistischen Gesamtmasse mal c^2, ist konstant. Die Summe der einzelnen Ruhemassen ist jedoch nicht mehr konstant. Ruhemasse kann aus kinetischer Energie erzeugt und in solche umgewandelt werden. Die Gesamtmasse des Systems, d.h. ihr Trägheitswiderstand gegen eine äußere Kraft ist jedoch ebenso konstant wir ihre Gesamtenergie.

Nach dieser allgemeinen Erörterung des Energiebegriffes, wollen wir nun als letztes einige praktisch wichtige Beziehungen für den Zusammenhang zwischen Geschwindigkeit, Energie und Impuls herleiten:

a) *Zusammenhang zwischen Energie und Impuls für einen Massenpunkt mit der Ruhemasse* m_0.

Nach der Newtonschen Mechanik gilt:

$$\left.\begin{aligned} p &= m_0 v \\ T &= \frac{1}{2} m_0 v^2 \end{aligned}\right\} \quad T = \frac{p^2}{2m_0}\,.$$

Eine entsprechende Beziehung erhalten wir auch im relativistischen Fall durch geschickte Elimination von v aus Gl. (6.30) und (6.44):

$$\left.\begin{aligned} &(6.30) \quad \vec{p} = \frac{m_0 \vec{v}}{\sqrt{1 - v^2/c^2}} \\ &(6.48) \\ &(6.44) \quad E = \frac{m_0 c^2}{\sqrt{1 - v^2/c^2}} \end{aligned}\right\} \quad \boxed{E^2 = p^2 c^2 + (m_0 c^2)^2 \,.}$$

rel. Energie-Impuls-Relation

Setzen wir $E = T + m_0c^2$ für die kin. Energie T ein, so erhalten wir:

$$T = -m_0c^2 + \sqrt{p^2c^2 + (m_0c^2)^2} \;. \tag{6.49}$$

Schließlich sei noch folgende, zuweilen nützliche Beziehung hervorgehoben, die sich aus Gl. (6.30) und Gl. (6.44) ergibt:

$$\vec{p} = m\vec{v} = \frac{E}{c^2}\,\vec{v} \;. \tag{6.50}$$

Die Gl. (6.48) – (6.50) sind lorentz-invariant, d.h. sie gelten in jedem Inertialsystem. Sie sind sehr wichtig für die Lösung von praktischen Aufgaben in der relativistischen Dynamik.

Beispiel:
Beschleunigung eines positiv geladenen Teilchens mit der Ruhemasse m_0 durch ein konstantes transversales elektrisches Feld (vgl. Bild 6.22):

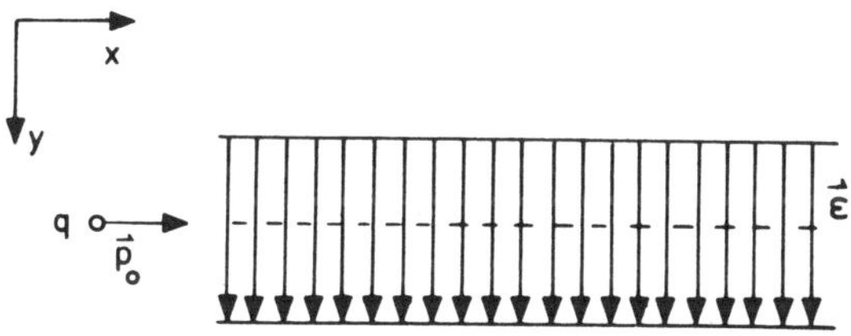

Bild 6.22: Eine Ladung q mit dem Impuls $\vec{p} = p_0\hat{x}$ tritt in ein dazu senkrechtes homogenes elektrisches Feld $\vec{\epsilon}$ ein.

Am Anfang sei

$$\vec{p}(0) = p_0\hat{x} \;.$$

Bewegungsgleichung:

$$\frac{dp_x}{dt} = 0 \quad \rightarrow p_x = p_0 \,,$$

$$\frac{dp_y}{dt} = q\epsilon \quad \rightarrow \; p_y = q\epsilon t.$$

Mit Hilfe von Gl. (6.48) bzw. (6.50) können wir sofort die Gesamtenergie und die Geschwindigkeit des Teilchens angeben:

(6.51)
$$E^2 = c^2 \, [p_0^2 + (q\epsilon t)^2] + (m_0 c^2)^2 = E_0^2 + (q\epsilon c t)^2 ,$$

$$v_x = \frac{p_0 \, c^2}{\sqrt{E_0^2 + (q\epsilon c t)^2}} ,$$

$$v_y = \frac{q\epsilon c^2 t}{\sqrt{E_0^2 + (q\epsilon c t)^2}} .$$

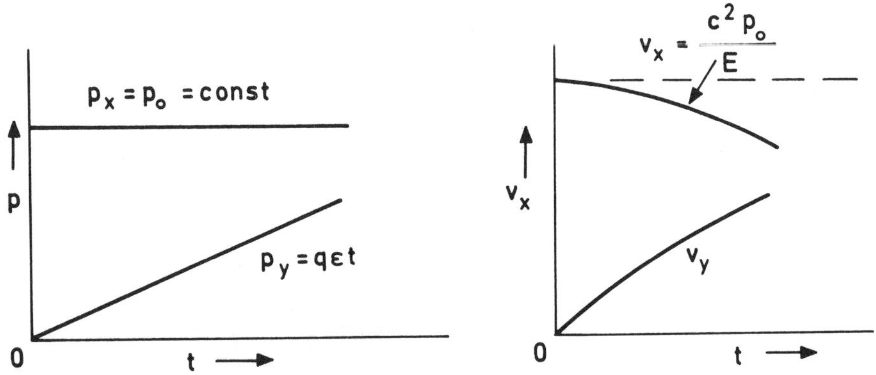

Bild 6.23: Relativistischer Impuls und Geschwindigkeit einer Ladung q in einem transversalen elektrischen Feld $\vec{\epsilon}$ als Funktion der Zeit

Die Geschwindigkeit in x-Richtung nimmt ab, wenn das Teilchen in y-Richtung beschleunigt wird. Grund: Die kinetische Energie nimmt zu, daher auch die relativistische Masse. Folge: Bei konstantem relativistischen Impuls muß die Geschwindigkeit abnehmen.

b) *Transformation von $\vec{p}$ und E beim Übergang zwischen gleichförmig geradlinig bewegten Koordinatensystemen.*

Nach Gl. (6.44) und (6.30) können wir E und $\vec{p}$ aus m_0 und $\vec{v}$ berechnen. m_0 hängt nicht vom Koordinatensystem ab, die Transformation für $\vec{v}$ haben wir kennengelernt (Gl. 6.18). Damit ist die Transformation reine Rechenarbeit.

Interessant ist das Ergebnis. Wir betrachten wieder den Fall, daß sich S' mit $\vec{v} = v_0 \hat{x}$ relativ zu S bewegt. Dann ist

(6.52)
$$\boxed{\begin{aligned} p'_x &= \gamma\left(p_x - \beta c \frac{E}{c^2}\right), \qquad p'_y = p_y, \qquad p'_z = p_z, \\ \frac{E'}{c^2} &= \gamma\left(\frac{E}{c^2} - \frac{\beta}{c} p_x\right) \end{aligned}}$$

mit $\beta = \frac{v_0}{c}$ und $\gamma = \frac{1}{\sqrt{1 - v_0^2/c^2}}$.

Die Größen p_x, p_y, p_z und E/c^2 transformieren exakt wie die Größen x, y, z und t (vgl. Gl. 6.15). Vier solche Größen werden ein *Vierervektor* genannt.

Übungsfrage:
Als Charakteristikum des elastischen Proton-Proton-Stoßes haben wir auf S. 134 gezeigt, daß die Bahnen beider Protonen einen Winkel von 90° einschließen. Zeigen Sie, daß im relativistischen Fall der Winkel kleiner ist.

Teilchen mit der Ruhemasse Null

Bisher haben wir uns damit beschäftigt, die Dynamik von Massenpunkten und Punktsystemen bei Geschwindigkeiten unterhalb der Lichtgeschwindigkeit zu untersuchen. Ein Teilchen mit endlicher Ruhemasse kann niemals exakt die Lichtgeschwindigkeit c erreichen, da dann nach Gl. (6.30) und (6.44) sein Impuls und seine Energie unendlich groß würden.

Es ist jedoch im Rahmen der speziellen Relativitätstheorie möglich, daß Teilchen, die sich mit Lichtgeschwindigkeit bewegen, existieren, wenn ihre Ruhemasse Null ist. Solche Teilchen kommen in der Natur vor als Quanten des elektromagnetischen Feldes (Photonen) und Neutrinos.

Diese Teilchen haben zwei bemerkenswerte Eigenschaften:

1. Bewegt sich ein Teilchen in einem Bezugssystem mit der Geschwindigkeit c, so bewegt es sich in allen dagegen gleichförmig geradlinig bewegten Systemen ebenfalls mit Lichtgeschwindigkeit. Es gibt kein System, in dem ein solches Teilchen in Ruhe ist. Teilchen mit der Ruhemasse Null müssen daher stets relativistisch beschrieben werden.

2. Die Ausdrücke Gl. (6.30) und (6.44) für Energie und Impuls sind für solche Teilchen nicht anwendbar, da Zähler und Nenner Null sind. Gültig bleibt jedoch die daraus abgeleitete Beziehung Gl. (6.48) für den Zusammenhang zwischen Energie und Impuls.

Für den Spezialfall: Teilchen mit Ruhemasse Null und $v = c$ erhalten wir aus dieser Gleichung:

(6.53)
$$E = p \cdot c, \qquad p = \frac{E}{c}.$$

Energie-Impuls-Beziehung für ein rel. Teilchen der Ruhemasse Null

Ordnen wir einem solchen Teilchen eine relativistische Masse m zu durch $E = mc^2$, so gilt:

(6.54)
$$m = \frac{E}{c^2}, \qquad p = mc.$$

Masse und Impuls eines rel. Teilchens mit Ruhemasse Null

Mit Hilfe dieser Beziehung können wir Stoßprozesse, an denen solche Teilchen beteiligt sind, behandeln.

Bei Photonen haben wir noch die zusätzliche Beziehung

$$E = hf,$$

h = Plancksche Konstante,
f = Frequenz der zugehörigen elektromagnetischen Strahlung.

Beispiel 1:
Wir fragen, ob folgender Prozeß möglich ist:

$$e^- + e^+ \rightarrow \text{Gammaquant}.$$

Wir betrachten dazu ein System, in dem am Anfang der gemeinsame Schwerpunkt von e^- und e^+ ruht. In diesem System ist vor dem Stoß

$$\vec{p}_{e^-} + \vec{p}_{e^+} = 0.$$

Damit müßte nach dem Stoß sein:

$$\vec{p}_\gamma = 0.$$

Das ist aber nicht möglich, da es kein System gibt, in dem ein Photon ruhen kann. Konsequenz: Der Impulssatz verbietetden Prozeß, er wird nicht beobachtet. Tatsächlich beobachtet man stattdessen die gleichzeitige Emission von zwei Gammaquanten, also:

$$e^- + e^+ \rightarrow 2\gamma,$$

wobei die beiden Gammaquanten im Schwerpunktsystem von e^- und e^+ mit gleicher Energie in entgegengesetzter Richtung emittiert werden. Damit bleibt wie gefordert der Gesamtimpuls erhalten ($\vec{P} = 0$ vor und nach der Reaktion).

Beispiel 2:
Ein Kern der Ruhemasse m_0 emittiert ein Gammaquant der Energie E_γ. Welche Rückstoßenergie erhält er?

Wir betrachten den Vorgang in dem System, in dem der Kern vor der Emission des Gammaquantes ruht. Dann ist der Gesamtimpuls vor dem Stoß Null und daher auch nach nach dem Stoß

$$\vec{p}_\gamma + \vec{p}_K = 0,$$

wobei

$$p_\gamma = \frac{E_\gamma}{c}.$$

Sofern die zugehörige Geschwindigkeit des Kernes klein ist gegenüber c, folgt daraus:

$$T_K = \frac{p_K^2}{2m_0} = \frac{E_\gamma^2}{2m_0c^2}.$$

Wichtigstes Ergebnis: Zu jeder Energie, auch in Form von elektromagnetischer Strahlung, gehört Impuls und träge Masse.

Literaturhinweise zu Kapitel 6

A.P. French: Die spezielle Relativitätstheorie Vieweg Uni-Text, Braunschweig (1971): ein sehr empfehlenswertes Taschenbuch

Berkeley Physics Course Vol. I Mc Graw Hill, New York (1965): Chap. 10: Speed of Light; Chap. 11: Lorentz Transformations of Length and Time; Chap. 12: Relativistic Dynamics: Momentum and Energy; Chap. 13: Simple Problems in Relativistic Dynamics; Chap. 14: Principle of Equivalence

E.F. Taylor and J.A. Wheeler: Spacetime Physics Freeman, San Francisco (1966)

D.W. Sciama: Modern Cosmology Cambr. Univ. Press (1971): Ausgezeichnete Einführung in die aktuellen Probleme der Kosmologie. Kap. Kosmologische Rotverschiebung und expandierendes Universum.

7. Thermische Eigenschaften von Gasen

Im gasförmigen Zustand ist die Dichte der Materie so gering, daß alle Atome (oder Moleküle) relativ weit voneinander entfernt sein müssen. Darüber hinaus zeigen viele Beobachtungen deutlich, daß sich die Atome in allen Gasen bewegen, wobei sie miteinander und mit den Gefäßwandungen zusammenstoßen. Die Geschwindigkeit dieser Bewegung läßt sich mit der auf Seite 57 beschriebenen Laufzeitmethode unmittelbar messen. Dabei findet man, daß *die Moleküle der Luft sich bei Zimmertemperatur mit einer mittleren Geschwindigkeit von etwa 1* km/s *bewegen und bei erhöhter Gastemperatur mit noch größerer Geschwindigkeit.*

Die Zurückführung der thermischen Eigenschaften eines Gases (wie z.B. seines Drucks) auf mechanische Bewegungsgrößen eines Teilchens (wie z.B. die Geschwindigkeit der Atome oder ihre kinetische Energie) ist der Gegenstand der *kinetischen Gastheorie,* und hiermit wollen wir uns in diesem Kapitel zum ersten Mal beschäftigen, *um die innere Verwandtschaft zwischen der Mechanik und Wärmelehre der Gase deutlich zu machen.* (Ausführlicher kommen wir auf die statistische Theorie der Wärme und die Thermodynamik auf der Basis der Quantentheorie im Band 4 zurück.)

7.1 Die absolute Temperatur und das empirische Gasgesetz

Uns allen ist vom Kfz-Motor bekannt, daß der Druck eines Gases bei festem Volumen anwächst, wenn man die Gastemperatur erhöht. Diesen Druckanstieg bei Erhöhung der Gastemperatur wollen wir genauer mit nebenstehendem Gasthermometer untersuchen (vgl. Bild 7.1). Den Gasdruck ermitteln wir mit dem quecksilbergefüllten U-Rohr-Manometer aus dem Höhenunterschied Δh der beiden Quecksilbersäulen: $p = \rho \cdot g \cdot \Delta h$, wobei ρ die Dichte des Quecksilbers ist. Durch Erhitzen oder Kühlen des Wasserbades können wir die Gastemperatur verändern.

Wie aber sollen wir die *Temperatur* definieren? Vorläufig wissen wir nur eines: Je heißer die Materie ist, desto höher sollte man ihre Temperatur festlegen, wenn die Temperatur als Maß dienen soll für das „Warmsein" von Körpern. Darüber hinaus benötigen wir einige Eichpunkte: So schlug Celsius vor, die Temperatur des gefrierenden bzw. des kochenden Wassers mit 0° bzw. mit 100° festzulegen. Diese ganz

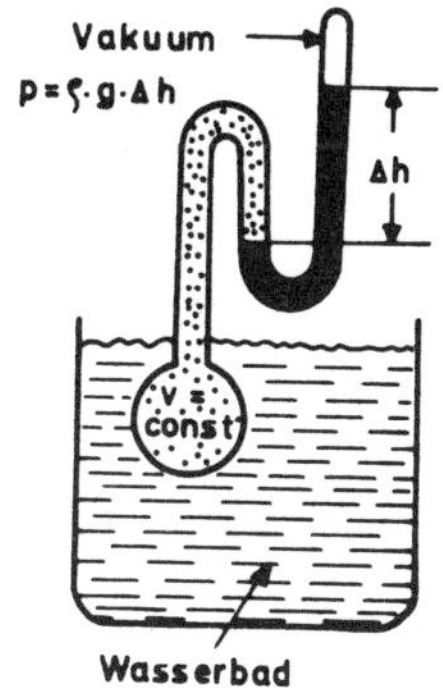

Bild 7.1: Das Gasthermometer: ein mit einem Gas (z. B. Helium) gefüllter Glaskolben ist mit einem Quecksilber-U-Rohr-Manometer verbunden. Höhenstandsänderungen △h zeigen Änderungen des Gasdruckes und damit Temperaturänderungen des Wasserbades an.

willkürliche Festlegung hat sich bei uns als sog. *Celsiusskala der Temperatur* im täglichen Leben eingebürgert.

Nunmehr wollen wir mit unserem Gasthermometer den Gasdruck bei 0 °C und 100 °C für verschiedene Gase miteinander vergleichen und die Resultate graphisch darstellen. Dabei tragen wir den bei 0 °C und 100 °C gemessenen Druck nach oben auf. Auf der horizontalen Temperaturachse sind die beiden Meßtemperaturen 0 °C und 100 °C eingetragen. Wir haben nur die Meßresultate für zwei Gase Helium und Wasserstoff willkürlich herausgegriffen. Extrapoliert man nun den Druck *linear* zu tieferen Temperaturen, so erkennt man, daß *der Druck für ganz verschiedene Gase bei ein- und derselben Temperatur von – 273, 15 °C verschwindet.* Es erscheint daher sinnvoll, diese Besonderheit zur vollständigen Festlegung der Celsius-Skala heranzuziehen. Nun läßt sich aber auch der Nullpunkt der Temperaturskala von dem willkürlich gewählten Gefrierpunkt des Wassers auf den Punkt – 273, 15 °C verschieben. Die so gewonnene *absolute Temperaturskala* oder *Kelvin-Skala,* die wir aus dem beobachteten Verhalten der Gase abgeleitet haben, ist ebenfalls in Bild 7.2

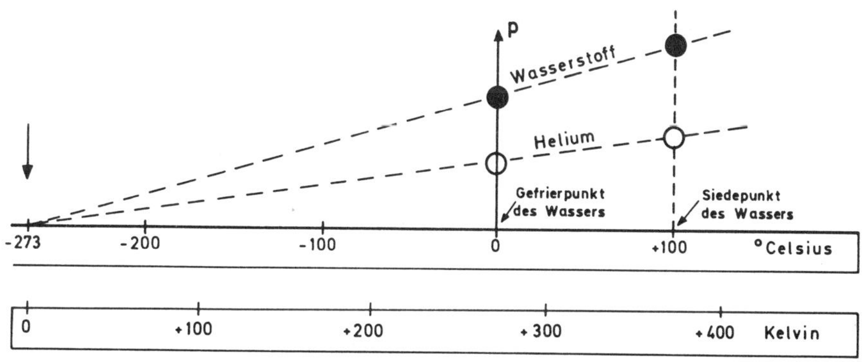

Bild 7.2: Celsius- und absolute Temperaturskala: Durch einen Fixpunkt und den Gasdruck eines Gasthermometers ist die Temperaturskala festgelegt. Der Gefrierpunkt des Wassers liegt in der Celsius-Skala bei 0° C, in der Kelvin-Skala bei 273,15 K.

eingetragen. Wir werden bald sehen, daß es uns diese Wahl der Temperaturskala sehr erleichtert, thermische Eigenschaften auf mechanische Bewegungsgrößen zurückzuführen. Als erstes Ergebnis unserer Versuche mit dem Gasthermometer halten wir noch einmal fest:

1. *Der Druck wächst linear mit der absoluten Temperatur an.*

Zwei weitere Beobachtungen über das Verhalten von Gasen seien in diesem Zusammenhang ebenfalls erwähnt:

2. Sperrt man *verschiedenartige* Gase in das Volumen des Gasthermometers, so wird immer (bei konstanter Temperatur) der *gleiche Druck* angezeigt, *wenn das Volumen gleich viele Moleküle enthält.*

3. Wie von der Luftpumpe bekannt ist, erhöht sich der Druck auch bei Verkleinerung des Volumens. Genaue Beobachtungen ergeben , daß hierbei *das Produkt (Druck x Volumen) konstant* bleibt, wenn sich die Temperatur hierbei nicht auch ändert.

Diese drei Erfahrungstatsachen – gewonnen an ganz verschiedenen Gasen – kann man durch die folgende universelle Beziehung zwischen dem Druck p, der absoluten Temperatur T und dem Volumen V_m eines Mols zusammenfassen:

(7.1) $$\boxed{p\,V_m = R\,T,}$$ **Gasgesetz.**

Für eine beliebige Gasmenge, die n Mol enthält, gilt entsprechend:

(7.1′) $$\boxed{pV = nRT,}$$ **Gasgesetz.**

In diesem *Gasgesetz* ist $R = 8{,}31\ \mathrm{J/(mol \cdot K)}$ die sog. *universelle Gaskonstante.* Es hat sich als streng gültig erwiesen für alle Gase bei hinreichend hohen Temperaturen, d.h. weit oberhalb der Siedetemperatur. Gase, welche diesem Gasgesetz genau folgen, nennt man auch oft kurz *ideale Gase.*

Bisher haben wir nur über die Beobachtungen von *makroskopischen* Größen p, V und T gesprochen. Im folgenden wollen wir die Entstehung der Druckkräfte des Gases auf die Wandungen des Gefäßes *mikroskopisch* analysieren.

7.2 Mikroskopische Analyse des Gasdrucks

Der Gasdruck auf eine Wand wird verursacht von den Stößen der Gasatome und ist streng genommen eine zeitlich fluktuierende Größe. Dieser fluktuierende Charakter wird besonders deutlich, wenn man die Brownsche Zick-Zack-Bewegung eines kleinen Nebeltröpfchens in Luft mit dem Mikroskop betrachtet.

In nebenstehender Abbildung wird ein Molekül der Masse m spiegelnd an einer Wand W reflektiert. (Dieser ideale Fall der spiegelnden Reflexion tritt allerdings nicht immer auf. Eine strenge Behandlung des realen Falles liefert jedoch das gleiche Resultat, so daß wir uns hier auf den spiegelnden Fall beschränken.) Dabei erfährt es eine Impulsänderung

$$2m \cdot v_x .$$

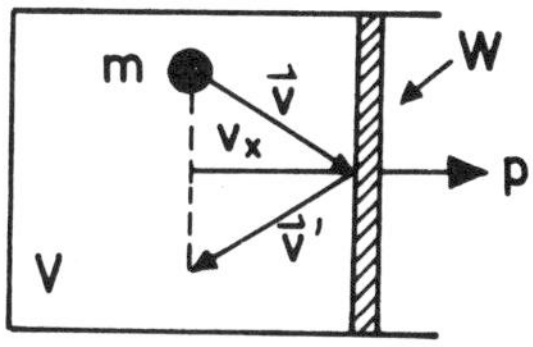

Bild 7.3: Stoß eines Gasatoms an eine Gefäßwand: die Impulsänderung eines jeden Gasatoms liefert einen Beitrag zum Gasdruck.

Nun sind in dem Volumen V des Zylinders N Moleküle enthalten. Von diesen besitzen aber nur d$N(v_x)$ die x-Komponente der Geschwindigkeit v_x, und wiederum nur die Hälfte davon ist auf die Kolbenwand zu gerichtet. Insgesamt treffen also pro Sekunde

$$\frac{1}{2}\,\frac{\mathrm{d}N(v_x)}{V}\quad v_x$$

Moleküle mit der Geschwindigkeitskomponente v_x auf jeden Quadratmeter der Kolbenfläche. Die bei der Reflexion hervorgerufene zeitliche Impulsänderung führt zu einem Druck dp auf diese Einheitsfläche:

$$\mathrm{d}p = \frac{1}{2}\,\frac{\mathrm{d}N}{V}\,v_x\,2mv_x = mv_x^2\,\frac{\mathrm{d}N}{V}$$

oder wenn man über alle v_x integriert:

$$p = \int \mathrm{d}p = \int_{v_x=-\infty}^{v_x=+\infty} mv_x^2\,\frac{\mathrm{d}N}{V} = m\overline{v_x^2}\cdot\frac{N}{V}\,,$$

wobei

$$\overline{v_x^2} = \int_{-\infty}^{+\infty} v_x^2\,\frac{\mathrm{d}N(v_x)}{N}$$

das mittlere Geschwindigkeitsquadrat ist.

Nun gilt offensichtlich wegen $\overline{v_x^2} = \overline{v_y^2} = \overline{v_z^2}$ und $v^2 = v_x^2 + v_y^2 + v_z^2$ auch $\overline{v_x^2} = \frac{\overline{v^2}}{3}$, und wir erhalten somit:

(7.2) $$p = \frac{2}{3} \cdot \frac{N}{V} \cdot \left(\frac{m\overline{v^2}}{2}\right) = \frac{2}{3} \cdot \frac{N}{V} \cdot \bar{u},$$

wobei $\bar{u}$ die mittlere kinetische Energie $(m/2) \cdot \overline{v^2}$ eines Atoms ist. Wenn es sich genau um *ein* Mol des Gases handelt, ist $N = L$ die Loschmidtsche Zahl und $V = V_m$ das Molvolumen. Somit ergibt sich schließlich:

$$p \cdot V_m = \frac{2}{3} \cdot L \cdot \bar{u}.$$

Kombiniert man dies mit der empirischen Relation Gl. (7.1), so findet man eine wichtige Bestimmungsgleichung für die mittlere kinetische Energie der Atome $\bar{u}$:

(7.3) $$\boxed{\bar{u} = \frac{3}{2} \left(\frac{R}{L}\right) T = \frac{3}{2} kT}$$ **mittlere kinetische Energie eines Atoms**

mit $k = R/L = 1{,}38 \cdot 10^{-23}$ J/K.

Das Verhältnis (Gaskonstante / Loschmidtsche Zahl) heißt *Boltzmann-Konstante.* Aus dem Ergebnis der makroskopischen Beobachtung Gl. (7.1) und der mikroskopischen Analyse der atomaren Stoßprozesse an der Wand Gl. (7.2) haben wir ein wichtiges neues Resultat gewonnen:

Die mittlere kinetische Energie eines Atoms im Gas ist (3/2) kT, also unabhängig von der Atommasse, Druck und Volumen des Gases, dagegen nur abhängig in linearer Weise von der Temperatur (siehe Gl. 7.3).

Das Gasgesetz Gl. (7.1) läßt sich mit Hilfe von Gl. (7.2) nun auch in folgender Form schreiben:

(7.4) $$\boxed{p \cdot V = N \cdot kT}\ .$$

7.3 Die Wärmekapazität von idealen Gasen

Wir wollen uns jetzt fragen, wieviel Energie man einem Gas zuführen muß, um seine Temperatur um ein Grad Kelvin zu erhöhen. Diese Frage ist natürlich auch praktisch wichtig, wenn man die Zimmerluft aufheizen will. Selbst bei idealer Wärmeisolation muß man mindestens die Energie aufwenden, um das Gas selbst zu erwärmen.

Der Energieinhalt eines einatomigen Gases ist praktisch nur die kinetische Energie seiner Atome

$$E = N \cdot \bar{u} = N \cdot \frac{3}{2} \cdot kT, \tag{7.5}$$

da die potentielle Energie wegen der großen interatomaren Abstände vernachlässigbar ist. Die Energiemenge, die erforderlich ist, um die Gasmenge um ein Kelvin zu erwärmen, nennt man die *Wärmekapazität C:*

$$C = \frac{\partial E}{\partial T} \ .$$

Läßt man während der Erwärmung das *Volumen konstant,* so deutet man dies durch den Index V an, zum Beispiel $C_V = (\partial E/\partial T)_V$. Aus Gl. (7.5) ergibt sich für C_V:

$$\boxed{C_V = \left(\frac{\partial E}{\partial T}\right)_V = \frac{3}{2}\, Nk} \ . \tag{7.6}$$

Wärmekapazität eines einatomigen Gases bei konst. Volumen

Die Wärmekapazität ist also unabhängig von der Temperatur.

Übungsfrage:
Warum ist die Beziehung (7.6) für mehratomige Gase nicht gültig, welche Energiebeiträge müssen noch zusätzlich berücksichtigt werden?

Etwas anders verhält es sich, wenn nicht das Volumen sondern der *Druck p* während der Erwärmung *konstant* gehalten wird: Jetzt muß man eine höhere Energie zuführen, um das Gas um $\Delta T = 1$ K zu erwärmen, da das Gas seinerseits gegen den Kolben in Bild 7.4 bei der thermischen Expansion eine Arbeit $dA = K \cdot dx = (K/F)\,(F \cdot dx) = p \cdot dV$ leistet. Die Energiebilanz lautet:

$$dE = C_V \cdot dT + p \cdot dV \qquad \text{oder nach Gl. (7.4):}$$

$$dE = C_V \cdot dT + Nk \cdot dT \qquad \text{und daher:}$$

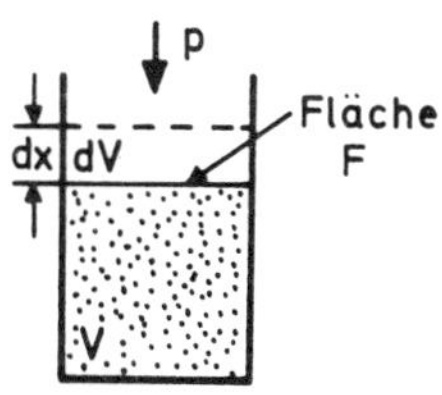

Bild 7.4: Erwärmung eines idealen Gases bei konstantem Druck: das Gas ändert sein Volumen, leistet also Arbeit gegen den Außendruck.

$$C_p = \left(\frac{\partial E}{\partial T}\right)_p = C_v + Nk \qquad (7.7)$$

Für das Verhältnis $\kappa = C_p/C_v$ eines einatomigen, idealen Gases ergibt sich aus Gl. (7.6) und Gl. (7.7):

$$\kappa = \frac{C_p}{C_v} = \frac{c_p}{c_v} = \frac{5}{3}.$$

Diese Beziehung gilt nicht nur für Wärmekapazitäten C_p, C_v, sondern auch für die spezifischen Wärmen c_p, c_v, die meist als Wärmekapazität pro Masseneinheit (seltener als die pro Mol oder pro Volumeneinheit) definiert werden.

Anmerkung:
Früher wurde die *Kalorie* als Einheit für die Wärmeenergie verwendet. 1 Kalorie ist die Energie, die man aufwenden muß, um 1 g Wasser von 14,5 °C auf 15,5 °C zu erwärmen: 1 Kalorie = 1 cal = 4,19 J.

7.4 Isotherme und adiabatische Zustandsänderungen

Obwohl wir bereits die allgemeine Gasgleichung (7.1) mit den drei Veränderlichen p, V und T beschrieben haben, wollen wir hier noch zwei spezielle Prozesse betrachten, die in der Natur besonders wichtig sind. Es gibt nämlich zwei besondere Arten, ein Gas zu komprimieren, die in Bild 7.5 dargestellt sind:

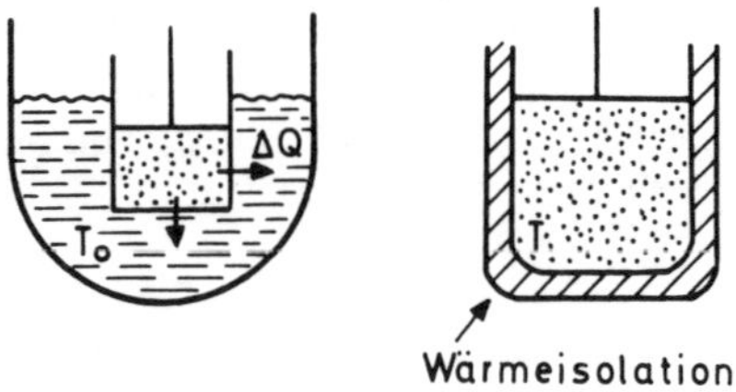

Bild 7.5: Kompression eines Gases.
a) Isothermer Versuch (T_0 = const.): die Kompressionsarbeit wird in Form einer Wärmemenge ΔQ an die Umgebung abgegeben.
b) Adiabatischer Versuch ($\Delta Q = 0$): die bei der Kompression geleistete Arbeit wird vollständig zur Erhitzung des Gases verwendet.

1. Isotherme Zustandsänderungen

Man umgibt den Zylinder mit einem kühlenden Wasserbad (Bild 7.5a), so daß das Gas sich während der langsamen Kompression nicht erhitzt, sondern eine konstante Temperatur beibehält. Die Gleichung für *isotherme* Zustandsänderungen lautet dann nach Gl. (7.1) einfach

$$p\,V_m = R\,T_0 \,, \qquad \text{wobei } T_0 \text{ jetzt eine Konstante ist.}$$

Übungsfrage:
Wie sieht für diesen isothermen Vorgang die Energiebilanz aus?

2. Adiabatische Zustandsänderungen

Oft verläuft die Kompression eines Gases jedoch zu rasch, um den Wärmeaustausch mit der Umgebung sicherzustellen. So kommt es zur Erhitzung der Luft in einem Kompressor, und erst die Erhitzung während der Kompression macht beim Dieselmotor bekanntlich eine Zündung möglich. Diese Prozesse sind dadurch charakterisiert, daß mit der Umgebung praktisch keine Wärme ΔQ ausgetauscht wird. Dementsprechend sei in Bild 7.5b der Zylinder aus einem ideal wärmeisolierenden Stoff hergestellt. Da während der Versuchsdurchführung keine Wärme hindurchtreten kann, spricht man von einem *adiabatischen* Prozeß.

Die ganze von außen bei der Kompression geleistete Arbeit ($p\,\mathrm{d}V$) wird daher zur Erhitzung des Gases verwandt:

(7.8) $$p\,\mathrm{d}V = -C_\mathrm{v}\,\mathrm{d}T\,, \qquad \text{(Energieerhaltungssatz)}.$$

Eine Verkleinerung von V führt zu einer Erhöhung von T, daher das negative Vorzeichen. Daneben ist auch in diesem Fall die allgemeine Gasgleichung (7.4) $pV = NkT$ gültig, für die in differentieller Form gilt:

(7.9) $$p\,\mathrm{d}V + V\,\mathrm{d}p = Nk\,\mathrm{d}T\,.$$

Eliminiert man $\mathrm{d}T$ aus Gl. (7.8) und Gl. (7.9), so erhält man unter Berücksichtigung auch von Gl. (7.7) die folgende Gleichung für adiabatische Zustandsänderungen in differentieller Form:

(7.10a) $$\boxed{\frac{\mathrm{d}p}{p} + \kappa\frac{\mathrm{d}V}{V} = 0}\,.$$

Dabei ist $\kappa = c_\mathrm{p}/c_\mathrm{v}$. Gl. (7.10a) ist wie Gl. (7.7) auch für mehratomige ideale Gase gültig. Sie ist sehr wichtig für die Schallausbreitung durch Gase, wie wir in Abschnitt 10 sehen werden.

Übungsaufgabe: Zeigen Sie durch Integration dieser Differentialgleichung, daß gilt:

$$\boxed{p\,V^\kappa = \mathrm{const}}\,.$$

Sind wir dagegen mehr an der Frage interessiert, wie heiß das Gas bei der Kompression (oder wie kalt es bei der Expansion) wird, dann eliminieren wir aus Gl. (7.8) und Gl. (7.4) den Druck p. Dies ergibt folgende Beziehung zwischen Temperatur und Volumen für eine adiabatische Zustandsänderung:

(7.10b) $$\boxed{\frac{\mathrm{d}T}{T} + (\kappa - 1)\frac{\mathrm{d}V}{V} = 0}\,.$$

Die Temperatur erhöht sich, wenn der Kolben das Gas komprimiert. (Da die Kolbenwand sich auf die Atome zu bewegt, gewinnen sie Energie bei der Reflexion am Kolben!) Umgekehrt kühlt sich das Gas ab bei der Expansion.

Übungsfrage:
Wie groß ist etwa die Temperatur in einem Dieselmotor (Verdichtungsverhältnis 1:36) nach dem Kompressionstakt (c_p/c_v = 1,4 für Luft)?

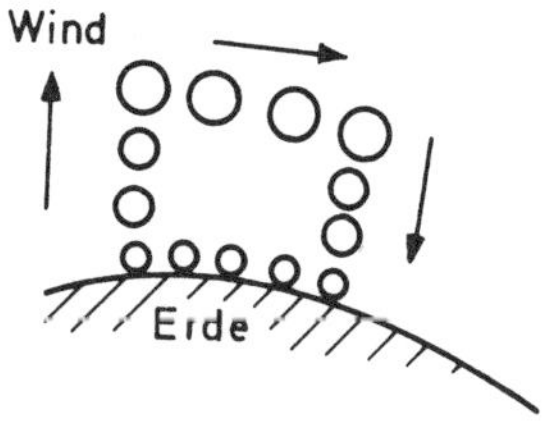

Bild 7.6: Zyklische Windbewegung in der Erdatmosphäre: beim Steigen vergrößert eine bestimmte Luftmenge ihr Volumen und umgekehrt.

Gl. (7.10b) erlaubt uns auch zu verstehen, warum *die Erdatmosphäre mit zunehmender Höhe kälter wird:* Bild 7.6 zeigt das Größer- und Kleinerwerden einer bestimmten Luftmenge bei einer zyklischen Windbewegung. Beim Aufsteigen der Luft vergrößert sich ihr Volumen, und sie kühlt sich adiabatisch ab. Beim Absteigen wird die Luft wieder durch Kompression erwärmt. Wegen dieser vertikalen Luftbewegung sollte man eine Abkühlung mit wachsender Höhe von

$$\frac{\Delta T}{\Delta h} = 10\ ^\circ\mathrm{C/km}$$

erwarten.

Übungsfrage:
Die beobachteten Werte liegen allerdings nur bei etwa 7 °C/km. Inwieweit kann der Feuchtigkeitsgehalt der Luft zu dieser Verringerung der Abkühlung führen?

7.5 Die Dichte der Erdatmosphäre in größeren Höhen

Beim Bergsteigen bemerkt man aber nicht nur, daß es in der Höhe kälter wird. Mindestens ebenso bekannt ist die Erfahrung, daß die Dichte der Luft und deshalb auch die des Sauerstoffs mit wachsender Höhe abnimmt.

Wir wollen hier fragen: wie nimmt die Dichte der Atmosphäre mit wachsender Höhe ab?

Wir gehen wieder aus von der allgemeinen Gasgleichung (7.4) in der Form

(7.11) $p = n \cdot kT,$

wobei $n = N/V$ die Zahl der Atome pro Volumeneinheit ist.

Zur ersten Abschätzung wollen wir alle vertikalen Temperaturdifferenzen in der Erdatmosphäre vernachlässigen, so daß aus Gl. (7.11) folgt:

(7.12) $\mathrm{d}p = \mathrm{d}n \cdot kT.$

Die Teilchenzahl ändert sich also linear mit dem Druck. Letzterer ist jedoch durch das Gewicht der Luftsäule in Bild 7.7 bestimmt und nimmt daher mit wachsender Höhe ab:

(7.13) $\mathrm{d}p = -n \cdot mg \cdot \mathrm{d}h.$

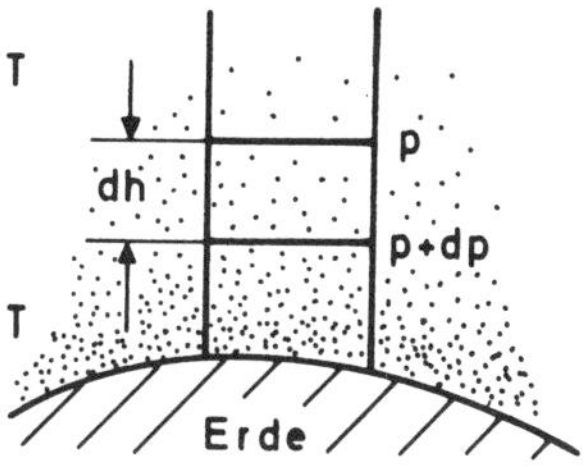

Bild 7.7: Luftsäule in der Erdatmosphäre

Aus Gl. (7.12) und Gl. (7.13) folgt:

$$\frac{\mathrm{d}n}{n} = -\frac{mg \cdot \mathrm{d}h}{kT}.$$

Oder:

(7.14) $$n(h) = \boxed{n(0)\, \mathrm{e}^{-\frac{mgh}{kT}}}.$$ **Barometrische Höhenformel**

Übungsfrage:
Zeigen Sie, daß der Druck der Erdatmosphäre (bei 0 °C) innerhalb von 8 km auf den e-ten Teil abfällt.

Die *barometrische Höhenformel* gibt uns an, wie die Teilchendichte oder der Gasdruck in der Erdatmosphäre mit wachsender Höhe über dem Meeresspiegel abnimmt. In Tabelle 7.1 sind für einige Höhen h die Druckwerte $p(h) = p(0) \cdot n(h)/n(0)$ angegeben, wie sie sich aus Gl. (7.14) unter der Annahme konstanter Temperatur T = 300 K und konstanter mittlerer Molekülmassenzahl $M = 29$ ergeben. Zum Vergleich sind in der Tabelle auch die bei Raketenflügen gemessenen Werte angegeben.

Tabelle 7.1: **Der atmosphärische Luftdruck in verschiedenen Höhen über dem Meeresspiegel**

h	0	1 km	10 km	100 km	200 km
$p(h)$ berechnet in mbar	1013	900	320	$1 \cdot 10^{-2}$	$1 \cdot 10^{-7}$
$p(h)$ gemessen in mbar	1013	900	280	$6 \cdot 10^{-4}$	$4 \cdot 10^{-7}$

Unterhalb von etwa 100 km fällt der Druck schneller ab als erwartet. Dies ist eine Folge der Abkühlung der Atmosphäre mit zunehmender Höhe, die wir bereits in Abschnitt 7.4 diskutiert haben. Bei 200 km und darüber ist der Druck jedoch größer als berechnet. Dies hängt im wesentlichen damit zusammen, daß in diesen Höhen die Entmischung der Atmosphäre eine Rolle spielt. Aus Gl. (7.14) ist ersichtlich, daß die Teilchendichte eines schweren Gases mit zunehmender Höhe schneller abfällt als die eines leichten Gases. Dies führt dazu, daß die leichten Gase Helium und Wasserstoff, die auf Meereshöhe nur einen Volumenanteil von 0,001 % zur Erdatmosphäre beitragen, in Höhen über 200 km vorherrschen. In Ultrazentrifugen, für die eine ähnliche Beziehung wie Gl. (7.14) gilt, wird diese Tatsache zur Trennung von Isotopen oder zur Sedimentation von Makromolekülen technisch genutzt.

Übungsaufgabe: Zeigen Sie, daß für die Teilchendichte eines Gases, das in einer Zentrifuge mit konstanter Winkelgeschwindigkeit ω rotiert, im Abstand r von der Drehachse gilt: $n(r) = n(0) \exp[\mathrm{m}\, \omega^2 r^2/(2\, kT)]$.

7.6 Gasdruck und mittlere freie Weglänge

Wir wollen uns hier einmal konkret fragen: Wie groß ist der *mittlere Abstand* der Luftmoleküle voneinander, und wie weit können sie im Mittel fliegen, bevor sie auf ein anderes Molekül treffen, d.h. wie groß ist ihre *mittlere freie Weglänge?*

1. *Der mittlere Abstand:* Die mittlere Teilchenzahl im Gas pro Volumeneinheit (z.B. 1 cm^3) läßt sich aus der Gasgleichung in der Form (7.11) $n = p/kT$ ermitteln und beträgt für p = 1 bar und T = 273 K

(7.15) $$n = 2{,}7 \cdot 10^{19}\ \mathrm{cm}^{-3}\ .$$

Bei gleichem Druck und gleicher Temperatur ist die Teilchendichte für alle Gase die gleiche: Dies ist identisch mit der Aussage, daß die Molvolumina aller Gase unter diesen Umständen ebenfalls übereinstimmen ($V_\mathrm{m} = L/n = 22{,}4\ l$).

Wie groß ist nun der mittlere Abstand der Moleküle voneinander? Nun, dazu unterteilen wir den Würfel (1 cm^3), der n Teilchen enthält, in n gleiche Volumina, so daß jedes Teilvolumen (Kantenlänge a, Volumen a^3) im Mittel gerade ein Teilchen enthält:

$$\frac{1}{a^3} = \frac{n}{1} \, .$$

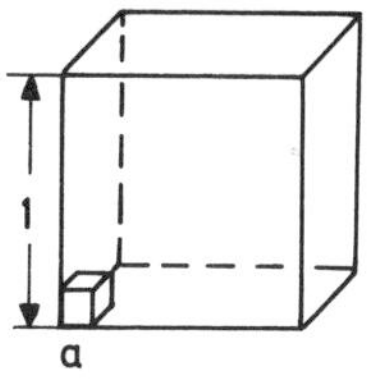

Hieraus ergibt sich der mittlere Abstand a zu

(7.16) $$a = n^{-\frac{1}{3}} = 33 \text{ Å} = 33 \cdot 10^{-8} \text{ cm} \, .$$

Dies ist zu unterscheiden von der mittleren freien Weglänge, die zwar nicht kürzer, wohl aber wesentlich länger sein kann als a.

2. *Die mittlere freie Weglänge:* Betrachten wir ein Atom, das in der x-Richtung durch ein Gas fliegt und fragen wir: Wie groß ist die Wahrscheinlichkeit, daß es nach dem Durchfliegen der Strecke dx an anderen Atomen gestreut wird?

Zur Abschätzung dieser Wahrscheinlichkeit projizieren wir die im Volumen $A\,dx$ enthaltenen $nA\,dx$ Atome auf die Eintrittsfläche wie auf einen Bildschirm. Dabei hinterläßt jedes Atom auf der Fläche einen kleinen Schatten der Fläche σ. Das Verhältnis

$$\frac{An\,\sigma\,dx}{A} = n\sigma\,dx$$

gibt offenbar den Anteil der einfallenden Teilchen an, welche beim Durchqueren der Schicht dx einen Stoß erleiden.

Wenn wir versuchen, mit einem Atomstrahl in der x-Richtung durch unser Gasvolumen zu schießen, so würde die Strahlintensität $J(x)$ infolge der Streuung mit wachsendem dx abnehmen:

$$J(x + dx) - J(x) = -J(x)\, n\, \sigma\, dx$$

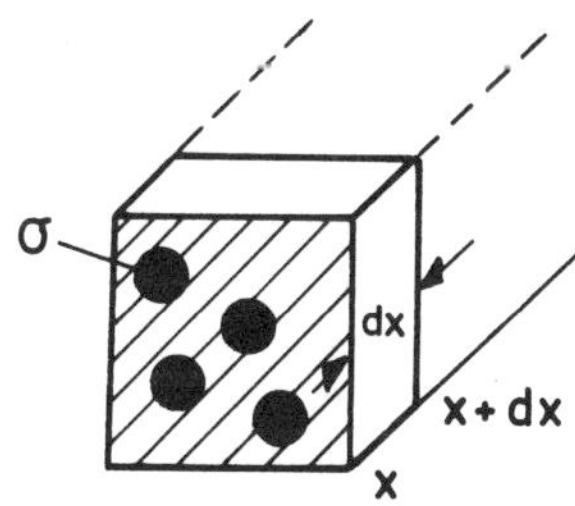

Bild 7.8: Zur Streuwahrscheinlichkeit eines Gasatoms beim Durchfliegen der Strecke dx: alle Gasatome im Volumen dx werden auf die Eintrittsfläche projiziert und hinterlassen einen „Schatten", den atomaren Streuquerschnitt.

Wenn wir dies integrieren, so erhalten wir:

(7.17) $$\boxed{J(x) = J(0)\, e^{-n\sigma x}.}$$

Die Zahl der noch nicht gestreuten Teilchen im Strahl nimmt also exponentiell mit wachsendem x ab. In einer Entfernung von

(7.18) $$l = \frac{1}{n\,\sigma}$$

ist nur der e-te Teil der einfallenden Atome noch nicht gestreut. l heißt *mittlere freie Weglänge* und σ nennt man den *Streuquerschnitt.*

Entsprechend unserer quasistatischen Ableitung ist der Ausdruck (7.18) für die mittlere freie Weglänge eines Atoms beim Flug durch ein Gas besonders dann gültig, wenn das stoßende Atom sich viel schneller bewegt als die Zielatome.

Wenn jedoch beide Stoßpartner – wie das für ein Gas im thermischen Gleichgewicht immer der Fall ist – die gleiche mittlere Geschwindigkeit besitzen, erhöht sich ihr Wechselwirkungsbereich und man erhält daher noch eine etwas kleinere mittlere freie Weglänge.

(7.19) $$\boxed{l = \frac{1}{\sqrt{2}\,n\,\sigma}}$$

Mittlere freie Weglänge für Gasatome im thermischen Gleichgewicht

Die folgende kleine Tabelle 7.2 gibt den mittleren Abstand a und die mittlere freie Weglänge l in der atmosphärischen Luft bei verschiedenen Höhen an.

Tabelle 7.2: **Mittlerer Abstand und mittlere freie Weglänge von Luftmolekülen in verschiedenen Höhen der Atmosphäre**

Höhe	0 km	80 km	150 km
mittlerer Abstand a	3 nm	100 nm	2000 nm
mittl. freie Weglänge l	650 Å	0,1 cm	8 m

Wie man sieht, nimmt mit wachsender Höhe die mittlere freie Weglänge viel rascher zu als der Abstand zwischen Molekülen, entsprechend Gl. (7.16) und Gl. (7.18).

7.7 Ideale und reale Gase

Wir haben bisher mehrfach darauf hingewiesen, daß die Gasgleichung (7.1) nur bei hinreichend hohen Temperaturen gilt. Der Grund hierfür liegt in den anziehenden Kräften, welche zwischen zwei Atomen bestehen und die etwa durch den folgenden (Bild 7.9) Verlauf der potentiellen Energie als Funktion des interatomaren Abstands r beschrieben werden. Die beiden Atome können eine Bindung eingehen. Diese Bindung kann nur dann aufgebrochen werden, wenn die beim Stoß zugeführte Energie (etwa kT) die Bindungsenergie übertrifft. In Tabelle 7.3 sind die Temperaturen für einige Gase eingetragen, für die kT etwa gleich der Bindungsenergie ist.

Bild 7.9: Potentielle Energie eines Atoms als Funktion des interatomaren Abstands: ist die kinetische Energie größer als die Bindungsenergie, so ist die Gesamtenergie positiv, beide Atome gehen keine feste Bindung ein. Ist die kinetische Energie kleiner als die Bindungsenergie (negative Gesamtenergie), so bilden beide Atome eine Bindung mit der Ruhelage im Minimum von *V(r)*, die kinetische Energie bewirkt Schwingungen um die Ruhelage.

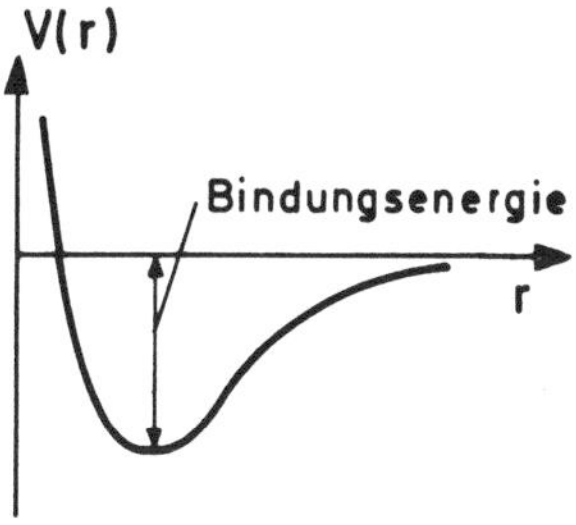

Tabelle 7.3: **Kritische Temperaturen für verschiedene Gase**

	He	Luft	Wasserdampf
T_c	5 K	130 K	650 K

Nur wenn diese sog. *kritischen Temperaturen* deutlich überschritten werden, kann man von idealen Gasen sprechen und die Wechselwirkungen zwischen Atomen vernachlässigen, nur dann folgen sie streng der idealen Gasgleichung (7.1).

Dagegen ist unterhalb der kritischen Temperatur T_c die thermische kinetische Energie der Atome zu klein, um die Bindung zwischen Atomen zu verhindern: Es kann Tröpfchenbildung, Kondensation oder allgemein Verflüssigung eintreten. Man spricht hier von *Dämpfen.* Betrachten wir zum Beispiel den Wasserdampf über kochendem Wasser in Bild 7.10. Wir können durch Herausziehen des Kolbens das Dampfvolumen beliebig vergrößern, ohne daß der Druck fällt, wie man nach dem Gasgesetz erwarten könnte. Er sinkt erst dann, wenn der letzte Tropfen Wasser verdampft ist. Umgekehrtes gilt bei der Kondensation: Auch hier bleibt der Druck konstant, bis der ganze Zylinder nur mit Flüssigkeit gefüllt ist. Erst dann steigt der Druck beim weiteren Komprimieren plötzlich wieder an (vgl. Bild 7.11).

Offensichtlich ist für $T < T_c$ das Gasgesetz (7.1) nicht mehr erfüllt (s. auch Bild 7.11). Van der Waals hat eine verallgemeinerte Zustandsgleichung angegeben, die auch für reale Gase gültig ist und auf welche wir in Band 4 zurückkommen werden.

Bild 7.10: Versuch: Eine Veränderung des Dampfvolumens über siedendem Wasser in einem Topf durch Herausziehen oder Hineindrücken des Kolbens bewirkt keine Änderung des Dampfdruckes, solange das siedende Wasser eine konstante Temperatur von 100 °C hat und sowohl Flüssigkeit als auch Dampf vorhanden sind.

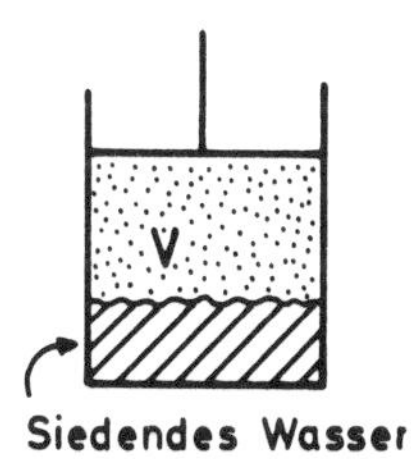

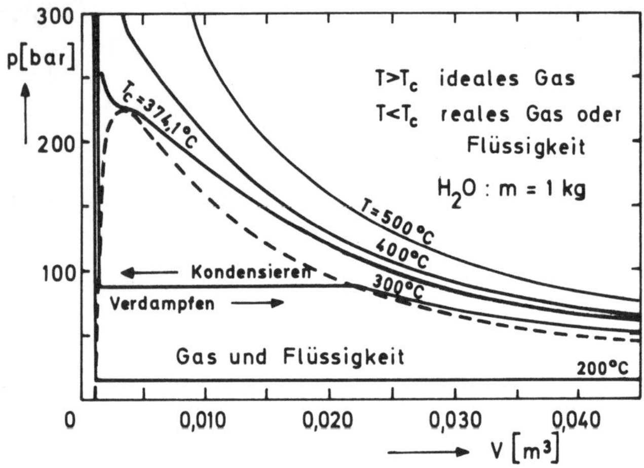

Bild 7.11: p-V-Zustandsdiagramm von Wasser: für $T > T_c$ werden die Isothermen durch die Gleichung für das ideale Gas beschrieben. Für $T < T_c$ steigt die Isotherme für reale Gase langsamer mit abnehmendem Molvolumen an als die für ideale Gase, d. h. reale Gase sind leichter zu komprimieren als ideale Gase. Im Bereich, in dem Gas und Flüssigkeit gemeinsam existieren, ist die Kompressibilität beliebig groß, während die flüssige Phase fast inkompressibel ist.

Schließlich sei noch erwähnt, daß man zur Verdampfung einer Flüssigkeit die Bindungsenergie aufbringen und daher Wärme zuführen muß. Führt man keine Wärme zu, so kühlt sich die verdampfende Flüssigkeit ab (Kühlschrankprinzip). Umgekehrt wird bei der Kondensation die Bindungsenergie nach außen abgegeben.

Hiermit wollen wir den Überblick über das Verhalten idealer Gase abschließen und uns der Bewegung von Flüssigkeiten zuwenden.

Literaturhinweis zu Kapitel 7:

Feymann, R.P.: Vorlesungen über Physik, Band I, Addison Wesley, R. Oldenbourg, Kapitel 39 (Kinetische Gastheorie) und 40 (Prinzipien der statistischen Mechanik).

8. Bewegung von Flüssigkeiten

Die Strömung von Flüssigkeiten und Gasen vollständig zu beschreiben, ist bis heute noch nicht gelungen. Zu den (von Navier-Stokes) aufgestellten Bewegungsgleichungen für fluide Medien kann man bisher nur in Spezialfällen Lösungen angeben. So liegen in der Bewegung von Flüssigkeiten sowohl makroskopisch (Hydrodynamik) wie mikroskopisch noch viele ungelöste Probleme, auf die wir erst später eingehen werden.

In diesem Kapitel wollen wir uns aber schon mit einem auch technisch besonders wichtigen Aspekt der Hydrodynamik beschäftigen, nämlich mit dem *Prinzip der Energieerhaltung* bei der Strömung von Flüssigkeiten.

Betrachten wir z.B. ein Rohr, dessen Querschnitt von links nach rechts zunimmt (links ist die Querschnittsfläche A_1, und rechts in Bild 8.1 ist sie A_2).

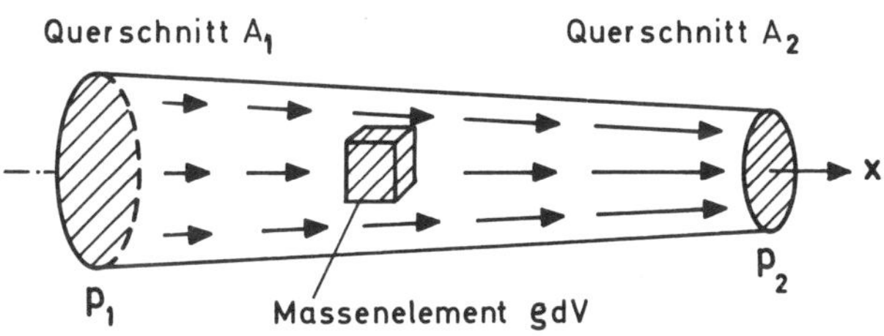

Bild 8.1: Strömung in einem Rohr mit unterschiedlichem Querschnitt

Nun lassen wir eine Flüssigkeit *stationär* durch das Rohr nach rechts strömen, so daß die *Strömungsgeschwindigkeit an jedem Ort einen zeitlich konstanten Wert annimmt,* wie durch die Länge der Geschwindigkeitsvektoren in Bild 8.1 angedeutet.

Da im Verlauf dieser stationären Strömung keine lokale Massenanhäufung entsteht, muß offenbar durch die eine Fläche A_1 pro Sekunde genau so viel Masse einströmen, wie aus der anderen Fläche A_2 wieder ausströmt:

(8.1) $$\boxed{\rho_1 \cdot v_1 \cdot A_1 = \rho_2 \cdot v_2 \cdot A_2}$$ **Kontinuitätsgleichung für stationäre Strömung**

Diese Kontinuitätsgleichung gilt im Grunde ebenso für die stationäre Strömung von Gasen. Der Hauptunterschied zwischen Flüssigkeiten und Gasen besteht hier nur darin, daß Gase unter Anwendung von Druck ihr Volumen viel leichter ändern als Flüssigkeiten: *Gase sind relativ leicht kompressibel,* während Flüssigkeiten selbst bei hohem Druck ihr Volumen und ihre Dichte kaum ändern: Wir wollen uns in diesem Kapitel fast nur auf *inkompressible Medien* d.h auf Flüssigkeiten mit konstanter Dichte beschränken. Hierfür lautet die Kontinuitätsgleichung (8.1) einfacher:

(8.2) $$v_1 A_1 = v_2 A_2.$$

Jedes mitgeführte Volumenelement wird also in der Strömung von links nach rechts von der Anfangsgeschwindigkeit v_1 auf die Endgeschwindigkeit v_2 beschleunigt. Nach der Newtonschen Bewegungsgleichung setzt aber jede Beschleunigung eine Kraft voraus.

Welches ist nun die hier wirksame Kraft? Zur Beantwortung dieser Frage betrachten wir anhand des vergrößerten Bildes 8.2 die Wirkung des hydrostatischen Drucks auf das Volumenelement $\mathrm{d}V$. Auf die linke Fläche des Volumenelements übt die Flüssigkeit eine senkrechte Kraft $F(x) = p(x) \cdot A$ aus und auf die rechte Fläche die Kraft $F(x + \mathrm{d}\,x) = p(x + \mathrm{d}\,x) \cdot A$ in entgegengesetzter Richtung. Die resultierende Kraft in der x-Richtung ist daher

(8.3) $$F_x = F(x + \mathrm{d}\,x) - F(x) = -\frac{\mathrm{d}p}{\mathrm{d}x} \cdot \mathrm{d}x \cdot A = -\frac{\mathrm{d}p}{\mathrm{d}x} \cdot \mathrm{d}V.$$

(Das Minuszeichen bringt zum Ausdruck, daß die resultierende Kraft zum kleineren Druck hin gerichtet ist.)

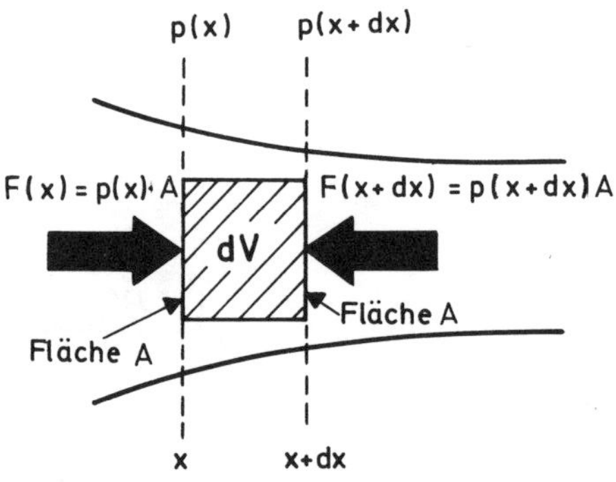

Bild 8.2: Da in der Strömung der hydrostatische Druck nicht konstant ist, wirkt auf das Volumenelement $\mathrm{d}V$ eine resultierende Kraft $F(x + \mathrm{d}x) \cdot F(x)$.

Andere Kraftkomponenten können hier aus Symmetriegründen nicht auftreten.

Wir haben übrigens die Kraft durch Differenzieren der skalaren Größe $p(x)$ gefunden, ähnlich wie wir sie früher (siehe S. 120) aus der potentiellen Energie gewonnen hatten. In der Tat besitzt p auch die Dimension einer Energie pro Volumeneinheit.

Damit können wir auf das *mitgeführte* Massenelement (z.B. sichtbar gemacht durch einen Tropfen Tinte) die Newtonsche Bewegungsgleichung anwenden:

$$m \frac{dv}{dt} = F_x \ ;$$

$$\rho \, dV \frac{dv}{dt} = -\frac{dp}{dx} \, dV$$

oder

(8.4)
$$\boxed{\rho \frac{dv}{dt} + \frac{dp}{dx} = 0} \ .$$
Pascals Gesetz

Während das Massenelement $dm = \rho \, dV$ sich von x_1 nach x_2 bewegt, leistet die Kraft F_x an ihm die Arbeit

$$\int_{x_1}^{x_2} F_x \, dx = -dV \int_{x_1}^{x_2} \frac{dp}{dx} dx = (p_1 - p_2) \, dV .$$

Nach dem Prinzip der Energieerhaltung vermehrt diese Arbeitsleistung die kinetische Energie von $\rho \, dV \, v_1^2/2$ auf $\rho \, dV \, v_2^2/2$. Daraus folgt

$$\frac{1}{2} \rho (v_2^2 - v_1^2) = p_1 - p_2$$

oder

(8.5)
$$\boxed{\frac{1}{2} \rho \, v_1^2 + p_1 = \frac{1}{2} \rho \, v_2^2 + p_2} \ .$$
Bernoullis Gesetz

Übungsfrage:
Läßt sich in Gl. (8.5) auch der Einfluß des Schwerefeldes der Erde auf die stationäre Strömung, z.B. in einer Wasserleitung in verschiedenen Stockwerken eines Hauses, berücksichtigen?

Nach diesem Gesetz ist in jeder stationären Strömung mit einer Geschwindigkeitserhöhung auch ein Abfall des hydrostatischen Druckes verbunden und umgekehrt.

Nur auf Grund dieses Sachverhalts ist ein Flugzeug in der Lage zu fliegen: Bild 8.3 zeigt den Querschnitt einer Tragfläche. Durch längere bzw. kürzere Geschwindigkeitsvektoren wird angedeutet, daß die Strömungsgeschwindigkeit der Luft an der Flügeloberseite größer ist als an der Unterseite. (Dies wird verursacht durch die Ausbildung einer Wirbelströmung um die Tragfläche, was wir hier nicht weiter diskutieren wollen.) Infolgedessen ist der hydrostatische Luftdruck unter dem Flügel größer als über der Tragfläche, was zu einer resultierenden Kraft F *nach oben* führt:

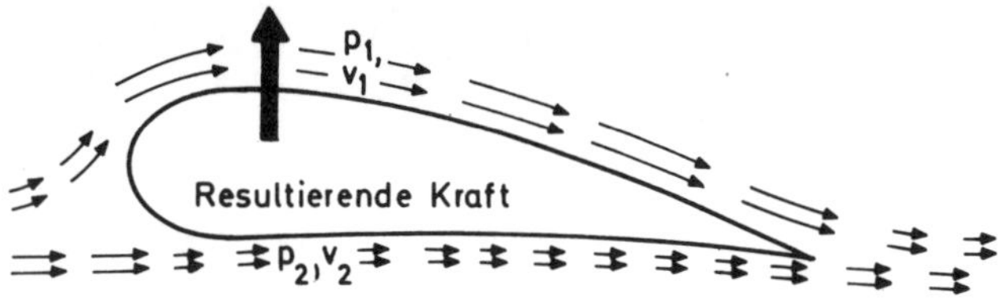

Bild 8.3: Querschnitt einer von Luft umströmten Tragfläche: Die Strömungsgeschwindigkeit an der Flügeloberseite ist größer als die an der Unterseite.

$$F = A \cdot (p_2 - p_1) = A \cdot \frac{1}{2} \cdot \rho \cdot (v_1{}^2 - v_2{}^2)$$

oder

$$F = A \cdot \rho \cdot \frac{1}{2} \cdot (v_1 + v_2) \cdot (v_1 - v_2)\,.$$

Da nun $(v_1 + v_2)/2$ gleich der Fluggeschwindigkeit des Flugzeugs ist, ergibt sich schließlich als tragende Kraft

(8.6) $$\boxed{F = A \cdot \rho \cdot v \cdot (v_1 - v_2)}$$ **Gesetz von Kutta-Joukowski**

Übungsfrage:
Wie groß ist $v_1 - v_2$ bei der Boeing 707, die 90 Tonnen schwer ist und eine Reisegeschwindigkeit von $v = 250$ m/s erreicht? (Flügeldimensionen bitte selbst abschätzen).

Als weitere Anwendung des Bernoulli-Gesetzes (8.5) sei das *Venturi-Rohr* erwähnt zur Messung von Windgeschwindigkeiten z.B. im Windkanal. Das Rohr verengt sich in der Mitte. Aus den gemessenen Werten $p_1 - p_2$ ergibt sich nach Gl. (8.5) wieder $v_2^2 - v_1^2$.

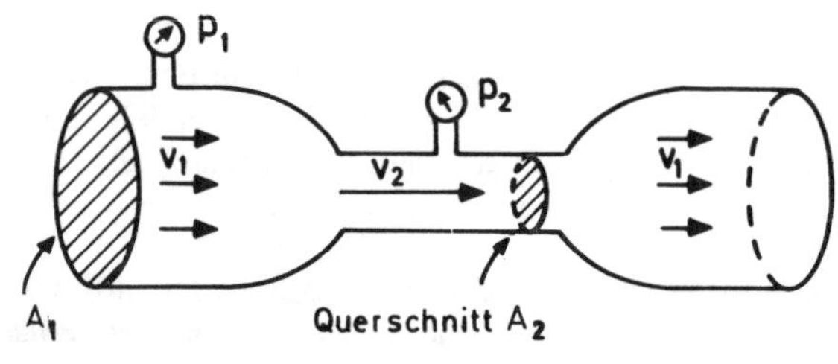

Bild 8.4: Venturi-Rohr zur Messung von Windgeschwindigkeiten

Übungsfrage:
Wie kann man hieraus ν_1 oder ν_2 absolut ermitteln?

Das Auftreten von Reibungskräften haben wir bisher in diesem Kapitel nicht berücksichtigt. Sie treten immer dann auf, wenn sich Flüssigkeitselemente mit unterschiedlicher Geschwindigkeit bewegen. Dieses ist besonders dann der Fall, wenn sich ein fester Körper (z.B ein Schiff oder eine Kugel) durch eine Flüssigkeit bewegt, da stets eine Grenzschicht der Flüssigkeit an dem Körper haftet, sich also voll mitbewegt, während in größerer Entfernung die Flüssigkeit in Ruhe bleibt. Im Fall einer bewegten Kugel ist die Reibungskraft (siehe Seite 86)

(8.7) $$\boxed{F_R = 6\pi\eta R \cdot v}$$ **Stokessches Gesetz**

mit dem Kugelradius R und dem Viskositätskoeffizienten η. Das Stokessche Gesetz beschreibt allerdings nur für kleine Geschwindigkeiten die an einer Kugel wirkende Bremskraft richtig. Bewegt man eine Kugel oder allgemein einen festen Körper dagegen mit großer Geschwindigkeit durch eine Flüssigkeit oder ein Gas, so geht Bewegungsenergie zusätzlich dadurch verloren, daß der Flugkörper eine turbulente Wirbelzone hoher kinetischer Energie hinter sich zurückläßt (Prinzip der Energieerhaltung!). Bild 8.5 zeigt z.B. die Strömungsverhältnisse hinter einem umströmten Zylinder. Deutlich ist zu erkennen, daß sich abwechselnd von der oberen und der unteren Hälfte des Zylinders Wirbel entgegengesetzten Umlaufsinns ablösen und so hinter dem Zylinder eine *Wirbelstraße* bilden.

Bild 8.5: Wirbelstraße hinter einem umströmten Zylinder (entnommen: O. Tietjens, Strömungslehre, Springer, Berlin, 1960).

Für die Widerstandskraft W, die eine Flüssigkeit der Dichte ρ einem mit der Geschwindigkeit v bewegten Körper infolge von Wirbelbildung entgegensetzt, gilt

(8.8) $$W = \frac{1}{2} c A \rho v^2,$$

wobei A die Fläche des Körpers senkrecht zur Bewegungsrichtung und c eine dimensionslose Konstante, die *Widerstandszahl*, ist. Dieses Ergebnis kann man sich in einfacher Weise plausibel machen: Pro Zeiteinheit muß der Körper eine Flüssigkeitsmasse $\rho A v$ aus dem Weg räumen und erteilt dabei jedem Flüssigkeitselement eine Geschwindigkeit, die seiner Geschwindigkeit proportional gesetzt werden kann. Dann gilt für die Bremskraft $W = \mathrm{d}p/\mathrm{d}t \sim (\mathrm{d}m/\mathrm{d}t)\, v = \rho A\, v^2$. Wegen der Abhängigkeit von ρ wird diese Widerstandskraft auch als *Trägheitswiderstand* bezeichnet. Die Widerstandszahl c hängt stark von der Form des Körpers ab. Sie beträgt für einen langen Zylinder (Bild 8.5) etwa 1 und vermindert sich für Stromlinienkörper auf Werte $c < 0{,}1$.

Wir wollen schließlich für eine Kugel abschätzen, unter welchen Bedingungen der viskose Reibungswiderstand F_{R} bzw. der Trägheitswiderstand W in einer Flüssigkeit überwiegt. Es gilt nach Gl. (8.7) und nach Gl. (8.8) mit $c_{\mathrm{Kugel}} = 0{,}5$

(8.9) $$\frac{W}{F_{\mathrm{R}}} = \frac{(1/2)\, cA\rho\, v^2}{6\,\pi\eta R v} = 0{,}04\,\frac{R\rho v}{\eta}.$$

Das Verhältnis W/F_{R} wird also durch die dimensionslose Größe $Re = R\rho v/\eta$, der *Reynoldsschen Zahl Re*, bestimmt. Ist die Reynoldssche Zahl klein, $Re < 1$, so überwiegen die viskosen Reibungskräfte und das Stokessche Gesetz ist anwendbar; für $Re \gg 1$ ist die Strömung turbulent. Es ist aufgrund dieses Sachverhalts anzunehmen, daß sich die Strömungsverhältnisse in geometrisch ähnlichen Situationen entsprechen, sofern die Reynoldsschen Zahlen gleich sind *(hydrodynamische Ähnlichkeit)*. Wie O. Reynolds als erster gezeigt hat, gilt dies ganz allgemein für beliebig geformte Objekte. (R stellt nun eine charakteristische Länge des Körpers dar.) Daher ist es möglich, die aerodynamischen Eigenschaften von z.B. Autos oder Flugzeugen am verkleinerten Modell mit wesentlich geringerem experimentellen Aufwand zu studieren.

Literaturhinweise zum Kapitel 8:

Bergmann / Schäfer: Lehrbuch der Experimentalphysik, Bd. I, de Gruyter, Berlin (1970): Kap. 6 Physikalische Grundlagen des Motor- und Segelflugs.

R.W. Pohl: Einführung in die Physik Bd. I, Springer, Berlin (1969): Kap. 10: Bewegungen in Flüssigkeiten und Gasen.

Feynman, Vorlesungen über Physik Band 2, Addison-Wesley, R. Oldenbourg, München (1974) Kapitel 40 und 41.

9. Schwingungen

Die Mehrheit der Historiker neigt zu der Ansicht, daß sich geschichtliche Ereignisse nicht wiederholen. In der Physik dagegen ist die immer wiederkehrende Bewegung vielleicht sogar die wichtigste Bewegungsform überhaupt. Schwingungen treten beispielsweise in der Natur immer dann auf, wenn Massen aneinander gebunden sind, angefangen von den Schwingungen der Nukleonen im Atomkern bis zur pulsierenden Schwingung ganzer Sterne (z.B. der Cepheiden, von denen wir auf S. 53 sprachen).

9.1 Freie Schwingungen (ungedämpfter harmonischer Oszillator)

Auf Seite 82 haben wir ausführlich die periodische Bewegung einer Masse m beschrieben, welche durch elastische Kräfte an eine Ruhelage ($z = 0$) gebunden ist. Die Bewegungsgleichung für die Masse lautete:

(9.1) $$\boxed{m \frac{d^2 z}{dt^2} + c \cdot z = 0.}$$ **Bewegungsgleichung des harmonischen Oszillators**

Wird die Masse aus der Ruhelage $z = 0$ ausgelenkt und dann losgelassen, so schwingt sie – wie wir bereits früher gesehen haben – mit der Kreisfrequenz

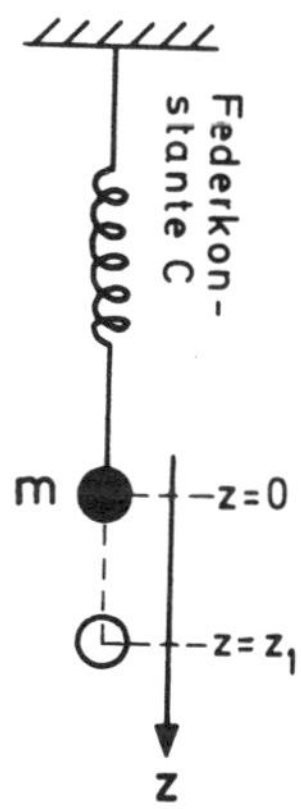

Bild 9.1: Der ungedämpfte harmonische Oszillator

(9.2) $$\boxed{\omega_0^2 = c/m}$$

um die Ruhelage. Der genaue zeitliche Verlauf $z(t)$ wird dabei aber nicht nur durch die Bewegungsgleichung (9.1) festgelegt, sondern auch durch die sog. *Anfangsbedingungen.*

Man kann sich nämlich überzeugen, daß der allgemeine Ausdruck

(9.3) $$\boxed{z(t) = A \cos(\omega_0 t + \varphi)}$$ **Allg. Lösung der Bewegungsgleichung**

mit ganz beliebiger sog. *Amplitude* A und beliebigem sog. *Phasenwinkel* φ die Oszillatorgleichung erfüllt. Die Anfangsbedingungen zur Zeit des Loslassens, $t = 0$, schreiben zusätzlich noch spezieller vor:

(9.4) $$z(t = 0) = +z_1 \quad \text{und} \quad \frac{dz(t = 0)}{dt} = 0 .$$

Dies ergibt nach Gl. (9.3):

$$A \cdot \cos\varphi = +z_1 \quad \text{und} \quad \omega_0 \cdot A \cdot \sin\varphi = 0 .$$

Erst aus diesen beiden Anfangsbedingungen ergeben sich die speziellen Werte ($A = +z_1$, $\varphi = 0$).

Wir halten fest: Jede Masse, deren Bewegungsgleichung wie die des harmonischen Oszillators (9.1) aussieht, kann mit der Kreisfrequenz $\omega_0 = \sqrt{c/m}$ um die Ruhelage schwingen. (Amplitude und Phasenwinkel hängen von den Anfangsbedingungen ab.)

Weitere Beispiele für harmonische Oszillatoren:

1. Auf S. 89 hatten wir bereits das *Fadenpendel* besprochen. Seine Bewegungsgleichung lautet für $\varphi \ll 1$:

$$\frac{d^2\varphi}{dt^2} + \frac{g}{l}\varphi = 0 ,$$

und seine Kreisfrequenz ist $\omega_0 = \sqrt{g/l}$.

2. Ebenfalls bereits erwähnt hatten wir auf S. 172 das *Torsionspendel.* Seine Bewegungsgleichung

$$I \cdot \frac{d^2 \varphi}{dt^2} + D \cdot \varphi = 0$$ (I = Trägheitsmoment, D = Torsionskonstante)

beschreibt Drehschwingungen mit der Kreisfrequenz $\omega_0 = \sqrt{D/I}$.

Da die potentielle *Energie* V durch die Torsionskonstante bestimmt wird (siehe Gl. (5.43))

(5.43) $$V = \frac{1}{2} D\varphi^2,$$

läßt sich D auch durch die zweite Ableitung von V

$$D = \frac{d^2 V}{d\varphi^2}$$

ersetzen, so daß die Kreisfrequenz auch durch

(9.5) $$\omega_0^2 = \frac{1}{I} \cdot \frac{d^2 V}{d\varphi^2}$$

definiert werden kann. Analoge Ausdrücke gelten für alle Schwingungsformen.

9.2 Der gedämpfte freie Oszillator

Bei der Aufstellung der Bewegungsgleichung (9.1) hatten wir die Reibung völlig vernachlässigt. Das soll jetzt korrigiert werden. Reibungskräfte wirken bekanntlich immer der Richtung der Geschwindigkeit entgegen und sind – nach S. 84 – bei langsamer Bewegung der Geschwindigkeit proportional. Berücksichtigt man die Reibungskraft

$$\vec{F} = -\gamma \cdot \vec{v},$$ γ = Reibungskoeffizient,

so ergibt sich statt Gl. (9.1) die schon auf S. 85 erwähnte Bewegungsgleichung

(9.6) $$\boxed{\frac{d^2 z}{dt^2} + \gamma/m \frac{dz}{dt} + \omega_0^2 z = 0}$$ **Bewegungsgleichung des gedämpften harmonischen Oszillators** mit

$$\omega_0^2 = \frac{c}{m} \quad .$$

Wir hatten bereits auf S. 85 demonstriert, daß diese Gleichung durch den Ansatz

(9.7) $$\boxed{z(t) = +z_1\, e^{-\beta t} \cdot \cos\omega_0\, t}$$ **Freie gedämpfte Schwingung**

mit $\beta = \gamma/2m$

gelöst wird, sofern die Reibungskraft nicht zu stark wird, d.h. solange $\beta \ll \omega_0$ bleibt.

Was ist die physikalische Bedeutung von β? Der zeitliche Verlauf von $z(t)$ nach Gl. (9.7) ist in Bild 9.2 skizziert. Wie man sieht, klingt die Amplitude der Schwingung exponentiell mit der Zeit ab und *fällt nach der Zeit $(1/\beta)$ auf den e-ten Teil der Anfangsamplitude ab.* (Bei kleiner Reibung ($\beta \ll \omega_0$) ist diese Abklingzeit wesentlich größer als die Schwingungsperiode $2\pi/\omega_0$.)

Wie rasch verliert ein gedämpfter Oszillator seine Energie?
Jeder Oszillator wandelt während der Schwingung periodisch eine Energieform in eine andere um, zum Beispiel potentielle in kinetische Energie, wie wir auf Seite 108 besprochen haben. Dabei bleibt die Gesamtenergie

$$E = T + V = \frac{1}{2}\, c \cdot z_1^2 = \frac{1}{2} \cdot c \cdot (\text{Amplitude})^2$$

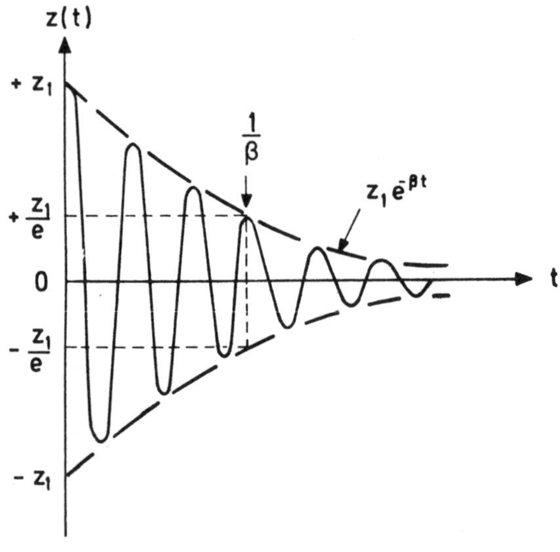

Bild 9.2: Auslenkung eines gedämpften freien Oszillators als Funktion der Zeit: die Amplitude nimmt innerhalb der Zeit $1/\beta$ auf den e-ten Teil ab.

konstant für eine ungedämpfte Schwingung, da die Amplitude sich hier nicht ändert. Bei einer *gedämpften Schwingung dagegen sinkt* die Amplitude und damit auch die Gesamtenergie zeitlich entsprechend Gl. (9.7) ab:

$$E = \frac{1}{2} \cdot c\, z_1^2 \cdot e^{-2\beta t} \quad \text{oder} \quad \boxed{E = E(t=0)\, e^{-t/\tau}} \tag{9.8}$$

Die Gesamtenergie fällt also nach der Zeit $t = 1/(2\beta) = \tau$ auf den e-ten Teil.

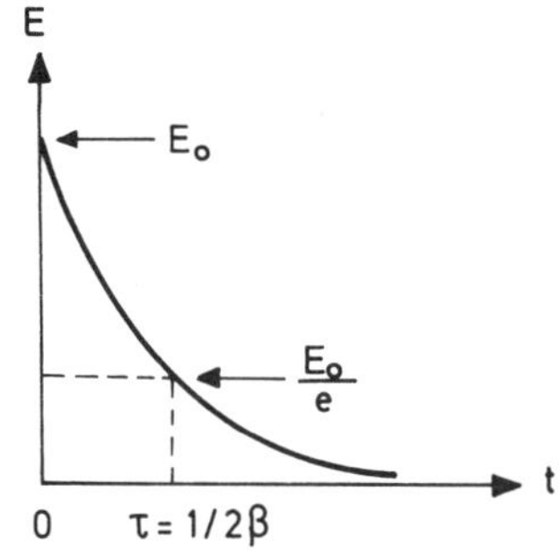

Bild 9.3: Gesamtenergie des gedämpften freien Oszillators als Funktion der Zeit. Die Gesamtenergie fällt innerhalb der Zeit $\tau = 1/2\beta$ auf den e-ten Teil ab.

Streng genommen fällt die Summe aus potentieller und kinetischer Energie nicht genau exponentiell mit Zeit ab wie in Gl. (9.8) beschrieben. Da z.B. bei einem Pendel die Reibungskraft der Geschwindigkeit proportional ist, wird dem System *zeitlich pulsierend* Energie entzogen. Abb. 9.3 gibt nur den über einige Perioden gemittelten Verlauf der Gesamtenergie wieder.

In technischen und besonders in elektrotechnischen Anwendungen spricht man oft vom *Gütefaktor* oder kurz von der *Güte Q* eines Oszillators (engl. quality factor):

Der Gütefaktor gibt das Verhältnis von gespeicherter Energie zu der während des Zeitintervalls $1/\omega$ nach außen abgegebenen Energie eines Oszillators an.

Da nach Gl. (9.8) $-(dE/dt)/E = 1/\tau$ gilt, ist der Gütefaktor eines gedämpften harmonischen Oszillators

$$\boxed{Q = \omega_0 \tau} \tag{9.9}$$

für den Fall kleiner Dämpfung, d.h. für $\omega_0 \tau \gg 1$.

9.3 Erzwungene Schwingungen

Als nächstes wollen wir uns fragen, welche Bewegung die Masse eines Oszillators ausführen wird, wenn eine zeitlich periodische *äußere* Kraft

$$F = F_0 \cdot \sin \omega t \tag{9.10}$$

noch zusätzlich wirkt.

Wir haben in Bild 9.4 angedeutet, daß diese Kraft zum Beispiel elektrischer Art sein kann: Wenn nämlich der Massenpunkt m negativ geladen ist und sich zwischen zwei mit Wechselspannung gespeisten Kondensatorplatten P befindet, von denen abwechselnd die obere und später die untere positiv geladen ist, so wird der Massenpunkt abwechselnd (im Takt der Wechselspannung) nach oben und unten gezogen mit gerade dieser Kraft F.

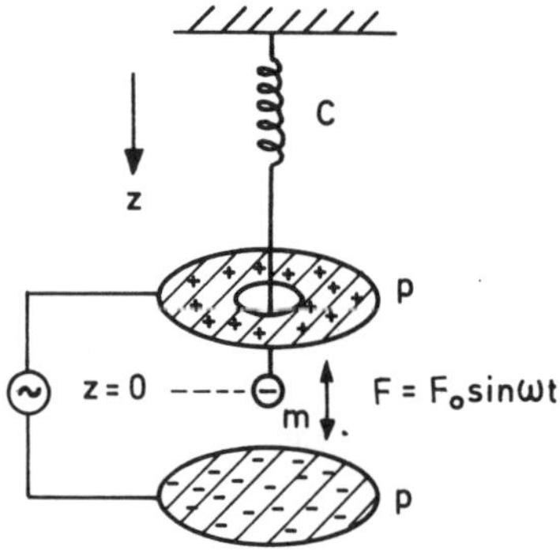

Bild 9.4: Versuch: erzwungene Schwingung eines Massenpunktes m: die negativ geladene Masse wird im Takt der Wechselspannung, die an die Kondensatorplatten P angelegt ist, abwechselnd nach oben und unten gezogen.

In diesem Fall ist die Gesamtkraft, welche auf m wirkt,

$$m\frac{d^2z}{dt^2} = F_{\text{Gesamt}} = -\gamma\cdot\frac{dz}{dt} - m\omega_0^2\cdot z + F_0\cdot\sin\omega t$$

und daher mit $(F_0/m) = \alpha_0$ und $\frac{\gamma}{m} = \frac{1}{\tau}$:

(9.11) $$\boxed{\frac{d^2z}{dt^2} + \frac{1}{\tau}\cdot\frac{dz}{dt} + \omega_0^2 z = \alpha_0\cdot\sin\omega t}$$ **Bewegungsgleichung einer erzwungenen Schwingung**

ω ist unabhängig von ω_0.

Die Beobachtung der erzwungenen Schwingung in Bild 9.4 legt es nahe, daß der Massenpunkt mit der gleichen Frequenz oszilliert wie die äußere Kraft. Wir wollen deshalb folgenden Lösungsansatz verwenden:

(9.12) $$\boxed{z = z_0\sin(\omega t + \varphi)}$$

Unbekannt und noch zu bestimmen ist neben der Amplitude z_0 auch der Phasenwinkel φ. (φ/ω) ist ein Maß für die zeitliche Verschiebung zwischen der Kraft F und der Auslenkung z, wie in Bild 9.5 (für negatives φ) angedeutet.

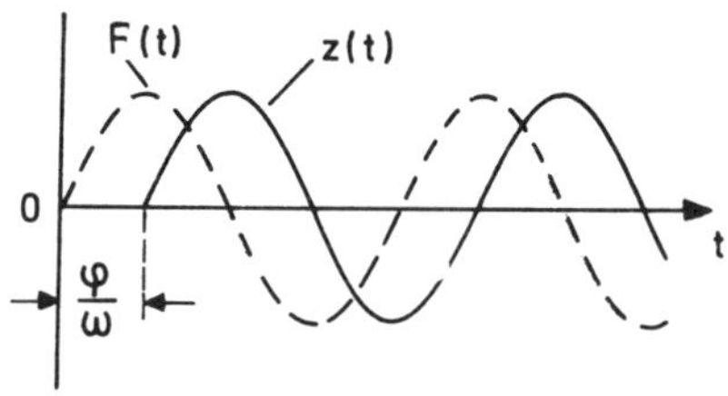

Bild 9.5: Äußere Kraft und Auslenkung als Funktion der Zeit: die Auslenkung ist gegenüber der äußeren Kraft verzögert.

Die erste und zweite zeitliche Ableitung von z läßt sich aus Gl. (9.12) gewinnen:

$$\frac{dz}{dt} = \omega z_0 \cdot \cos(\omega t + \varphi); \qquad \frac{d^2z}{dt^2} = -\omega^2 z_0 \sin(\omega t + \varphi).$$

Setzt man dies in die Bewegungsgleichung (9.11) ein, so ergibt sich:

(9.13) $$(\omega_0^2 - \omega^2) z_0 \cdot \sin(\omega t + \varphi) + \frac{\omega}{\tau} z_0 \cos(\omega t + \varphi) = \alpha_0 \cdot \sin\omega t.$$

Wendet man nun die trigonometrischen Additionsgesetze

$$\sin(\omega t + \varphi) = \sin\omega t \cdot \cos\varphi + \cos\omega t \cdot \sin\varphi,$$

$$\cos(\omega t + \varphi) = \cos\omega t \cdot \cos\varphi - \sin\omega t \cdot \sin\varphi$$

auf Gl. (9.13) an, so folgt:

(9.14)

$$[(\omega_0^2 - \omega^2)\cos\varphi - \frac{\omega}{\tau}\sin\varphi]\, z_0 \sin\omega t + [(\omega_0^2 - \omega^2)\sin\varphi + \frac{\omega}{\tau}\cos\varphi]\, z_0 \cdot \cos\omega t =$$

$$= \alpha_0 \sin\omega t.$$

Durch Vergleich der Koeffizienten von $\cos\omega t$ und $\sin\omega t$ auf beiden Seiten ergeben sich die wichtigen Bestimmungsgleichungen für φ und z_0:

(9.15) $$\boxed{\tan\varphi = \frac{-\omega/\tau}{\omega_0^2 - \omega^2}}$$ **Phasenverschiebung**

und daraus:

(9.16) $$\sin\varphi = \frac{-\omega/\tau}{\sqrt{(\omega_0^2-\omega^2)^2+(\omega/\tau)^2}}\,, \quad \cos\varphi = \frac{\omega_0^2-\omega^2}{\sqrt{(\omega_0^2-\omega^2)^2+(\omega/\tau)^2}}\,.$$

Für z_0 ergibt sich:

$$z_0 = \frac{\alpha_0}{(\omega_0^2-\omega^2)\cdot\cos\varphi-\omega/\tau\cdot\sin\varphi}\,.$$

Setzt man hierin die gerade gewonnenen Ausdrücke (9.16) für $\sin\varphi$ und $\cos\varphi$ ein, so erhält man schließlich:

(9.17) $$\boxed{z_0 = \frac{\alpha_0}{\sqrt{(\omega_0^2-\omega^2)^2+\omega^2/\tau^2}}}$$ **Amplitude**

Wir fassen diese Rechnung zusammen: Wenn φ und z_0 die Werte von Gl. (9.15) und Gl. (9.17) annehmen, erfüllt der Lösungsansatz (9.12) tatsächlich die Bewegungsgleichung (9.11).

Die erzwungene Schwingung hat also die gleiche Frequenz wie die äußere Kraft und eine konstante Amplitude; äußere Kraft und Auslenkung sind jedoch gegeneinander phasenverschoben.

Als Nächstes wollen wir uns anhand einiger Kurven die Bedeutung dieser Lösung veranschaulichen:

Zur Phasenverschiebung:
Aus der Gleichung (9.15) ergibt sich nebenstehender Verlauf des Phasenwinkels φ in Abhängigkeit von ω: Er ist immer negativ, d.h. die Auslenkung z hinkt hinter der Kraft F her, wie in Bild 9.6 angedeutet. Diese Phasenverschiebung ist bei niedrigen

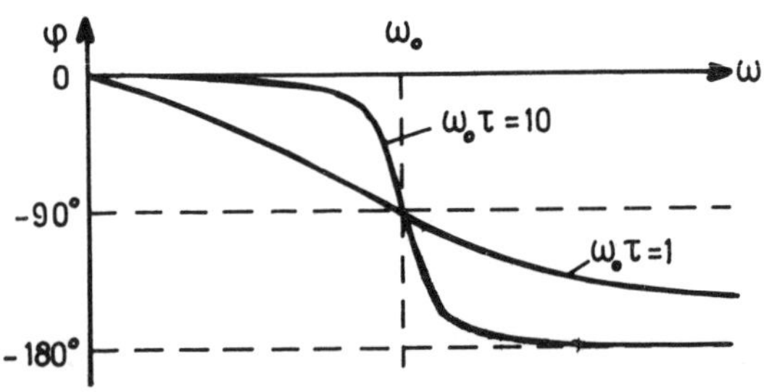

Bild 9.6: Phasenverschiebung einer erzwungenen Schwingung als Funktion der Kreisfrequenz ω

Frequenzen ($\omega \ll \omega_0$) gering, beträgt 90° für $\omega = \omega_0$ und bei sehr hohen Frequenzen sogar fast 180°, d.h. die Bewegung erfolgt entgegen der wirkenden Kraft.

Zur Amplitude:
Der Frequenzgang der Amplitude z_0, so wie er sich aus Gl. (9.17) ergibt, ist in Bild 9.7 dargestellt. Im Grenzfall sehr kleiner Frequenzen ($\omega \ll \omega_0$) ergibt sich eine frequenzunabhängige Auslenkung:

$$z_0\,(\omega = 0) = \frac{\alpha_0}{\omega_0^2} = \frac{F_0}{m\omega_0^2} = \frac{F_0}{\text{Federkonstante}}$$

Dies ist das bekannte Hookesche Gesetz. Die Amplitude wächst dann mit größer werdender Frequenz an und erreicht für $\omega_r = \sqrt{\omega_0^2 - 1/(2\,\tau^2)}$ ein Maximum. Hat die erzwungene Schwingung einen großen Gütefaktor $Q = \omega_0\,\tau \gg 1$, was häufig der Fall ist, so gilt näherungsweise $\omega_r \approx \omega_0$ und die Resonanzüberhöhung ergibt sich nach Gl. (9.17) zu

$$\text{(9.18)} \qquad \frac{z_0(\omega_r)}{z_0(\omega = 0)} \approx \frac{z_0(\omega_0)}{z_0(\omega = 0)} = \frac{\alpha_0\,\tau/\omega_0}{\alpha_0/\omega_0^2} = \omega_0\,\tau = Q\,.$$

Der in Gl. (9.9) eingeführte *Gütefaktor Q bestimmt also die maximal erzielbare Resonanzüberhöhung.*

Bei sehr hohen Frequenzen ($\omega \gg \omega_0$) fällt die Amplitude auf Null.

Zur absorbierten Leistung:
Sehr häufig sind die schwingenden Teilchen so klein (z.B. Atome, Kerne, Elektronen), daß wir ihre Auslenkung nicht ohne weiteres beobachten können. In diesem Fall ist vielmehr die von der periodischen Kraft pro Zeiteinheit am Oszillator geleistete Arbeit beobachtbar.

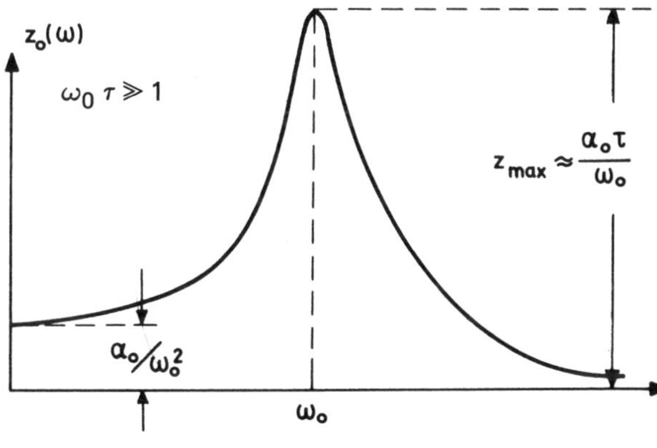

Bild 9.7: Amplitude einer erzwungenen Schwingung als Funktion der Kreisfrequenz ω

Diese von der äußeren Kraft F vollbrachte und vom Oszillator absorbierte Leistung wollen wir daher noch ermitteln: Die Momentanleistung ist gleich der pro Zeiteinheit geleisteten Arbeit:

(9.19) $$P(t,\omega) = F(t)\,\frac{dz}{dt} = F_0 \cdot \sin\omega t \cdot z_0 \cdot \omega \cdot \cos(\omega t + \varphi)$$

oder wegen $\cos(\omega t + \varphi) = \cos\omega t \cdot \cos\varphi - \sin\omega t \cdot \sin\varphi$:

$$P(t,\omega) = F_0 z_0 \omega\,[\cos\varphi\underbrace{(\sin\omega t\,\cos\omega t)}_{\frac{1}{2}\sin 2\omega t} - \sin\varphi\underbrace{\sin^2\omega t}_{\frac{1}{2}-\frac{1}{2}\cos 2\omega t}]$$

oder nach weiteren trigonometrischen Umformungen:

(9.20) $$P(t,\omega) = F_0 z_0 \omega\,[\frac{\cos\varphi}{2}\sin 2\omega t + \frac{\sin\varphi}{2}\cos 2\omega t] - F_0 z_0 \omega \frac{\sin\varphi}{2}$$

Nun wollen wir über eine Periode oder ein Vielfaches davon die zeitlich gemittelte Leistung angeben:

(9.21) $$\overline{P(\omega)} = \lim_{t\to\infty}\frac{1}{t}\int_0^t P(t',\omega)\,dt'.$$

Da der erste Term in den eckigen Klammern von Gl. (9.20) (wegen $\sin 2\omega t$ und $\cos 2\omega t$) gleich häufig positiv und negativ wird, verschwindet er bei der Mittelwertbildung. Nur das letzte Glied gibt einen Beitrag:

$$\overline{P(\omega)} = -F_0 z_0 \omega\,\frac{\sin\varphi}{2}$$

oder wegen Gl. (9.16) und Gl. (9.17):

(9.22) $$\boxed{\overline{P(\omega)} = \frac{1}{2}\,m\alpha_0^2\tau \cdot \frac{\omega^2/\tau^2}{(\omega_0^2-\omega^2)^2+\omega^2/\tau^2}}$$ **Absorbierte mittlere Leistung**

Wir stellen fest: Die absorbierte Leistung zeigt ebenfalls ein ausgeprägtes Maximum bei der Resonanzfrequenz ω_0 und fällt beiderseitig (bei hohen und tiefen Frequenzen) auf Null (Bild 9.8).

Übungsfrage:

Diskutieren Sie die Unterschiede in den beiden Resonanzkurven in Bild 9.7 bzw. 9.8.

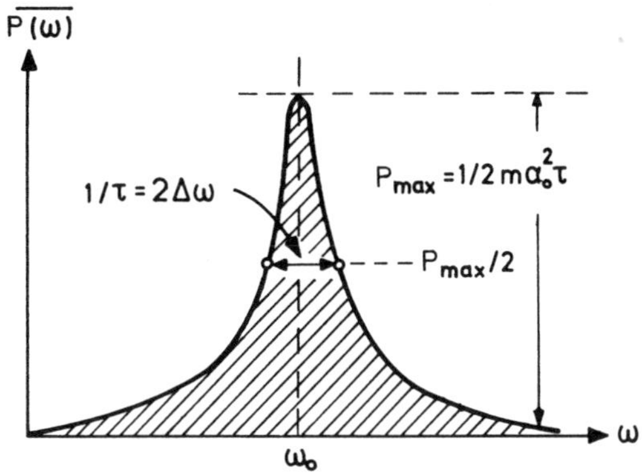

Bild 9.8: Die absorbierte mittlere Leistung für eine erzwungene Schwingung als Funktion der Kreisfrequenz ω

Ein weiteres wichtiges Kennzeichen der Resonanzkurve für die absorbierte Leistung in Bild 9.8 ist die *Schärfe des Resonanzmaximums.* Beschränken wir uns auf den Fall großer Gütefaktoren $Q = \omega_0 \tau \gg 1$, so sinkt nach Gl. (9.22) die absorbierte Leistung vom Maximalwert P_{max} auf die Hälfte, sobald ω um $\Delta\omega = 1/2\,\tau$ von der Resonanzfrequenz ω_0 abweicht. Die in Bild 9.8 dargestellte *Linienbreite*

(9.23) $$\boxed{2\,\Delta\omega = \frac{1}{\tau}}$$ **Linienbreite**

definiert die *Schärfe des Resonanzmaximums:*

(9.24) $$\boxed{\frac{2\Delta\omega}{\omega_0} = \frac{1}{\omega_0\tau} = \frac{1}{Q}}$$

Übungsfrage:
Auf welchen Wert sinkt die Amplitude der erzwungenen Schwingung innerhalb der Linienbreite?

Integriert man die Absorption über alle Frequenzen, so erhält man die Fläche unter der Absorptionskurve in Bild 9.8. Diese Fläche ist plausiblerweise proportional zu $(P_{max} \cdot 2\,\Delta\omega) = (1/2)\,m_0^2\,\tau \cdot 1/\tau$:

(9.25) $$\text{Schraffierte Fläche} = \int_{\omega=0}^{\infty} \overline{P(\omega)}\,d\omega \sim P_{max} \cdot 2\,\Delta\omega = \frac{m}{2}\alpha_0^2 = \frac{F_0^2}{2m}\,.$$

Die Fläche unter der Absorptionskurve ist unabhängig von τ und ω_0 und hängt nur von $F_0^2\,/\,2\,m$ (Oszillatorenstärke) ab.

Beispiel 1:
Infrarotabsorption in NaCl-Kristallen
Ein Kochsalz-Kristall ist aus positiven Na^+-Ionen und negativen Cl^--Ionen aufgebaut, die elastisch um ihre Ruhelagen gegeneinander schwingen können. Da diese Ionen ge-

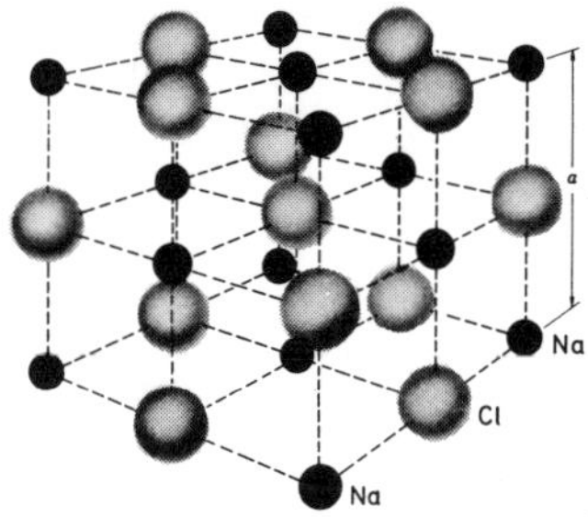

Bild 9.9: Kubische Struktur eines Kochsalz-Kristalls: bei Einstrahlung einer elektromagnetischen Welle werden die positiven Na^+-Ionen und negativen Cl^--Ionen durch das elektrische Feld gegeneinander ausgelenkt und schwingen damit im Takt des elektrischen Feldes. (Bildquelle: C. Kittel: Einführung in die Festkörperphysik, R. Oldenbourg Verlag, 1973)

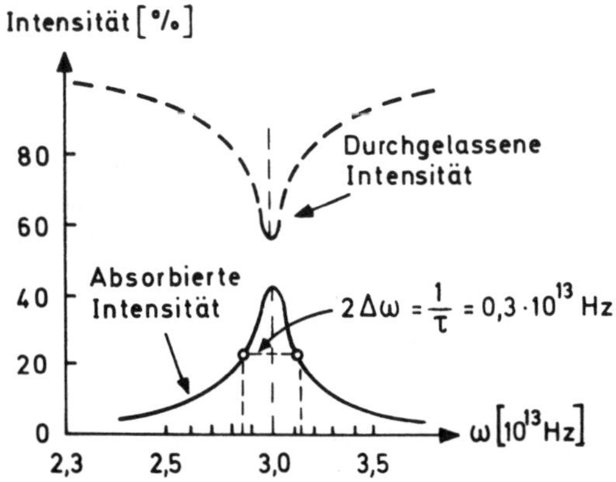

Bild 9.10: Absorption und Transmission von infrarotem Licht variabler Frequenz in einem dünnen NaCl-Plättchen: die geringe Schärfe des Resonanzmaximums ist auf die starke Kopplung von Schwingungen im Kristall zurückzuführen.

laden sind, kann man ihre Schwingung durch eine oszillierende elektrische Kraft anregen, wie sie z.B. in jeder elektromagnetischen Welle existiert. (Mehr darüber in Band 2.) Durchstrahlt man daher ein nur etwa 0,1 µm dünnes NaCl-Plättchen mit einer (infraroten) elektromagnetischen Welle variabler Frequenz, so zeigt die durchgelassene Intensität (gestrichelte obere Kurve in Bild 9.10) ein deutliches Minimum infolge einer Resonanzabsorption in der Probe. Die entsprechende absorbierte Intensität ist ebenfalls – als volle Kurve – miteingezeichnet. Die Resonanzfrequenz beträgt – wie man sieht – $\omega_0 = 3 \cdot 10^{13}$ Hz, die Linienbreite $2\,\Delta\omega = 1/\tau = 0{,}3 \cdot 10^{13}$ Hz und daher der Gütefaktor dieses Resonators $Q = \omega_0 \tau = 10$. Das heißt, diese Schwingung ist relativ stark gedämpft: Bei einer *freien* Schwingung würde die Amplitude schon nach etwa 3 Perioden auf den e-ten Teil abklingen.

Beispiel 2:
γ-Resonanzabsorption (Mössbauer-Effekt) : siehe Bild 9.11
Durchstrahlt man eine Folie aus ^{57}Fe, die einige Zehntel µm dick ist, mit elektromagnetischen Wellen sehr viel höherer, aber variabler Frequenz (γ-Strahlen), so werden bei einer Kreisfrequenz $\omega_0 = 2{,}2 \cdot 10^{19}$ Hz die positiven Ladungen im ^{57}Fe-Kern zu Resonanzschwingungen angeregt. Dies führt zu einem deutlichen Absinken der Transmission bei ω_0 (gestrichelt).

Die Absorptionskurve (voll gezeichnet) *ist außerordentlich scharf:* Die Linienbreite beträgt nur $2\,\Delta\omega = 10^7$ Hz. Der Gütefaktor dieser Kernschwingung beträgt somit

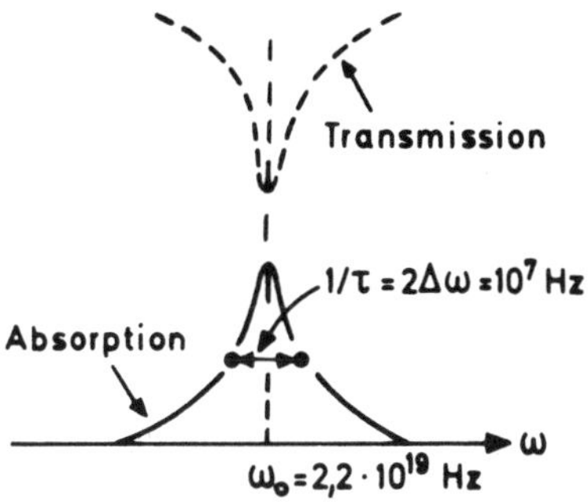

Bild 9.11: Absorption von γ-Strahlen in einer dünnen ^{57}Fe-Folie (Mößbauer-Effekt): die Schärfe des Resonanzmaximums ist außerordentlich groß. Schon kleine Bewegungen von einigen cm/s der γ-Quelle gegenüber dem Absorber genügen, um die Frequenz der γ-Strahlen durch Doppler-Effekt so zu verstimmen, daß keine Absorption mehr auftritt.

$Q = \omega_0 \tau = 2{,}2 \cdot 10^{19} \cdot 10^{-7} = 2 \cdot 10^{12}$. Wie Mössbauer die Messung so scharfer Absorptionslinien gelang, darauf werden wir später ausführlich zurückkommen.

Bei so hohen Frequenzen ist es übrigens nicht mehr üblich, die Kreisfrequenz ω anzugeben; vielmehr multipliziert man ω mit $\hbar$ und erhält so einen charakteristischen Energiebetrag, der in der Kernphysik meist in Einheiten von Elektronenvolt (1 eV = = $1{,}6 \cdot 10^{-19}$ J) gemessen wird. (Zur Bedeutung von $\hbar$ siehe Seite 163!)

Beispiel 3:
Kurzlebige kombinierte Kerne und Elementarteilchen
Schießt man Neutronen auf Iridiumkerne oder π^+-Mesonen auf Protonen, so entstehen für sehr kurze Zeiten schwingungsfähige Kombinationsteilchen, sog. Resonanzen. Darauf jedenfalls deutet die typische Resonanzabsorption von Neutronen in Iridium (vgl. Bild 9.12) bzw. von π^+-Mesonen in Wasserstoff hin, die in Bild 9.13 wiedergege-

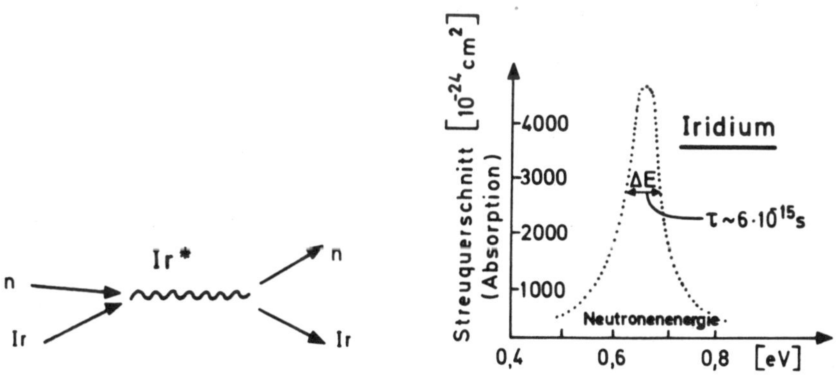

Bild 9.12: Resonanzabsorption bei Beschuß von Ir-Kernen mit Neutronen: das Absorptionsmaximum für eine Neutronenenergie von etwa 0,65 eV deutet daraufhin, daß ein Kombinationsteilchen Ir* gebildet worden ist. Aus der Resonanzschärfe kann man die Lebensdauer des angeregten Ir*-Kerns ablesen.

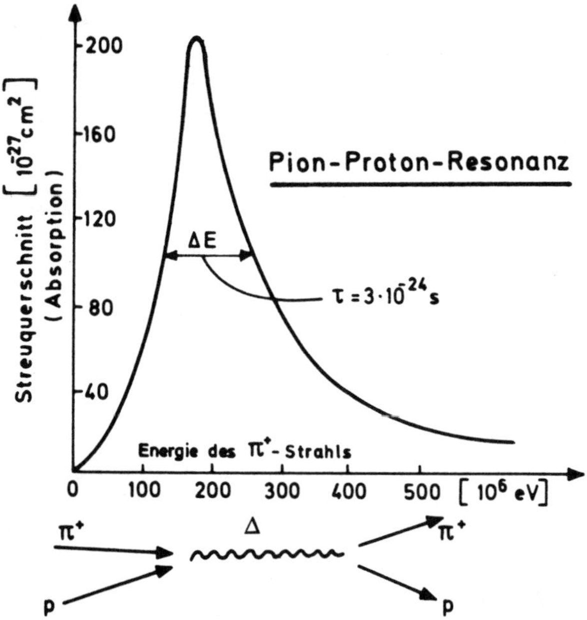

Bild 9.13: Pion-Proton-Resonanz: Zur Bildung der Δ-Resonanz im Proton durch π^+-Mesonen-Absorption. Die Resonanzbreite entspricht einer Lebensdauer von $3 \cdot 10^{-24}$ s.

ben ist. Aus der Breite der Resonanzabsorption, welche gleich $\hbar/\tau$ ist, liest man die Lebensdauer τ des schwingungsfähigen Kombinationsteilchens ab. Der angeregte Ir-Kern „lebt" für $6 \cdot 10^{-15}$ s und das Δ-Teilchen sogar nur für etwa $3 \cdot 10^{-24}$ s. Letztere Zeit ist von der gleichen Länge, die Licht benötigt, um einen Kerndurchmesser zu durchlaufen. So kurze Lebensdauern instabiler Teilchen sind mit Blasenkammeraufnahmen kaum mehr sichtbar zu machen.

Wir wollen mit diesen wenigen Beispielen zeigen, daß gedämpfte und erzwungene Schwingungen nicht nur in der Astronomie und Technik, sondern auch in der Kern- und Hochenergiephysik von großer Bedeutung sind.

9.4 Gekoppelte Oszillatoren

Sehr häufig treten in der Natur, z.B. in Kristallen oder Molekülen, ähnliche oder gleiche Oszillatoren nahe beieinander auf, so daß sie miteinander gekoppelt sind. Bild 9.14 zeigt z.B. zwei identische Fadenpendel, die mit einer Feder (Federkonstante K) gekoppelt sind. Die Bewegungsgleichungen beider Pendel lauten:

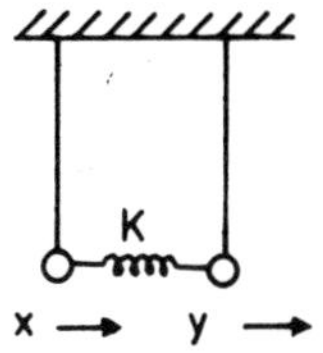

Bild 9.14: Der gekoppelte Oszillator: zwei identische Fadenpendel sind durch eine Feder gekoppelt.

(9.26)
$$\frac{d^2x}{dt^2} + \omega_0^2\, x + \frac{K}{m}(x - y) = 0\,,$$
$$\frac{d^2y}{dt^2} + \omega_0^2\, y + \frac{K}{m}(y - x) = 0\,.$$

Als Lösungsansatz wollen wir versuchen:

(9.27)
$$x = x_0 \sin\omega t\,,$$
$$y = y_0 \sin\omega t\,.$$

In Gl. (9.26) eingesetzt ergibt sich:

(9.28)
$$-\omega^2 x_0 + \omega_0^2 x_0 + \frac{K}{m} x_0 = \frac{K}{m} y_0\,,$$
$$-\omega^2 y_0 + \omega_0^2 y_0 + \frac{K}{m} y_0 = \frac{K}{m} x_0\,.$$

Multipliziert man beide Gleichungen miteinander, so erhält man:

$$(-\omega^2 + \omega_0^2 + \frac{K}{m})^2 = (\frac{K}{m})^2$$

oder

$$\omega_0^2 - \omega^2 + \frac{K}{m} = \pm \frac{K}{m}\,.$$

Es gibt also *zwei* Lösungen:

(9.29)
$$\boxed{\omega = \omega_0} \quad \textit{und} \quad \boxed{\omega^2 = \omega_0^2 + 2\frac{K}{m}.}$$

1. Lösung: $\omega = \omega_0$
Setzt man $\omega = \omega_0$ in Gl. (9.28) ein, so ergibt sich $x_0 = +y_0$. *Beide Pendel schwingen in gleicher Phase,* die Kopplungsfeder wird nicht gespannt.

2. Lösung: $\omega^2 = \omega_0^2 + 2\,K/m$
Setzt man $\omega^2 = \omega_0^2 + 2\,K/m$ in Gl. (9.28) ein, so folgt $x_0 = -y_0$. Beide Pendel schwingen im Gegentakt oder in Gegenphase. Dabei wird die Kopplungsfeder maximal belastet, was zur Erhöhung von ω über ω_0 führt.

Ein gekoppeltes Pendel kann also gleichphasig ($\omega = \omega_0$) oder gegenphasig ($\omega^2 = \omega_0^2 + 2\,K/m$) schwingen. *Andere Schwingungsfrequenzen können nicht auftreten.* Jedoch ist es möglich, daß beide Schwingungstypen gleichzeitig auftreten.

So zeigt Bild 9.15 den zeitlichen Verlauf der Bewegung des linken Pendels bei rein gegenphasiger Schwingung x_1, bei nur gleichphasiger Oszillation x_2 und die Überlagerung beider Bewegungen. Wie man sieht, kommt das linke Pendel regelmäßig ganz zur Ruhe. Zu diesem Zeitpunkt erfordert die Energieerhaltung, daß das rechte Pendel maximal schwingt. *Die Energie wandert also periodisch zwischen beiden Pendeln hin und her,* und zwar desto öfter, je größer die Kopplung (K/m) ist.

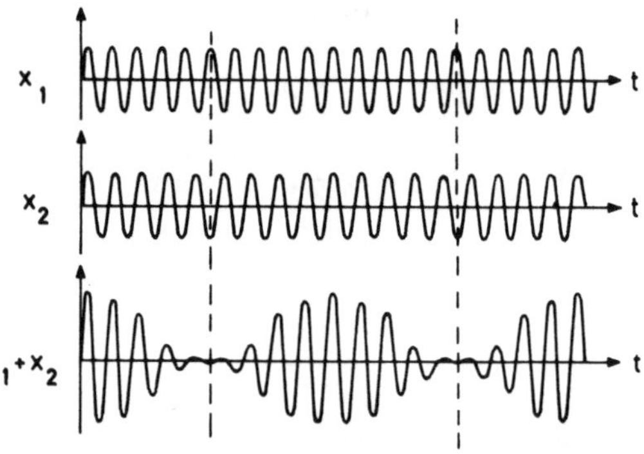

Bild 9.15: Schwingungsformen eines gekoppelten Oszillators:
x_1: Auslenkung des linken Pendels bei rein gegenphasiger Schwingung als Funktion der Zeit
x_2: Auslenkung des linken Pendels bei rein gleichphasiger Schwingung: (die Schwingungsfrequenz ist in diesem Fall etwas geringer).
$x_1 + x_2$: Überlagerung der beiden Bewegungen: das linke Pendel kommt in regelmäßigen Zeitabständen ganz zur Ruhe, das rechte Pendel schwingt dann maximal.

Übungsfrage:
Wie groß ist die Periode dieser Schwebung?

Die hier beschriebene Aufspaltung der Schwingungsfrequenzen von identischen Oszillatoren durch eine Kopplung zwischen ihnen ist von großer Bedeutung in der Festkörper- und Molekülphysik.

Übungsfrage:
Welche Grundschwingungen wird man für ein lineares, dreiatomiges Molekül, z.B. $HgCl_2$ in Bild 1.9, erwarten?

Mit dieser Diskussion gekoppelter Schwingungen wollen wir dieses Kapitel abschließen. Es war unsere Absicht, nicht so sehr eine vollständige und formal elegante Beschreibung von Schwingungen vorzuführen, sondern zu zeigen, wie sehr verschiedene Systeme in unserer Natur gleicher periodischer Bewegungsformen fähig sind.

Im nächsten Kapitel werden wir – nach der Behandlung der Wellenlehre – durch Einführung der Fourieranalyse unsere Betrachtung über Schwingungen auch in mathematischer Hinsicht vervollständigen.

Literaturhinweise zu Kapitel 9

A.P. French: Vibration and Waves [Nelson, London (1971)]: ausführliches Lehrbuch, viele Experimente und Beispiele aus fast allen Gebieten der Physik, ausgezeichnete mathematische Beschreibung der Phänomene, auch als Vorbereitung auf die theoretische Physik zu empfehlen.

Feynman, Vorlesungen über Physik, Band I, Addison Wesley, R. Oldenbourg, Kapitel 23 und 24.

Berkeley Physics Course Vol. I [Mc Graw Hill (1965)]: Chap. 10: The Harmonic Oscillator

R.D. Hill: Resonance Particles [Scientific American **208**, Jan (1963)].

10. Wellen

Wirft man einen Stein in ein ruhiges Gewässer, so ist uns allen bekannt, wie sich um die Einwurfstelle auf der *Wasseroberfläche* ein System von konzentrischen Ringen bildet, welche mit konstanter Geschwindigkeit über große Entfernungen wachsen. Dieses schöne Schauspiel ist so leicht mit dem bloßen Auge zu verfolgen, da sich diese Wellen nur relativ langsam ausbreiten: es wird Bewegungsenergie mit endlicher Geschwindigkeit über Entfernungen übertragen, die viel größer sind als die Bewegung einzelner Atome. Die wellenförmige Energieübertragung ist also nur möglich durch das kollektive Zusammenwirken sehr vieler Atome.

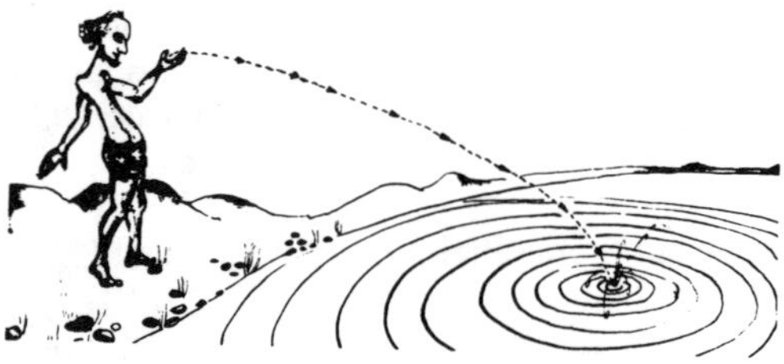

Bild 10.1

In ähnlicher Weise – wenn auch schneller – pflanzen sich *Schallwellen* durch jeden mit Luft erfüllten Raum fort und ermöglichen erst so unsere Diskussion. Auch die noch schnelleren *Lichtwellen* und *Radiowellen* unterliegen ganz ähnlichen Gesetzmäßigkeiten.

Nach den Erkenntnissen der Wellenmechanik (Band 3) entspricht jeder Massenbewegung eine sich ausbreitende *Materiewelle,* ohne die – insbesondere im Mikroskopischen – keine Bewegung richtig beschrieben und verstanden werden kann. Wir haben bereits darauf hingewiesen, daß sich selbst die *Gravitationswechselwirkung* wohl als Welle fortpflanzt. Kurz gesagt: Wir sind überall von Wellen umgeben!

Wir wollen in diesem Abschnitt zunächst an Hand von mechanischen Wellen (z.B. Schallwellen) einige allgemeine Gesetzmäßigkeiten von Wellen beschreiben. In Band 2 werden wir uns ausführlicher mit der Elektrodynamik und elektromagnetischen Wellen beschäftigen.

10.1 Die Seilwelle

Spannt man ein längeres Seil horizontal wie in Bild 10.2 gezeigt, so breitet sich erfahrungsgemäß jede beliebige, links erzeugte vertikale Störung mit endlicher Ge-

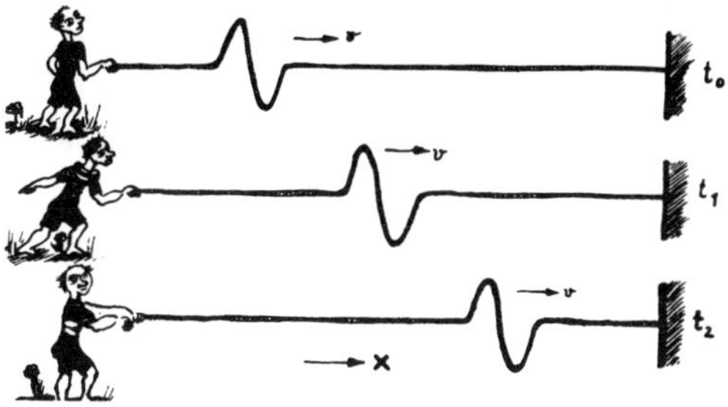

Bild 10.2

schwindigkeit v nach rechts aus, *wobei die räumliche Form der Störung für einen mitbewegten Beobachter* erhalten bleibt.

Wenn die Funktion $F(x')$ die Störung im mitbewegten System S' beschreibt, welche in diesem System zeitlich konstant ist, so beschreibt (siehe Bild 10.3)

$$y = F(x - vt) \tag{10.1}$$

die gleiche *nach rechts* laufende Störung im Ruhesystem S. Eine nach *links* laufende Störung würde in analoger Weise durch $F(x + vt)$ ausgedrückt.

Bild 10.3: In einem System S' ist die Störung $F(x')$ zeitlich konstant. Dieses System bewegt sich gegenüber dem Laborsystem mit der Ausbreitungsgeschwindigkeit der Störung auf dem Seil.

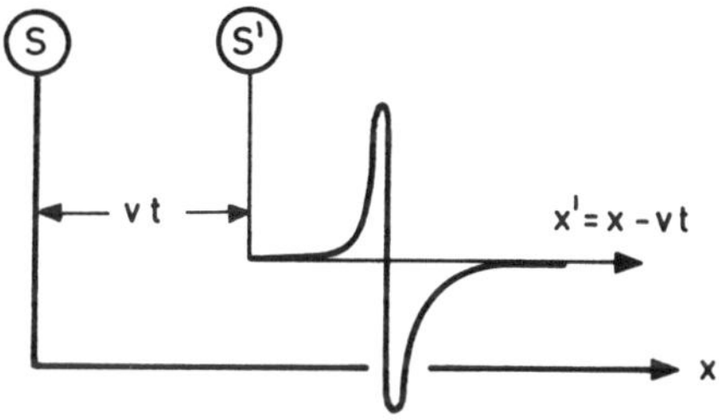

Übungsfrage:
Bitte versuchen Sie zu zeigen, daß eine nach rechts (in der positiven x-Richtung) laufende Störung ebenso durch

$$y = f(vt - x) \text{ oder } y = f\left(t - \frac{x}{v}\right) \tag{10.2}$$

dargestellt werden kann.

Wir wollen nun anhand von Bild 10.4 die Bewegungsgleichung für das Seil, welches unter der (tangentialen) Zugspannung τ steht, ableiten. Greifen wir einen bestimmten Zeitpunkt heraus, so wirkt an der Stelle x bei einer kleinen Auslenkung $y(x)$ aufgrund der Zugspannung τ eine rücktreibende Kraft in Richtung der negativen y-Achse:

$$F_y = A \cdot \tau \sin \alpha .$$

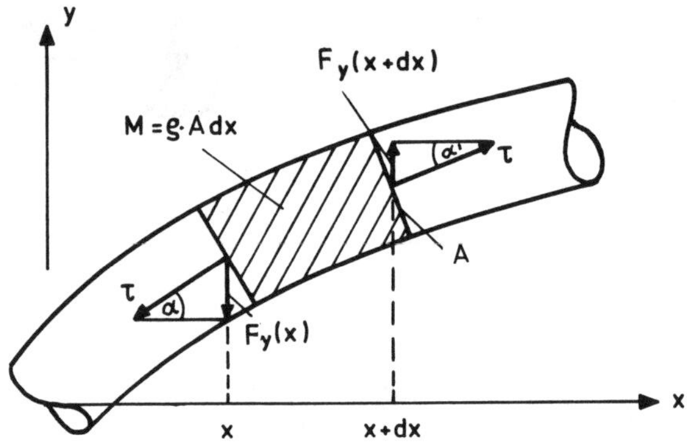

Bild 10.4: Ausgelenktes Seil unter der Zugspannung τ : auf das Massenelement M wirkt eine rücktreibende Kraft $F_y\,(x + \mathrm{d}x) \cdot F_y\,(x)$.

Da für kleine Auslenkungen $\sin\alpha \approx \tan\alpha = \dfrac{\partial y}{\partial x}$, gilt näherungsweise:

(10.3) $$F_y = A \cdot \tau \cdot \frac{\partial y}{\partial x}.$$

Auf das Massenelement $M = \rho \cdot A \cdot \mathrm{d}x$ wirkt somit die Kraft

$$F_y\,(x + \mathrm{d}x) - F_y\,(x) = \frac{\partial F_y}{\partial x}\,\mathrm{d}x = A \cdot \tau \cdot \frac{\partial^2 y}{\partial x^2}\,\mathrm{d}x\,,$$

wobei wir $\dfrac{\partial F_y}{\partial x}$ mit Hilfe von Gl. (10.3) bestimmt haben.

Somit ergibt die Anwendung der Newtonschen Bewegungsgleichung:

$$F_y = M \cdot \frac{\partial^2 y}{\partial t^2} = \rho \cdot A \cdot \mathrm{d}x \cdot \frac{\partial^2 y}{\partial t^2} = A \cdot \tau \cdot \frac{\partial^2 y}{\partial x^2}\,\mathrm{d}x$$

oder

(10.4) $$\boxed{\frac{\partial^2 y}{\partial t^2} = \frac{\tau}{\rho} \cdot \frac{\partial^2 y}{\partial x^2}}$$ **Wellengleichung**

(Die hier neu eingeführte Schreibweise $\partial y/\partial t$ (statt $\mathrm{d}y/\mathrm{d}t$) und $\partial y/\partial x$ (statt $\mathrm{d}y/\mathrm{d}x$) bedeutet lediglich, daß die Differentiation nur nach t (mit x=const) bzw. nur nach x (mit t=const) ausgeführt werden soll). Eine Differentialgleichung der Form von Gl. (10.4), in der die zweite zeitliche Ableitung proportional ist zur zweiten räumlichen Ableitung, nennt man eine *Wellengleichung.* Sie wird nämlich gelöst durch die in Gl. (10.1) und Gl. (10.2) beschriebenen laufenden Wellen

$y = F(x \mp vt)$	v = Geschwindigkeit der Welle
	– Vorzeichen: Welle läuft in Richtung $+x$
$x \mp vt = a$	+ Vorzeichen: Welle läuft in Richtung $-x$

wie wir jetzt zeigen wollen. Um diesen Lösungsansatz in die Wellengleichung (10.4) einsetzen zu können, benötigen wir noch die zweite zeitliche und räumliche Ableitung von y:

$$\frac{\partial^2 y}{\partial t^2} = \frac{\partial^2 F}{\partial a^2}\left(\frac{\partial a}{\partial t}\right)^2 + \frac{\partial F}{\partial a} \cdot \frac{\partial^2 a}{\partial t^2} = \frac{\partial^2 F}{\partial a^2} \cdot v^2 ,$$

$$\frac{\partial^2 y}{\partial x^2} = \frac{\partial^2 F}{\partial a^2}\left(\frac{\partial a}{\partial x}\right)^2 + \frac{\partial F}{\partial a}\frac{\partial^2 a}{\partial x^2} = \frac{\partial^2 F}{\partial a^2} \cdot 1 .$$

Setzt man dies in die Wellengleichung (10.4) ein, so ergibt sich eine Bestimmungsgleichung für die Ausbreitungsgeschwindigkeit v:

(10.5) $$\boxed{v^2 = \frac{T}{\rho}} .$$

Alle Wellen $F(x \mp vt)$, die mit der Geschwindigkeit v nach rechts oder links laufen, sind also Lösungen der Wellengleichung. Wir können auch den verallgemeinernden Schluß ziehen, daß die Ausbreitung von Wellen in allen Medien möglich ist, für die eine Wellengleichung der Form von Gl. (10.4) gültig ist.

Reflexion einer Seilwelle

Was passiert aber, wenn eine pulsförmige Störung $F(vt - x)$ von links kommend auf das fest eingespannte Ende des Seils trifft?

Da das Seil an der Stelle $x = 0$ fest eingespannt wird, muß offensichtlich jede Auslenkung dort verschwinden, d.h.

(10.6) $y(x = 0) = 0$. **Grenzbedingung**

Wie Bild 10.5 zeigt, könnte man auch ohne Halterung bei $x = 0$ (also bei durchgehendem Seil) das Verschwinden der Auslenkung y durch Überlagerung des Pulses F mit einem zweiten gleich großen negativen Puls G, der in umgekehrter Richtung läuft, erzielen. Die allgemeine Lösung

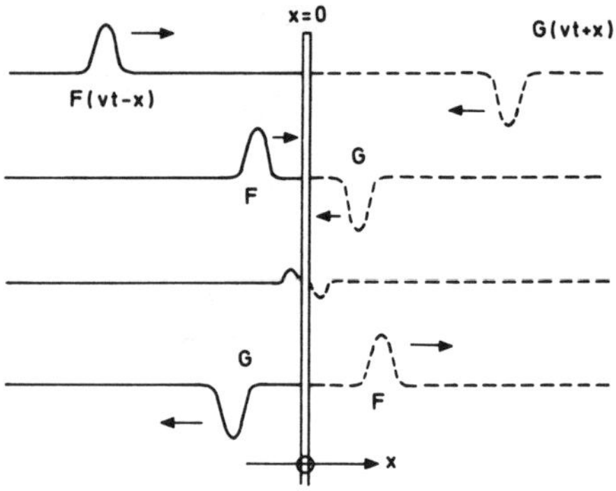

Bild 10.5: Seil, das an einem Ende fest eingespannt ist: eine pulsförmige Störung wird am festen Ende so reflektiert, daß $F(x{=}0) = 0$ immer erfüllt ist.

(10.7) $$y = F(vt - x) + G(vt + x) \qquad \text{mit } F = -G$$

würde an der Stelle $x = 0$ zu allen Zeiten $y = 0$ ergeben.

Wenn aber das Seil an der Stelle $x = 0$ festgehalten wird, übt die Halterung beim Eintreffen des Pulses F gerade eine solche Kraft auf das Seil aus, daß dort ein gleich großer aber negativer Puls G erzeugt wird, der nur nach links fortlaufen kann. Wir wollen uns merken: *Die Grenzbedingung $y = 0$ am festen Ende führt dazu, daß eine dort eintreffende Störung mit negativem Vorzeichen reflektiert wird.*

Sinusförmige Wellen (Harmonische Wellen)

Als Nächstes wollen wir die Funktion

(10.8) $$y = y_0 \sin\left[\frac{2\pi}{\lambda}(vt - x)\right]$$

betrachten, in der λ die Dimension einer Länge besitzt und konstant ist. Gl. (10.8) beschreibt eine sinusförmige Störung mit der Amplitude y_0, die sich nach rechts mit der Geschwindigkeit v verschiebt. Bild 10.6 zeigt eine Momentaufnahme von y als Funktion von x. Der Abstand zweier Wellentäler (oder analoger Punkte der Welle) heißt *Wellenlänge* λ. Die Größe $(2\pi/\lambda)$ wollen wir mit k abkürzen:

(10.9) $$\boxed{k = 2\pi/\lambda} \; .$$

Die Größe $k/2\pi$ heißt *Wellenzahl* und gibt gerade die Zahl der Wellentäler pro Längeneinheit an.

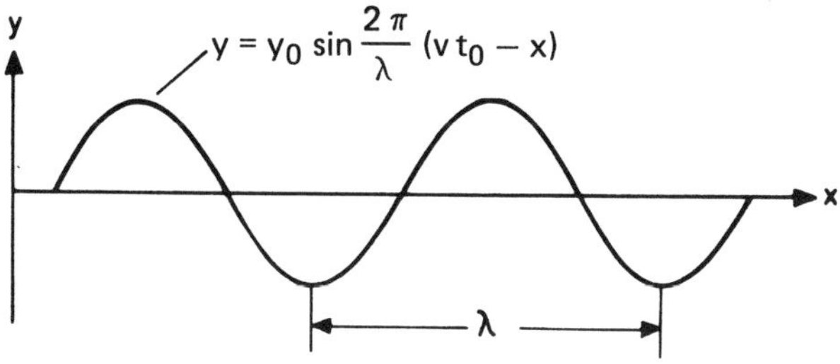

Bild 10.6: Harmonische Welle (Momentanaufnahme)

Wieviele Wellentäler werden pro Sekunde am ruhenden Beobachter vorbeilaufen? Da jede Phase der Welle (z.B. ein Wellental) in der Sekunde v Meter zurücklegt, werden $v/\lambda = f$ Wellentäler pro Sekunde am ruhenden Beobachter vorbeilaufen. Man nenn v *die Phasengeschwindigkeit*, f *die Frequenz* und $\omega = 2\pi f$ die Kreisfrequenz der Welle.

(10.10) $$\boxed{f = \frac{v}{\lambda}} \; .$$

Daraus folgt eine entsprechende Beziehung für ω:

(10.10a) $$\boxed{\omega = v \cdot k}$$

Damit können wir die Welle (Gl. 10.8) auch anders ausdrücken:

$$y = y_0 \sin(2\pi f t - \frac{2\pi}{\lambda} \cdot x)$$

oder

(10.11) $$\boxed{y = y_0 \sin(\omega t - kx)} \; .$$ **Harmonische Welle**

Entsprechend den Überlegungen zu Gl. (10.1) läuft die Welle in positiver x-Richtung.

Reflexion von harmonischen Wellen: Stehende Wellen

Eine von links einfallende harmonische Seilwelle

$$y = y_0 \sin(\omega t - kx)$$

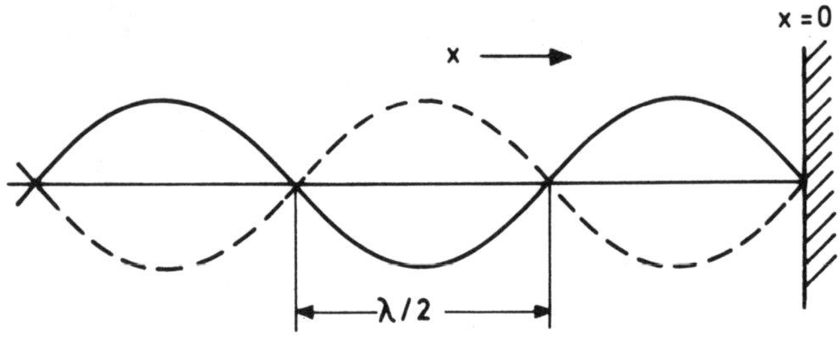

Bild 10.7: Stehende Welle bei Reflexion einer harmonischen Welle am fest eingespannten Ende eines Seils: in Abständen $n \cdot \lambda/2$ (n=0, 1, 2, ...) vom festen Ende befinden sich Schwingungsknoten.

wird beim Auftreffen auf die feste Halterung bei $x = 0$ – wie wir gesehen haben – mit negativer Amplitude reflektiert. Die Gesamtauslenkung des Seils ergibt sich aus der Summe von einfallender und reflektierter Komponente:

$$y = \underbrace{y_0 \sin(\omega t - kx)}_{\text{einfallende Welle}} - \underbrace{y_0 \sin(\omega t + kx)}_{\text{reflektiere Welle}} =$$

$$= y_0(\sin \omega t \cos kx - \cos \omega t \sin kx)$$

$$- y_0(\sin \omega t \cos kx - \cos \omega t \sin kx) \,.$$

(10.12) $$\boxed{y = -2\, y_0 \cos \omega t \sin kx} \,.$$ **Stehende Welle**

Dies ist keine normale laufende Welle mehr: Es gibt nämlich Zeiten ($\cos \omega t = 0$), an denen die Welle überall verschwindet, und es gibt Schwingungsknoten ($\sin kx = 0$), an denen die Auslenkung immer verschwindet. Da die Schwingungsknoten eine feste Lage im Raum haben, spricht man von einer *stehenden Welle.*

Eigenfrequenz einer schwingenden Saite

Hält man das Seil auch noch im Abstand L fest, so können Wellen nur noch existieren (siehe Bild 10.8), wenn

Bild 10.8: Stehende Wellen auf einer Geigensaite

(10.13) $$L = n \cdot \left(\frac{\lambda}{2}\right) \qquad n = 1, 2, 3 \ldots,$$

d.h. nur noch für bestimmte Wellenlängen oder Frequenzen, nämlich:

(10.14) $$f = n \cdot \frac{v}{2L} = n \cdot \frac{\sqrt{\tau/\rho}}{2L} .$$

Die Grundfrequenz f , z.B. einer Geigensaite, kann durch die Spannung τ abgestimmt werden und durch Abgreifen am Griffbrett erhöht werden (Verkleinerung von L). Einer Frequenzverdopplung entspricht die Erhöhung des Tons um eine *Oktave.* Beim Streichen der Saite mit dem Bogen wird i.a. nicht nur die Grundschwingung f , sondern es werden auch Oberschwingungen mitangeregt. Der Gehalt an Oberschwingungen bestimmt die *Klangfarbe* des Instruments. (Stehende Wellen liegen übrigens fast allen Musikinstrumenten zugrunde.)[1)]

Bemerkung zur Polarisation einer Welle

In der oben beschriebenen Seilwelle bewegen sich alle Atome des Seils nur in der y-Richtung, also *senkrecht* zur x-Achse, in der die Ausbreitung erfolgt. Man spricht daher bei der Seilwelle von einer *transversalen Polarisation.*

Bei dem nächsten Wellentyp, den wir jetzt besprechen werden – der Schallwelle –, schwingen alle Atome des Mediums (siehe Bild 10.9) *parallel* zur Ausbreitungsrichtung. Schallwellen sind daher *longitudinal polarisiert.*

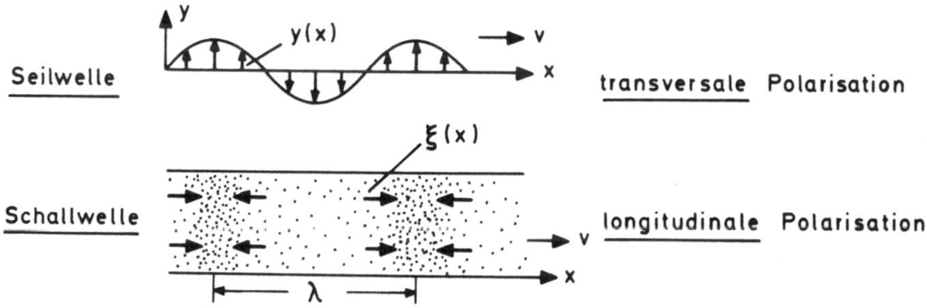

Bild 10.9: Transversale und longitudinale Polarisation:
bei einer Seilwelle schwingen die Massenelemente senkrecht zur Ausbreitungsrichtung. Bei einer Schallwelle schwingen die Atome parallel zur Ausbreitungsrichtung, was zu Dichteschwankungen führt.

---

1) Näheres hierzu, siehe z.B. C.A. Taylor: The Physics of Musical Sounds, The English Universities Press, London (1965)

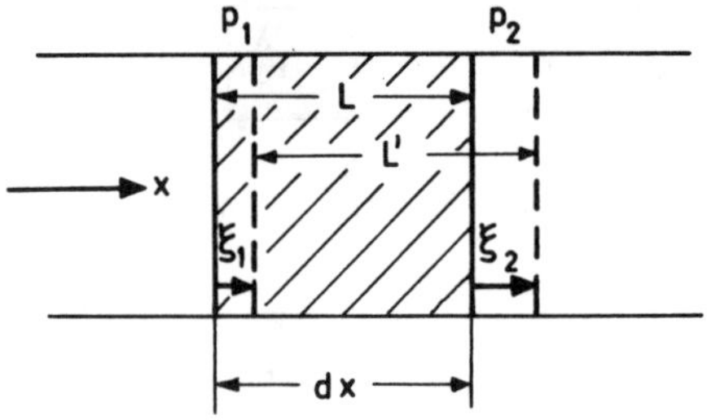

Bild 10.10: Schallwelle in einem Gas oder einer Flüssigkeit: ein Volumenelement (schraffiert) wird nach rechts verschoben und gleichzeitig gedehnt.

In Bild 10.9 ist ebenfalls angedeutet, daß die longitudinale Polarisation einer Schallwelle notwendigerweise zu einer Variation der Dichte führt. *Longitudinale Schallwellen sind daher immer auch Dichtewellen.*

10.2 Schallwellen

Schallwellen breiten sich in allen elastischen Medien aus. Bild 10.10 zeigt z.B. einen Ausschnitt aus einem Gas oder einer Flüssigkeit. Die Auslenkungen der Atome ξ sollen in der x-Richtung liegen und nur von x abhängen. Betrachten wir das schraffierte Volumen: Nach der Auslenkung, die durch ξ_1 und ξ_2 definiert ist, wird es nach rechts verschoben *und gedehnt* (expandiert). Diese Dehnung ist nach Bild 10.10

$$\frac{L' - L}{L} = \frac{\partial L}{L} = \frac{\xi_2 - \xi_1}{\partial x} = \frac{\partial \xi}{\partial x}$$

und führt zu einer entsprechenden Abnahme der Dichte ρ:

$$-\frac{\rho' - \rho}{\rho} = \frac{\partial L}{L} = \frac{\partial \xi}{\partial x} .$$

Wenn nicht alle Volumina die gleiche Dehnung erfahren, ist auch die Dichte nicht räumlich konstant. Bei einer räumlichen Variation der Dehnung entsteht vielmehr ein Dichtegradient

$$\frac{\partial \rho}{\partial x} = -\rho \cdot \frac{\partial^2 \xi}{\partial x^2} \tag{10.15}$$

und ebenso ein Druckgradient, da ja jede Dichteänderung auch zu einer Druckänderung führt. Für kleine Dichteänderungen $\Delta\rho$ gilt näherungsweise:

$$\Delta p = \left(\frac{\mathrm{d}p}{\mathrm{d}\rho}\right)_{\rho_0} \Delta\rho . \tag{10.16}$$

Dabei ist ρ_0 die Dichte des ungestörten Mediums und $(\mathrm{d}p/\mathrm{d}\rho)_{\rho_0}$ eine Materialkonstante, die umgekehrt proportional ist zur Kompressibilität $\kappa = (1/\rho_0)(\partial\rho/\partial p)_{\rho_0}$ des Mediums. Der Druckgradient ist damit nach Gl. (10.15) und (10.16)

$$\frac{\partial p}{\partial x} = \left(\frac{\mathrm{d}p}{\mathrm{d}\rho}\right)_{\rho_0} \cdot \frac{\partial \rho}{\partial x} = -\left(\frac{\mathrm{d}p}{\mathrm{d}\rho}\right)_{\rho_0} \cdot \rho \cdot \frac{\partial^2 \xi}{\partial x^2} . \tag{10.17}$$

Der Druckgradient führt zu einer Kraft auf das Volumenelement innerhalb von dx (Bild 10.10) und somit – nach der Newtonschen Bewegungsgleichung – zu einer Beschleunigung

$$\rho \cdot \mathrm{d}x \cdot \frac{\partial^2 \xi}{\partial t^2} = -(p_2 - p_1) = -\frac{\partial p}{\partial x}\, \mathrm{d}x . \tag{10.18}$$

(Das Minuszeichen steht auf der rechten Seite, weil die Beschleunigung in Richtung des *kleineren* Druckes erfolgt.) Zieht man die beiden letzten Gleichungen zusammen

$$\frac{\partial^2 \xi}{\partial t^2} = \left(\frac{\mathrm{d}p}{\mathrm{d}\rho}\right)_{\rho_0} \cdot \frac{\partial^2 \xi}{\partial x^2} ,$$

so erhält man wieder eine *Wellengleichung:*

$$\boxed{\frac{\partial^2 \xi}{\partial t^2} = \left(\frac{\mathrm{d}p}{\mathrm{d}\rho}\right)_{\rho_0} \cdot \frac{\partial^2 \xi}{\partial x^2}} . \tag{10.19}$$

Wellengleichung einer Schallwelle

Übungsfrage:
Auf entsprechende Weise läßt sich auch eine Wellengleichung für longitudinale Wellen in Festkörpern ableiten. Zeigen Sie, daß in Stäben gilt:

$$\frac{\partial^2 \xi}{\partial t^2} = \frac{E}{\rho} \cdot \frac{\partial^2 \xi}{\partial x^2} . \quad (E = \text{Elastizitätsmodul})$$

Gl. (10.19) ist von der gleichen Form wie die frühere Wellengleichung (10.4) und hat daher auch Lösungen von der gleichen Form, zum Beispiel

$$\xi = \xi_0 \sin(\omega t - kx) \tag{10.20}$$

Die Ausbreitungsgeschwindigkeit ist hier nur durch die Materialkonstante $(\mathrm{d}p/\mathrm{d}\rho)_{\rho_0}$ bestimmt (siehe Gl. (10.5)):

(10.21) $$\boxed{v^2 = \left(\frac{dp}{d\rho}\right)_{\rho = \rho_0}} .$$

v	Luft	300 m/s
	Wasser	1 500 m/s
	Glas	5 000 m/s

Übungsfrage:
Ist die Schallgeschwindigkeit im Wasser des Bodensees an der Oberfläche größer als am Grund des Sees? (Die Temperatur sei konstant angenommen.)

1. Fall: Schallwellen in Gasen

In der Schallwelle erfolgt praktisch kein Wärmeaustausch zwischen benachbarten Volumenelementen während einer Periode. Die Dichteänderungen erfolgen daher adiabatisch (*mit* Temperaturänderungen). Aus Gl. (7.10a) ergibt sich folgender Wert für $\left(\frac{dp}{d\rho}\right)_{\rho_0}$

$$\left(\frac{dp}{d\rho}\right)_{ad} = \left(\frac{c_p}{c_v}\right) \cdot \frac{p}{\rho} = \left(\frac{c_p}{c_v}\right) \cdot \frac{p \cdot V_m}{M}$$

mit dem Molvolumen V_m, dem Molekulargewicht M und $c_p/c_v = 5/3$ für einatomige Gase (siehe Gl. (7.7)).

Da ferner $p \cdot V_m = RT$ ist, ergibt sich für die Schallgeschwindigkeit in Gasen

(10.22) $$\boxed{v^2_{\text{Schall}} = \left(\frac{c_p}{c_v}\right) \cdot \frac{RT}{M} = \left(\frac{c_p}{c_v}\right) \cdot \frac{kT}{m}} ,$$

Schallgeschwindigkeit in Gasen

wobei m die Molekülmasse ist.

Die Schallgeschwindigkeit hängt also *nicht vom Gasdruck* sondern *nur von der Temperatur und der Molekülmasse* ab.

Übungsfrage:
Warum ist die Schallgeschwindigkeit in He-Gas etwa einen Faktor 3 größer als in Luft?

Es ist interessant, die Schallgeschwindigkeit in einem Gas mit der *mittleren thermischen Geschwindigkeit* seiner Atome zu vergleichen (vgl. Gl. (7.3)):

$$\overline{v^2_{\text{therm}}} = 3 \cdot \frac{kT}{m} .$$

Vergleicht man dies mit Gl. (10.22), so sieht man, daß (für ein monoatomares Gas) immer gilt:

$$\overline{v^2_{\text{therm}}} = \frac{9}{5}\, v^2_{\text{Schall}} \; . \qquad (10.23)$$

Das heißt, die *thermische Geschwindigkeit der Atome und die Schallgeschwindigkeit im Gas sind stets von sehr ähnlicher Größe.*

2. Fall: Transversale elastische Wellen in Festkörpern

Neben den oben beschriebenen longitudinalen Schallwellen, die sich in allen Medien ausbreiten, gibt es nur in festen Körpern zusätzlich auch *transversale Wellen;* hierbei erfolgt die Auslenkung senkrecht zur Fortpflanzungsrichtung, wie in Bild 10.11 angedeutet.

Transversale Wellen können nur in festen Körpern existieren, da Gase und Flüssigkeiten keine Schersteifigkeit besitzen. Charakteristische Werte für die beiden Geschwindigkeiten in festen Medien sind ebenfalls in Bild 10.11 angegeben.

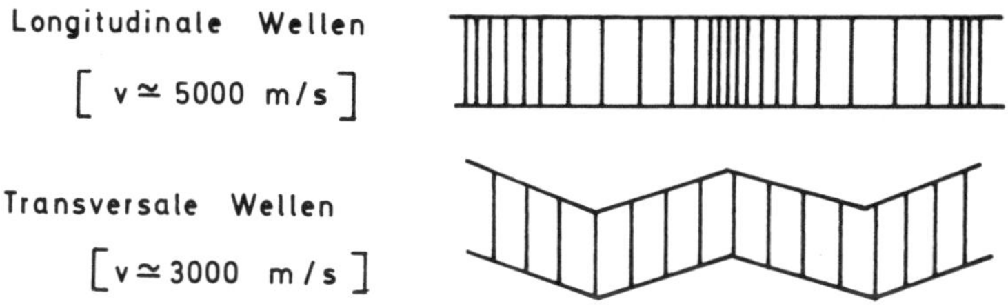

Bild 10.11: Elastische Wellen verschiedener Polarisation in Festkörpern

Akustische Wellen in der Geologie

Wir hatten bereits auf S. 53 darauf hingewiesen, daß die akustische pulsierende Schwingung von den Cepheiden ein äußerst wichtiges Hilfsmittel zur astronomischen Entfernungsmessung darstellt.

Aber auch die Erde kann zu Eigenschwingungen angeregt werden, insbesondere bei Erdbeben. Die Grundschwingungsperiode beträgt rund 50 Minuten, was etwa der Zeit eines akustischen Hin- und Rücklaufs durch die Erde entspricht. Bild 10.12 zeigt die Deformation der Erde (nicht maßstabsgetreu) bei einer solchen Schwingung zur Zeit $t = 0$ und 25 min später.

Akustische Wellen sind aber auch ein leistungsfähiges Hilfsmittel zur Untersuchung des *Erdinnern.* Unsere Kenntnis vom Erdinnern stammt hauptsächlich von seismologischen Beobachtungen. Aus der Reisezeit und Reiseroute (vgl. Bild 10.13) von Erdbebenwellen kann man den radialen Verlauf der Schallgeschwindigkeit im Erdinnern bestimmen: Bild 10.10 zeigt z.B. die longitudinalen und transversalen Schallgeschwindigkeiten im Erdinnern. Deutlich sichtbar ist das Nullwerden der transversalen

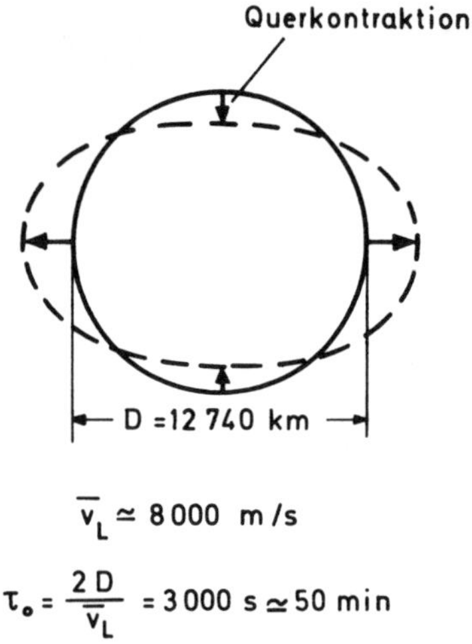

Bild 10.12: Eigenschwingung der Erde (Grundschwingung): die Periode der Grundschwingung beträgt entsprechend $\lambda/2 = D$ etwa 50 Minuten.

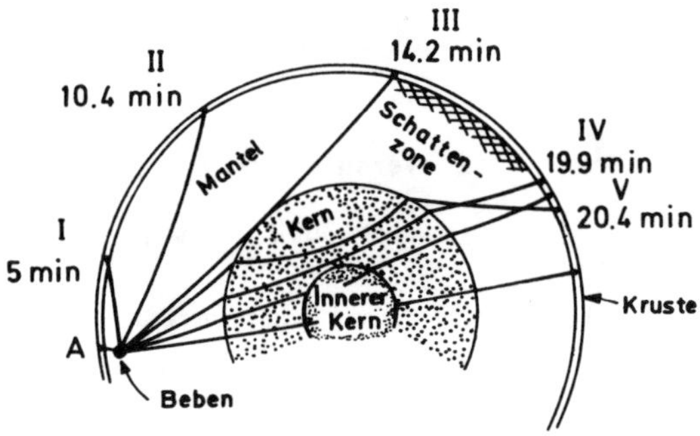

Bild 10.13: Reiserouten von Erdbebenwellen vom Erdbebenzentrum zur Beobachtungsstation (entnommen: George Gamow, J. M. Cleveland, Physik in unserer Welt, Aries-Verlag, München, 1963).

Geschwindigkeit und damit der Schersteifigkeit im Erdinnern, welches auf den *flüssigen Zustand des Erdkerns* hinweist.

Die akustische Information zeigt aber nicht nur die Existenz und Abmessung des flüssigen Erdkerns, sondern darüber hinaus weitere Unstetigkeiten, auf die wir hier nur hinweisen wollen. (Zum Beispiel die mit F bezeichnete Unstetigkeit in 5 200 km Tiefe, welche eine weitere Phasenänderung flüssig – fest innerhalb des Erdkerns andeutet.[1])

[1] Die moderne Forschung zeigt, daß der innere Kern der Erde fest ist.
Siehe z.B. Bruce A. Bolt: The Fine Structure of the Earth's Interior Sci. Am. **228**, March (1973).
Weitere Literaturhinweise:
G. Angenheister: Die Erforschung der tieferen Erdkruste: Untersuchungsmethoden und Ergebnisse, Physik in unserer Zeit **1**, 59 (1970).
W. Kertz: Einführung in die Geophysik I, BI-Hochschultaschenbücher, Bd. 275/275a, Mannheim (1969).

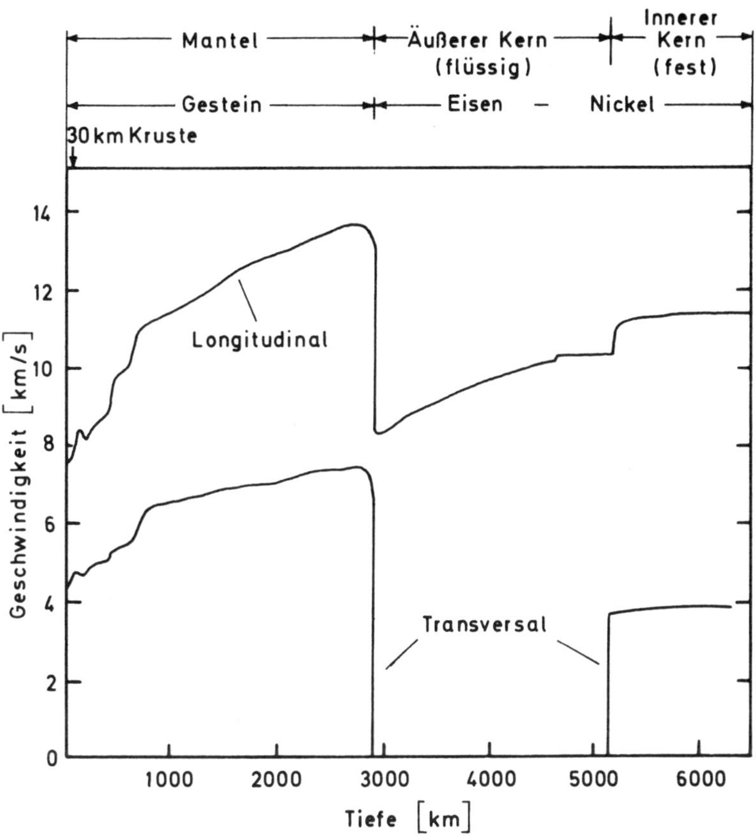

Bild 10.14: Geschwindigkeiten longitudinaler und transversaler elastischer Wellen im Inneren der Erde: die Diskontinuitäten werden durch Änderung der chemischen Zusammensetzung bzw. durch Phasenänderungen verursacht. So wird die Mohorovicic-Diskontinuität, die Kruste und Mantel trennt, Modifikationen des Gesteins zugeschrieben. Der Übergang vom Mantel zum Kern wird durch den Phasenübergang fest - flüssig charakterisiert. Während sich im äußeren Kern keine Transversalwellen ausbreiten können, zeigen neuere Untersuchungen, daß dies im inneren Kern möglich ist: die Diskontinuität zwischen äußerem und innerem Kern deutet also auf Phasenübergang flüssig - fest hin (entnommen: B. Gutenberg, Physics of the Earth Interior, in International Geophysics Series, Vol. I, Academic Press, New York, 1959; B. A. Bolt, The Fine Structure of the Earth, Sci. Am. **228**, March, 1973).

Übungsfrage:
Was könnte die Ursache dafür sein, daß die Schallgeschwindigkeit im Erdmantel ($r >$ 3 500 km, vgl. Bild 10.14) nach außen abnimmt?

10.3 Die Ausbreitung von ebenen Wellen in drei Dimensionen

Bei den gerade beschriebenen Schallwellen hing die Amplitude

$$\xi = \xi_0 \cdot \sin(\omega t - kx) \quad \text{mit} \quad k = \frac{2\pi}{\lambda} \tag{10.20}$$

nur von einer, nämlich der x-Koordinate, ab. Das heißt, alle Punkte mit gleicher Auslenkung oder Phase liegen auf *Ebenen* senkrecht zur x-Achse. Man nennt daher eine solche durch Gl. (10.20) und Bild 10.15 dargestellte Welle eine *ebene Welle.*

Wie aber beschreibt man eine ebene Welle, die sich *nicht* parallel zur x-Achse, sondern in einer beliebigen Richtung ausbreitet?

Bild 10.16 zeigt einen solchen Fall. Zur Beschreibung der Ausbreitungsrichtung führen wir als neue Größe den sog. *Wellenvektor* $\vec{k}$ ein: Er hat die Richtung der Wellen-Normalen und den Betrag $2\pi/\lambda$.

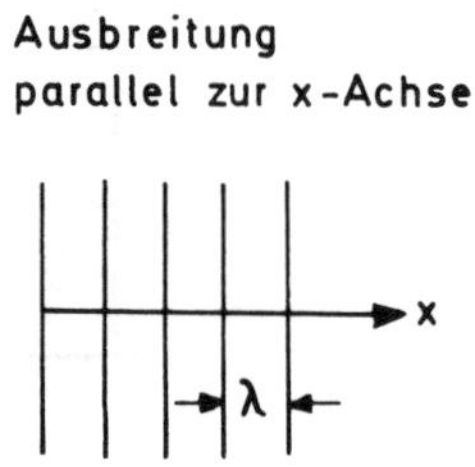

Bild 10.15: Wellenfront einer ebenen Welle (Ausbreitung parallel zur x-Achse)

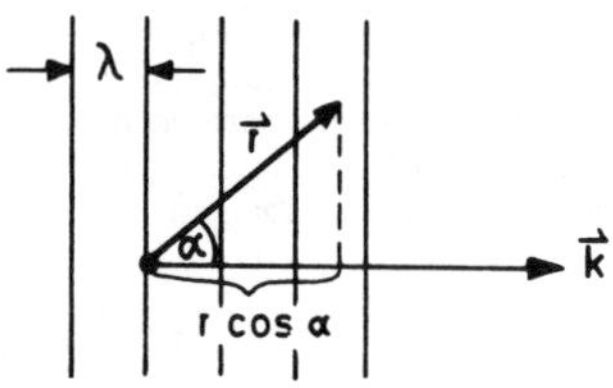

Bild 10.16: Wellenfront einer ebenen Welle (Ausbreitung in beliebiger Richtung)

Mit Hilfe dieses Wellenvektors ist es leicht möglich, ebene Wellen zu beschreiben, die sich nicht parallel zur x-Achse ausbreiten: Für die Phase der Welle in irgendeinem Punkt mit dem Ortsvektor $\vec{r}$ ist nur die Länge der Projektion von $\vec{r}$ auf die $\vec{k}$-Achse maßgeblich, so daß man nun das Produkt kx in Gl. (10.20) durch das Skalarprodukt $k \cdot r \cdot \cos\alpha = (\vec{k} \cdot \vec{r})$ ersetzt:

$$\boxed{\vec{\xi} = \vec{\xi}_0 \sin(\omega t - (\vec{k} \cdot \vec{r}))} \,. \tag{10.24}$$

harmonische, ebene Welle

Dies ist die allgemeine Beschreibung einer (harmonischen) ebenen Welle, die sich in der durch den Wellenvektor $\vec{k}$ definierten Richtung ausbreitet.

Neben den *ebenen* Wellen treten in der Physik zuweilen auch Wellen mit *gekrümmten* Flächen gleicher Phase auf wie zum Beispiel Zylinder- oder Kugelwellen.

Übungsfrage:
In Tabelle 2.2 sind die charakteristischen Frequenzen für Licht-, Radio- und Schallwellen angegeben. Welche Größenordnung haben die dazugehörigen Wellenlängen bzw. Wellenvektoren? Warum kann man keine Schallwellen mit der gleichen Frequenz wie Lichtwellen erzeugen? Hinweis: Schätzen Sie die dazu notwendige Wellenlänge in Festkörpern ab.

10.4 Der Doppler-Effekt

Wir haben alle schon einmal einen Unfallwagen mit laut tönender Hupe oder Sirene gehört, der uns gerade mit großer Geschwindigkeit überholt: Der Dauerton der Hupe erklingt dabei, wenn der Wagen sich uns nähert, fällt aber plötzlich in der Tonhöhe, sobald der Wagen an uns vorbeigefahren ist. *Warum hängt die von uns wahrgenommene Frequenz in dieser Weise von der Geschwindigkeit des Schallgebers relativ zu uns ab?*

Bild 10.17 stellt den Unfallwagen (schwarzer Pfeil) für verschiedene Fahrtgeschwindigkeiten u dar. Im linken Bild steht er ($u = 0$) noch geparkt, hat aber die Hupe schon eingeschaltet. Die Druckmaxima des Schallfeldes, die auch eingezeichnet sind, umgeben den Wagen als konzentrische Kreise, und man hört die Frequenz $f_0 = v_s/\lambda_0$.

Im mittleren Bild hat der Wagen eine Geschwindigkeit u nach rechts relativ zur ruhenden Luft erreicht. Dadurch verkürzt sich die Wellenlänge vor dem Fahrzeug um die in einer Periode gefahrene Strecke: $\lambda = \lambda_0 - u/f_0$. Entsprechend erhöht sich die vor dem Wagen gehörte Frequenz:

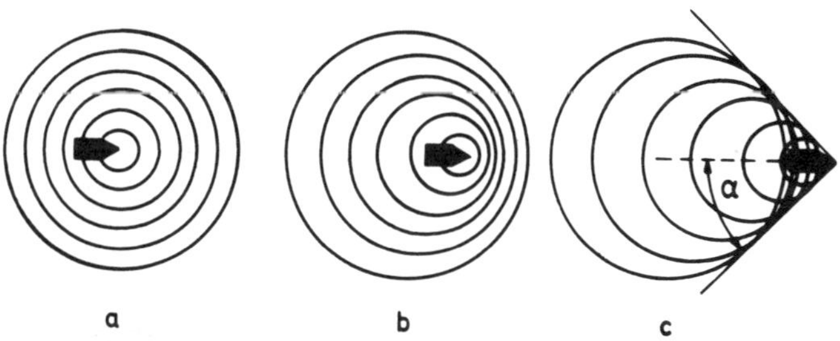

Bild 10.17: Wellenfronten einer Schallwelle
a) Schallquelle in Ruhe
b) Quelle bewegt sich mit der Geschwindigkeit $u < v_s$
c) Quelle bewegt sich mit der Geschwindigkeit $u > v_s$
Die Wellenfronten bilden einen Kegel, den Machschen Kegel.

$$f = v_s/\lambda = v_s/(\lambda_0 - u/v_s)$$

oder

(10.25a) $$f = \frac{1}{1 - u/v_s} f_0 .$$ **Doppler-Effekt für bewegte Quelle**

Bewegt sich nun aber der Beobachter mit einer Geschwindigkeit u auf die relativ zur Luft ruhende Schallquelle zu, so nimmt der Beobachter eine größere Schallgeschwindigkeit $u + v_s$ und damit eine höhere Frequenz $f = (u + v_s)/\lambda_0$ wahr. Daraus folgt:

(10.25b) $$f = (1 + u/v_s) f_0 .$$ **Doppler-Effekt für bewegten Empfänger**

Die Frequenzänderungen nach Gl. (10.25a) und Gl. (10.25b) sind für gleiche Relativgeschwindigkeiten u zwischen Quelle und Empfänger nicht gleich groß. Dies ist nicht überraschend, da durch das Schallmedium das Bezugssystem festgelegt ist und deshalb beide Fälle sich nicht durch einen Wechsel des Bezugssystems ineinander überführen lassen. Im Gegensatz dazu können sind elektromagnetische Wellen ohne ein Medium ausbreiten, so daß eine Fallunterscheidung entsprechend Gl. (10.25a) und Gl. (10.25b) entfällt, wie wir bei der Ableitung des sog. *relativistischen Doppler-Effekts* in Abschnitt 6.5 gesehen haben.

Ein weiterer, interessanter Unterscheid besteht zwischen Schallwellen und elektromagnetischen Wellen im Vakuum: Während sich eine Quelle nicht schneller als mit Lichtgeschwindigkeit bewegen kann, kann eine Schallquelle wohl eine Geschwindigkeit $u > v_s$ erreichen. Bild 10.17c und Bild 10.19 zeigen den Fall eines Geschosses, welches mit Überschallgeschwindigkeit fliegt und daher sein Schallfeld teilweise hinter sich zurückläßt. *Mach* hat als erster darauf hingewiesen, daß ein so schnelles Objekt Schall nur in einem Konus mit dem Öffnungswinkel α abstrahlen kann. Wie man aus Bild 10.18 ersieht, ergibt sich der Öffnungswinkel aus der Fluggeschwindigkeit zu

(10.26) $$\sin\alpha = \frac{v_s}{u} .$$

Die sog. *Machzahl* ($1/\sin\alpha$) gibt an, um wieviel mal schneller ein Objekt fliegt als v_s.

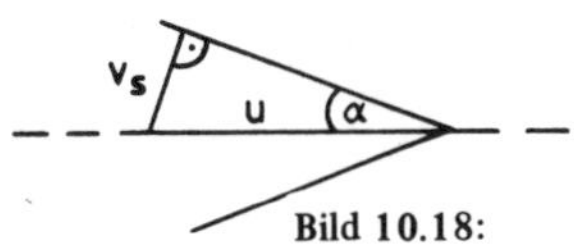

Bild 10.18: Machscher Kegel

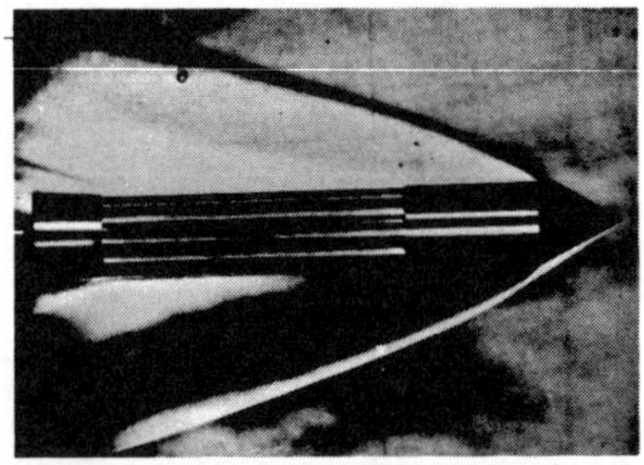

Bild 10.19: Machscher Kegel eines Geschosses, das sich mit Überschallgeschwindigkeit bewegt. (Bildquelle: Feynman, Vorlesungen über Physik, Addison-Wesley, R. Oldenbourg, 1973)

Übungsfrage:
Wie rasch fliegt das in Bild 10.19 abgebildete Geschoß? Wie kommt der dabei auftretende Überschallknall zustande?

10.5 Schockwellen

Innerhalb einer Schallwelle erfolgt die Kompression des Gases – wie bereits erwähnt – adiabatisch und führt daher zu einer Temperaturerhöhung in den Maximas der Dichte (vgl. Gl. 7.10b):

$$\frac{\Delta T}{T} = \frac{c_p - c_v}{c_v} \cdot \frac{\Delta \rho}{\rho}. \tag{7.10b}$$

Bei kleinen Schallamplituden ($\Delta\rho/\rho$) sind die Abweichungen von der Gleichgewichtstemperatur ebenfalls klein. Bei großen Amplituden dagegen werden auch die räumlichen Temperaturschwankungen innerhalb des Schallfeldes so groß, daß auch die Schallgeschwindigkeit, die ja von der Temperatur abhängt (siehe Gl. (10.22)) entsprechend

$$v_{\text{Schall}} \sim \sqrt{T},$$

nicht mehr als räumlich konstant angesehen werden kann. Daher laufen in einer Schallwelle großer Amplitude die Dichtemaxima schneller als die Minima, was zu der in Bild 10.20 dargestellten Verformung der Schallwelle führt. Besonders charakteristisch ist die Ausbildung von stabilen *Schockfronten,* innerhalb denen Druck, Dichte und Temperatur plötzlich (in einigen mittleren freien Weglängen) abfallen.

Schockfronten, d.h. große Sprünge, zum Beispiel in der Dichte, bilden sich immer dort, wo ein Gegenstand schneller als die Schallgeschwindigkeit durch ein Gas bewegt wird, da ja das Gas in diesem Fall nicht mehr hydrodynamisch ausweichen kann und sich

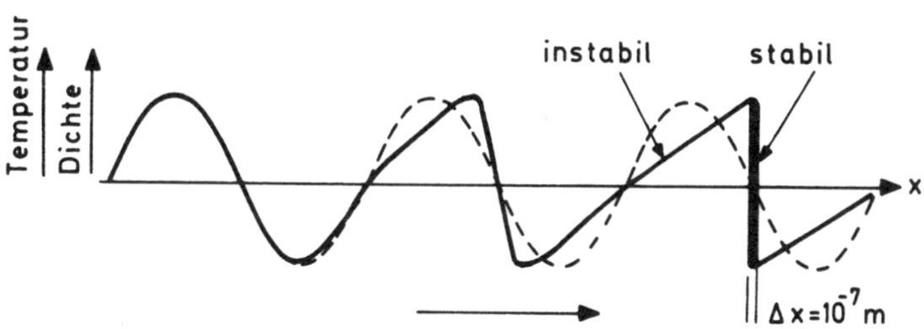

Bild 10.20: Bildung einer stabilen Schockfront in einer Schallwelle großer Amplitude

vor dem Flugkörper in einer Dichtestufe aufbauen muß. Diese Dichtestufe ist gut sichtbar auf der „Schlierenfotografie" Bild 10.19.

Mit einem großen Dichtesprung ist auch eine Temperaturerhöhung verbunden, die sehr groß werden kann und oft starke chemische Veränderungen im Gas hervorruft. Z.B. ein Flugkörper, der in einer Höhe von 16 km mit der neunfachen Schallgeschwindigkeit fliegt, erzeugt in seiner Schockfront eine Temperatur von 5 000 K, in der mit hohem Wirkungsgrad N_2 und 0_2 zu Stickoxyd umgesetzt werden.

Schockwellen bieten auch im Laboratorium die Möglichkeit, größere Gasmengen sehr rasch und homogen auf hohe Temperaturen (bis 20 000 K) zu erhitzen. Dazu bedient man sich eines *Schockrohrs,* dessen beide Hälften durch ein Diaphragma voneinander getrennt sind. In die linke Hälfte (siehe Bild 10.21) füllt man H_2 (etwa unter 40 bar Druck) und in die rechte Hälfte unter niederem Druck ein anderes Gas. Bricht man nun zur Zeit $t = t_0$ das Diaphragma, so breitet sich eine Schockwelle in die rechte Kammer aus. Nach der Zeit $t = t_1$ ist das schraffierte Gasvolumen auf 20000 K homogen erhitzt. Diese Methode bietet die schnellste und homogenste Erhitzung größerer Gasmengen z.B. für reaktionskinetische Studien.

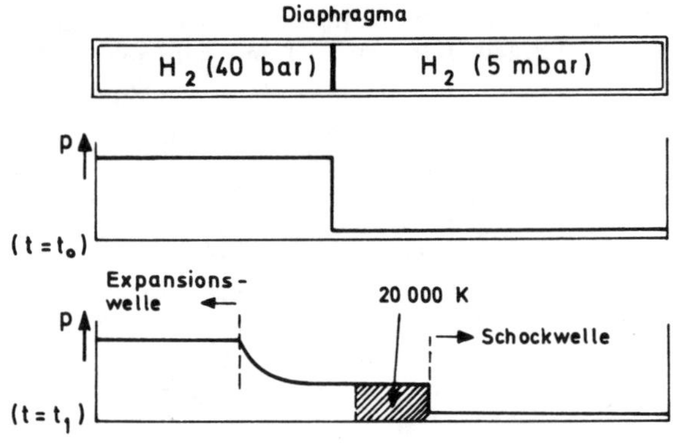

Bild 10.21: Schockrohr: eine Gaskammer hohen Drucks und eine geringen Drucks sind durch ein Diaphragma getrennt, das plötzlich auseinandergebrochen wird. Im Rohr breitet sich eine Schockwelle nach rechts aus, in der sich Temperaturen von etwa 20 000 K ausbilden.

Schließlich sei wenigstens noch hingewiesen auf die *Ausbreitung von Schockwellen in festen und flüssigen Stoffen:* In diesen weniger kompressiblen Medien gelingt es mittels Schockwellen, vorübergehend hohe Drucke bis zu 50 kbar zu erzeugen. [1] Der Druck im Zentrum unserer Erde beträgt vergleichsweise 3 Millionen bar. Wir sind also noch weit davon entfernt, das Verhalten der Materie im Erdinnern im Laboratorium nachahmen zu können.

[1] Näheres hierzu in:
Bradley: Shockwaves in Physics and Chemistry, Wiley (1962).
R.K. Linde and R.C. Crewdson: Shockwaves in Solids, Scientific American, 220, May (1969).

10.6 Die Brandung

Wasserwellen in Küstennähe bei geringer Wassertiefe weisen gewisse Ähnlichkeiten mit Schockwellen auf. Wenn ihre Wellenlänge größer als die Wassertiefe ist, breiten sie sich nämlich mit einer Geschwindigkeit

(10.27) $$v = \sqrt{g \cdot h} \qquad g = 9{,}8 \text{ m/s}^2$$

aus, welche mit der Wassertiefe h zunimmt. Sobald daher die Höhe der „Wasserberge" vergleichbar mit der Wassertiefe wird, laufen die Wasserberge wegen $v = \sqrt{g \cdot h}$ deutlich schneller als die Wellentäler. Infolgedessen kommt es zu einer starken Verformung der Wellenform, die der in Bild 10.20 dargestellten Schockwellenbildung sehr gleicht und uns als *Brandung* bekannt ist.

Auch die sehr langwelligen Wasserwellen, die sog. „Tsunamis", welche nur bei unterseeischen Erdbeben erzeugt werden, breiten sich mit einer Geschwindigkeit $v = \sqrt{g \cdot h}$ aus, die bei einer Tiefe des Ozeanbodens von 9 km z.B. *1000 km/h* beträgt. Das Einlaufen von Tsunamis in küstennahe Flachwasserregionen führt zu Brandungsfronten von etwa 30 Meter Höhe, die besonders im Stillen Ozean immer wieder zu großen Überschwemmungskatastrophen führen.[1)]

Übungsfrage:
Wie wir gesehen haben, sind zur Ausbildung von Wellen rücktreibende Kräfte erforderlich. Welche Kräfte könnten im Fall von Oberflächenwellen diese Rolle übernehmen?

10.7 Fourier-Analyse von periodischen und nichtperiodischen Vorgängen

Bisher haben wir oft unterschieden zwischen sinusförmigen und nicht-sinusförmigen Wellen. Wir wollen hier darauf hinweisen, daß diese Unterscheidung künstlich ist und nicht auf einer grundsätzlichen Verschiedenheit beruht.

Es läßt sich nämlich zeigen[2)] *daß sich jede beliebige (räumlich oder zeitlich) periodische Funktion als Summe von rein sinusförmigen Funktionen darstellen läßt:*

---

1) Näheres hierzu in:
B.I. Silkins: Tsunamis, Ursache von Überschwemmungskatastrophen an den Meeresküsten, Umschau 7, 340 (1971).
N.F. Barber: Water Waves The Wykeham Series Bd. 5, London (1969).

2) siehe z.B. R. Courant: Vorlesungen über Differential- und Integralrechnung Bd. 1 Kap. 9 Springer, Berlin (1969).

(10.28) $$F(x) = a_0 + \sum_{n=1}^{\infty} a_n \sin(n k_0 x + \varphi_n)$$ **räumlich**

oder **Fourier-Reihen**

$$F(t) = b_0 + \sum_{n=1}^{\infty} b_n \sin(n\omega_0 t + \psi_n).$$ **zeitlich**

Dieser Sachverhalt ist in Bild 10.22 auch graphisch für eine beliebig gewählte, räumlich periodische Funktion $F(x)$ dargestellt. Ihre räumliche Periode beträgt $\lambda_0 = 2\pi/k_0$, und sie entsteht durch Überlagerung der darunter gezeichneten reinen Sinusfunktionen

$$a_1 \sin(k_0 x + \varphi_1),$$

$$a_2 \sin(2k_0 x + \varphi_2),$$

$$a_3 \sin(3k_0 x + \varphi_3)$$

mit den Perioden $(\frac{2\pi}{k_0}), \frac{1}{2}(\frac{2\pi}{k_0}), \frac{1}{3}(\frac{2\pi}{k_0}) \dots$

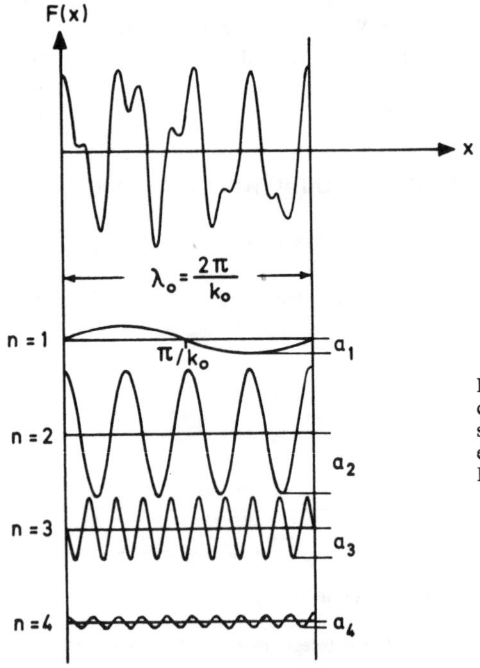

Bild 10.22: Fourierzerlegung einer willkürlichen periodischen Funktion *F(x)* in die ersten Fourier-Komponenten. Die Fourier-Koeffizienten erhält man durch ein numerisches Rechenverfahren (harmonische Analyse).

Jede dieser *Fourierkomponenten,* aus denen $F(x)$ sich aufbaut, ist eindeutig festgelegt durch die Fourierkoeffizienten a_n (Amplitude) und φ_n (Phase). Wir können daher sagen, daß sich für jede beliebige periodische Funktion $F(x)$ ein Satz von Fourierkoeffizienten a_n, φ_n angeben läßt. (Wie man diese Fourierkoeffizienten praktisch findet, ist ein mathematisches Problem.) [1)]

Wir wollen hier als spezielle Beispiele nur die Fourierreihen für die in Bild 10.23 dargestellten Funktionen angeben, nämlich für die Rechtecks-, Dreiecks- und Sägezahnkurven. Diese 3 Funktionen sind zwar aus Sinusfunktionen der gleichen Periode aufgebaut, unterscheiden sich aber durch ihre Fourierkoeffizienten.

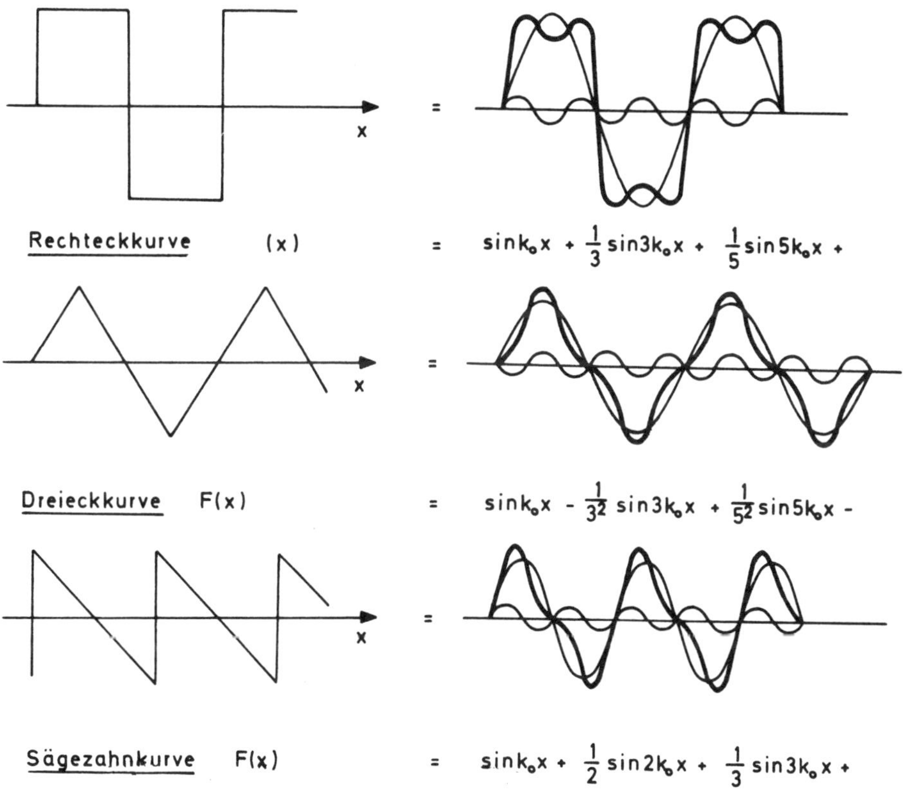

Bild 10.23: Fourierreihen einiger einfacher Funktionen: infolge der hohen Symmetrie der Kurven sind viele Fourier-Koeffizienten Null.

---

1) siehe z.B. hierzu: Bronstein-Semendjajew: Taschenbuch der Mathematik, Verlag Harri Deutsch, Frankfurt (1966).

Für die Physik besonders wichtig ist schließlich noch die Übertragung der Fourieranalyse auch auf *nicht-periodische Vorgänge.* Betrachten wir zunächst nochmal eine periodische Folge von äquidistanten Pulsen in einem gegenseitigen räumlichen Abstand von $\lambda_0 = 2\pi/k_0$. Die Fourierkomponenten, aus denen diese Pulsfolge aufgebaut ist, besitzt Wellenvektoren ($k_0, 2k_0, 3k_0, 4k_0$ . . .), *die desto dichter beieinander liegen,* je kleiner k_0, d.h. je größer der Abstand λ_0 zwischen zwei Impulsen wird.

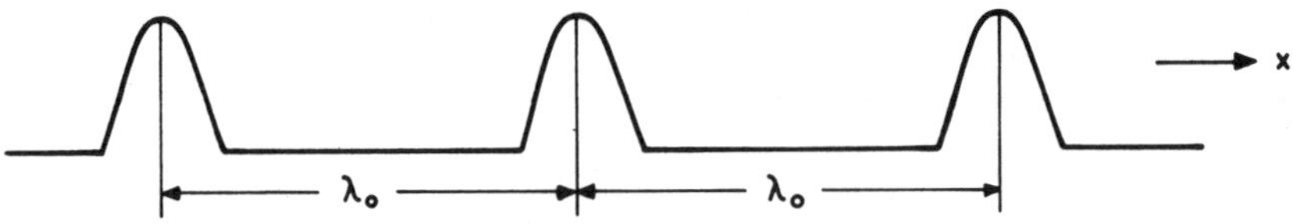

Bild 10.24: Periodische Folge von äquidistanten Pulsen

Geht man schließlich über zum Grenzfall unendlich großer Abstände, so wird aus der periodischen Folge von Pulsen ein einzelner Puls und aus der Fourierreihe Gl. (10.28) ein *Fourierintegral* ($k_0 \to 0$). Während sich die periodische Pulsfolge aufbaut aus Sinusfunktionen mit den diskreten Wellenvektoren nk_0, wird ein einzelner (nicht periodischer) Puls durch ein *kontinuierliches Spektrum* von Wellenvektoren beschrieben.

Betrachten wir z.B. den in Bild 10.25 dargestellten Wellenzug endlicher Länge, der an der Stelle x_1 beginnt, bei x_2 endet und sich weder vorher noch nachher wiederholt. (Dies nennt man oft ein *Wellenpaket.*)

Dieser begrenzte Wellenzug wird nun nicht allein durch *eine* Sinusfunktion mit dem Wellenvektor k_0 dargestellt (denn dies würde eine unendlich ausgedehnte Welle ergeben), sondern durch ein kontinuierliches Spektrum von k-Vektoren: zu jedem k-Vektor gehört eine Amplitude $A\ (k)$, die – ohne Herleitung – in Bild 10.26 dargestellt ist. Die Amplitude erreicht ihren Maximalwert bei k_0 (denn $\sin\varphi/\varphi = 1$ für $\varphi = 0$) und sinkt zum ersten Mal auf Null, wenn

$$(10.29) \qquad \frac{1}{2} \cdot (k - k_0) \cdot \Delta x = \pi \ .$$

Die Amplitude ist also nur beträchtlich (etwa größer als die Hälfte der Maximalamplitude) in dem k-Intervall um k_0, welches gegeben ist durch

$$(10.30) \qquad \boxed{\Delta k \cdot \Delta x \approx 2\pi} \ .$$

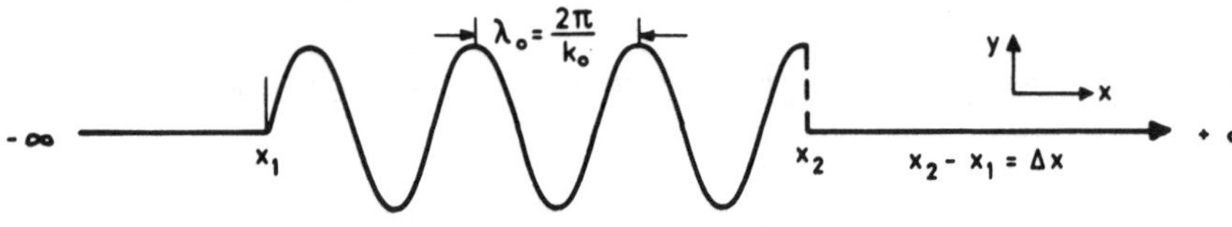

Bild 10.25: Wellenpaket

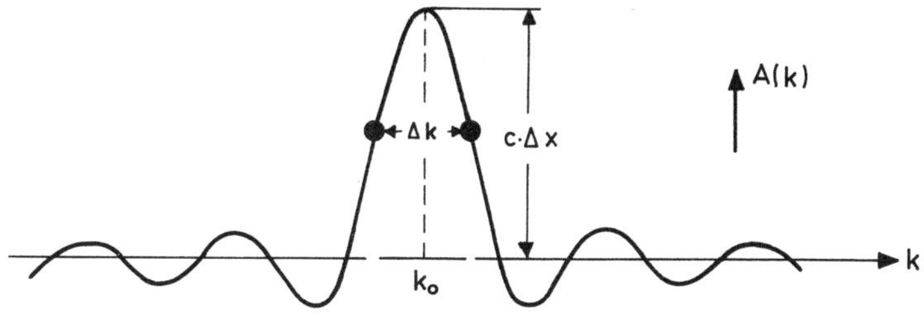

$$A(k) = c\Delta x \left[\frac{\sin\frac{1}{2}(k-k_0)\Delta x}{\frac{1}{2}(k-k_0)\Delta x} \right]$$

Bild 10.26: Fourier-Transformation des Wellenpaketes: einem räumlich begrenzten Wellenzug entspricht ein kontinuierliches Spektrum von k-Vektoren mit der Amplitudenfunktion *A (k).*

Die gleiche Überlegung läßt sich auf das Frequenzspektrum einer *zeitlich* begrenzten Schwingung der Frequenz ω_0 anwenden, welche zur Zeit t_1 beginnt und zur Zeit $t_2 = t_1 + \Delta t$ endet. Auch hier ergeben sich nur große Amplituden für Fourierkomponenten in einem engen Frequenzintervall $\Delta\omega$ um ω_0 herum:

(10.31) $$\boxed{\Delta\omega \cdot \Delta t \approx 2\pi} \quad .$$

Je kürzer also die Schwingung dauert, desto breiter wird das Frequenzspektrum dieser Schwingung.

Übungsfrage:
Wie breit ist etwa das Frequenzspektrum der auf S. 260 erwähnten freien Gitterschwingungen in einem NaCl-Kristall?

Die Diskussion der Fourieranalyse hat die Bedeutung rein sinusförmiger Schwingungen und Wellen unterstrichen, da wir alle anderen periodischen und nicht periodischen Vorgänge durch Überlagerung von Sinusfunktionen rekonstruieren können.

10.8 Gruppengeschwindigkeit

Wir wollen nun zwei Wellen y_1 und y_2 von etwas verschiedener Frequenz und etwas unterschiedlichem Wellenvektor ($\omega_1 - \omega_2 \ll \omega$ und $k_1 - k_2 \ll k$) überlagern. *Dabei wollen wir erstmalig zulassen, daß die Phasengeschwindigkeit von der Frequenz abhängt* ($v_1 \neq v_2$).

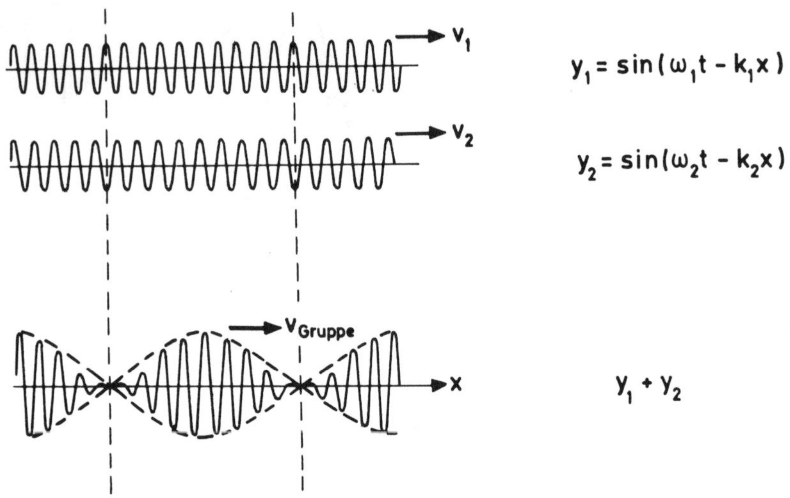

Bild 10.27: Wellengruppe:
a) Momentanbild einer Welle mit der Kreisfrequenz ω_1, dem Wellenvektor k_1 und der Geschwindigkeit $v_1 = \omega_1/k_1$
b) Momentanbild einer Welle mit einem etwas kleineren Wellenvektor k_2 und einer Geschwindigkeit v_2
c) die Überlagerung der beiden ergibt eine Wellengruppe (Momentanbild) mit der Ausbreitungsgeschwindigkeit v_{Gruppe}.

Addiert man das Momentanbild beider Wellen graphisch, so erhält man den in Bild 10.27 unten dargestellten Amplitudenverlauf. Eine solche in ihrer Amplitude modulierte Welle nennt man eine *Wellengruppe*.

Die rechnerische Addition der beiden Teilwellen $y_1 + y_2$ ergibt unter Benutzung des Additionstheorems

$$\sin\alpha + \sin\beta = 2\sin\left(\frac{\alpha+\beta}{2}\right)\cdot\cos\left(\frac{\alpha-\beta}{2}\right):$$

$$y_1 + y_2 = \sin(\omega_1 t - k_1 x) + \sin(\omega_2 t - k_2 x) =$$

$$= 2\sin\left[\left(\frac{\omega_1+\omega_2}{2}\right)t - \left(\frac{k_1+k_2}{2}\right)x\right]\cdot\cos\left[\left(\frac{\omega_1-\omega_2}{2}\right)t - \left(\frac{k_1-k_2}{2}\right)x\right];$$

(10.32) $$\boxed{y_1 + y_2 = 2\sin(\omega t - kx)\cdot\cos\left[\frac{1}{2}(\Delta\omega t - \Delta k\cdot x)\right]}\ .$$

Der erste Faktor $2\sin(\omega t - kx)$ stellt eine normale laufende Welle dar mit der Wellenlänge $\lambda = 2\pi/k$, Frequenz $\omega/2\pi$ und der sog. *Phasengeschwindigkeit* $v_{\text{Phase}} = \omega/k$.

Der zweite Faktor dagegen cos $[(1/2)(\Delta\omega t - \Delta kx)]$ ist verantwortlich für die in Bild 10.27 dargestellte langwellige Modulation der Wellenamplitude. Auch diese Modulation oder Wellengruppe breitet sich mit einer charakteristischen Geschwindigkeit aus, der sog. *Gruppengeschwindigkeit,* die sich aus der Konstanz von

$$\frac{1}{2}(\Delta\omega \cdot t - \Delta k \cdot x) = \text{const}$$

ergibt zu

(10.33) $$\boxed{v_{\text{Gruppe}} = \left(\frac{\mathrm{d}x}{\mathrm{d}t}\right)_{\text{Gruppe}} = \frac{\mathrm{d}\omega}{\mathrm{d}k}}\,.$$ **Gruppengeschwindigkeit**

Übungsfrage:
Versuchen Sie bitte zu zeigen, daß wegen $v_{\text{Phase}} = \lambda \cdot f$ die Gruppengeschwindigkeit auch folgendermaßen definiert werden kann:

(10.34) $$\boxed{v_{\text{Gruppe}} = v_{\text{Phase}} - \lambda \cdot \frac{\mathrm{d}v_{\text{Phase}}}{\mathrm{d}\lambda}}\,.$$

Wenn v_{Phase} nicht von der Wellenlänge abhängt, bleibt die Gestalt jeder Störung bei der Ausbreitung erhalten, da alle Fourierkomponenten gleich schnell laufen und somit die Phasenlage zwischen allen Komponenten erhalten bleibt. Für diesen sog. *dispersionslosen* Fall sind Gruppen- und Phasengeschwindigkeit nach Gl. (10.34) offenbar identisch.

Wenn sich jedoch die Phasengeschwindigkeit mit der Wellenlänge ändert, laufen die kurzwelligen und die langwelligen Fourierkomponenten ungleich schnell, ändern also laufend ihre Phasenlage zueinander. Die Folge davon ist, daß ein Signal seine Form während der Ausbreitung nicht beibehält, sondern eine Deformation oder Dispersion erleidet. $\mathrm{d}v/\mathrm{d}\lambda \neq 0$ führt also einerseits zur *Dispersion* von Signalen und andererseits *sind in diesem Fall nach Gl. (10.34) Gruppen- und Phasengeschwindigkeit nicht mehr identisch.*

Übungsfrage:
Zeigen Seilwellen bzw. Schallwellen, so wie sie in Abschnitt 10.1 bzw. 10.2 abgeleitet wurden, Dispersion?

Für dispergierende Medien gibt es viele bekannte Beispiele: Wir wollen als erstes Wasserwellen anführen: Sie besitzen eine Phasengeschwindigkeit, die (oberhalb von $\lambda = 2$ cm) mit der Wellenlänge zunimmt [1]:

---

[1] siehe z.B. N.F. Barber: Water Waves, The Wykeham Series 5, (1969) London (1969).

$$v_{\text{Phase}} = \sqrt{\frac{g}{2\pi}\,\lambda} \tag{10.35}$$

mit der Gravitationsbeschleunigung g.

Betrachten wir daher eine lokale Störung der Wasseroberfläche, hervorgebracht durch einen hereingeworfenen Stein (vgl. Bild 10.28). Nach der Fourieranalyse besteht diese lokale Störung aus einem ganzen Spektrum von Sinuswellen, von denen nach Gl. (10.35) die langwelligsten am schnellsten laufen, und die kurzwelligsten mehr zurückbleiben. Die Folge davon ist ein Auseinanderlaufen der ursprünglich pulsförmigen Störung in Partialwellen mit kurzer und langer Wellenlänge, die sich mit unterschiedlichen Geschwindigkeiten fortpflanzen. Von dem ursprünglichen Signal ist infolge der Dispersion nach einiger Zeit nichts mehr sichtbar. (Bild 10.28)

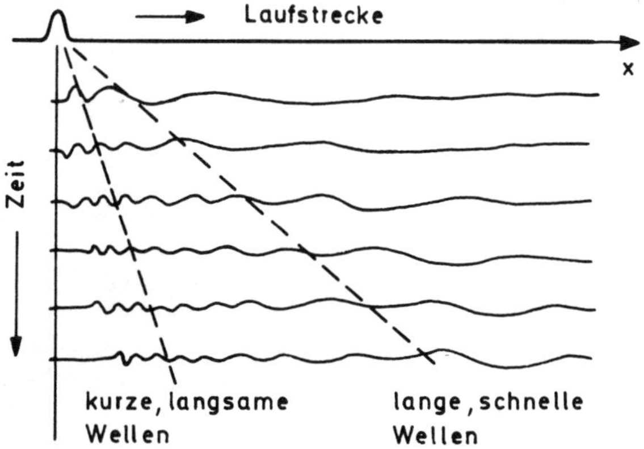

Bild 10.28: Ausbreitung einer lokalen Störung auf einer Wasseroberfläche: die langwelligen Anteile der Störung breiten sich schneller aus als die kurzwelligen Anteile.

Auch *Schallwellen in Kristallen* zeigen eine starke Dispersion, sobald die Wellenlänge vergleichbar mit dem interatomaren Abstand wird. *Elektrische Kabel* besitzen Dispersion u.a. dann, wenn die Wellenlänge sich den Querschnittsdimensionen des Kabels nähert, was in der Nachrichtentechnik zu sehr unerwünschten Signalfälschungen führt. Auch in modernen *optischen Glasleitern* tritt Dispersion auf in der spektralen Nähe optischer Absorptionswellenlängen, so daß sich auch optische Lichtpulse in Glasfäden nicht unverfälscht ausbreiten können.

Literaturhinweise zu Kapitel 10

A.P. French: Vibrations and Waves, Nelson London, (1969)

Feynman, Vorlesungen über Physik, Band I, Addison Wesley, R. Oldenbourg, Kap. 47 – 51

Berkeley Physics Course Vol III, Mc Graw Hill, New York (1968), Chap. 2.3: Fourier Analysis, Chap. 6: Modulations, Pulses and Wave Packets

Bergmann/Schäfer: Lehrbuch der Experimentalphysik Bd. I, de Gruyter, Berlin (1970) Kap. 9: Über das menschliche Ohr, Tonsysteme

E. Meyer und E.G. Neumann: Physikalische und technische Akustik, Vieweg, Unitext, Braunschweig (1967), Inhalt: Ultraschall, elektro-akustische Wandler, Schallaufzeichnung, Mechanismus des Hörens

H. Borucki: Einführung in die Akustik, BI-Wissenschaftsverlag, Zürich (1973)

Ratschläge für's Studium

Es dürfte jedem von uns klar sein, daß man Physik nicht einfach dadurch lernen kann, daß man Vorlesungen besucht oder Formeln aus Lehrbüchern auswendig lernt. Wie lernt man aber am besten Physik, bzw. wie nutzt man die dazu gebotenen Ausbildungsmöglichkeiten optimal aus?

Eine erfolgreiche Lernsituation ist offensichtlich die Naturforschung selbst, und wir können uns fragen, inwieweit diese Situation auf unser Studium übertragbar ist. Wir wollen das forschende Lernen durch drei Schritte charakterisieren: Der Ausgangspunkt eines Naturwissenschaftlers ist meist eine neue Naturbeobachtung, die er nicht versteht und die dadurch sein Interesse weckt. Schritt 1 ist also das Interesse an einem bestimmten Problem. Nun sucht er in den bisherigen Forschungsergebnissen nach Erklärungsmöglichkeiten und entwickelt hieraus gegebenenfalls neue physikalische Vorstellungen. Um diese Theorie zu stützen, sucht er nach anderen Beobachtungen und plant Experimente. Schritt 2 ist also durch theoretische und experimentelle Aktivitäten gekennzeichnet. Im Schritt 3 entscheidet schließlich das Experiment über Annahme oder Ablehnung des Lösungsvorschlags.

Dieses Modell des forschenden Lernens ist jedoch nicht die einzige Möglichkeit, nach der ein Naturwissenschaftler lernt. Er macht ja nicht nur eigene Experimente, sondern er informiert sich auch über Ergebnisse anderer Forschungsgruppen, was sich in der Vielzahl wissenschaftlicher Zeitschriften und Konferenzen dokumentiert. In diesen Fällen ist die Lernsituation ähnlich der, die wir von Vorlesungen und Lehrbüchern her kennen, d.h. physikalische Probleme werden aufgezeigt und gleich darauf deren Lösung gebracht. Ein Naturwissenschaftler wird diese Lösungsvorschläge jedoch nicht einfach akzeptieren, sondern sie kritisch mit den Ergebnissen eigener Experimente und mit seinen eigenen theoretischen Vorstellungen vergleichen. In diesem Fall scheint er also deshalb besonders effektiv zu lernen, da sein Lernverhalten von seiner eigenen wissenschaftlichen Arbeit geprägt ist, die nach dem Modell des forschenden Lernens abläuft.

Wie können uns nun diese Gedanken konkret bei unserem Physik-Studium helfen? Einen ersten Einblick in ein Fachgebiet erhalten wir in der Vorlesung. In der Sprache, in der Vorführung von Experimenten hat der Dozent wesentlich bessere Hilfsmittel, unser Interesse zu wecken, als zum Beispiel ein Lehrbuch. Da jedoch die Lerngeschwindigkeit durch das Vortragstempo des Dozenten bestimmt wird, ist vor allem bei schwierigeren Zusammenhängen die Gefahr sehr groß, etwas falsch oder gar nicht zu verstehen. Wir sehen deshalb als Funktion der Vorlesung an, Interesse zu wecken, Überblicke zu schaffen und Tatsachen zu vermitteln. Um kohärente Lehrstoffe zu begreifen, dazu verwenden wir besser Lehrbücher und Skripten. Da komplizierte Sachverhalte verstehen noch nicht mit ihnen umgehen können heißt, lösen wir einige Standardaufgaben und kontrollieren uns durch Musterlösungen.

Wesenlich interessanter wird das Studium allerdings durch folgendes: wir suchen uns aus einem Sachgebiet einige Probleme aus, die uns besonders interessieren, in der Mechanik z.B. Fragen des Raumfluges und der Astronomie, und versuchen, diese zu klären. Wir geben uns aber nicht mit dem bloßen Ergebnis zufrieden, sondern fragen weiter, suchen nach anderen Lösungswegen, ändern die Voraussetzungen, nehmen neue Parameter hinzu, machen Abschätzungen usw. Allerdings dürfen die Probleme nicht zu schwer gestellt sein, denn wir müssen zu Ergebnissen kommen, wenn das Ganze einen Sinn haben soll. Auch sollten wir dazu unbedingt den Kontakt zu anderen Kommilitonen suchen. Diskussionen festigen richtige Denkweisen, zeigen Fehler auf, bringen neue Gesichtspunkte und erlauben somit eine Kontrolle des eigenen Standpunkts. Dieses Lernverhalten wirkt wieder zurück auf unser Verhalten in Vorlesungen und beim Studium von Büchern: wir werden selbständiger und kritischer, dann macht Physik Spaß.

Sachregister

2. **Fundamentale Konstanten**

Lichtgeschwindigkeit	c	$= 2{,}9979 \cdot 10^{8}$	m/s
Elementarladung	e	$= 1{,}6022 \cdot 10^{-19}$	C
Plancksche Konstante	h	$= 6{,}6262 \cdot 10^{-34}$	J · s
	$\hbar = \frac{h}{2\pi}$	$= 1{,}0546 \cdot 10^{-34}$	J · s
Loschmidtsche Zahl	L	$= 6{,}0222 \cdot 10^{+23}$	mol^{-1}
Elektronenruhemasse	m_e	$= 9{,}1096 \cdot 10^{-31}$	kg
	$m_e c^2$	$= 0{,}511$	MeV
Protonenruhemasse	m_p	$= 1{,}6726 \cdot 10^{-27}$	kg
	$m_e c^2$	$= 938{,}2$	MeV
Neutronenruhemasse	m_n	$= 1{,}6749 \cdot 10^{-27}$	kg
	$m_n c^2$	$= 939{,}5$	MeV
Bohrscher Radius	a_0	$= 5{,}2918 \cdot 10^{-11}$	m
Klassischer Elektronenradius	r_0	$= 2{,}8179 \cdot 10^{-15}$	m
Gaskonstante	R	$= 8{,}3143$	J/(mol · K)
Boltzmann-Konstante R/L	k	$= 1{,}3806 \cdot 10^{-23}$	J/K
Molvolumen (ideales Gas 0 °C, 1,013 bar)	V_0	$= 22{,}41$	l/mol
Gravitationskonstante	γ	$= 6{,}674 \cdot 10^{-11}$	Nm^2/kg^2
Schwerebeschleunigung bei geograph. Breite 50 °	g	$= 9{,}81$	m/s^2
0 °	g	$= 9{,}78$	m/s^2

(entnommen Handbook of Chemistry and Physics, 51st Edition)